Krischke / Röpcke
Graphen und Netzwerktheorie

André Krischke
Helge Röpcke

Graphen und Netzwerktheorie

Grundlagen - Methoden - Anwendungen

2., aktualisierte und erweiterte Auflage

HANSER

Über die Autoren:
Prof. Dr.-Ing. André Krischke, Hochschule München
Dipl.-Math. techn. Helge Röpcke, Hochschule München

Print-ISBN: 978-3-446-48015-5
E-Book-ISBN: 978-3-446-48063-6

Bibliografische Information der Deutschen Nationalbibliothek:
Die Deutsche Nationalbibliothek verzeichnet diese Publikation in der Deutschen Nationalbibliografie; detaillierte bibliografische Daten sind im Internet unter http://dnb.d-nb.de abrufbar.

www.hanser-fachbuch.de
Lektorat: Frank Katzenmayer
Herstellung: Frauke Schafft
Coverkonzept: Marc Müller-Bremer, www.rebranding.de, München
Covergestaltung: Max Kostopoulos
Titelmotiv: © gettyimages.de/MR.Cole_Photographer
Satz: le-tex publishing services GmbH, Leipzig
Druck: CPI Books GmbH, Leck
Printed in Germany

Vorwort

Die vorliegende zweite Auflage des Buchs „Graphen und Netzwerktheorie" beinhaltet eine Aktualisierung der zugrunde liegenden Literatur unter Einbezug aktueller Themen. War bei der ersten Auflage die Aufnahme eines eigenen dritten Teils zu den großen Netzwerken in der Praxis eher durch ein akademisches Interesse an der Analyse und Beschreibung deren Strukturen und Dynamiken motiviert, so haben eine Reihe von Entwicklungen der letzten zehn Jahren die Bedeutung von großen Netzwerken deutlich vor Augen geführt:

- Im Kontext der COVID-19-Pandemie der Jahre 2019 bis 2023 mit ihren Millionen von Todesopfern und weitreichenden wirtschaftlichen Auswirkungen ging es um die Vorhersage von zeitlichen Dynamiken auf großen Kontaktnetzwerken und die Bewertung von möglichen Maßnahmen, um die verfügbaren medizinischen Kapazitäten nicht zu überlasten und so die Letalität der Pandemie zu minimieren.
- Globale Lieferketten, die jahrzehntelang als Sinnbild der Effizienz schlank gestaltet wurden (Stichwort „Lean") und dank elaborierter Koordinationsmechanismen wie Uhrwerke Zehntausende von Firmen in der Lieferkette steuerten, wurden teilweise für Wochen oder gar Monate unterbrochen. Ursachen waren neben der oben bereits erwähnten COVID-19-Pandemie auch die Manifestation anderer Risiken, wie Naturkatastrophen, direkte Auswirkungen des Klimawandels oder Ausfälle kritischer Infrastruktur durch Cybervorfälle, Feuer oder Explosion. Und wohl zum ersten Mal seit den Nachkriegszeiten mussten viele Firmen wieder auf eine Art „Kriegswirtschaft" zurückgreifen, im Sinne dass zu bestimmen war, welche Endprodukte überhaupt aus den verfügbaren Komponenten produziert werden konnten.
- Auch die erfolgreichsten Verfahren wie das sog. Maschinelle Lernen der aktuell intensiv diskutierten Technologie der Künstlichen Intelligenz (KI) basieren auf großen Netzwerken mit teilweise Milliarden von Knoten (Neuronen), deren Parameter nach ausgeklügelten Heuristiken – idealerweise sogar ohne Überwachung – sich solange selbst verbessern, bis diese die gewünschte Funktion erfüllen, wie beispielsweise das zuverlässige Erkennen von definierten Inhalten auf Bildern.
- Soziale Netzwerke stehen zunehmend in der Kritik, eine manipulative Wirkung auf die Nutzer zu haben, was insbesondere in Bezug auf politische Meinungen als kritisch betrachtet werden muss. Die große Veränderung bei der Verbreitung von (politischen) Meinungen ist, dass die Bedeutung zentraler „Gatekeeper" – wie Presse und Rundfunk – stark abgenommen hat und der wichtige persönliche Austausch („Word of Mouth") spätestens seit den Corona-19 Zeiten durch soziale Medien kanalisiert und in gewisser Weise auch manipuliert wird. Nicht die Relevanz der Inhalte bestimmt die Verbreitung, sondern ein für den Nutzer intransparenter Algorithmus verfolgt die Ziele der Plattform, wie beispielsweise eine maximale Verweildauer der Nutzer oder den beständigen Zufluss neuer Inhalte sicherzustellen.

Die Inhalte des dritten Teils des Buches wurden daher – vor allem im Kapitel 12 – zur Veranschaulichung um ausgewählte Bezüge zu den oben aufgeführten aktuellen Entwicklungen ergänzt. An der wesentlichen Struktur des Buchs wurde dabei nichts verändert, da sich die

Inhalte zur Drucklegung als weiterhin relevant und umfassend genug erwiesen haben. Es fand eine ausführliche Durchsicht aller Teile statt und dabei wurden selbstverständlich alle uns bekannten Unkorrektheiten beseitigt. Wir danken an dieser Stelle allen aufmerksamen Studierenden sowie Kolleginnen und Kollegen für die wertvollen Hinweise. Auch an der im Vorwort zur ersten Auflage beschriebenen Zielsetzung, die Grundlagen der Graphentheorie anhand ausgewählter Praxisthemen mit den wirtschaftlich relevanten Problemen zu verbinden, halten wir weiterhin fest.

Die in der vorliegenden Arbeit verwendeten Personenbezeichnungen beziehen sich gleichermaßen auf weibliche, männliche und diverse Personen. Auf eine Doppelnennung und gegenderte Bezeichnungen wird zugunsten einer besseren Lesbarkeit verzichtet.

München, im März 2024

André Krischke
Helge Röpcke

Das vorliegende Buch beschäftigt sich, so sagt der Name, mit Graphen und mit Netzwerken. Streng genommen handelt es sich dabei um ein und dasselbe; wir verwenden in diesem Buch den Begriff *Netzwerk* in der Regel zur Kennzeichnung realer Strukturen aus der Praxis, während wir den Begriff *Graph* meist im eher theoretischen Kontext benutzen. Durch den Gebrauch dieser beiden Begriffe werden auch die beiden Sichtweisen auf eine Thematik deutlich, die in unzähligen für unsere Zeit wichtigen Herausforderungen eine Rolle spielen: die Darstellung und Beschreibung, qualitativer wie quantitativer Art, von immer komplexeren Strukturen, mit denen Beziehungen von abstrakten Objekten, aber auch von Menschen, Unternehmen, Staaten modelliert werden können.

Die beiden erwähnten Sichtweisen, nämlich auf der einen Seite die mathematisch wichtigen Aspekte der Graphentheorie und auf der anderen Seite das Modellieren praktischer Problemstellungen vor wirtschaftswissenschaftlichem Hintergrund, greifen natürlich ineinander. Mit diesem Buch wird ein ernstzunehmender Versuch unternommen, die Schnittstellen und Verbindungen zwischen beiden Seiten verständlich darzustellen – wie immer wandert man dabei aber auch auf dem bekannten schmalen Grat zwischen „zu theoretisch für BWL“ und „zu praktisch für Mathematik“.

Das Buch hat, den beiden Sichtweisen entsprechend, zwei Ziele: Es soll die Grundlagen der Graphentheorie näherbringen, und es soll anhand ausgewählter Praxisthemen einen Eindruck davon vermitteln, wie wirtschaftlich relevante Probleme mit dieser Art von Mathematik angegangen werden können. Das Buch ist in drei Teile gegliedert:

1. **Grundlagen der Graphentheorie:** Die Graphentheorie, so werden Sie als Leserin oder als Leser schnell feststellen, hat als separates Gebiet der Mathematik ihre eigene Sprache, in die wir im ersten Teil einen Einblick geben wollen. Das mag zunächst ungewohnt klingen, bietet jedoch eine Chance: Alles in der Graphentheorie lässt sich im Prinzip in einer überaus anschaulichen Art und Weise und für jedermann und jedefrau formulieren – ohne dass ein Haufen mathematischer Vorkenntnisse erforderlich wäre und aktiviert werden müsste.
2. **Ausgewählte Probleme der Graphentheorie:** Ein Graph besteht aus Knoten und aus Kanten, die diese Knoten verbinden können. Viel mehr muss man zunächst nicht wissen. Jede mathematische Teildisziplin lässt sich durch einige typische, zentrale Fragestellungen charakterisieren, und bei der Graphentheorie klingen diese in ihrer praktischen Formulierung beispielsweise so: „Wie komme ich in einem Graphen am schnellsten von einem Knoten zum anderen?“, „Wie kann ich die Knoten eines Graphen optimal einfärben?“, „Wie finde ich eine günstige Darstellung eines Graphen?“

3. **Netzwerktheorien und -modelle:** Noch praxisbezogener ist der dritte Teil, in dem wir uns ausführlich mit den verschiedensten Arten von großen Netzwerken der Praxis beschäftigen – so etwa mit Unternehmens- und Wissensnetzwerken oder auch sozialen und biologischen Netzwerken. Wir benutzen dabei die Sprache der Graphentheorie und kommen immer wieder auf die zentralen Anwendungsprobleme und Fragen aus dem zweiten Teil zurück.

Ein überaus spannender Aspekt bei Graphen und Netzwerken besteht darin, dass die erwähnten zentralen Fragen sich meist sehr einfach formulieren lassen, sich aber hinsichtlich der Komplexität ihrer Beantwortbarkeit durchaus unterscheiden können: Manche sind eindeutig und schnell lösbar, manche sind „schwer lösbar" – ein Begriff, den wir noch präzisieren müssen – manche sind auch mehrdeutig oder nachweisbar nicht lösbar. Für große Netzwerke in der Praxis muss man häufig auf numerische Simulationen zurückgreifen.

Was die Sprache betrifft, wie sie heute in der sogenannten diskreten Mathematik verwendet wird, kann man sagen, dass etwa zur Mitte des letzten Jahrhunderts eine Wiederentdeckung der Graphentheorie stattfand. Die vorgestellten Optimierungskonzepte, so etwa kürzeste Wege in Netzwerken, überschneidungsfreie Darstellungen oder Färbungsprobleme, sind von großem Interesse und die Algorithmen stetiger Aktualisierung und Verbesserung unterworfen. Seit dem Aufkommen des Internets sind empirische Daten für große Netzwerke der Praxis verfügbar, die Ende der 1990er-Jahre eine neue Welle der Netzwerktheorien angestoßen haben. Wir bleiben im gesamten Buch bei „praktischer Graphentheorie", selbst wenn die Graphentheorie auch und vor allem überreich an theoretischen, noch ungelösten Fragestellungen ist. Dabei lassen sich bereits zahlreiche Anwendungsbereiche identifizieren:

- Kürzeste-Wege-Probleme
- Rundreiseprobleme
- Straßenplanung, Ampelschaltungen
- Computernetzwerke, Schaltpläne
- Stundenpläne, Prüfungspläne
- Gozinto-Graphen, Produktionsplanung
- Breiten- und Tiefensuche
- Jobvermittlung, Partnersuche
- Müllabfuhr, Postbotentour
- ...
- Erzeugung von Netzwerken
- Robustheit von Netzwerken
- Ausbreitung in Netzwerken
- Suche in Netzwerken
- Soziale Netzwerke
- Transportprozesse
- Individuelles und kollektives Verhalten
- Verbreitung von Gerüchten
- Spieltheorie in Netzwerken
- ...

Das Selbststudium dieses Buches sollte in jedem Fall mit Kapitel 1 beginnen, da dort die fundamentalen Grundlagen für die Beschäftigung mit graphentheoretischen Problemen gelegt werden und eine Einführung in die Sprache der Graphen umfasst. Die weiteren Kapitel sind größtenteils voneinander unabhängig. Sie basieren auf entsprechenden Vorlesungen und Seminaren, die die Autoren an der Hochschule für angewandte Wissenschaften München halten.

Den Studierenden der Fakultät für Betriebswirtschaft der Hochschule München gilt unser besonderer Dank, da wir durch spannende Diskussionen in unseren Veranstaltungen interessante Ideen und wertvolle Anmerkungen für dieses Buch mitnehmen konnten. Herrn Bernhard Storf danken wir für die Durchsicht des Manuskripts und dem Hanser Verlag für die immer gute und flexible Zusammenarbeit.

München, im August 2014

André Krischke
Helge Röpcke

Inhaltsverzeichnis

I

Grundlagen der Graphentheorie

In diesem ersten Teil sind die für die Praxisanwendungen wichtigen mathematischen Prinzipien der Graphentheorie zusammengestellt. Die Graphentheorie kommt mit wenigen zentralen Begriffen aus. Zuerst wird erklärt, was im Allgemeinen unter einem Graphen verstanden wird; anschließend werden einige spezielle Graphentypen näher erläutert. Wir werden uns Fragen stellen wie:

- Was versteht man unter einem Knotengrad?
- Wie sehen Bäume in der Graphentheorie aus?
- Unter welchen Voraussetzungen spricht man von nachbarschaftlichen Verhältnissen?

Ein interessanter Aspekt an der Graphentheorie ist, dass man im Wesentlichen ohne ein breites mathematisches Vorwissen auskommt. Zwar kann es an vielen Stellen hilfreich sein, über einige mathematische Grundkenntnisse zu verfügen. Wie man aber schnell feststellen wird, bedeutet die Beschäftigung mit der Graphentheorie, innerhalb der Sprache der Mathematik einen neuen Dialekt zu erlernen. Die Leserinnen und Leser werden merken, dass tatsächlich viele Begriffe in ihrer Darstellung genau ihrer Intuition oder Vorstellung entsprechen werden.

Kapitel zwei und drei geben einen Einblick in die Problematik der kürzesten Wege auf unbewerteten und bewerteten Graphen und stellen damit das Rüstzeug für den zweiten und den dritten Teil des Buchs zur Verfügung.

1 Grundbegriffe der Graphentheorie

Am Anfang einer neuen Theorie stehen oft wegbereitende Fragen und Beispiele, die die Menschen interessieren und beschäftigen. Nach diesem Prinzip gehen wir in diesem Buch vor: In allen nachfolgenden Kapiteln möchten wir mit einem solchen Beispiel beginnen – so auch in diesem ersten Grundlagenkapitel. Hier muss natürlich das wohl berühmteste Problem der Graphentheorie erwähnt werden, das in der Tat die Entwicklung der Graphentheorie erst angestoßen hat. Bezeichnend ist, dass es sich hierbei um ein Problem handelt, das wohl so mancher vielleicht als *typisch mathematisch* bezeichnen würde. Niemand aber vermutet, dass es irgendeinen Nutzen hätte, sich damit zu beschäftigen. Bekannt geworden ist das Problem unter dem Namen *Königsberger Brückenproblem.*

Wir gehen zurück in das Jahr 1737. Damals wurde an den zu seiner Zeit schon sehr berühmten Schweizer Mathematiker Leonhard Euler ein Problem herangetragen, das ihn schnell begeisterte und in dem er offenbar sehr viel mehr Tiefe und Struktur zu erkennen glaubte, als man auf den ersten Blick ahnen konnte. Das Problem ist schnell umschrieben: In der Stadt Königsberg, wo Euler damals tätig war, dem heutigen Kaliningrad, gab es sieben Brücken über den Fluss Pregel, die in der in *Bild 1.1* schematisch gezeigten Weise angeordnet waren. Die Einwohner von Königsberg rätselten schon seit geraumer Zeit über eine Frage, und zwar: *Gibt es einen Weg, der genau einmal über jede der sieben Brücken führt?* Oder: *Gibt es sogar einen solchen Weg, bei dem man am Ende wieder zum Ausgangspunkt zurückkehrt?* Niemand hatte bisher einen solchen Weg finden können, und so beauftragte man den Mathematiker Euler mit der Untersuchung dieses Phänomens.

Die Fragestellung war völlig anderer Natur als die bekannten geometrischen Probleme, etwa diejenigen aus der klassischen griechischen Geometrie. Hier kam es nämlich nicht auf Quan-

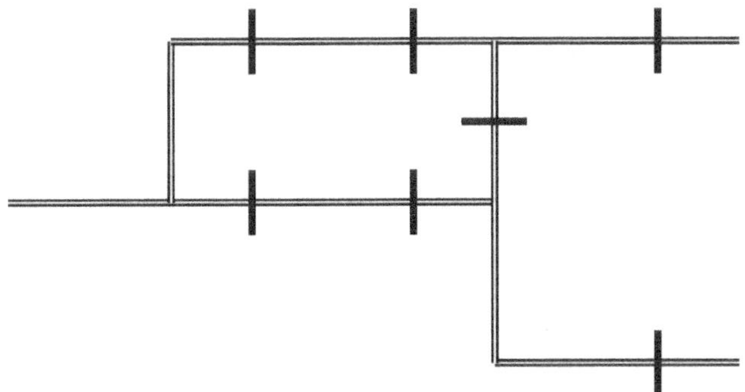

Bild 1.1 Schematische Darstellung der sieben Brücken von Königsberg: Gibt es einen Weg, der genau einmal über jede Brücke führt?

tifizierungen an, wie Euler schnell erkannte: Es war in der Tat völlig unerheblich, wie lang, wie weit voneinander entfernt oder wie sonst beschaffen die Brücken waren. Nur ihre gegenseitige Lage und welche Landteile sie miteinander verbanden schien eine Rolle zu spielen. Euler versuchte, an die Frage systematisch heranzugehen, und es gelang ihm auch, sie zu beantworten. (Gelingt es Ihnen auch?) Aber er hatte bei seinen Überlegungen mehr entdeckt: nämlich die wahren Strukturen hinter diesem Problem. Dass er diese erfassen und benennen konnte; dass er tiefer in die Thematik einstieg; dass er zum Schöpfer einer neuen Sprache wurde – dies war, darin stimmen die meisten Mathematiker überein, die Geburtsstunde der Graphentheorie.

1.1 Grundbegriffe für Graphen

In diesem Abschnitt führen wir die grundlegenden Begriffe und Notationen ein. Was ist eigentlich genau ein Graph, und was macht ihn aus? Erst mithilfe des nun folgenden Grundwerkzeugs können wir uns an die Formulierung und Lösung von Problemen aus der Anwendung machen.

1.1.1 Definition eines Graphen

Ein Graph ist schnell gezeichnet – tatsächlich gehört nichts weiter dazu als das Markieren einiger Punkte, die in diesem Zusammenhang meist *Knoten* (oder auch *Ecken*) genannt werden und von denen wiederum einige durch Linien, sogenannte *Kanten*, verbunden werden. Weder die Form oder Länge der Kanten noch die Anordnung der Knoten (etwa durch Angabe irgendwelcher Koordinaten) spielt dabei eine Rolle. Allein die Tatsache, welche seiner Knoten miteinander verbunden sind und welche nicht, charakterisiert einen Graphen und legt ihn fest.

Allein hier wird schon klar, dass man ein und denselben Graphen durch eine Unmenge verschiedener Zeichnungen realisieren kann. Jede solche Zeichnung, aus der die Verbindungen der Knoten und Kanten hervorgehen, nennen wir eine *Darstellung des Graphen.* Zwei verschiedene Darstellungen des gleichen Graphen werden wir der Einfachheit halber miteinander identifizieren; wir sagen dann auch einfach, die beiden Graphen sind *gleich*, so etwa die drei Graphen in *Bild 1.2.* Die intuitiv klare Definition eines Graphen können wir auch formaler angeben:

Graph

Ein *Graph* G ist ein Paar von Mengen

$$G = (V, E). \tag{1.1}$$

Dabei ist V eine Menge mit beliebig vielen Elementen, den sogenannten *Knoten* von G. Mit E wird die Menge aller *Kanten* bezeichnet. Eine Kante verbindet zwei (im Allgemeinen unterschiedliche) Knoten miteinander.

Bild 1.2 Drei verschiedene Darstellungen eines Graphen: Beschaffenheit der Kanten, Skalierung etc. machen keinen Unterschied.

Die hier gewählten Bezeichnungen sind in der Literatur so üblich; sie sind Abkürzungen der entsprechenden englischen Wörter: *vertex* für Knoten und *edge* für Kante. Man beachte, dass diese Definition eines Graphen auch den Fall eines oder mehrerer alleinstehender Knoten umfasst, wohingegen Kanten ohne Knoten nicht möglich sind: Es gibt kein alleinstehendes Kantenende und keine alleinstehende Kante.

Adjazenz und Inzidenz

Zwei Knoten, die durch eine Kante verbunden sind, oder zwei Kanten, die einen gemeinsamen Knoten besitzen, nennt man *benachbart* oder *adjazent.* Gehört ein Knoten zu einer Kante, so nennen wir die beiden *inzident.*

Bei der Modellierung des Königsberger Brückenproblems stellt man fest, dass es in Königsberg Landstücke (Knoten) gibt, die durch verschiedene Brücken (Kanten) miteinander verbunden sind. Das entspricht einem Graphen, bei dem es mehr als eine Kante zwischen zwei Knoten gibt. Dabei ist zu beachten, dass unsere Definition diesen Fall nicht ausschließt; häufig benutzt man aber zur Unterscheidung und näheren Bestimmung die Begriffe *Multigraph* für Graphen mit solchen Mehrfachkanten (vgl. Abschnitt 1.2.3) und *einfacher* oder *schlichter Graph* für den anderen Fall: Bei einem *einfachen* Graphen sind zwei unterschiedliche Knoten entweder durch *eine* Kante miteinander verbunden oder nicht.

Oft werden die Knoten eines Graphen auch benannt, manchmal in der Form $v_1, v_2, \dots, v_n$, oder man nummeriert einfach schlicht mit Zahlen durch. In unseren Bildern ersetzen wir dann die Punkte durch kleine Kästchen oder Kreise, in denen der Name des Knotens steht (vgl. *Bild 1.3*). Die Kanten werden im Textfluss mit geschweiften Klammern bezeichnet, beispielsweise $\{1,2\}$

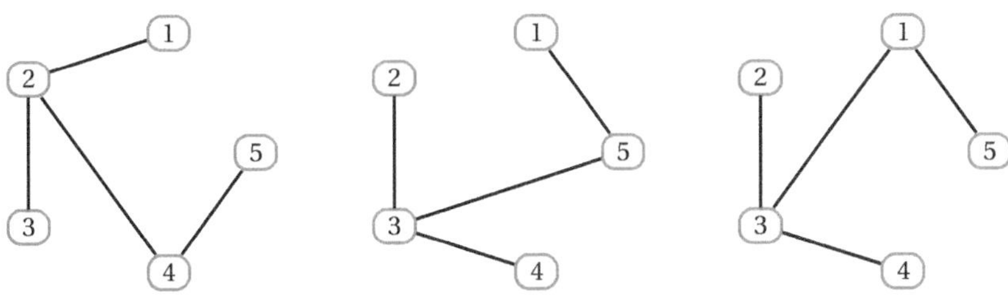

Bild 1.3 Drei Graphen mit Knotenbenennung; alle sind isomorph zueinander. Ohne Bezeichnung der Knoten wären die Graphen gleich, wenn auch nicht gleich dargestellt.

für die Kante, die die beiden Knoten 1 und 2 verbindet. Der linke Graph in *Bild 1.3* kann demnach beschrieben werden durch

$$V = \{1,2,3,4,5\} \qquad \text{und} \qquad E = \{\{1,2\},\{2,3\},\{2,4\},\{4,5\}\}.$$

Die Benennung von Knoten hat übrigens zur Folge, dass wir einen weiteren Begriff, den der *Isomorphie*, einführen müssen: Unterscheiden sich zwei Graphen G und G' höchstens in der Benennung ihrer Knoten, nicht aber in ihrer grundsätzlichen Struktur, so nennt man sie *isomorph* (also „im Wesentlichen gleich“):

Isomorphie von Graphen

Haben zwei Graphen G und G' die gleiche Anzahl von Knoten und gibt es darüber hinaus eine eineindeutige Zuordnung der Knoten von G und G', gemäß der die Kanten von G den Kanten von G' entsprechen, so nennt man die beiden Graphen *isomorph* und schreibt in diesem Fall $G \sim G'$.

Bild 1.3 macht dies deutlich: Die grundsätzliche Struktur aller drei dort abgebildeten Graphen ist identisch, aber die Graphen sind nicht gleich. Durch Umnummerierung der Knoten können sie aber ineinander übergeführt werden; so etwa der mittlere und der rechte durch Vertauschung der Knoten 1 und 5. Man beachte Folgendes: Würden wir die Bezeichnung der Knoten in *Bild 1.3* weglassen, dann wären die Graphen alle gleich, so wie in *Bild 1.2*, wenn auch nicht gleich dargestellt.

1.1.2 Grad eines Knotens

Sehr häufig ist es von Bedeutung, wie viele verschiedene Kanten von einem Knoten ausgehen. Damit kommen wir zu dem wichtigen Begriff des *Knotengrads* und einigen damit verbundenen Folgerungen.

Grad eines Knotens

Es sei $G = (V,E)$ ein Graph. Für jeden Knoten $v \in V$ definieren wir den *Grad von* v als die Anzahl der von v ausgehenden Kanten und schreiben dafür $d(v)$:

$$d(v) = |\{\{v,w\} \mid \{v,w\} \in E\}|. \qquad (1.2)$$

Ein Graph, bei dem alle Knoten den konstanten Grad k haben, heißt k*-regulär*. Einen Knoten vom Grad 0 nennen wir *isoliert*.

Hin und wieder spielen auch der kleinste oder der größte Grad eines Knotens bzw. der durchschnittliche Knotengrad in einem Graphen eine Rolle:

Hierfür finden sich auch die Bezeichnungen $\delta(G)$ bzw. $\Delta(G)$ für den minimalen bzw. maximalen Grad eines Knotens von G oder $d(G)$ für den *Durchschnittsgrad von* G.

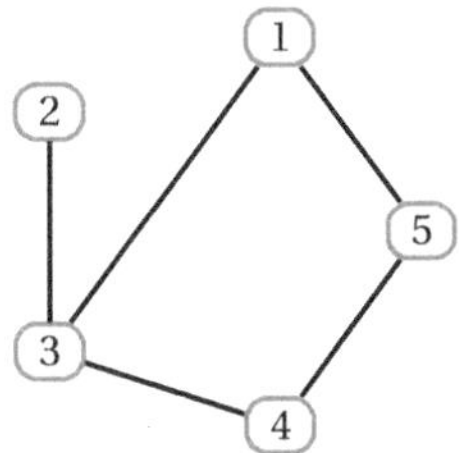

Bild 1.4 Ein Graph G mit Minimalgrad $\delta(G) = 1$ (bei Knoten 2), Maximalgrad $\Delta(G) = 3$ (bei Knoten 3) und Durchschnittsgrad $d(G) = \frac{1+2+2+2+3}{5} = 2$

Minimalgrad, Maximalgrad, Durchschnittsgrad eines Graphen

In einem Graphen $G = (V, E)$ bezeichnen wir mit

- $\delta(G) = \min\{d(v) \mid v \in V\}$ den *Minimalgrad von G*,
- $\Delta(G) = \max\{d(v) \mid v \in V\}$ den *Maximalgrad von G*,
- $d(G) = \frac{1}{|V|} \sum_{v \in V} d(v)$ den *Durchschnittsgrad von G*.

In *Bild 1.4* sind diese Begriffe an einem konkreten Graphen verdeutlicht. In jedem Graphen gilt selbstverständlich

$$\delta(G) \leq d(G) \leq \Delta(G).$$

Offenbar gilt die wichtige Beziehung

$$\sum_{v \in V} d(v) = 2 \cdot |E| \tag{1.3}$$

bzw. über den Durchschnittsgrad ausgedrückt:

$$|V| \cdot d(G) = 2 \cdot |E|.$$

Die Summe aller Knotengrade in einem beliebigen Graphen entspricht also zweimal der Anzahl der Kanten – eine Tatsache, die man sich sehr schnell klarmachen kann, da jede Kante zwei Knoten miteinander verbindet und sich somit bei jedem dieser beiden Knoten der Knotengrad um 1 erhöht. Ein schöner Satz der aus der Gleichung (1.3) folgt, lautet:

Anzahl von Knoten mit ungeradem Grad

In jedem Graphen ist die Anzahl der Knoten mit ungeradem Grad gerade.

Auch wenn in diesem Buch die Anwendungsaspekte im Vordergrund stehen sollen und es daher nicht um mathematische Beweise gehen soll, wollen wir uns dennoch an der einen oder anderen Stelle einige der Aussagen klarmachen, so auch hier (zumal man bei so viel „gerade", „ungerade" und „Knotengrad" schon einmal leicht den Überblick verlieren kann). Ausgehend von Gleichung (1.3) teilen wir die Menge unserer Knoten V in zwei Teilmengen auf, nämlich in die Teilmenge V_1, die alle Knoten mit geradem Grad enthält, und in die Teilmenge V_2, in welcher sich die Knoten mit ungeradem Grad befinden. Wir erhalten dann

$$2 \cdot |E| = \underbrace{\sum_{v \in V} d(v)}_{\text{gerade}} = \underbrace{\sum_{v \in V_1} d(v)}_{\text{gerade}} + \sum_{v \in V_2} \underbrace{d(v)}_{\text{ungerade}} \ .$$

Damit die rechte Seite der Gleichung ebenfalls eine gerade Zahl ergibt, muss auch der zweite Summand eine gerade Zahl ergeben (der erste Summand, eine beliebige Summe von geraden Zahlen ist immer gerade). Der zweite Summand (die Summe von ungeraden Zahlen) ist genau dann gerade, wenn die Anzahl der Summanden gerade ist. Anders ausgedrückt, von den Knoten mit ungeradem Grad muss es immer eine gerade Anzahl geben, und genau das wollten wir uns klarmachen.

Schon diese kleine, aber wichtige Aussage können wir an einem Praxisbeispiel verdeutlichen:

Beispiel 1.1

Eine Menge von sieben Unternehmen arbeitet in verschiedenen Kooperationen zusammen. Dabei unterhält jedes Unternehmen mit genau drei anderen Unternehmen engere Geschäftsbeziehungen. Ist dies möglich?

Modelliert man dieses Problem, wobei die Unternehmen durch Knoten und die bestehenden Geschäftsbeziehungen durch entsprechend verbindende Kanten beschrieben werden, so erhält man einen Graphen mit sieben Knoten, von denen jeder den Grad $d(v) = 3$ hat. In der Summe ergibt sich damit aber 21, eine ungerade Zahl: Ein solches Szenario kann es daher nicht geben, weil es einen entsprechenden Graphen nicht geben kann. ■

Betrachten wir eine kleine Modifikation von *Beispiel 1.1*, nämlich acht statt sieben Unternehmen. Was stellt man fest? Die Gradsumme ergibt nun 24, was zwar noch nicht automatisch bedeutet, dass es einen solchen Graphen gibt – aber es gibt ihn: In *Bild 1.5* ist eine schöne Darstellung und damit mögliche Lösung für acht Unternehmen (Knoten) mit jeweils exakt drei Geschäftsbeziehungen (Kanten) zu sehen. Der entstehende Graph ist 3-regulär.

Ähnlich kann man bei den unterschiedlichsten Fragestellungen argumentieren, sofern es um Verbindungen gewisser Objekte geht. Beispielweise kann es auch keine Gruppe von, sagen wir, neun Personen geben, in der jede Person exakt fünf der anderen Personen kennt (wobei wir annehmen, dass „Kennen" eine symmetrische Relation ist). Behauptet dies eine der neun Personen dennoch, wissen wir jetzt aufgrund der Graphentheorie, dass sie die Unwahrheit sagt.

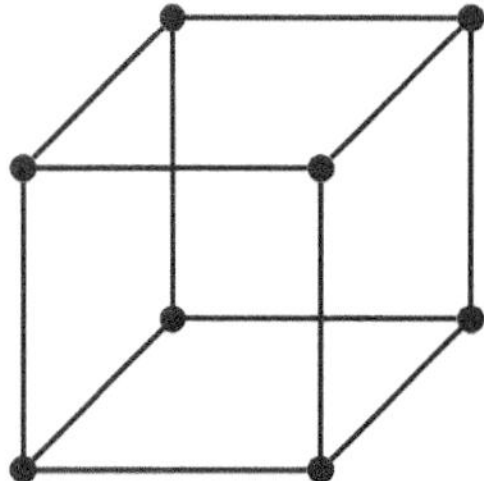

Bild 1.5 Ein 3-regulärer Graph mit 8 Knoten

1.1.3 Wege und Kreise

Zwei sehr elementare und gerade daher sehr wichtige Typen von Graphen wollen wir nun kurz vorstellen: die Wege und die Kreise. Unter einem *Weg* verstehen wir einen Graphen, der, kurz gesagt, aus „aneinander gehängten" Kanten besteht. Damit gibt es bei einem Weg zwei ausgezeichnete Knoten, die wir als Endknoten auffassen können. Später, wenn wir orientierte Graphen betrachten, ist es sinnvoll, diese beiden Knoten mit *Start* bzw. *Ziel* zu bezeichnen; zunächst werden wir dies aber nicht tun. Wir geben die formale Definition:

Definition eines Wegs

Für $n \geq 2$ nennt man einen Graphen P_n mit der Knotenmenge $V(P_n) = \{v_0, v_1, \ldots, v_n\}$ und der Kantenmenge

$$E(P_n) = \{\{v_0, v_1\}, \{v_1, v_2\}, \ldots, \{v_{n-1}, v_n\}\}$$

einen *Weg (oder Pfad) der Länge n*, sofern keine Kante mehrfach durchlaufen wird. Knoten hingegen dürfen bei einem Weg mehrfach vorkommen (d. h., die Knoten v_i müssen nicht notwendig paarweise verschieden sein). Lässt man auch mehrfach durchlaufene Kanten zu, so spricht man von einem *Kantenzug*. Eine häufig genutzte Notation für einen solchen Weg ist die Tupelschreibweise seiner Knoten mithilfe runder Klammern:

$$P_n = (v_0, v_1, \ldots, v_n).$$

Meist fordert man zusätzlich explizit, dass $v_0 \neq v_n$ gelten muss, der Weg also *offen* ist.

Man beachte, dass laut Definiton für den Weg P_n die Knotenmenge aus höchstens $n+1$ Knoten und die Kantenmenge aus n Kanten besteht. *Bild 1.6* zeigt einige Darstellungen des Weges P_4; hier wird auch klar, dass die Anzahl der Knoten kleiner sein kann als $n+1$.

Bild 1.6 Verschiedene Darstellungen des Weges P_4: Alle haben vier Kanten, die Anzahl der Knoten beträgt fünf oder weniger, wie der Graph ganz rechts zeigt.

Besonders interessieren uns im Folgenden Wege als *Teilgraphen eines größeren Graphen G*. Wir sprechen in diesem Fall von einem „Weg auf *G*". In *Bild 1.7* beispielsweise sehen wir eine Darstellung des P_4 und eine Darstellung eines P_4 als Weg innerhalb eines größeren Graphen, wobei die Kanten des P_4 hier fett dargestellt sind. Es ist sehr oft üblich, einen Weg mithilfe der Namen seiner Knoten zu benennen. In *Bild 1.7* würde man das Exemplar des P_4 beispielsweise kurz mit $(3,2,1,4,5)$ oder auch mit (32145) bezeichnen. Die Frage, welche Art von Wegen es auf einem gegebenen Graphen gibt, wird uns immer wieder beschäftigen.

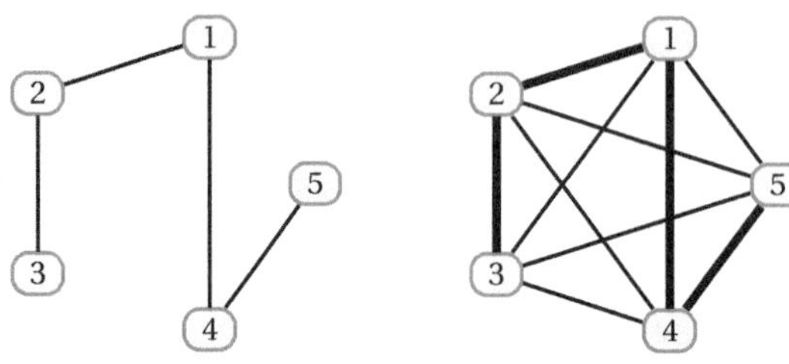

Bild 1.7 Darstellungen eines P_4 (links) und eines P_4 in einem größeren Graphen (rechts). Die Realisation des P_4 kann man in diesem Graphen über die Namen der Knoten konkretisieren: (32145).

Der Begriff des Weges legt dann noch einen weiteren sehr wichtigen Begriff nahe, den des *Zusammenhangs*:

Zusammenhang bei Graphen

Wir nennen einen Graphen G *zusammenhängend*, falls es zu je zwei verschiedenen Knoten $v, w \in V(G)$ einen Weg auf G mit v und w als Endknoten gibt. Ein maximaler zusammenhängender Teilgraph von G heißt *Zusammenhangskomponente von G*.

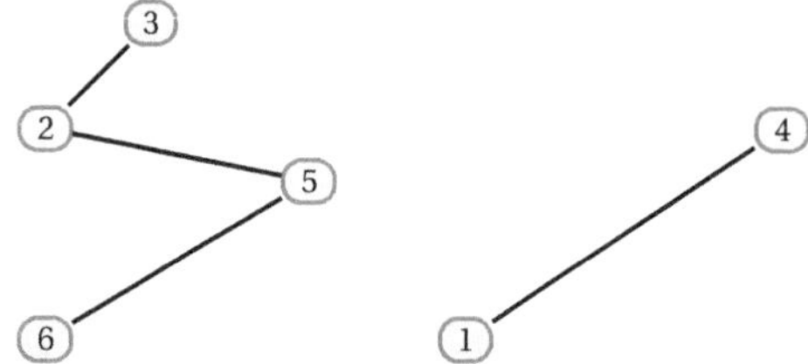

Bild 1.8 Ein nicht zusammenhängender Graph mit zwei Zusammenhangskomponenten; hier gibt es beispielsweise zwischen Knoten 4 und Knoten 5 keinen Weg.

In *Bild 1.8* ist beispielsweise ein nicht zusammenhängender Graph mit zwei Zusammenhangskomponenten dargestellt. Bisher haben wir nur zusammenhängende Graphen betrachtet, und wir werden dies auch weiterhin überwiegend tun. Wege fassen wir in der Regel immer als *offen* auf, was bedeutet, dass ihre Endpunkte stets verschieden sind. Lässt man diese Bedingung fallen, so erhält man *geschlossene Wege* oder *Kreise*:

Definition eines Kreises

Für $n \geq 3$ heißt der Graph C_n mit $V(C_n) = \{v_0, v_1, \ldots, v_n = v_0\}$ und

$$E(C_n) = \{\{v_0, v_1\}, \{v_1, v_2\}, \ldots, \{v_{n-1}, v_0\}\}$$

Kreis der Länge n.

Auch hier interessieren wir uns vor allem für Kreise als Teilgraphen anderer Graphen G. *Bild 1.9* zeigt eine Darstellung des C_4 und eine Darstellung eines C_4 auf einem größeren Graphen (fett dargestellt).

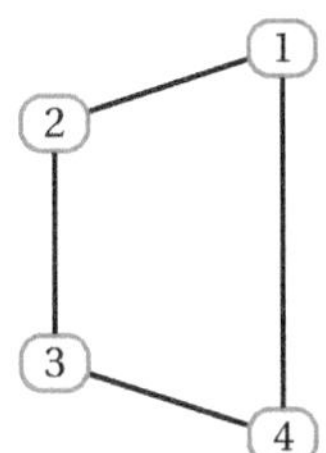

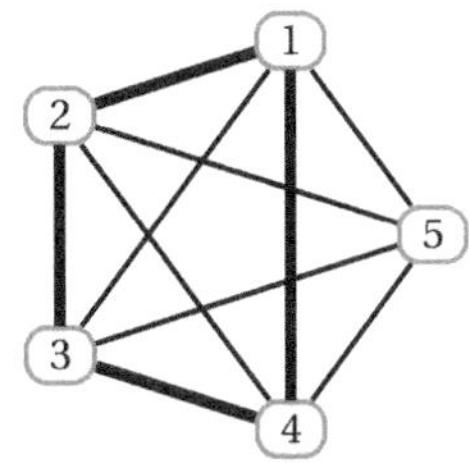

Bild 1.9 Darstellungen eines C_4 (links) und eines C_4 in einem größeren Graphen (rechts). Die Realisation des C_4 kann man wiederum über die Namen der Knoten konkretisieren: (12341).

1.2 Typen von Graphen

Da wir inzwischen die Grundbegriffe der Graphentheorie kennengelernt und den ein oder anderen Graph gesehen haben, lohnt es sich, einige Typen von Graphen etwas genauer zu betrachten. Bei der Modellierung von unterschiedlichen Problemstellungen aus der Praxis werden selbstverständlich auch ganz unterschiedliche Darstellungen von Graphen benötigt. Ein kleines Beispiel: Wenn wir mithilfe eines Graphen ein Zuordnungsproblem (Kinder sind auf Kindergartenplätze zu verteilen) darstellen möchten, dann hat der dazugehörige Graph mit Sicherheit eine andere Gestalt als die Darstellung eines Graphen zur Modellierung von Netzplänen im öffentlichen Nahverkehr (in denen wir zum Beispiel nach dem kürzesten Weg suchen könnten, wie man von einer beliebigen Station A zu einer anderen Station B gelangt).

Die jeweilige Problemstellung aus der Praxis gibt uns hierbei in den allermeisten Fällen den Graphentyp und die mit diesem verbundenen Eigenschaften vor. Mithilfe der bereits eingeführten Begriffe adjazent und inzident gehen wir auch auf eine andere Darstellung von Graphen in Form von Matrizen ein.

1.2.1 Vollständige Graphen

Der vollständige Graph bildet bei einer Reihe von Problemen die Grundlage der Modellierung.

Vollständiger Graph

Ein Graph, bei dem je zwei Knoten benachbart sind, heißt *vollständig*. Für $n \geq 2$ bezeichnen wir den vollständigen Graphen auf n Knoten mit K_n.

Die Definition umfasst nicht den Fall eines einzelnen alleinstehenden Knotens, den wir mit K_1 bezeichnen.

Betrachten wir einige vollständige Graphen für kleine Knotenzahlen, wie sie in *Bild 1.10* zu sehen sind. Dort erkennt man, dass der sogenannte K_1 keine, K_2 eine, K_3 drei, K_4 sechs, K_5 zehn und K_6 15 Kanten hat. Können Sie hieraus eine Vermutung formulieren, wie viele Kanten der K_7 hat?

Der Übergang von K_{n-1} zu K_n erfordert $n-1$ neue Kanten, denn der hinzugefügte Knoten ist mit jedem der bisher $n-1$ vorhandenen Knoten zu verbinden. Damit erhält man für die Kantenanzahl des K_n die Summe der Zahlen bis $n-1$:

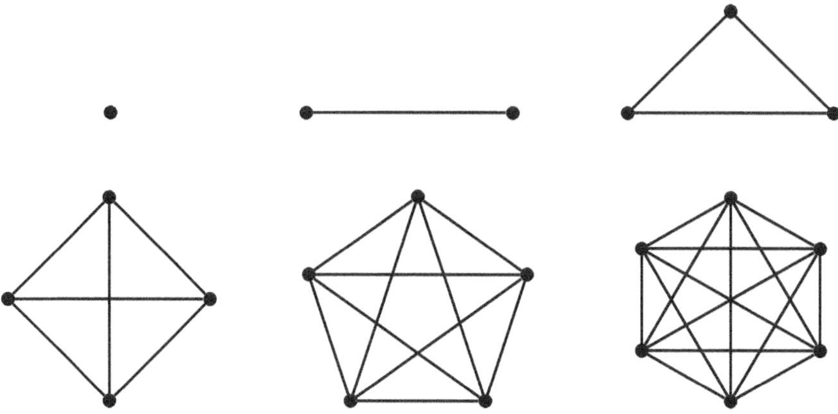

Bild 1.10 Der K_1 und die vollständigen Graphen K_2, K_3, K_4, K_5 und K_6

Tabelle 1.1 Anzahl der Kanten des K_n

n	Anzahl der Kanten des K_n
2	1
3	1+2=3
4	1+2+3=6
5	1+2+3+4=10
6	1+2+3+4+5=15
7	1+2+3+4+5+6=21

Die Zahlen, die in *Tabelle 1.1* stehen, sind die aus der Kombinatorik bekannten Binomialkoeffizienten – die Anzahl der Kanten eines vollständigen Graphen wächst damit *quadratisch in der Knotenanzahl*. Es gilt genauer:

Kantenanzahl des vollständigen Graphen K_n

Der vollständige Graph K_n hat

$$|E(K_n)| = \binom{n}{2} = \frac{n(n-1)}{2}$$

Kanten, denn so viele verschiedene Paare können aus der n-elementigen Knotenmenge ausgewählt werden.

Diese Aussage nennt man häufig auch das sogenannte *Handshaking-Lemma* – in Anlehnung an die Fragestellung, wie oft Hände geschüttelt werden, wenn sich n Personen auf diese Weise begrüßen. Vor allem in Hinblick auf die rechnerische Bewältigung von Praxisproblemen ist es sinnvoll, Graphen auch auf eine von der Anschauung losgelöste Methode zu beschreiben. Die Information, welche Kanten und Knoten eines Graphen inzident sind, wodurch der Graph ja vollständig beschrieben ist, kann man sehr einfach in Matrizen kodieren. Man spricht dann von der *Adjazenzmatrix* bzw. von der *Inzidenzmatrix* eines Graphen:

Adjazenzmatrix eines Graphen

Bei einem Graph mit der Knotenmenge $V = \{v_1, \ldots, v_n\}$ und der Kantenmenge $E = \{e_1, \ldots, e_m\}$ verstehen wir unter der *Adjazenzmatrix von G* die $(n \times n)$-Matrix $A(G)$, deren Eintrag an der Stelle (i, j) gleich der Anzahl der Kanten zwischen den Knoten v_i und v_j ist.

Inzidenzmatrix eines Graphen

Bei einem Graph mit der Knotenmenge $V = \{v_1, \ldots, v_n\}$ und der Kantenmenge $E = \{e_1, \ldots, e_m\}$ verstehen wir unter der *Inzidenzmatrix von G* die $(n \times m)$-Matrix $I(G)$, deren Eintrag an der Stelle (i, j) gleich 1 ist, wenn der Knoten v_i zur Kante e_j gehört, und andernfalls gleich 0.

Hierbei ist zu beachten, dass die Darstellung durch diese Matrizen natürlich immer nur bis auf eine Permuation der Knoten eindeutig ist: Die jeweils genaue Gestalt der Matrizen hängt von der Nummerierung der Knoten und Kanten ab. In *Bild 1.11* sehen Sie die Adjazenz- und die Inzidenzmatrix für die dort gewählte Darstellung des K_4.

$$A(K_4) = \begin{pmatrix} 0 & 1 & 1 & 1 \\ 1 & 0 & 1 & 1 \\ 1 & 1 & 0 & 1 \\ 1 & 1 & 1 & 0 \end{pmatrix}$$

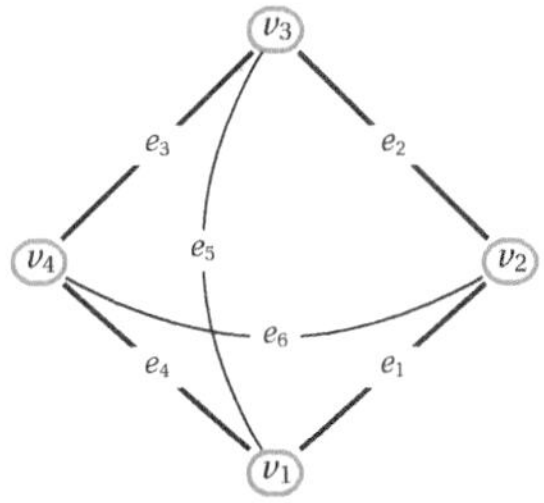

v_3, v_4, v_2, v_1, e_1, e_2, e_3, e_4, e_5, e_6

$$I(K_4) = \begin{pmatrix} 1 & 0 & 0 & 1 & 1 & 0 \\ 1 & 1 & 0 & 0 & 0 & 1 \\ 0 & 1 & 1 & 0 & 1 & 0 \\ 0 & 0 & 1 & 1 & 0 & 1 \end{pmatrix}$$

Bild 1.11 Eine Darstellung des K_4 mit (willkürlich) nummerierten Knoten und Kanten, seine Adjazenzmatrix $A(K_4)$ (links) und seine Inzidenzmatrix $I(K_4)$ (rechts)

Besonders wichtig ist auch das Konzept des *Teilgraphen*, das wir an dieser Stelle erwähnen wollen:

Teilgraph eines Graphen

Es sei $G = (V_G, E_G)$ ein Graph. Ein *Teilgraph von G* ist ein Graph $H = (V_H, E_H)$, dessen Knotenmenge V_H eine Teilmenge von V_G und dessen Kantenmenge E_H eine Teilmenge von E_G ist. Wir nennen einen Teilgraphen $H \subseteq G$ darüber hinaus *induziert*, falls mit jedem Knoten v von H auch sämtliche mit v inzidenten Kanten zu H gehören ((siehe *Bild 1.12*).

Die Klasse der vollständigen Graphen und die Untersuchung ihrer Teilgraphen eignet sich zur Modellierung für eine nahezu unüberschaubare Menge an Anwendungsproblemen: Rundreiseprobleme, kürzeste Wege, Netzwerke, um nur einige zu nennen. Außerdem bildet der vollständige Graph K_n oftmals die Grundlage eines idealisierten Ausgangsgraphen. Zuordnungsprobleme (zum Beispiel mehrere Bewerber auf mehrere Arbeitsstellen zu verteilen) benötigen einen anderen Graphentyp, mit dem wir uns im nachfolgenden Abschnitt beschäftigen wollen.

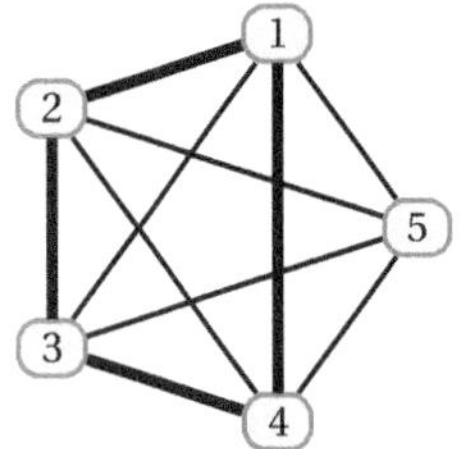

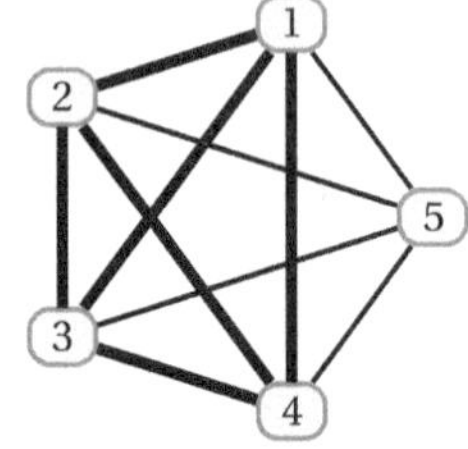

Bild 1.12 Ein C_4 als Teilgraph des K_5 (links). Hierbei handelt es sich jedoch nicht um einen induzierten Teilgraphen. Von K_5 induziert ist er erst, wenn wir weitere Kanten mit hinzunehmen (rechts).

1.2.2 Bipartite Graphen

Neben den vollständigen bilden die bipartiten Graphen eine weitere wichtige Klasse. Ein bekanntes Beispiel dafür stellen wir hier an den Anfang:

Beispiel 1.2

In einem Dorf gibt es drei Häuser und drei Brunnen. Jedes der Häuser soll nun mit jedem der Brunnen durch einen Weg verbunden werden. Modelliert man dieses Problem mithilfe eines Graphen, so erhält man *Bild 1.13.*

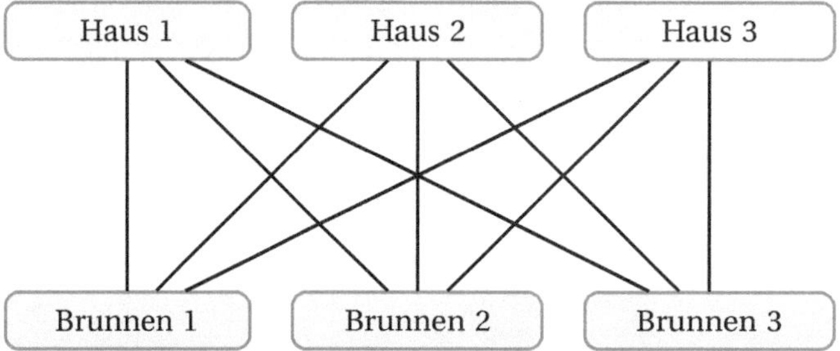

Bild 1.13 Drei Häuser und drei Brunnen: ein bipartiter Graph. Lässt er sich kreuzungsfrei darstellen? ■

Dieser Graph kommt in der Literatur auch als sogenannter *GEW-Graph* vor. Dieser Name basiert auf einer äquivalenten Realisierung des Problems mit drei Häusern und drei Werken für Gas, Elektrizität und Wasser. Ein altbekanntes Rätsel besteht dann in der Frage, ob die Errichtung der neun Wege so möglich ist, dass sie sich nicht kreuzen. Die Frage, ob Graphen überkreuzungsfrei gezeichnet werden können, stellt einen eigenen großen Themenkomplex innerhalb der Graphentheorie dar; wir kommen darauf im Kapitel 8 zu sprechen. Probieren Sie es in diesem kleinen Beispiel ruhig einmal aus!

Uns interessiert zunächst mehr die Struktur dieses Graphen: Die Menge der sechs Knoten lässt sich in zwei Teilmengen einteilen: die Häuser und die Brunnen. Zwischen diesen beiden Teilmengen werden Kanten, die verbindenden Wege, gezeichnet, aber innerhalb der Teilmengen finden sich keine Kanten: Kein Haus soll etwa mit einem anderen verbunden werden. So etwas nennen wir einen *bipartiten Graphen*:

Bipartiter Graph

Ein Graph $G = (V, E)$ heißt *bipartit*, falls sich die Knotenmenge V so in zwei disjunkte Teilmengen V_1 und V_2 zerlegen lässt, dass keine Kante von G zwei Knoten derselben Teilmenge miteinander verbindet. (Alle vorhandenen Kanten verbinden also nur Knoten aus V_1 mit Knoten aus V_2.)

Ein bipartiter Graph mit maximal möglicher Kantenanzahl heißt *vollständig bipartit* und wird mit $K_{r,s}$ bezeichnet, falls r bzw. s die Anzahlen von V_1 bzw. V_2 sind.

Der GEW-Graph aus dem einführenden *Beispiel 1.2* ist somit eine Realisierung des $K_{3,3}$. Einige andere bipartite Graphen sind in *Bild 1.14* dargestellt. Stellen wir uns an dieser Stelle die gleiche Frage wie beim vollständigen Graphen: Wie viele Kanten besitzt der $K_{r,s}$? Die Antwort auf diese Frage lässt sich sehr einfach herleiten: Da jeder der r Knoten von V_1 mit jedem der s Knoten von V_2 über eine Kante verbunden ist und es keine weiteren Kanten geben darf, hat der $K_{r,s}$ genau $r \cdot s$ Kanten:

Kantenanzahl des vollständigen bipartiten Graphen $K_{r,s}$

Der vollständige Graph $K_{r,s}$ hat

$$|E(K_{r,s})| = r \cdot s$$

Kanten.

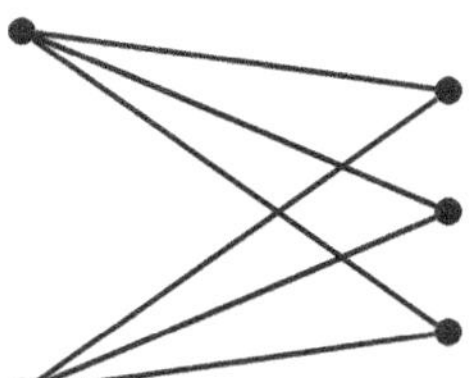
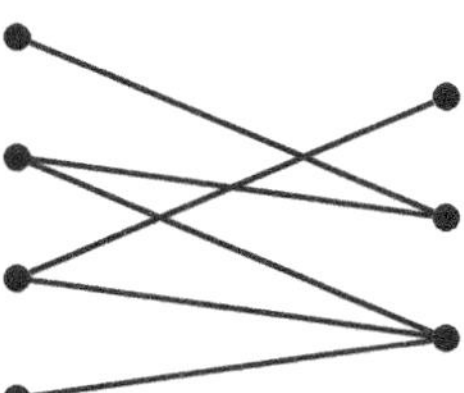

Bild 1.14 Darstellung des $K_{2,3}$ (links) und eines Teilgraphen des $K_{4,3}$ (rechts)

Der Begriff *bipartit* kann verallgemeinert werden auf n Teilmengen, in die die Knotenmenge zerlegt wird, und zwar so, dass keine Kante von G zwei Knoten derselben Teilmenge miteinander verbindet. Man spricht dann von *multipartiten* oder, um die Anzahl der Teilmengen zu spezifizieren, von *n-partiten Graphen*:

Der n-partite Graph

Ein Graph $G = (V, E)$ heißt *n-partit*, falls sich die Knotenmenge V so in n disjunkte Teilmengen $V_1, \ldots, V_n$ zerlegen lässt, dass keine Kante von G zwei Knoten derselben Teilmenge miteinander verbindet. Einen n-partiten Graph mit maximal möglicher Kantenanzahl nennt man ebenfalls *vollständig n-partit* und bezeichnet ihn mit $K_{r_1,\ldots,r_n}$, falls r_i die Anzahl von V_i ist.

1.2.3 Gerichtete Graphen und Multigraphen

Einige Praxisanwendungen erfordern eine Erweiterung des bisherigen Graphenbegriffs, und zwar in zweierlei Hinsicht, nämlich den Kanten eine Richtung zu geben und Mehrfachkanten zuzulassen.

Gerichteter Graph

Ein Graph $G = (V, E)$ heißt *gerichtet* (auch: *Digraph*, von engl.: *directed graph*), falls seine Kanten zusätzlich eine Orientierung erhalten. Diese orientierten Kanten nennen wir dann auch *Pfeile*. Sind v_i und v_j zwei verschiedene Knoten von G, so gibt es zwei mögliche Pfeile, die v_i und v_j verbinden, nämlich (v_i, v_j), also den Pfeil von v_i nach v_j, und (v_j, v_i) beschreibt den Pfeil von v_j nach v_i.

Wir müssen also ab sofort bei der Verwendung des Wortes *Graph* aufpassen. Graphen, so wie wir sie bisher (im Sinne von (1.1)) verstanden haben, nennen wir nun manchmal *ungerichtet*, um sie von den gerichteten Graphen abzugrenzen. Im Einzelfall muss immer spezifiziert werden, was gemeint ist. Zu jedem ungerichteten Graphen G sind auf diese Weise verschiedene gerichtete Graphen *assoziiert*. Der K_3 etwa, als ungerichteter Graph eindeutig bestimmt, kann auf verschiedene Weise zu einem gerichteten Graphen gemacht werden; aus kombinatorischen Gründen ergibt sich, dass es genau acht solche zu K_3 assoziierte gerichtete Graphen geben kann, denn jede der drei Kanten kann als Pfeil in zwei Richtungen orientiert sein. Alle bisher eingeführten Begriffe können auf gerichtete Graphen ausgedehnt werden.

Kommen wir schließlich noch zu den *Multigraphen*. Beim ältesten aller Graphentheorieprobleme, dem Königsberger Brückenproblem, tauchen auf natürliche Weise Mehrfachkanten auf, da es vorkommt, dass es zwischen zwei Landteilen zwei verschiedene Brücken gibt. Immer wenn es bei einem Graphen zwei oder mehr unterscheidbare Möglichkeiten gibt, auf die zwei Knoten verbunden werden können, spricht man von einem Multigraphen. Um die Graphen im Sinne von (1.1) auch von den Multigraphen abzugrenzen, wird manchmal der Begriff *schlichter* oder *einfacher Graph* verwendet.

Multigraph

Ein (gerichteter oder ungerichteter) Graph $G = (V, E)$ heißt *Multigraph*, falls er mehrfache Kanten (d. h. verschiedene Kanten mit den gleichen Knoten) erlaubt, sowie auch solche Kanten, die einen Knoten mit sich selber verbinden (sogenannte *Schleifen* oder Schlingen).

1.2.4 Bewertete Graphen

Wir kommen nun zu den eingangs erwähnten quantitativen Bewertungen mithilfe reeller Zahlen. Solche Bewertungen werden uns dann auch unmittelbar auf zahlreiche Anwendungsprobleme führen: Bestimmung kürzester Wege, geringster Kosten etc.

Kantenbewertung eines Graphen

Ein gerichteter oder ungerichteter Graph $G = (V,E)$ wird *kantenbewertet* (meist auch einfach *bewertet* oder *gewichtet*) genannt, falls jeder Kante aus E eine reelle Zahl zugeordnet ist, falls es also eine Abbildung $b\colon E \to \mathbb{R}$ gibt. Für die Bewertung der Kante $\{u, v\}$ schreiben wir dann kurz $b(u, v)$.

Eine spezielle Art und Weise, Kanten zu bewerten oder auch Bewertungen zu visualisieren, besteht in der Färbung der Kanten. Bei solchen Kantenfärbungen werden also die Farben mit Zahlen identifiziert. Färbungsprobleme bestehen dann darin, solche Bewertungen zu finden, bei denen zusätzlich benachbarten Kanten nicht die gleiche Zahl zugeordnet werden darf. Damit beschäftigen wir uns ausführlich in Kapitel 8. Jeden nicht kantenbewerteten Graphen können wir künstlich als einen kantenbewerteten Graphen auffassen, indem jede Kante beispielsweise mit dem Wert 1 versehen wird.

Wir hatten bereits einen kurzen Blick auf Wege in Graphen geworfen. Ein solcher Weg hat eine gewisse Länge, nämlich n, wenn er isomorph zu P_n ist. Dieser Längenbegriff motiviert nun einen Entfernungsbegriff in Graphen: Verbindet man zwei verschiedene Knoten in einem bewerteten Graphen durch Wege und fasst die Bewertungen als Einzellängen der Kanten auf, so kann man jedem solchen Weg durch einfache Addition eine Länge zuordnen.

Länge eines Weges in einem bewerteten Graphen

Ist $G = (V,E)$ ein bewerteter Graph und ist $w = (v_0, v_1, \dots v_n)$ ein Weg auf G, so definieren wir die *Länge von w* als Summe der Kantenbewertungen, also

$$l(w) = \sum_{k=0}^{n-1} b(v_k, v_k + 1). \tag{1.4}$$

Beispiel 1.3

Wir betrachten den ungerichteten Graphen G in *Bild 1.15.* Man kann die Bewertungen seiner Kanten beispielsweise als Entfernungen zwischen durch die Knoten gegebenen Orten auffassen – oder als Kosten, um ein gewisses Gut entlang der entsprechenden Kante zu transportieren. Für den Weg (123) auf G gilt dann

$$l(123) = b(1,2) + b(2,3) = 2 + 9 = 11.$$

Für den Weg (54236) auf G ergibt sich entsprechend

$$l(54236) = b(5,4) + b(4,2) + b(2,3) + b(3,6) = 1 + 5 + 9 + 1 = 16.$$ ■

Man beachte, dass der Längenbegriff für den Weg w natürlich voraussetzt, dass der Weg w in dem Graphen überhaupt existiert. Schwierigkeiten können sich beispielsweise ergeben, wenn die Kanten zusätzlich gerichtet sind: Betrachten wir etwa den gerichteten Graphen G' in *Bild 1.16*, so könnte man hier analog zum *Beispiel 1.3* die Länge

$$l(123) = b(1,2) + b(2,3) = 2 + 9 = 11$$

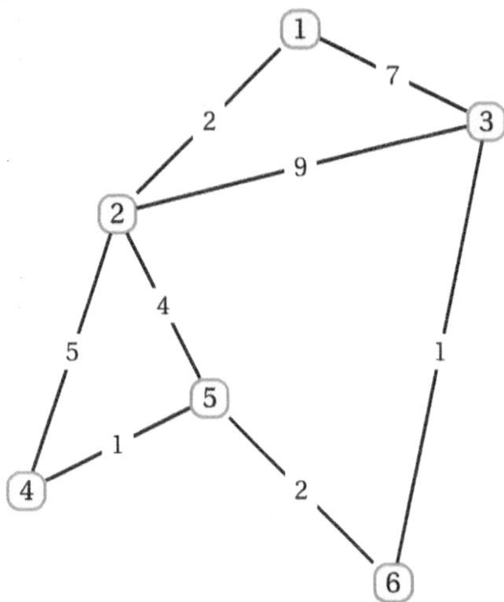

Bild 1.15 Ein kantenbewerteter ungerichteter Graph G

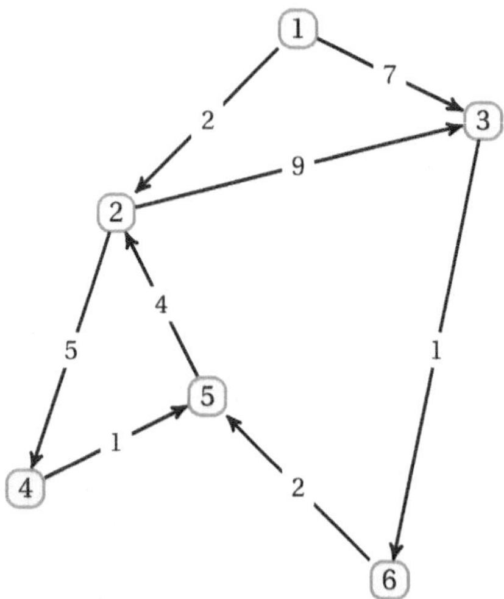

Bild 1.16 Ein kantenbewerteter gerichteter Graph G'. Es handelt sich um den gleichen Graphen wie in *Bild 1.15* – nur dass die Kanten hier Richtungen erhalten haben.

berechnen, da dieser Weg über die Pfeile tatsächlich durchlaufen werden kann. Hingegen gibt es den Weg (54236) in dem Graphen G' nicht.

Der so eingeführte Längenbegriff macht es wiederum möglich, einen Entfernungsbegriff einzuführen:

Entfernung von Knoten in einem Graphen

Ist $G = (V, E)$ ein bewerteter Graph und sind $u, v \in V(G)$ zwei Knoten mit $u \neq v$, so definieren wir die *Entfernung* $d(u, v)$ *von* u *und* v als die kleinste Länge $d(u, v)$ eines Weges w von u

nach v, also

$$d(u, v) = \min\{l(w) \mid w \text{ ist ein Weg, der } u \text{ und } v \text{ verbindet}\},$$

sofern dieses Minimum existiert (also falls es überhaupt einen Weg von u nach v gibt). Gibt es keinen solchen Weg, dann definieren wir $d(u, v) = \infty$. Außerdem setzen wir $d(v, v) = 0$ für alle $v \in V$.

Bei zusammenhängenden ungerichteten Graphen ist $d(u, v)$ ein Entfernungsbegriff, der mit unserer Intuition übereinstimmt: stets eine endliche Zahl, denn dort existiert ja zu je zwei verschiedenen Knoten immer ein Weg, der die beiden Knoten verbindet, und außerdem gilt $d(u, v) = d(v, u)$.

Beispiel 1.4

Wir betrachten erneut den ungerichteten Graphen G in *Bild 1.15*. Wie weit sind etwa die Knoten 2 und 6 voneinander entfernt? Wir können sie durch verschiedene Wege miteinander verbinden, etwa (2,5,6) oder (2,3,6), und erhalten

$$l(256) = 6 \text{ bzw. } l(236) = 10.$$

Natürlich gibt es auch noch längere Wege, die 2 und 6 verbinden, falls wir beliebige Umwege machen. Man sieht aber schnell, dass die Länge des Weges (2,5,6) die kleinste ist. Die Knoten 2 und 6 haben damit eine Entfernung von

$$d(2,6) = 6.$$

■

Man beachte, dass der Entfernungsbegriff in nicht zusammenhängenden oder in gerichteten Graphen nicht mehr unbedingt mit unserer Intuition übereinstimmen muss. Hier kann es „unendlich weit voneinander entfernte“ Punkte geben, und, noch schlimmer, auch die Symmetrie kann verloren gehen: Hinweg und Rückweg können unterschiedlich lang sein! Betrachten wir etwa noch einmal den gerichteten Graphen in *Bild 1.16*. Hier gilt etwa

$$d(2,6) = 10, \text{ aber } d(6,2) = 6.$$

Außerdem ist

$$d(1,3) = 7, \text{ aber } d(3,1) = \infty.$$

Die Entfernungen in solchen gerichteten oder ungerichteten Graphen können wiederum in einer Matrix zusammengefasst werden:

Entfernungsmatrix

Es sei $G = (V, E)$ ein bewerteter Graph mit n Knoten. Die $(n \times n)$-Matrix

$$D(G) = (d_{ij}) \quad \text{mit} \quad d_{ij} = d(v_i, v_j) \tag{1.5}$$

heißt die *Entfernungsmatrix von G*.

Im Falle eines ungerichteten Graphen ist $D(G)$ symmetrisch; bei gerichteten Graphen ist dies im Allgemeinen nicht so.

Beispiel 1.5

Die Entfernungsmatrix zu dem ungerichteten Graphen G aus *Bild 1.15* ist

$$D(G) = \begin{pmatrix} 0 & 2 & 7 & 7 & 6 & 8 \\ 2 & 0 & 7 & 5 & 4 & 6 \\ 7 & 7 & 0 & 4 & 3 & 1 \\ 7 & 5 & 4 & 0 & 1 & 3 \\ 6 & 4 & 3 & 1 & 0 & 2 \\ 8 & 6 & 1 & 3 & 2 & 0 \end{pmatrix}.$$

Die Entfernungsmatrix zu dem gerichteten Graphen G' aus *Bild 1.16* ist

$$D(G') = \begin{pmatrix} 0 & 2 & 7 & 7 & 8 & 8 \\ \infty & 0 & 9 & 5 & 6 & 10 \\ \infty & 7 & 0 & 12 & 3 & 1 \\ \infty & 5 & 14 & 0 & 1 & 15 \\ \infty & 4 & 13 & 9 & 0 & 14 \\ \infty & 6 & 15 & 11 & 2 & 0 \end{pmatrix}.$$

■

Kommen wir zu einem Anwendungsbeispiel, das [38] entnommen ist:

Beispiel 1.6

Ein Bäcker backt an einem Tag Mischbrot, Baguettebrot, Zwiebelbrötchen, Rosinenbrötchen und Knusperbrötchen. Nach jeder Sorte muss die Maschine gereinigt und neu eingestellt werden. Dafür gibt es – von dem jeweiligen Wechsel abhängige – Reinigungszeiten. Das Ziel besteht darin, die unproduktiven Zwischenzeiten möglichst kurz zu halten.

Dieses Problem kann mithilfe des vollständigen Graphen K_5 modelliert werden: Ein Wechsel zwischen zwei Brotsorten entspricht dann einer Kante, die mit der Reinigungszeit bewertet wird. Der Einfachheit halber nehmen wir an, dass die Reinigungszeiten

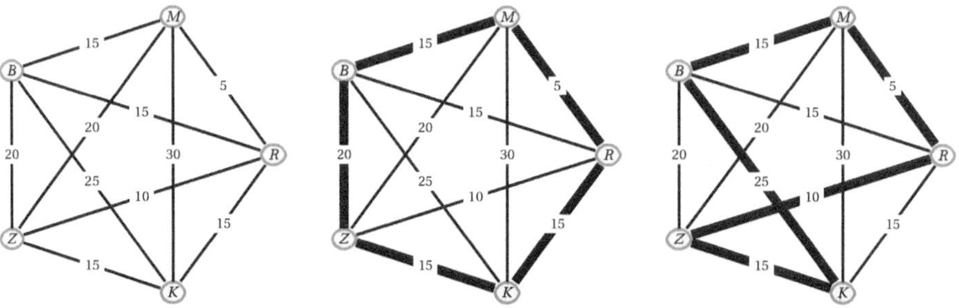

Bild 1.17 Modellierung der Reinigungszeiten aus *Beispiel 1.6* mit einem bewerteten und ungerichteten K_5 (links); daneben zwei mögliche Lösungen des Beispiels

symmetrisch sind (dass also beispielsweise der Wechsel von Baguettebrot zu Mischbrot genauso lang dauert wie der umgekehrte Wechsel). Das hat den Vorteil, dass wir mit einem ungerichteten Graphen arbeiten können, der in *Bild 1.17* (links) zu sehen ist.

Bewertet man nun alle zehn Kanten entsprechend mit den Reinigungszeiten, dann entspricht die Minimierung der Gesamtzeit dem Problem, auf dem Graphen einen kürzesten Weg zu finden: also eine Reihenfolge der Brotsorten mit *möglichst geringer Gesamtbewertung. Bild 1.17* zeigt zwei mögliche Lösungen. ■

1.2.5 Bäume und Wälder

Eine weitere sehr einfach beschreibbare und gleichzeitig sehr wichtige Klasse von Graphen bilden die *Bäume*. Dass wir die Bäume, auch wenn diese zu den einfachsten Graphen gehören, an das Ende des Grundlagenkapitels gestellt haben, hat folgenden Grund: Die beiden nachfolgenden Kapitel beschäftigen sich intensiv mit Anwendungsproblemen aus der Graphentheorie die mithilfe von Bäumen gelöst werden können. Wichtige Algorithmen funktionieren auf der Basis von Bäumen. Bäume werden in der Informatik (aber nicht nur dort!) zur Strukturierung von Daten benutzt. Weitere Anwendungen finden Sie auch in der Logistik.

Allgemein kann man sagen, dass Bäume – gerade wegen ihrer einfachen Struktur – sich hervorragend als „Testobjekte" eignen, um Aussagen über allgemeinere Klassen von Graphen zu finden.

Definition eines Baums

Ein *Baum B* ist ein zusammenhängender Graph ohne Kreis. Einen nicht zusammenhängenden Graphen, dessen Zusammenhangskomponenten Bäume sind, nennt man einen *Wald*. Ein Knoten $v \in V(B)$ mit $d(v) = 1$ heißt *Blatt*.

Gibt es bei einem gerichteten Baum B einen ausgezeichneten Knoten, von dem aus sämtliche anderen Knoten von B erreichbar sind und der seinerseits von keinem anderen Knoten aus erreicht werden kann, so nennt man diesen Knoten die *Wurzel von B*. Man spricht in diesem Fall von einem *gewurzelten Baum*.

Die Unterscheidung in gerichtete und ungerichtete Bäume ist in der Praxis besonders wichtig. Es gibt natürlich viel mehr gerichtete Bäume mit einer festen Knotenzahl als ungerichtete. So gibt es etwa, bis auf Isomorphie, nur einen einzigen ungerichteten Baum mit drei Knoten, aber drei verschiedene gerichtete Bäume mit der gleichen Knotenanzahl, wie *Bild 1.18* zeigt. Im selben Bild befindet sich auch ein Beispiel für einen *gewurzelten Baum* (die zweite Abbildung von links, bzw. der erste der drei gerichteten Bäume).

Bild 1.18 Bäume mit drei Knoten: ein ungerichteter, drei gerichtete

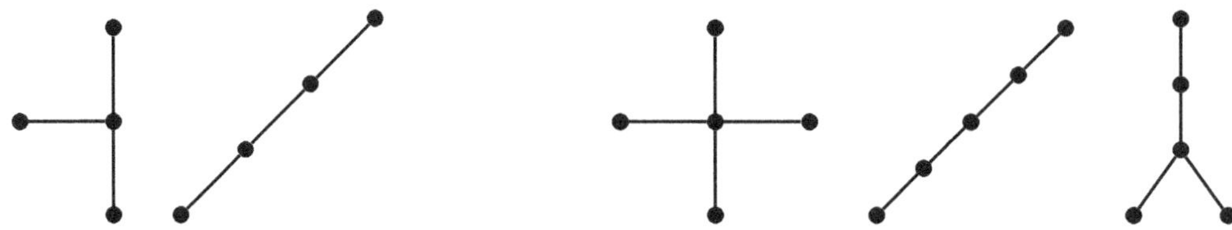

Bild 1.19 Zwei ungerichtete Bäume mit vier Knoten (links) und drei ungerichtete Bäume mit fünf Knoten (rechts) – mehr gibt es jeweils nicht.

Eine interessante, wenn auch theoretische Fragestellung ist die *Klassifizierung aller Bäume mit gegebener Knotenzahl n*, also die Beantwortung der Frage: Wie viele, bis auf Isomorphie, verschiedene Bäume mit einer bestimmten Knotenzahl gibt es eigentlich? „Bis auf Isomorphie" bedeutet dabei, dass nur die Struktur des Baums eine Rolle spielen soll, nicht aber eine eventuelle Knotenbenennung.

Für sehr kleine Knotenzahlen lässt sich dies problemlos beantworten: Bäume mit zwei bzw. drei Knoten gibt es ganz sicher jeweils nur einen, wie man sich schnell klar macht. Bäume mit vier Knoten gibt es im Wesentlichen zwei, Bäume mit fünf Knoten drei verschiedene, wie *Bild 1.19* zu entnehmen ist. Für die Anzahl der ungerichteten Bäume mit n Knoten gibt es leider definitiv keine einfache Formel; in *Tabelle 1.2* sind die ersten Anzahlen aufgelistet:

Tabelle 1.2

n	1	2	3	4	5	6	7	8	9	10	11	12
Anzahl ungerichteter Bäume mit n Knoten	1	1	1	2	3	6	11	23	47	106	235	551

Binärbaum

Ein *Binärbaum B* ist ein gerichteter (und damit gewurzelter) Baum, bei dem jeder Knoten maximal zwei Nachfolger hat. Ein Binärbaum heißt *geordnet*, falls jeder innere Knoten einen linken und eventuell einen rechten Nachfolger besitzt (linker Nachfolger muss, rechter Nachfolger kann). Man bezeichnet einen Binärbaum als *voll*, wenn jeder Knoten, der kein Blatt ist, genau zwei Nachfolger hat. Ein voller Binärbaum heißt *vollständig*, wenn alle Blätter die gleiche Tiefe haben.

In *Bild 1.20* sehen Sie zwei Beispiele für geordnete Binärbäume, davon einer vollständig (rechts).

Eine weniger theoretische, vielmehr unmittelbar praktische Fragestellung hat mit den sogenannten *aufspannenden Bäumen* zu tun:

Aufspannender Baum

Ein Baum $B = (V_0, E_0)$ heißt *aufspannender Baum* eines Graphen $G = (V, E)$, wenn er ein Teilgraph von G ist und alle Knoten von G enthält, also $V_0 = V$ und $E_0 \subseteq E$ gilt.

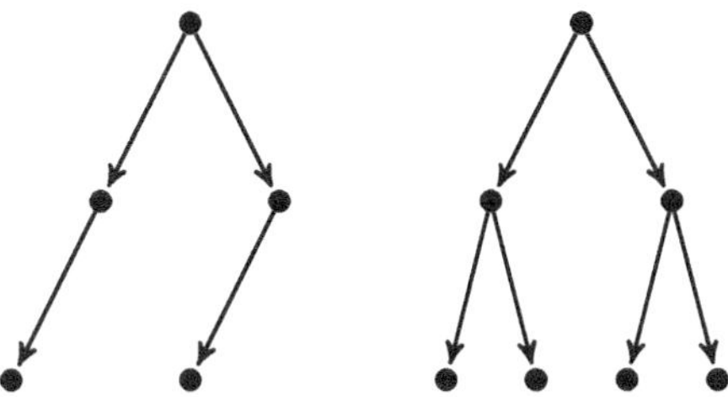

Bild 1.20 Links: geordneter Binärbaum; rechts: vollständiger Binärbaum

Jeder zusammenhängende Graph hat einen aufspannenden Baum, den man findet, indem man nach und nach Kanten entfernt, bis der Graph kreisfrei, aber noch zusammenhängend ist. In der Regel gibt es nicht nur einen, sondern sogar viele aufspannende Bäume. Wie viele aufspannende Bäume es gibt, hängt natürlich von der Gesamtzahl der Kanten ab. Von allen Graphen mit n Knoten hat der vollständige Graph K_n die meisten aufspannenden Bäume:

Satz von Cayley

Der vollständige Graph K_n $(n \geq 2)$ hat n^{n-2} aufspannende Bäume. (1.6)

Demnach hat etwa der K_5 insgesamt $5^{5-2} = 125$ aufspannende Bäume. *Bild 1.21* zeigt vier davon.

Bild 1.21 Der vollständige Graph K_5 und einige seiner aufspannenden Bäume

Die erwähnte praktische Anwendung besteht darin, bei einem bewerteten Graphen einen aufspannenden Baum *minimalen Gewichts* zu finden. Wir werden auf dieses Problem intensiv in Kapitel 3 eingehen.

1.2.6 Gozinto-Graphen

Als letztes Beispiel in diesem Kapitel wollen wir die in den Logistik-Anwendungen häufig vorkommenden *Gozinto-Graphen* anführen. Gozinto-Graphen werden vor allem im Bereich der Produktionsplanung verwendet und dienen dort der geschickten Beschreibung mehrstufiger Produktionsprozesse. Der Name soll auf den Mathematiker Andrew Vazsonyi zurückgehen, der seinerseits als Urheber einen fiktiven italienischen Mathematiker namens *Zepartzat Gozinto* erfand. Der Name ist eine Verballhornung der Phrase „the part that goes into" und versinnbildlicht das Prinzip der Gozinto-Graphen: Die Knoten entsprechen den einzelnen „Bausteinen", die in die Produktion einfließen; dies können Einzelteile, Fertigprodukte, Rohstoffe usw. sein. Jeder dieser Bausteine kann in zweierlei Hinsicht gebraucht werden: als unmittelbarer Bestandteil des Produktionsprozesses (so etwa: Türen bei der Montage von Autos) oder als mittelbarer (so etwa: Schrauben zur Befestigung der Türen bei der Montage von Autos). Hier wird dann zwischen *Primärbedarf* und *Gesamtbedarf* unterschieden; der Primärbedarf fließt üblicherweise in die Knotenbezeichnung mit ein.

Die Kanten des Gozinto-Graphen sind gerichtet und mit sogenannten *Produktionskoeffizienten* bewertet. Die Bewertung einer Kante zwischen den Knoten u und v gibt dabei an, wie viele Einheiten des Bausteins u zur Produktion einer Einheit des Bausteins v erforderlich sind.

Beispiel 1.7

In *Bild 1.22* ist ein Gozinto-Graph zu sehen. Aus den Knoten und Kanten lesen wir die Produktions-Information ab; betrachten wir etwa den linken unteren Knoten, der für den Rohstoff 1 steht, so erfahren wir, dass der Primärbedarf an diesem Rohstoff 300 ME (Mengeneinheiten) beträgt. Der Rohstoff 1 fließt aber auch noch in die Produktion der beiden Bausteine 2 und 4 ein, was wir jeweils anhand der entsprechenden bewerteten Kanten ablesen. Führen wir für die sechs hier involvierten Rohstoffeinheiten die Variablen x_1 bis x_6 ein, so erhalten wir aus der eben beschriebenen Situation die lineare Gleichung

$$x_1 = x_2 + 2x_4 + 300.$$

Diese Gleichung bedeutet: Von Rohstoff 1 werden primär 300 ME benötigt, außerdem sind für die Produktion einer ME von Rohstoff 2 eine und für die Produktion einer ME von Rohstoff 4 zwei ME von Rohstoff 1 erforderlich. Diese Bewertungen der Kanten finden sich in den Koeffizienten der Variablen x_2 und x_4 wieder. Der Gozinto-Graph hat sechs Knoten, und falls wir analoge Überlegungen für die anderen fünf Rohstoffe anstellen, so ergibt sich insgesamt ein lineares Gleichungssystem mit den Variablen x_1

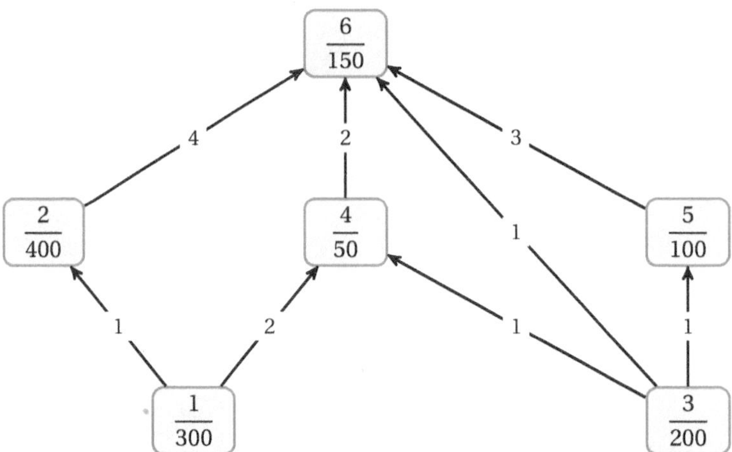

Bild 1.22 Ein Gozinto-Graph: Die Knoten sind mit zwei Informationen bewertet, nämlich der Nummer des Rohstoffs (oben) und dem Primärbedarf an diesem Rohstoff. Die Kantenbewertungen entsprechen den Produktionskoeffizienten: Wie viele Mengeneinheiten des „Ausgangsrohstoffs" werden für die Produktion einer Mengeneinheit des „Ziel-Rohstoffs" benötigt?

bis x_6:

$$\begin{aligned}
x_1 &= x_2 + 2x_4 + 300\\
x_2 &= 4x_6 + 400\\
x_3 &= x_4 + x_5 + x_6 + 200\\
x_4 &= 2x_6 + 50\\
x_5 &= 3x_6 + 100\\
x_6 &= 150
\end{aligned} \tag{1.7}$$

Die eindeutige Lösung des Systems (1.7), die die erforderlichen ME aller Bausteine angibt, ist der Vektor

$$x = \begin{pmatrix} 2.000\\ 1.000\\ 1.250\\ 350\\ 550\\ 150 \end{pmatrix},$$

wie man mithilfe des Gauß-Algorithmus herausfindet. ■

Der beschriebene Prozess lässt sich aufgrund der linearen Zusammenhänge auch wunderbar mithilfe von Matrizen beschreiben. Die Kantenbewertungen (also die Produktionskoeffizienten) lässt man dabei direkt in die sogenannte *Direktbedarfsmatrix D* einfließen:

Direktbedarfsmatrix

Bei einem mehrstufigen Produktionsprozess, in den n Rohstoffe involviert sind, versteht man unter der *Direktbedarfsmatrix* diejenige $(n \times n)$-Matrix D, deren Eintrag d_{ij} der Produktionskoeffizient ist, der angibt, wie viele Mengeneinheiten des Rohstoffs i für die Produktion einer Mengeneinheit des Rohstoffs j benötigt werden.

Die Direktbedarfsmatrix zu dem Gozinto-Graphen aus *Bild 1.22* ist

$$D = \begin{pmatrix} 0 & 1 & 0 & 2 & 0 & 0\\ 0 & 0 & 0 & 0 & 0 & 4\\ 0 & 0 & 0 & 1 & 1 & 1\\ 0 & 0 & 0 & 0 & 0 & 2\\ 0 & 0 & 0 & 0 & 0 & 3\\ 0 & 0 & 0 & 0 & 0 & 0 \end{pmatrix} \tag{1.8}$$

Mithilfe von D und dem Primärbedarfsvektor p lässt sich dann das System (1.7) auch komplett in Matrizenschreibweise beschreiben:

Matrizengleichung eines Gozinto-Prozesses

Bei einem wie oben beschriebenen Gozinto-Prozess besteht zwischen Lösungsvektor x, Direktbedarfsmatrix D und Primärbedarfsvektor p der Zusammenhang

$$x = D \cdot x + p.$$

2 Das Kürzeste-Wege-Problem in unbewerteten Graphen

Das Problem kürzeste Wege in Netzwerken zu finden, kann durchaus als eines der zentralen der gesamten Graphen- und Netzwerktheorie bezeichnet werden: ob es um reale Entfernungen zwischen realen Orten oder aber um virtuelle „Entfernungen" (wie beispielsweise Kosten) geht. Zunächst aber betrachten wir in diesem Kapitel *unbewertete Graphen*, verzichten also auf jedweden Entfernungsbegriff, ob real oder virtuell. Kürzeste Wege in solchen Graphen sind Wege mit möglichst wenigen Kanten, denn nur die Kantenzahl kann wegen der mangelnden Quantifizierung als Kriterium herangezogen werden.

Konkret geht es im Folgenden um sogenannte *aufspannende Bäume*, worunter wir Bäume verstehen wollen, die den „Kern des ursprünglichen Graphen" in dem Sinne enthalten, dass sie aus diesem Graphen durch Entfernung einer maximal möglichen Anzahl von Kanten entstehen, wie bereits im Eingangskapitel erwähnt. Da wir wieder von zusammenhängenden Graphen ausgehen wollen, bedeutet dies, dass gerade so viele Kanten zu entfernen sind, dass die Zusammenhangseigenschaft noch erhalten bleibt, dass also noch jeder Knoten des Ausgangsgraphen von jedem anderen Knoten aus erreicht werden kann.

Wie findet man solche aufspannenden Bäume? Welche Algorithmen existieren dafür und welche praktischen Problemstellungen können damit gelöst werden? Diesen Fragestellungen werden wir nun nachgehen.

2.1 Aufspannende Bäume

Zur Erinnerung: Ein aufspannender Baum eines Graphen G ist ein Teilgraph von G, der alle Knoten enthält. Solche aufspannenden Bäume finden ihre Anwendung immer dort, wo zusammenhängende Netzwerke bezüglich ihrer Wegeprobleme optimiert werden sollen. Daher bilden sie einen wesentlichen Bestandteil der modernen Graphentheorie. Mögliche Beispiele für solche Netzwerke können Straßennetze, Telefonnetze oder auch die Beziehungen in sozialen Netzwerken sein. Wir werden zum Ende dieses Kapitels wieder einige passende Anwendungsprobleme diskutieren.

In *Bild 2.1* sind zwei aufspannende Bäume des vollständigen Graphen K_5 zu sehen. Wie viele solche aufspannenden Bäume gibt es im K_5? Im vorangehenden Kapitel hatten wir bereits kurz den *Satz von Cayley* erwähnt (siehe (1.6)), der diese Frage beantwortet, nämlich $5^3 = 125$ Stück. Der Satz sagt jedoch nichts darüber aus, wie man einen aufspannenden Baum aus einem gegebenen, zusammenhängenden Graphen extrahiert. Werden die Ausgangsgraphen etwas komplexer, als es etwa der K_5 ist, so wird dies verständlicherweise auch zu einem deutlich komplexeren Problem, und man kann sich die Frage stellen: Ist es überhaupt klar, ob ein gegebener

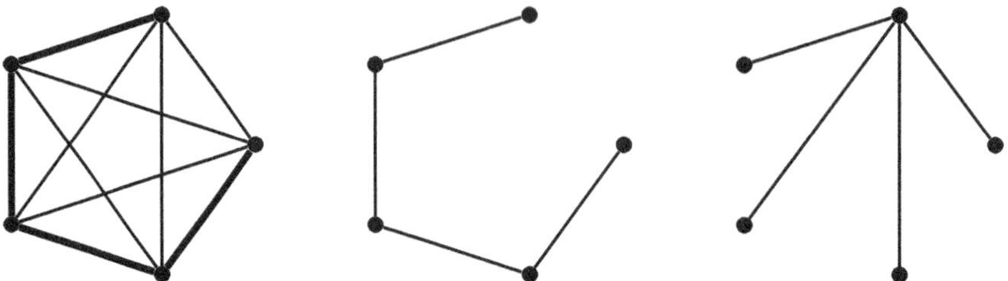

Bild 2.1 Die fetten Kanten bilden einen aufspannenden Baum des K_5 (links). Daneben der Baum selbst (Mitte) sowie ein weiterer aufspannender Baum des K_5 (rechts)

Graph immer mindestens einen aufspannenden Baum enthält? Und falls ja: wie findet man diesen?

Recht schnell macht man sich klar, dass nicht zusammenhängende Graphen auch keine aufspannenden Bäume enthalten können. Existieren nämlich bereits im Ausgangsgraphen G mehrere Zusammenhangskomponenten, also einzelne Teilgraphen, und gibt es daher beispielsweise zwischen zwei Knoten v_i (aus Zusammenhangskomponente G_i) und v_j (aus Zusammenhangskomponente G_j) keinen verbindenden Weg, dann gibt es einen solchen Weg natürlich auch nicht in einem Baum, der aus dem Graphen G extrahiert wird. Bei der Erstellung eines Baums B aus einem Graphen G dürfen nämlich lediglich Kanten gelöscht, aber keine Kanten hinzugefügt werden. Umgekehrt reicht aber die Zusammenhangseigenschaft auch tatsächlich schon aus für die Existenz von aufspannenden Bäumen:

Bedingung für aufspannenden Baum

Ein Graph $G = (V, E)$ enthält einen aufspannenden Baum $B = (V, E_0)$ genau dann, wenn der Graph $G = (V, E)$ zusammenhängend ist.

Besteht ein Graph G daher aus mehreren Zusammenhangskomponenten, dann kann man für jede einzelne Komponente durch das Entfernen von Kanten einen aufspannenden Baum finden – in *Bild 2.2* ist dieser Sachverhalt verdeutlicht. Wir gehen im Folgenden, wenn wir uns auf die Suche nach aufspannenden Bäumen machen, also davon aus, dass der Ausgangsgraph zusammenhängend ist.

In den nächsten beiden Abschnitten werden wir uns mit systematischen Verfahren beschäftigen, um aufspannende Bäume zu finden, also aus einem gegebenen Graphen so viele Kanten

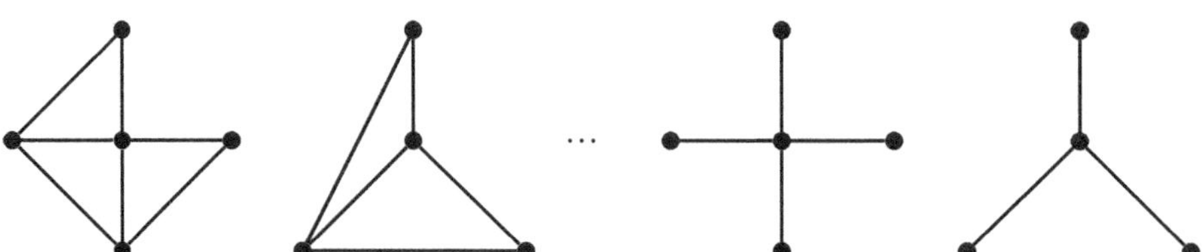

Bild 2.2 Der dargestellte Graph besteht aus zwei Zusammenhangskomponenten. Es existiert daher kein global aufspannender Baum; allerdings lässt sich für jede der beiden Zusammenhangskomponenten ein aufspannender Baum finden.

wie möglich und gleichzeitig nur so viele wie nötig zu entfernen. Wir stellen hierfür zwei Algorithmen vor: die Breitensuche (BFS für *breadth first search*) und die Tiefensuche (DFS für *depth first search*). Beide Algorithmen liefern als Output aufspannende Bäume, wobei die Ergebnisse natürlich vom Ausgangsgraphen abhängig sind und sich in ihrer Form und Darstellung auch ganz wesentlich voneinander unterscheiden können – und dies in der Regel auch tun. Wir werden beide Algorithmen anhand desselben Beispiels erklären und anschließend noch ausführlich auf Gemeinsamkeiten und Unterschiede eingehen.

2.2 Breitensuche

Geht man bei der Suche nach einem aufspannenden Baum nach der sogenannten *Breitensuche* (im Folgenden mit BFS abgekürzt) vor, so sucht man zunächst in der Breite, bevor es Schicht für Schicht in die Tiefe geht:

Breitensuche (Breadth First Search)

Eingabe: Ein zusammenhängender Graph $G = (V,E)$ mit Knotennamen und mindestens einem Knoten.

Ausgabe: Ein aufspannender Baum $B = (V_1, E_0)$ (also $V_1 = V$), der für den Ausgangsgraphen G die (bezüglich ihrer Kantenanzahl) kürzesten Wege vom Startknoten zu allen anderen Knoten liefert.

1. Initialisierung: Wir gehen aus von einer zunächst leeren Kantenliste E_0 und von zwei zunächst leeren Knotenlisten V_0 und V_1.
2. Wir wählen einen beliebigen Startknoten v_s und tragen diesen in die beiden Knotenlisten V_0 und V_1 ein.
3. Wir wählen den ersten Knoten v aus der Knotenliste V_0 als *aktiven Knoten.*
4. Wir suchen alle Nachbarknoten von v, die noch nicht in der Knotenliste V_1 stehen, und die Kanten, die vom aktiven Knoten zu diesen Nachbarknoten führen.
5. Wir schreiben die so gefundenen Knoten hinten in die Knotenlisten V_0 und V_1 sowie die Kanten hinten in die Kantenliste E_0. Nachdem alle Nachbarknoten des aktiven Knotens abgearbeiet worden sind, streichen wir v aus der Liste V_0.
6. Falls V_0 nicht leer ist, gehe zu 3. Ansonsten STOPP, Ausgabe des aufspannenden Baums $B = (V_1, E_0)$.

In der Literatur werden Sie viele unterschiedliche Möglichkeiten entdecken, wie man die Breitensuche formulieren könnte. Dass sich mithilfe der Breitensuche (BFS) aus einem beliebigen zusammenhängenden Graphen G ein aufspannender Baum berechnen lässt, kann man natürlich auch mit verschiedenen Methoden beweisen. Da wir jedoch in der Regel auf Beweise verzichten wollen, machen wir uns den Ablauf des Algorithmus nun anhand eines Beispiels plausibel:

Beispiel 2.1

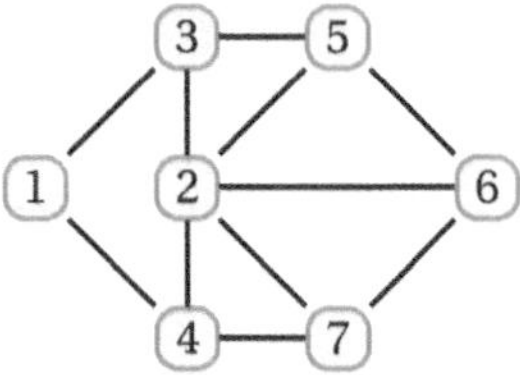

Bild 2.3 Der zusammenhängende Graph aus Beispiel 2.1 mit sieben Knoten

In *Bild 2.3* sehen Sie einen zusammenhängenden Graphen, aus dem wir mithilfe des Breitensuche-Algorithmus einen aufspannenden Baum extrahieren wollen. Dazu gehen wir die einzelnen Schritte des Algorithmus durch: Laut Initialisierung haben wir zu Beginn zwei leere Knotenlisten und eine leere Kantenliste:

$$V_0 = \{\}, \quad V_1 = \{\} \quad \text{und} \quad E_0 = \{\}.$$

Als Startknoten v_s wählen wir den Knoten 1 und tragen diesen in die beiden Knotenlisten ein:

$$V_0 = \{1\}, \quad V_1 = \{1\} \quad \text{und} \quad E_0 = \{\}.$$

Jetzt beginnt die erste Iteration: Alle Nachbarn von 1 werden in die beiden Knotenlisten und die entsprechenden Kanten in die Kantenliste eingetragen:

$$V_0 = \{1,3,4\}, \quad V_1 = \{1,3,4\} \quad \text{und} \quad E_0 = \{\{1,3\},\{1,4\}\}.$$

Da alle Nachbarn von 1 in der Knotenliste V_1 vorhanden sind, kann 1 jetzt aus V_0 gelöscht werden, also $V_0 = \{3,4\}$, und Knoten 3 wird der aktive Knoten. Im nächsten Iterationsschritt werden alle noch nicht in der Liste V_1 vorhandenen Nachbarn des aktiven Knotens den Listen V_0 und V_1 hinten hinzugefügt; alle dazugehörigen Kanten werden in der Kantenliste E_0 notiert. Der erste Nachbarknoten von 3 ist der Knoten 1, dieser befindet sich jedoch bereits in der Knotenliste V_1 und muss dementsprechend nicht mit aufgenommen werden. Es folgen die Nachbarn 2 und 5. Die aktualisierten Listen sehen danach wie folgt aus:

$$V_0 = \{3,4,2,5\}, \quad V_1 = \{1,3,4,2,5\} \quad \text{und} \quad E_0 = \{\{1,3\},\{1,4\},\{3,2\},\{3,5\}\}.$$

Nun wird 3 aus V_0 gelöscht, also $V_0 = \{4,2,5\}$, und 4 wird der aktive Knoten. Nach zwei weiteren Iterationsschritten ergibt sich

$$V_0 = \{4,2,5,7\}, \quad V_1 = \{1,3,4,2,5,7\} \quad \text{und} \quad E_0 = \{\{1,3\},\{1,4\},\{3,2\},\{3,5\},\{4,7\}\}$$

und

$$V_0 = \{2,5,7,6\}, \quad V_1 = \{1,3,4,2,5,7,6\} \quad \text{und} \quad E_0 = \{\{1,3\},\{1,4\},\{3,2\},\{3,5\},\{4,7\},\{2,6\}\}.$$

Nachdem Knoten 2 aus V_0 gelöscht wurde, werden 5, 7 und 6 nacheinander aktive Knoten, nur um festzustellen, dass bereits alle Nachbarn in der Knotenliste V_1 vorhanden

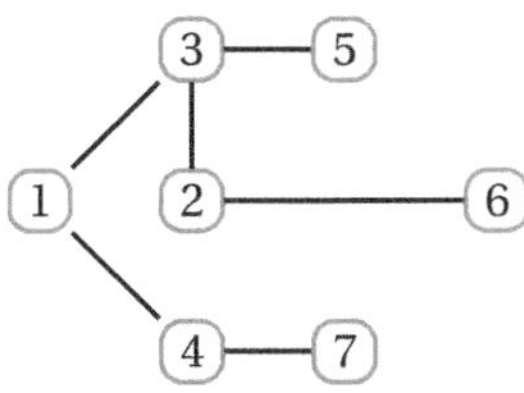

Bild 2.4 Der aufspannende Baum aus *Beispiel 2.1* nach Durchführung der Breitensuche (BFS)

sind. Damit ist die Knotenliste V_0 leer, und der Algorithmus bricht mit folgendem Zustand ab:

$$V_0 = \{\}, \quad V_1 = \{1,3,4,2,5,7,6\} \quad \text{und} \quad E_0 = \{\{1,3\},\{1,4\},\{3,2\},\{3,5\},\{4,7\},\{2,6\}\}.$$

Die Menge V_1 enthält nun alle Knoten des Ausgangsgraphen, und mit E_0 als Kantenliste ergibt sich der aufspannende Baum, der in *Bild 2.4* zu sehen ist. ■

Mithilfe der Breitensuche haben wir also einen aufspannenden Baum für den Graphen aus *Bild 2.3* erhalten. Es handelt sich dabei allerdings nicht nur um irgendeinen aufspannenden Baum, sondern um einen, aus dem man die (bezogen auf die Kantenanzahl) jeweils kürzesten Wege vom Startknoten aus ablesen kann. Dieses Ergebnis gilt allgemein:

Kürzeste-Wege-Baum

Wurde für einen gegebenen Graphen $G = (V, E)$ mithilfe der Breitensuche für einen Startknoten v_0 ein aufspannender Baum gefunden, so kann man im Baum für jeden Knoten v in G den (bezogen auf die Kantenanzahl) kürzesten Weg von v_0 nach v ablesen.

Die Breitensuche liefert somit den Baum der kürzesten Wege für einen ausgezeichneten Startknoten. Wieso aber ist das eigentlich so? Könnte es nicht auch sein, dass ein noch kürzerer Weg vom Startknoten v_0 zu irgendeinem Knoten v im Ausgangsgraphen G existiert? Dass das eben nicht so ist, liegt an der speziellen Vorgehensweise der Breitensuche: Beginnend mit dem Startknoten werden zunächst alle direkten Nachbarn gesucht, diese sind über exakt *eine Kante* mit dem Startknoten verbunden – weniger geht nicht (abgesehen vom Nullabstand des Startknotens zu sich selber). Als nächstes wird die Schicht der Nachbarknoten abgearbeitet, und zwar komplett: Es werden alle, aber auch wirklich alle direkten Nachbarn der ersten Nachbarn des Startknotens in die Listen der Breitensuche und damit in den aufspannenden Baum aufgenommen. Erst wenn tatsächlich alle Nachbarn der ersten Schicht, also alle Knoten, die über zwei Kanten mit dem Startknoten verbunden sind, in beide Listen eingetragen worden sind, kann auch der letzte Knoten der ersten Schicht aus der ersten Liste V_0 gestrichen werden. In unserem *Beispiel 2.1* wäre dies der Löschvorgang von Knoten 4 (alle Nachbarn von 3 und 4 wurden bereits in die Listen V_0, V_1 und E_0 mit aufgenommen). Damit können wir sicher sein, in jedem Fall alle Knoten, die lediglich über zwei Kanten mit dem Startknoten verbunden sind, gefunden zu haben. Ein Knoten, der über zwei Kanten mit dem Startknoten verbunden ist, muss als Zwischenknoten einen direkten Nachbarn vom Startknoten besitzen. Wir hatten aber alle direkten Nachbarn in unserem aufspannenden Baum aufgenommen, und wir haben uns außerdem im nächsten Schritt alle Nachbarn der direkten Nachbarn angesehen und in den aufspannenden Baum mit aufgenommen. Da die Breitensuche diesem Prinzip, Schicht für Schicht, treu bleibt, wissen wir, dass wir tatsächlich alle kürzesten Wege vom Startknoten v_0 zu jedem beliebigen anderen Knoten v im Ausgangsgraphen G am Ende der Breitensuche gefunden haben.

Ein paar wenige Worte zum Nutzen dieser Eigenschaft: So lange Entfernungen keine Rolle spielen, die Kanten also keine Bewertungen oder Gewichtungen erhalten (siehe nachfolgendes Kapitel 3), liefert die Breitensuche einen Algorithmus zur Optimierung, um genauer zu sein: zur Minimierung von Weglängen innerhalb eines zusammenhängenden Graphen. Ein Beispiel aus unserer Alltagspraxis ist etwa ein Netzplan des öffentlichen Nahverkehrs in einer Großstadt. Es interessiert den Fahrgast hier nur, wie viele Stationen er von seinem Startpunkt zu seinem Zielpunkt zurücklegen muss. Was er zur Erreichung seines Ziels macht, ist im Prinzip eine – zumindest lokale – Breitensuche. Diese führt er ganz automatisch, intuitiv durch. Eine komplette Breitensuche dagegen wird kein Mensch je durchführen, denn das wäre sicherlich beim gestellten Problem, das ja noch in gewisser Weise sehr überschaubar ist, auch nicht notwendig.

Schnell übersehen, aber sehr wesentlich, ist eine Tatsache, die wir hier noch einmal betonen wollen: Der auf die oben beschriebene Weise mit der Breitensuche gefundene aufspannende Baum hängt ganz wesentlich vom Startknoten ab, und die Minimierung in Bezug auf die Kantenanzahl bezieht sich auch nur auf diesen. Wenn wir also zu einem gegebenen Graphen G *alle kürzesten Wege* von jedem beliebigen Startknoten zu jedem beliebigen Zielknoten ermitteln wollen, dann müssen wir die Breitensuche entsprechend der Anzahl der Knoten in diesem Graphen oft wiederholen oder uns Gedanken über einen verbesserten Algorithmus machen. Es handelt sich streng genommen also nicht um den Kürzeste-Wege-Baum eines Graphen G, sondern nur um den *Kürzeste-Wege-Baum bezüglich eines Startknotens* v_0.

Widmen wir uns im folgenden Abschnitt der Tiefensuche und damit einer kleinen, aber wesentlichen Abwandlung des Prinzips der Breitensuche.

2.3 Tiefensuche

Die Tiefensuche sucht, wie der Name schon sagt, zuerst in der Tiefe. Wenn Sie den nachfolgenden Algorithmus mit dem der Breitensuche vergleichen, wird der Unterschied wahrscheinlich nicht gleich ins Auge fallen. Dieser Unterschied besteht tatsächlich nur aus einem kleinen Detail, aber einem ganz entscheidenden. Im Gegensatz zur Breitensuche werden bei der Tiefensuche die neu gefundenen Nachbarknoten nicht an das Ende, sondern *an den Anfang der jeweiligen Knotenlisten* geschrieben. Die Tiefensuche folgt also einem sogenannten *LIFO-Prinzip* (Last-In-First-Out), während man bei der Breitensuche nach einem *FIFO-Prinzip* (First-In-First-Out) vorgeht. Plastisch gesprochen hat man bei der Tiefensuche einen gewissen Stapel, auf den „immer weiter oben drauf gepackt“ wird – der zuletzt besuchte Knoten wird dann der neue aktive Knoten. Bei der Breitensuche hat man eine Schlange, bei der sich hinten eingereiht wird, und erst wenn alle Nachbarn des aktiven Knotens gefunden worden sind, wird ein neuer aktiver Knoten ausgewählt. Wir beschreiben zunächst wieder den Algorithmus:

Tiefensuche (Depth First Search)

Eingabe: Ein zusammenhängender Graph $G = (V, E)$ mit Knotennamen und mindestens einem Knoten.

Ausgabe: Ein aufspannender Baum $B = (V_1, E_0)$ (also $V_1 = V$).

1. Initialisierung: Wir gehen aus von einer zunächst leeren Kantenliste E_0 und von zwei zunächst leeren Knotenlisten V_0 und V_1.
2. Wir wählen einen beliebigen Startknoten v_s und tragen diesen in die beiden Knotenlisten V_0 und V_1 ein.
3. Wir wählen den ersten Knoten v aus der Knotenliste V_0 als aktiven Knoten.
4. Wenn sich alle Nachbarknoten von v bereits in V_1 befinden, dann streichen wir v aus der Liste V_0. Ansonsten wählen wir einen Nachbarknoten v_n aus, der noch nicht in V_1 steht.
5. Wir schreiben den Knoten v_n *an den Anfang* der Listen V_0 und V_1. Die zugehörige Kante, die vom aktiven Knoten v zum Nachbarknoten v_n führt, tragen wir in die Kantenliste E_0 ein.
6. Falls V_0 nicht leer ist, gehe zu 3. Ansonsten STOPP, Ausgabe des aufspannenden Baums $B = (V_1, E_0)$.

Wir führen den Algorithmus zur Tiefensuche nun zur Verdeutlichung *am selben Beispiel wie die Breitensuche durch* (vgl. *Beispiel 2.1*), nämlich für den Graphen aus *Bild 2.3*:

Beispiel 2.2

Laut Initialisierung haben wir zu Beginn zwei leere Knotenlisten und eine leere Kantenliste:

$V_0 = \{\}, \quad V_1 = \{\} \quad \text{und} \quad E_0 = \{\}.$

Als Startknoten v_s wählen wir den Knoten 1 und tragen diesen in die beiden Knotenlisten ein:

$V_0 = \{1\}, \quad V_1 = \{1\} \quad \text{und} \quad E_0 = \{\}.$

Jetzt beginnen wir mit der Iteration: Es existieren noch Nachbarn des Startknotens 1, die noch nicht in Liste V_1 vorhanden sind. Wir wählen den Nachbarknoten 3 und tragen diesen jetzt *vorne* in die Knotenlisten ein. Die Kante $\{1,3\}$ wird in die Kantenliste aufgenommen, und so ergibt sich:

$V_0 = \{3,1\}, \quad V_1 = \{3,1\} \quad \text{und} \quad E_0 = \{\{1,3\}\}.$

Knoten 3 wird jetzt der neue aktive Knoten. Es befinden sich noch nicht alle Nachbarn von Knoten 3 in der Knotenliste V_1. Wir wählen den Nachbarn 2 und tragen diesen ein.

$V_0 = \{2,3,1\}, \quad V_1 = \{2,3,1\} \quad \text{und} \quad E_0 = \{\{1,3\},\{3,2\}\}.$

Wir dokumentieren den Stand nach den weiteren Iterationsschritten:

$V_0 = \{4,2,3,1\}$, $V_1 = \{4,2,3,1\}$ und $E_0 = \{\{1,3\},\{3,2\},\{2,4\}\}$

$V_0 = \{7,4,2,3,1\}$, $V_1 = \{7,4,2,3,1\}$ und $E_0 = \{\{1,3\},\{3,2\},\{2,4\},\{4,7\}\}$

$V_0 = \{6,7,4,2,3,1\}$, $V_1 = \{6,7,4,2,3,1\}$ und $E_0 = \{\{1,3\},\{3,2\},\{2,4\},\{4,7\},\{7,6\}\}$

$V_0 = \{5,6,7,4,2,3,1\}$, $V_1 = \{5,6,7,4,2,3,1\}$ und $E_0 = \{\{1,3\},\{3,2\},\{2,4\},\{4,7\},\{7,6\},\{6,5\}\}$

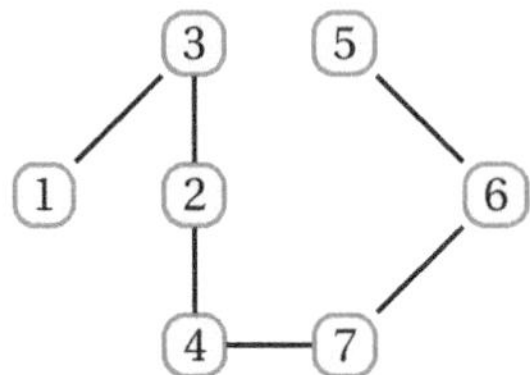

Bild 2.5 Der aufspannende Baum nach Durchführung der Tiefensuche (DFS)

Vom jetzt aktiven Knoten 5 sind bereits alle Nachbarn in der Knotenliste V_1 vorhanden, somit kann 5 aus V_0 gelöscht werden $V_0 = \{6, 7, 4, 2, 3, 1\}$ und 6 wird der aktive Knoten. Auch vom Knoten 6 sind bereits alle Nachbarn enthalten, usw. Nachdem alle Knoten aus V_0 gelöscht wurden, ist das Abbruchkriterium erreicht und der Algorithmus wird beendet. Die Menge V_1 enthält nun alle Knoten des Ausgangsgraphen, und mit E_0 als Kantenliste ergibt sich der aufspannende Baum, der in *Bild 2.5* zu sehen ist. ■

Vergleichen wir die beiden Ergebnisse von Breiten- bzw. Tiefensuche. Beide Algorithmen lieferten aufspannende Bäume, zu sehen in *Bild 2.4* bzw. in *Bild 2.5*. Wie man sieht, entstehen bei den beiden Algorithmen völlig unterschiedliche aufspannende Bäume. Handelt es sich um eine spezifische Eigenart des von uns gewählten Beispiels? Nein, das tut es nicht: Auch wenn man natürlich Graphen konstruieren könnte, die bei beiden Algorithmen dieselben Ergebnisse liefern (versuchen Sie einmal, solche Graphen zu finden), ist es doch im Allgemeinen der Fall, dass die Ergebnisse unterschiedlich sind. Während der aufspannende Baum, der mithilfe der Breitensuche gefunden wird, gleichzeitig auch ein Kürzeste-Wege-Baum für den Startknoten v_0 bezüglich der Kantenanzahl ist, so liefert die Tiefensuche erst einmal nur einen aufspannenden Baum. Je nach Art des Ausgangsgraphen G kann der dabei entstehende Baum auch noch ziemlich wenig nach einem Baum aussehen. Auf jeden Fall wird schon nach kurzem Betrachten des konstruierten Baums klar, dass dieser mit Sicherheit keine kürzesten Wege bezüglich eines Startknotens liefert. Wozu ist denn dann die Tiefensuche gut? Nur um ein zweites Verfahren kennen gelernt zu haben, wie man aufspannende Bäume konstruieren kann? Nein, die Tiefensuche hat durchaus ihre Relevanz bei konkreten Fragestellungen; ein erstes Beispiel finden Sie im nachfolgenden Abschnitt 2.4.

Bei der Breitensuche werden erst alle Knoten einer Ebene oder einer Schicht abgearbeitet, bevor man sich der nächsten Ebene widmet. Bei der Tiefensuche läuft man entlang eines Wegs innerhalb des Graphen solange in die Tiefe, bis es nicht mehr weitergeht, um dann mithilfe des *Backtracking* nur so viele Schichten wieder herauf zu laufen, bis man den ersten unbesuchten Nachbarn findet, um dann von dort wieder mit der Suche in die Tiefe fort zu fahren. Aufgrund der unterschiedlichen Vorgehensweise beider Algorithmen ist auch der jeweilige Speicherplatzbedarf sehr verschieden. Bei der Breitensuche müssen alle bisher entdeckten Knoten gespeichert werden, wohingegen sich bei der Tiefensuche jeweils nur ein „Ast“ im Arbeitsspeicher befinden muss. Die Breitensuche ist somit für sehr große Probleme eher ungeeignet, und man bedient sich hierfür der sogenannten *iterativen Tiefensuche*, die die guten Speicherplatzeigenschaften der Tiefensuche mit den vollständigen Sucheigenschaften der Breitensuche kombiniert. Wir gehen auf dieses Verfahren nicht näher ein, dem interessierten Leser sei als weiterführende Literatur [50] empfohlen.

2.4 Anwendungen in der Praxis

Von den zahlreichen Praxisanwendungen der Breiten- und Tiefensuche greifen wir eine heraus, nämlich die Anwendung in sozialen Netzwerken. Man kann hier sehr gut sehen, bei welcher Fragestellung sich welcher der beiden Algorithmen besser eignet.

Beispiel 2.3

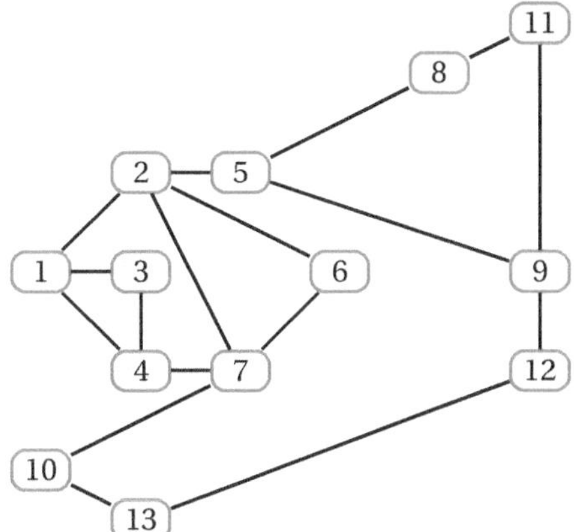

Bild 2.6 Graphenmodell des sozialen Netzwerks der Fans der Firmenmarke HR

Die Firmenmarke HR betreibt Marketing in einem sozialen Netzwerk. Der stärkste Konkurrent von HR ist die Marke AK. In *Bild 2.6* sind alle Fans der Marke HR und ihre direkten Freundschaftsbeziehungen untereinander dargestellt. Dabei sei der Knoten 1 der Geschäftsführer der Marke HR. Die Firma HR interessiert sich nun im Rahmen einer Zielgruppenforschung für folgende Fragestellungen:

1. Gibt es unter den Fans der Marke HR auch mindestens einen Fan des stärksten Konkurrenten AK?
2. Wie viele Fans von HR sind ebenfalls Fans des stärksten Konkurrenten AK?
3. Wie viele Freundschaftsbeziehungen liegen minimal zwischen dem Geschäftsführer (Knoten 1) der Firma HR und einem Fan der Marke AK? ■

Bei beiden Suchalgorithmen handelt es sich um sogenannte *uninformierte Suchen*, das heißt sie verfügen über keinerlei Informationen, ob überhaupt und wenn ja, wo sich die gesuchten Knoten im Graphen befinden. Wir, die Leser dieses Buches, wissen das es sich um die Knoten 9, 10 und 11 handelt. Im Folgenden werden wir erleben, dass es von der Suchstrategie abhängt, welchen von den oben genannten Knoten wir wann finden werden.

Für welche der Fragestellungen ist nun welcher der beiden Algorithmen geeigneter? Für die erste Frage, ob es unter den Fans von HR auch einen von AK gibt, bietet sich die Tiefensuche an, deren Ergebnis in *Bild 2.7* dargestellt ist. Da lediglich ein Fan gefunden werden soll, der die Eigenschaft, Fan von HR und von AK zu sein, erfüllt, ist man bei Eintritt dieses Ereignisses fertig, wofür möglicherweise nicht der komplette Graph durchsucht werden muss. Außerdem interessiert es auch nicht, ob dieser Fan (wenn er denn existiert), eng oder weniger eng mit der Geschäftsführung befreundet ist.

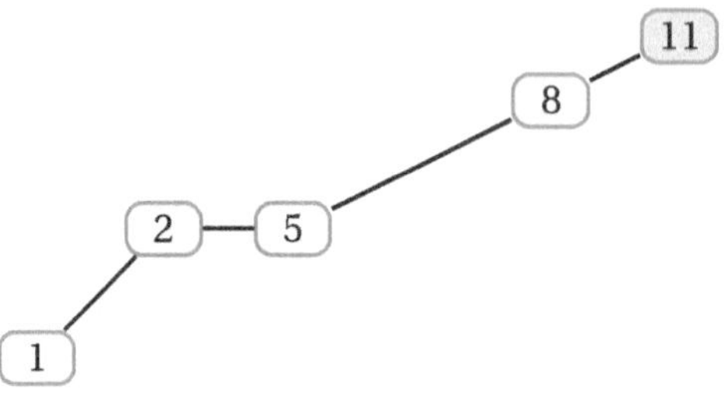

Bild 2.7 Graphenmodell des sozialen Netzwerks nach der Tiefensuche. Beim Auffinden des ersten Fans der Marke AK (hier Knoten 11) wird abgebrochen.

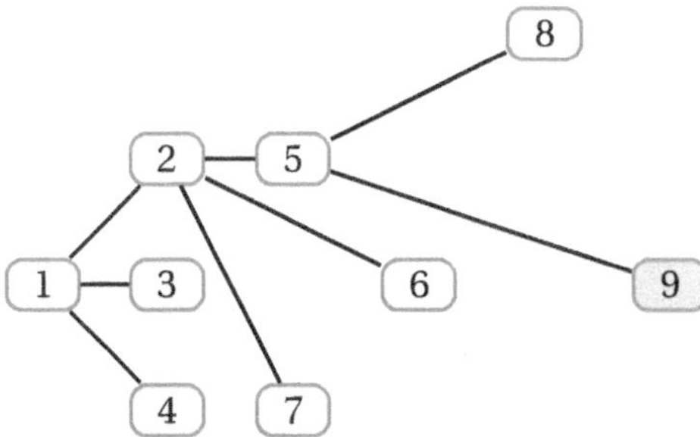

Bild 2.8 Graphenmodell des sozialen Netzwerks nach der Breitensuche. Beim Auffinden des ersten Fans der Marke AK (hier Knoten 9) wird abgebrochen.

Zum Vergleich führen wir für das gleiche Problem auch noch die Breitensuche durch. Wie man *Bild 2.8* sofort entnehmen kann, werden bei der Breitensuche weitaus mehr Knoten untersucht, bevor man den ersten Fan der Marke AK gefunden hat.

Bei der zweiten Frage, die einen quantifizierenden Charakter hat, haben wir prinzipiell die freie Wahl. Es muss jedenfalls der komplette Graph durchsucht werden, und sowohl die Brei-

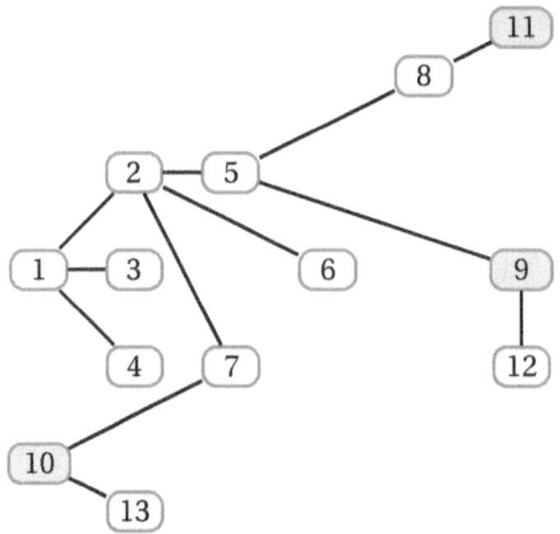

Bild 2.9 Graphenmodell des sozialen Netzwerks nach der kompletten Breitensuche. Fans der Firmenmarke AK sind dunkel markiert (Knoten 9, 10 und 11).

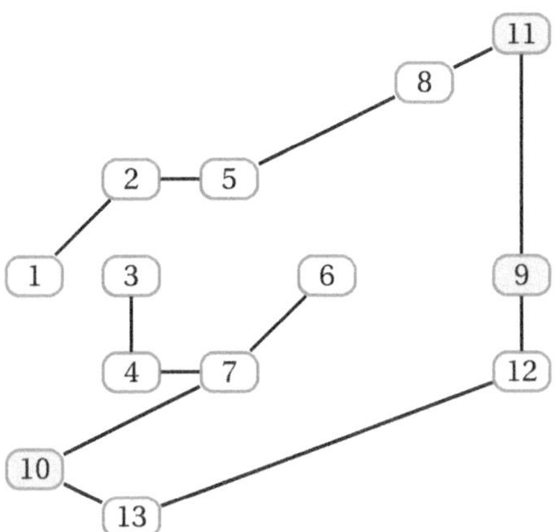

Bild 2.10 Graphenmodell des sozialen Netzwerks nach der kompletten Tiefensuche. Fans, die die Firmenmarke AK als Arbeitgeber angeben, sind dunkler markiert (Knoten 9, 10 und 11).

ten- als auch die Tiefensuche erfüllen diese Bedingung. Sollte der Speicherplatzbedarf eine Rolle spielen, dann ist natürlich die Tiefen- der Breitensuche vorzuziehen. Legt man auf eine strukturierte Form des aufspannenden Baums wert, eignet sich natürlich die Breitensuche. Die Ergebnisse beider Algorithmen werden in den *Bildern 2.9 und 2.10* dargestellt.

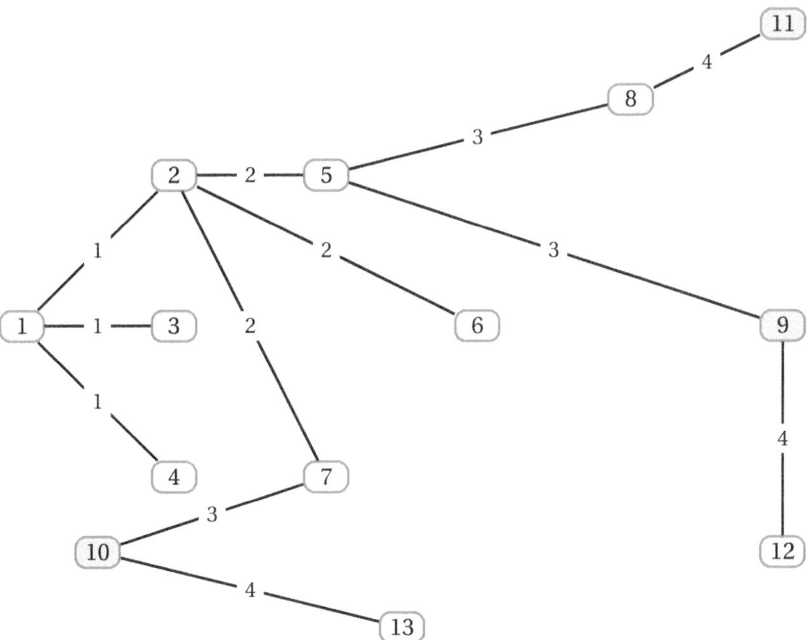

Bild 2.11 Graphenmodell des sozialen Netzwerks nach der Breitensuche. Der Abstand zum Startknoten 1 ist den Kanten zu entnehmen.

Abschließend sei noch angemerkt, das nach einer kompletten Durchführung der Breitensuche, wie sie zur Beantwortung der dritten Frage notwendig wird, natürlich auch die ersten beiden Fragen gleich mitbeantwortet werden könnten.

Zur korrekten Beantwortung der dritten Fragestellung schließlich muss die Breitensuche herangezogen werden. Mit ihrer Hilfe erhalten wir einen Kürzeste-Wege-Baum bezüglich der Kantenanzahl ausgehend von einem Startknoten und damit genau die Beantwortung der Frage. Wir haben also nichts weiter zu tun, als die Kantenanzahl vom Knoten 1 zu den Knoten 9, 10 und 11 zu ermitteln. *Bild 2.11* entnehmen wir sofort die Lösung: Über drei Kanten werden Knoten 9 und Knoten 10 erreicht, über vier Kanten Knoten 11.

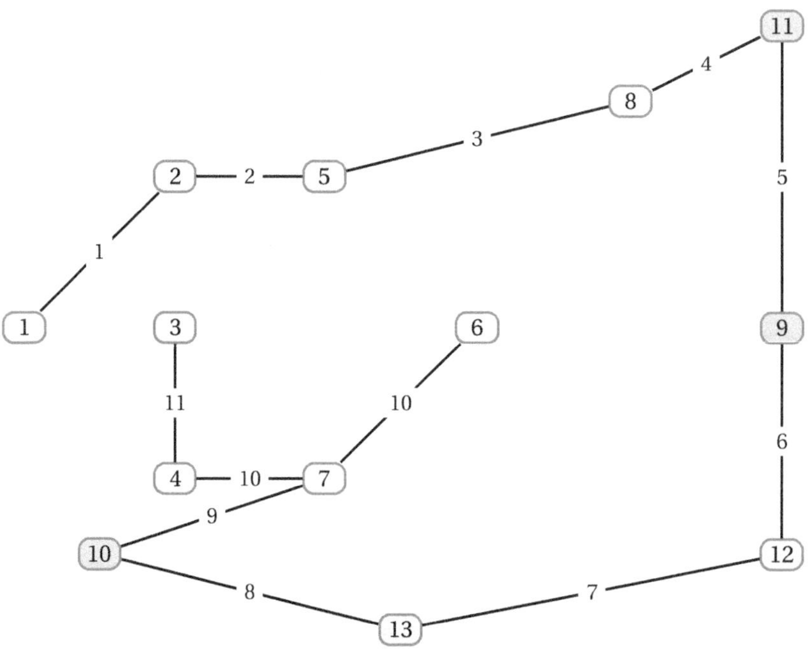

Bild 2.12 Graphenmodell des sozialen Netzwerks nach der Tiefensuche. Der Abstand zum Startknoten 1 ist den Kanten zu entnehmen.

Mithilfe der Tiefensuche könnte man diese Frage tatsächlich nicht beantworten. Dennoch haben wir in *Bild 2.12* auch die Tiefensuche mit den entsprechenden Kantenbewertungen dargestellt. Die ermittelten Abstände betragen 4, 5 und 8 Kanten, innerhalb des Ausgangsgraphen könnte man einige der Knoten jedoch wesentlich schneller erreichen. Vergleichen Sie hierzu das Ergebnis der Breitensuche (Abstände von 3, 3 und 4 Kanten) in *Bild 2.11*.

3 Das Kürzeste-Wege-Problem in bewerteten Graphen

Nachdem wir im vorangehenden Kapitel das Kürzeste-Wege-Problem für unbewertete Graphen diskutiert haben, wollen wir nun auch Kantenbewertungen zulassen. Damit können wir zahlreiche Probleme realistischer modellieren: Man denke etwa an die Navigationssysteme, die sich mittlerweile in nahezu jedem Auto befinden und die auf Knopfdruck den kürzesten oder auch den schnellsten Weg angeben können. Solche Systeme müssen in der Lage sein, Entfernungen, Zeiten oder sonstige „Kosten“ für ihre Berechnungen in Betracht zu ziehen. Wie genau ein solches Navigationssystem im Kern funktioniert, welche Algorithmen seinen Berechnungen zugrunde liegen – diesen und anderen Fragen werden wir uns nun in diesem Kapitel zuwenden.

3.1 Der Kürzeste-Wege-Baum und die kombinatorische Explosion

Bevor wir den vielleicht wichtigsten Algorithmus zum Auffinden von kürzesten Wegen in bewerteten Graphen vorstellen, wollen wir uns noch ein paar Gedanken darüber machen, was wir überhaupt unter einem kürzesten Weg verstehen wollen. Einleitend wurden bereits Navigationssysteme in Autos angesprochen; bleiben wir ein wenig bei diesem Beispiel.

Erfahrungsgemäß entspricht der kürzeste Weg, gemessen in Kilometern, nicht immer auch dem schnellsten Weg, gemessen in Stunden bzw. Minuten. Man muss für die jeweilige Problemstellung präzisieren, was denn unter „kurz“ zu verstehen sein soll – welche Kantenbewertung also in den betrachteten Graphen zugrunde liegt. Optimiert man eine Strecke bezüglich der Zeit, bedeutet der kürzeste Weg eben den schnellsten Weg; optimiert man eine Strecke bezüglich entstehender Kosten, bedeutet der kürzeste Weg dagegen den preiswertesten Weg – es ist also gar nicht immer so eindeutig, von einem *kürzesten Weg* zu sprechen. Bei der Deutschen Bahn wird bei der Suche nach Verbindungen beispielsweise standardmäßig der zeit-kürzeste Weg angegeben, wobei man hier auch durch weitere Optionen die Suche modifizieren kann, um den besten Weg zu finden. Was ist nun wieder ein bester Weg? Damit wir nicht zu individuell werden, und das müssten wir bei der Beantwortung nach kürzestem, schnellstem oder auch bestem Weg werden, da dieser für jedes Individuum verschieden sein könnte, einigen wir uns auf folgende Herangehensweise:

Wenn wir unsere Alltagsprobleme mithilfe von Graphen simulieren, soll der Begriff „kürzester Weg“ von der gewählten Bewertung der Kanten abhängen. Diese Bewertung können wir ganz nach unseren Vorstellungen gestalten – also etwa Zeitangaben, Entfernungsangaben oder sonstige Gewichtungen mit einfließen lassen. Darüber, wie man zu sinnvollen Bewertungen gelangt, wollen wir uns an dieser Stelle zunächst keine weiteren Gedanken machen.

Im ersten Kapitel haben wir bereits die Länge eines Weges definiert (siehe Gleichung (1.4)) und dazu auch die Angaben von Entfernungen mithilfe von Matrizen kennen gelernt (siehe Definition (1.5)). Greifen wir die erste Definition noch einmal auf und legen nun fest, was wir unter einem kürzesten Weg verstehen wollen:

Kürzester Weg in einem bewerteten Graphen

Es sei $G = (V, E)$ ein bewerteter, zusammenhängender Graph, und es sei v_s ein Start- und v_z ein Zielknoten. Ein Weg $w = (v_s, \ldots, v_z)$ von v_s zu v_z heißt *kürzester Weg*, falls die Länge von w, also die Summe seiner Kantenbewertungen, verglichen mit jedem anderen Weg von v_s zu v_z minimal ist.

Bevor wir mithilfe eines Algorithmus den kürzesten Weg berechnen, probieren wir erst einmal selbst eine Vorgehensweise zu finden. In *Bild 3.1* ist ein Graph zu sehen, für den Sie den kürzesten Weg vom Startknoten v_s zum Zielknoten v_z ermitteln sollen. Wie gehen Sie dabei vor? Wann verwerfen Sie einen Weg? Indem man diese Fragen für sich beantwortet, bekommt man bereits ein gutes Gefühl dafür, wie strukturierte Algorithmen an die Sache herangehen könnten.

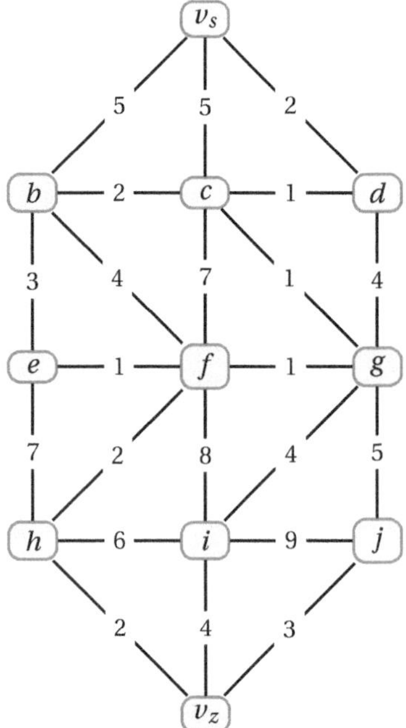

Bild 3.1 Versuchen Sie, den kürzesten Weg vom Startknoten v_s zum Zielknoten v_z zu finden.

Finden Sie einen solchen kürzesten Weg von v_s zu v_z? Und, falls Sie erfolgreich waren, welche Länge hat Ihr kürzester Weg?

Da eine Ermittlung im obigen Beispiel auch noch ohne Zuhilfenahme von Rechnerkapazitäten in erträglicher Zeit zumutbar ist, stehen die Chancen nicht schlecht, dass Sie ihn finden.

An dieser Stelle geben wir Ihnen die Antwort; der kürzeste Weg lautet:

$$w = (v_s, d, c, g, f, h, v_z).$$

Auch wenn Sie durch scharfes Hinsehen sofort die Länge des Weges, nämlich 9, ermitteln können, wollen wir zum besseren Verständnis der Definition die Länge von w einmal mithilfe der Summe der Kantenbewertungen bestimmen:

$$\begin{aligned} l(w) &= b(\{v_s, d\}) + b(\{d, c\}) + b(\{c, g\}) + b(\{g, f\}) + b(\{f, h\}) + b(\{h, v_z\}) \\ &= 2 + 1 + 1 + 1 + 2 + 2 \\ &= 9 \end{aligned}$$

Woher wissen wir nun aber mit Sicherheit, dass es sich um den kürzesten Weg von v_s nach v_z handelt? Eine mathematische oder algorithmische Antwort auf diese Frage bleiben wir noch kurz schuldig, auch wenn wir intuitiv überzeugt sind, dass es bei diesem Beispiel tatsächlich keinen kürzeren Weg zu geben scheint. Wann kann man sich aber „sicher" sein, den kürzesten Weg gefunden zu haben? Im Prinzip müssten dafür doch nur die Längen aller möglichen Wege vom Startknoten v_s zum Zielknoten v_z berechnet werden, um anschließend den oder die kürzesten Wege herauszufiltern. Wie viele solcher Wege existieren in dem Graphen 3.1? Schätzen Sie einmal – es sind eine ganze Menge. Zumindest bereits so viele, dass wir keine große Lust verspüren, sie alle aufzulisten.

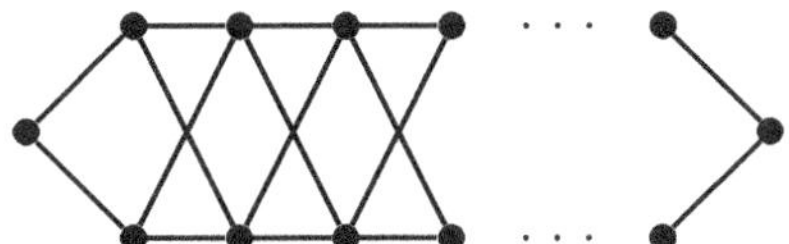

Bild 3.2 Wie viele verschiedene Wege existieren von links nach rechts?

Um dieses Problem ein wenig näher zu beleuchten, schauen wir uns den sehr einfachen Graphen in *Bild 3.2* etwas genauer an. Vom Knoten ganz links sucht man einen möglichst kurzen Weg zum Knoten ganz rechts. Wir können davon ausgehen, dass man sich bei einem solchen Weg immer nur nach rechts bewegt, also offensichtlich (durch Rückwärtsbewegung verursachte) verlängernde Wegstücke nicht in Betracht zieht. Vom Startknoten aus gibt es also zwei Möglichkeiten, sich fortzubewegen. Hat man sich für eine entschieden, so gibt es anschließend von jedem der beiden erreichten Knoten wiederum zwei Möglichkeiten, also bereits vier verschiedene Wege, um zu den Knoten der zweiten Stufe zu gelangen. Bei jeder weiteren Entscheidung, die zu treffen ist, wenn man sich nach rechts bewegen will, bei jedem neuen Paar übereinanderstehender Knoten also, verdoppelt sich die Anzahl der möglichen Wege. Dieses Beispiel ist der *Klassiker*, um sich die sogenannte *kombinatorische Explosion* zu verdeutlichen.

Kombinatorische Explosion

Die kombinatorische Explosion beschreibt das Phänomen, dass sich wenige Objekte auf unermesslich anwachsende Weise kombinieren lassen.

In unserem Beispiel genügt das Wachstum der möglichen Wege der Exponentialfunktion

$$f(n) = 2^{n/2},$$

wobei n der Anzahl der Knoten entspricht, ohne jedoch den Start- und den Zielknoten mitzuzählen. Würden auf der Strecke zwischen Start- und Zielknoten drei Knotenpaare ($n = 3 \cdot 2 = 6$) zur Auswahl stehen, hätten wir demnach

$$f(6) = 2^{6/2} = 2^3 = 8$$

mögliche Wege zur Auswahl. Bei zehn Knotenpaaren, also $n = 20$, hätten wir bereits

$$f(20) = 2^{20/2} = 2^{10} = 1.024$$

Möglichkeiten, bei $n = 40$ mit $1.024 \cdot 1.024$ schon weit mehr als eine Million und bei $n = 60$ schon weit mehr als eine Milliarde verschiedener Wege vom Start- zum Zielknoten. Wir stellen fest, dass sich bei 20 zusätzlichen Knoten (also zehn Knotenpaaren) die Anzahl der Wege jeweils um den Faktor $2^{20/2} = 2^{10} = 1.024$, also angenähert um das 1.000-Fache vergrößert.

Solche großen Zahlen haben in den vergangenen Jahrzehnten begonnen, in der Anwendungsmathematik eine große Rolle zu spielen – sie tauchen etwa auch bei Verschlüsselungsalgorithmen auf – und ohne Computer sind die entsprechenden Rechnungen überhaupt nicht durchführbar. Doch auch Computer stoßen an ihre Grenzen und häufig kann man in diesem Zusammenhang sehr plakative und aussagekräftige Beispiele finden; so auch hier:

Die Rechenleistung von Computern wird von Jahr zu Jahr besser; für die letzten Jahrzehnte galt als gute Annäherung der Rechenleistung stets eine Verdoppelung alle 18 Monate (und damit eine Vervierfachung nach drei Jahren, eine Versechzehnfachung nach sechs Jahren und eine Vertausendfachung nach knapp 18 Jahren). Was bedeutet das für unser Problem? Nehmen wir an, ein heutiger Computer sei in der Lage, ein Problem mit einer Milliarde möglicher Wege (also beispielsweise bei einem Graphen wie in *Bild 3.2* mit gerade einmal 60 Knoten), in für uns erträglicher Zeit, sagen wir in einer Stunde, zu berechnen. Fügen wir unserem Problem nun 20 Knoten hinzu, dann bräuchte der Rechner, wie wir uns oben klar gemacht haben, bereits etwa die tausendfache Zeit, also gut 1.000 Stunden oder ungefähr 42 Tage. Weitere 20 Knoten, für die noch einmal der Faktor 1.000 (exakter Faktor 1.024) zu berücksichtigen wäre, hätten zur Folge, dass wir bereits ca. 42.000 Tage oder mehr als 115 Jahre auf die komplette Lösung warten müssten. Das ist mit der Rechentechnik von heute sicher nicht zumutbar.

Zieht man nun in Betracht, dass wir in etwa 18 Jahren ja mit einer Verbesserung um den Faktor 1.000 rechnen können, würde dies bedeuten, dass ein Rechner der Zukunft das wie oben beschrieben vergrößerte Problem statt in 115 Jahren doch wieder in 42 Tagen lösen könnte, was sich zunächst ja beruhigend anhört. Wo aber ist der Haken? Nun, wir reden hier beispielhaft immer noch von Problemen mit gerade einmal 100 Knoten. Wie sieht die Berechnung aber bei Problemen mit 1.000 Knoten aus? Hier müssten wir mehr als 500 Jahre warten, um einen entsprechend modernen Rechner zur Verfügung zu haben. Und bei mehr als 1.000 Knoten?

Wir sehen schnell: Es bleibt ein prinzipielles Problem. Das extreme Anwachsen der Lösungsmöglichkeiten bei Problemen im Bereich der kombinatorischen Optimierung macht das Auflisten von allen Lösungen (die häufig auch sogenannte *Brute-Force-Attacke*), um anschließend auf die Suche nach einer besten Lösung zu gehen, schlichtweg unmöglich. Dies ist der Grund, weshalb wir uns bessere Lösungsstrategien überlegen müssen.

Für den Graphen in *Bild 3.1* hatten wir durch Probieren den kürzesten Weg vom Startknoten v_s zum Zielknoten v_z ermittelt, aber nicht wirklich bewiesen, dass dies der kürzeste Weg ist. Woher also wissen wir im Allgemeinen, dass es sich bei einer gefundenen Lösung um die beste handelt? Wir benötigen ein Optimalitätskriterium zur Entscheidung:

Kürzeste-Wege-Baum in einem bewerteten Graphen

Ein Baum in einem (nur mit positiven Zahlen) bewerteten Graphen ist genau dann ein Kürzeste-Wege-Baum bez. eines Startknotens s, wenn für alle Nicht-Baumkanten $\{v, w\}$ die Ungleichung

$$d(s, w) \leq d(s, v) + b(\{v, w\}) \tag{3.1}$$

erfüllt ist. Dabei bezeichnen $d(s, w)$ bzw. $d(s, v)$ jeweils die Entfernungen und $b(\{v, w\}$ die Bewertung der Kante $\{v, w\}$.

Wir geben noch einen Hilfssatz an, bevor wir das Optimalitätskriterium diskutieren:

Kürzester Teilweg

In einem Kürzeste-Wege-Baum B für einen Startknoten s ist auch jeder Teilweg ein kürzester Weg.

Die Essenz dieser Tatsache: Wenn wir in einem Graphen von einem beliebigen Startknoten s aus jeweils die kürzesten Wege zu allen anderen Knoten gefunden haben, dann müssen auch alle Teilstrecken auf diesen Wegen jeweils die kürzesten sein. Wäre dies nicht der Fall, dann könnten wir einfach besagte Teilstrecke durch die noch kürzere ersetzen, was einen Widerspruch zu der Aussage erzeugen würde, dass wir bereits insgesamt die kürzesten Wege gefunden hätten.

Etwas sehr Ähnliches sagt das Optimalitätskriterium aus, welches sich auf einzelne Kanten statt auf Teilwege bezieht. Durch das Ersetzen einer Baumkante durch eine Nicht-Baumkante kann nur eine Verlängerung (oder ein Gleichstand) der Weglänge erzeugt werden. Wir haben also insgesamt ein Kriterium, mit dessen Hilfe wir überprüfen können, ob es sich tatsächlich um einen Kürzeste-Wege-Baum handelt. Als große Errungenschaft sollten wir indes unser Kriterium noch nicht feiern, da wir im Ernstfall jede Nicht-Baumkante zu überprüfen hätten. Trägt dies aber vielleicht dennoch zu einer Verbesserung (einer Verkürzung) unserer bisheriger Wege bei oder tut es das nicht? Die Strategie, zu überprüfen, ob eine Kante zu einer Verbesserung eines bereits vorliegenden Weges beiträgt, führt uns nun zum ersten Algorithmus in diesem Kapitel.

3.2 Der Algorithmus von Dijkstra

Der wohl berühmteste Algorithmus zur Bestimmung eines kürzesten Weges geht auf den niederländischen Informatiker Edsger Wybe Dijkstra (1930–2002) zurück. Die Grundidee dieses Algorithmus besteht darin, von einem gegebenen Startknoten v_s aus die kürzestmöglichen Wege weiter zu verfolgen und längere Kanten durch einen geschickten Schritt, das sogenannten „Update", auszuschließen. Bei diesem Schritt werden Kanten entfernt bzw., um im Kontext der Bäume zu bleiben, werden Kanten zu Nicht-Baumkanten. Das Updaten entspricht der Idee, dass die Entfernung eines Knotens v von einem Startknoten v_s davon abhängt, wie weit die bereits untersuchten Knoten von v bzw. von v_s entfernt sind. Wir fangen also bei einem gegebenen Startknoten v_s an und notieren zunächst die Entfernungen zu seinen direkten Nachbarn, die über eine einzige Kante mit dem Startknoten verbunden sind. Eine exakte Beschreibung der weiteren Vorgehensweise gibt der Dijkstra-Algorithmus auf den folgenden Seiten.

Wir möchten an dieser Stelle erst einmal auf eine schöne Illustration des Dijkstra-Algorithmus hinweisen: Stellen Sie sich einen gewichteten Graphen mit überschaubar vielen Knoten und Kanten vor und denken Sie sich die Knoten als eine Menge von Kugeln, die mithilfe von Bindfäden (die die Kanten darstellen sollen) miteinander verbunden sind. Die Länge der Fäden soll hierbei exakt der Bewertung der Kanten entsprechen. Möchte man nun von einer beliebigen Kugel aus zu einer anderen den kürzesten Weg wissen, so hebt man das ganze aus Kugeln und Fäden bestehende Gebilde an eben dieser Kugel hoch und betrachtet dann nur diejenigen Fäden zwischen den Kugeln, die straff gespannt sind: So erhält man den kürzesten Weg! Falls das Gebilde nicht zu komplex ist und sich keine Bindfäden verheddern, hätte man sogar auf einen Streich den Kürzeste-Wege-Baum, also alle kürzesten Wege von der Startkugel (an der man das ganze Gebilde hochgehoben hat) zu jeder anderen.

Der Dijkstra-Algorithmus ist eine spezielle Form der *Breitensuche* (siehe Abschnitt 2.2) für gewichtete Kanten. In der Form, wie wir ihn hier beschreiben, funktioniert der Algorithmus allerdings nur für Graphen mit nichtnegativen Gewichten.

Dijkstra-Algorithmus

Eingabe: Gewichteter Graph $G = (V, E)$ mit n Knoten und einer positiven Kantenbewertung, Knoten $v_s \in V$ („Startknoten“).

Ausgabe: Kürzeste-Wege-Baum vom Startknoten v_s zu allen anderen Knoten $w \in V$.

1. Setze $d(v_s) := 0$, Vorgänger $(w) :=$ NULL und $d(w) := \infty$ für alle $w \neq v_s$; setze Vorgänger $(v_s) := v_s$; setze $R := \{v_s\}$.
2. Wähle $w \in V \setminus R$ mit kürzester Entfernung zu v_s und setze $R := R \cup \{w\}$.
3. Für alle $u \in V \setminus R$, die mit w verbunden sind, prüfe, ob die Entfernung von u zum Startknoten größer ist als die Summe der Entfernung zwischen u und w und der Entfernung zwischen w und dem Startknoten. Setze in diesem Fall $d(u)$ auf den Wert dieser Summe und den Vorgänger $(u) := w$.
4. Falls $V \neq R$, gehe zu Schritt 2., ansonsten STOPP und Ausgabe aller Entfernungen $d(w)$.

Sie haben sich vielleicht schon über die Bezeichnung „NULL“ gewundert, deshalb ein paar erklärende Worte an dieser Stelle. Die „NULL“ steht nicht für die Ziffer 0, sondern wird als Platzhalter für einen noch zu bestimmenden Vorgängerknoten verwendet, daher wird die „NULL“ auch als Wort ausgeschrieben. Statt „NULL“ sollte also nach Durchführung des Dijkstra-Algorithmus eine Knotenbezeichnung für den Platzhalter auftauchen.

Da zu Beginn die Entfernungen aller Knoten zum Startknoten v_s mit ∞ initialisiert werden, ist der Algorithmus übrigens auch auf nicht zusammenhängende Graphen anwendbar; ist ein Knoten u nämlich von v_s aus nicht erreichbar (da er in einer anderen Zusammenhangskomponente als v_s liegt), so endet der Algorithmus mit dem Wert $d(u) = \infty$. *Bild 3.3* zeigt eine Illustration des so wichtigen 3. Schrittes und der Hauptidee des Algorithmus, des eingangs er-

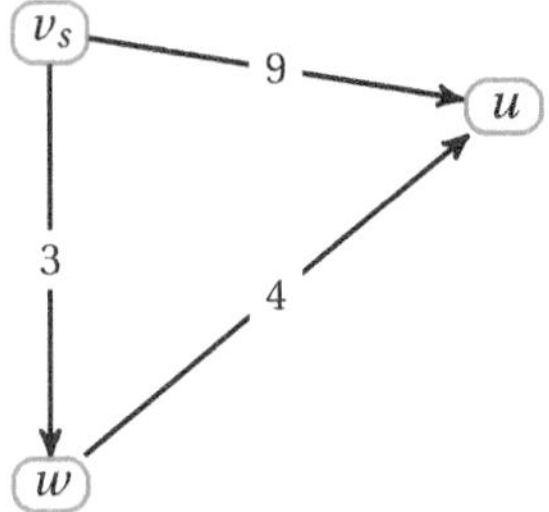

Bild 3.3 Illustration des 3. Schrittes (des „Updates") im Dijkstra-Algorithmus: Hier wird $d(u)$ von 9 auf den Wert 7 verbessert, da der „Umweg" über w kürzer ist.

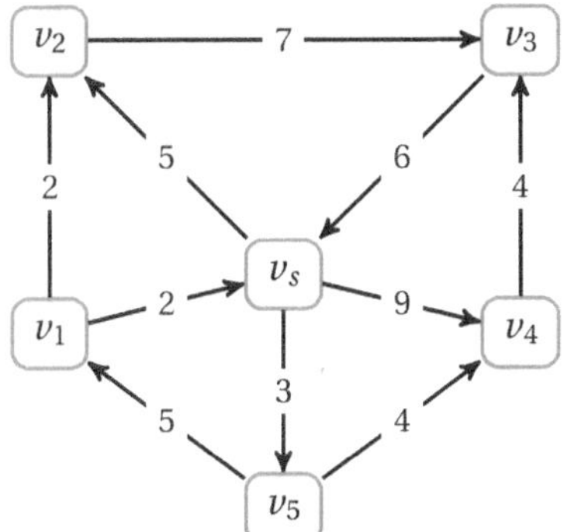

Bild 3.4 Beispielgraph zum Dijkstra-Algorithmus mit Startknoten v_s

wähnten „Updaten". Die Rechenzeit des Algorithmus (für Anwender ein nicht unerhebliches Gütemaß) ist hier übrigens quadratisch in der Anzahl der Knoten.

Wir gehen den Dijkstra-Algorithmus an dem in *Bild 3.4* gegebenen Graphen durch. Der Übersicht halber tragen wir unsere Zwischenergebnisse in einem Tableau ab. Zum einen führen wir dabei Buch über die Entfernungen aller Knoten zum Startknoten v_s, zum anderen notieren wir jeweils die Vorgänger der einzelnen Knoten im sich langsam aufspannenden Kürzeste-Wege-Baum. Das Tableau nach Durchführen des ersten Schrittes im Algorithmus sieht so aus – es ist noch nicht viel passiert:

Knoten	$v_s \downarrow$	v_1	v_2	v_3	v_4	v_5
Entfernung zu v_s	0	∞	∞	∞	∞	∞
Vorgänger	v_s	NULL	NULL	NULL	NULL	NULL

Im zweiten Schritt des Algorithmus müssen wir die von v_s ausgehenden Pfeile – zu den drei Knoten v_2, v_4 und v_5 – untersuchen; wir schreiben die Entfernungen in das Tableau und der Vorgänger aller direkten Nachbarn wird der Startknoten v_s. Die minimale Entfernung ist die zum Knoten v_5. Fett gedruckt ist der bereits festgelegte Knoten v_s mit Entfernung 0 zu sich selber und als Vorgänger ebenfalls sich selber.

Knoten	v_s	v_1	v_2	v_3	v_4	$v_5 \downarrow$
Entfernung zu v_s	**0**	∞	5	∞	9	3
Vorgänger	v_s	NULL	v_s	NULL	v_s	v_s

Nun kommt das „Update“: Es werden alle von v_5 ausgehenden Pfeile überprüft; da gibt es zwei: den zum Knoten v_1 und den zum Knoten v_4. Mit v_1 kommt ein bislang noch „unendlich weit entfernter“ Knoten mit hinzu; außerdem wird der Vorgänger von v_1 auf v_5 gesetzt. Was v_4 angeht, so ergibt ein Abgleich mit dem Tableau, dass die Entfernung vom Startknoten zu v_4 kürzer ist, wenn man den Umweg über v_5 nimmt; damit wird auch der Vorgänger von v_4 auf v_5 aktualisiert. Es handelt sich hier übrigens um das Update aus *Bild 3.3.* Wir müssen also das Tableau nun folgendermaßen aktualisieren:

Knoten	v_s	v_1	v_2 ↓	v_3	v_4	v_5
Entfernung zu v_s	**0**	8	5	∞	7	**3**
Vorgänger	v_s	v_5	v_s	NULL	v_5	v_s

Der zu überprüfende Knoten ist nun v_2; da von v_2 aus ein Pfeil nach v_3 geht, ergänzen wir die Tabelle entsprechend:

Knoten	v_s	v_1	v_2	v_3	v_4 ↓	v_5
Entfernung zu v_s	**0**	8	**5**	12	7	**3**
Vorgänger	v_s	v_5	v_s	v_2	v_5	v_s

Die Untersuchung von v_4 schließlich ergibt ein neues Update: Die Entfernung vom Startknoten zum Knoten v_3 beträgt nur 11, wenn man den Weg über v_4, den man über v_5 erreicht, geht; der Vorgänger von v_3 wird von v_2 auf v_4 entsprechend angepasst.

Knoten	v_s	v_1 ↓	v_2	v_3	v_4	v_5
Entfernung zu v_s	**0**	8	**5**	11	**7**	**3**
Vorgänger	v_s	v_5	v_s	v_4	v_5	v_s

Die noch ausstehenden Knoten v_1 und dann v_3 ergeben keine weiteren Updates, sodass unser Schlusstableau so aussieht:

Tabelle 3.1

Knoten	v_s	v_1	v_2	v_3	v_4	v_5
Entfernung zu v_s	**0**	**8**	**5**	**11**	**7**	**3**
Vorgänger	v_s	v_5	v_s	v_4	v_5	v_s

In diesem Tableau sind nun die kürzesten Wege zu allen Knoten – jeweils von v_s aus – angegeben. Außerdem stehen in der letzten Zeile die jeweiligen Vorgänger des in der Spalte genannten Knotens. Haben Sie eine Idee, wozu wir die Vorgänger jeweils mitgeführt haben?

Das Ergebnis des Dijkstra-Algorithmus ist ein Kürzeste-Wege-Baum. Unser Optimalitätskriterium (3.1) muss also erfüllt sein. Tatsächlich sorgt die einfache Strategie (gehe immer vom bisher kürzesten Weg aus zu allen Nachbarknoten) des Algorithmus dafür, dass nur die Kanten in den Baum integriert werden, die Teilwege von kürzesten Wegen sind. Ganz wesentlich für die Strategie ist die Tatsache, dass nur positiv gewichtete Kanten zugelassen werden dürfen; denn nur so kann sichergestellt werden, dass der aktuell kürzeste Teilweg nicht noch kürzer werden kann, da über einen Umweg ja nur zusätzliche Gewichte hinzukommen können. Die Ungleichung (3.1) ist somit erfüllt.

Wie sieht er denn nun aus, unser Kürzeste-Wege-Baum? Stellen Sie sich vor, Ihnen wäre lediglich das Schlusstableau bekannt. In der zweiten Zeile stehen die Längen der kürzesten Wege von unserem ausgezeichneten Startknoten v_s zu jedem anderen Knoten. Die Information, über welche Knoten wir zu anderen Knoten gelangen, entnehmen wir der letzten Zeile unseres

Schlusstableaus. Nur mithilfe dieser Zeile könnten wir auch ohne Kenntnis des Ausgangsgraphen den Kürzeste-Wege-Baum konstruieren. Schauen wir uns als Beispiel den Knoten v_3 an, dieser hat als Vorgänger den Knoten v_4; der Vorgänger von v_4 ist der Knoten v_5, und von diesem geht es dann direkt zu unserem Startknoten v_s. Auch die Gesamtlänge können wir mithilfe dieser Methode auf die einzelnen Kanten verteilen, nur müssen wir jetzt beim Startknoten beginnen. Der Tabelle entnehmen wir den Abstand von Knoten v_s zu v_5, dieser beträgt 3. Von v_5 gelangen wir zu v_4, die Gesamtlänge von v_4 zu v_s beträgt 7, davon haben wir bereits 3 auf der ersten Kante zurückgelegt, bleibt die Länge 4 für die Kante $\{v_4, v_5\}$. Der komplette Kürzeste-Wege-Baum ist in *Bild 3.5* zu sehen.

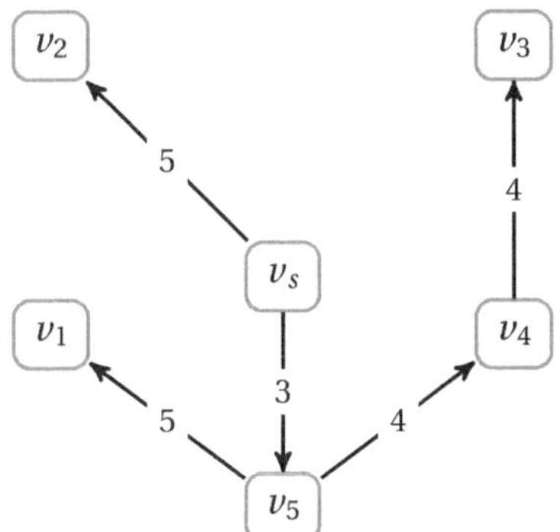

Bild 3.5 Der Kürzeste-Wege-Baum in dem Graphen aus *Bild 3.4* nach Anwendung des Dijkstra-Algorithmus mit Startknoten v_s

Zum besseren Verständnis testen wir den Dijkstra-Algorithmus gleich noch einmal an unserem Eingangsgraphen aus *Bild 3.1*. Nachdem wir bereits etwas Erfahrung mit der Vorgehensweise gesammelt haben, werden wir die Tableaus nicht mehr getrennt, sondern gesammelt aufführen. Der jeweils aktive Knoten wird fett und kursiv dargestellt, alle Knoten die bereits ein Update erfahren haben, sind fett.

Knoten	v_s	b	c	d	e	f	g	h	i	j	v_z
Entfernung zu v_s	**0**	5	5	***2***	∞	∞	∞	∞	∞	∞	∞
Vorgänger	v_s	v_s	v_s	v_s	NULL	NULL	NULL	NULL	NULL	NULL	NULL
Entfernung zu v_s	**0**	5	***3***	**2**	∞	∞	6	∞	∞	∞	∞
Vorgänger	v_s	v_s	d	v_s	NULL	NULL	d	NULL	NULL	NULL	NULL
Entfernung zu v_s	**0**	5	**3**	**2**	∞	10	***4***	∞	∞	∞	∞
Vorgänger	v_s	v_s	d	v_s	NULL	c	c	NULL	NULL	NULL	NULL
Entfernung zu v_s	**0**	***5***	**3**	**2**	∞	5	**4**	∞	8	9	∞
Vorgänger	v_s	v_s	d	v_s	NULL	g	c	NULL	g	g	NULL
Entfernung zu v_s	**0**	**5**	**3**	**2**	8	***5***	**4**	∞	8	9	∞
Vorgänger	v_s	v_s	d	v_s	b	g	c	NULL	g	g	NULL
Entfernung zu v_s	**0**	**5**	**3**	**2**	***6***	**5**	**4**	7	8	9	∞
Vorgänger	v_s	v_s	d	v_s	f	g	c	f	g	g	NULL
Entfernung zu v_s	**0**	**5**	**3**	**2**	**6**	**5**	**4**	***7***	8	9	∞
Vorgänger	v_s	v_s	d	v_s	f	g	c	f	g	g	NULL
Entfernung zu v_s	**0**	**5**	**3**	**2**	**6**	**5**	**4**	**7**	***8***	***9***	***9***
Vorgänger	v_s	v_s	d	v_s	f	g	c	f	g	g	h

Das Schlusstableau zum *Bild 3.1* sieht wie folgt aus:

Knoten	V_s	b	c	d	e	f	g	h	i	j	v_z
Entfernung zu v_s	0	5	3	2	6	5	4	7	8	9	9
Vorgänger	v_s	v_s	d	v_s	f	g	c	f	g	g	h

In der Mitte der Update-Prozedur hatten wir zwei Knoten mit einem kürzesten Abstand von 5. Hier hat man die Wahl, mit welchem der beiden Knoten man weiter machen will. Egal, wie man sich entscheidet, ist nach einer Update-Runde der andere Knoten mit der Länge 5 an der Reihe, da ja nur positive Gewichte zugelassen sind und selbst bei einem Update kein noch kürzerer Weg als 5 in der Gesamtlänge entstehen kann. Vor dem Schlusstableau werden mehrere Knoten gleichzeitig gescannt.

Sollte übrigens, wie bereits weiter vorne erwähnt wurde, ein Knoten nicht erreichbar sein, dann bleibt in der entsprechenden Spalte bei der Entfernung ein ∞ und beim Vorgänger ein NULL stehen. Nicht erreichbare Knoten sind also sehr leicht zu identifizieren. Der Kürzeste-Wege-Baum, der sich durch Anwendung des Algorithmus ergibt, wird in *Bild 3.6* dargestellt.

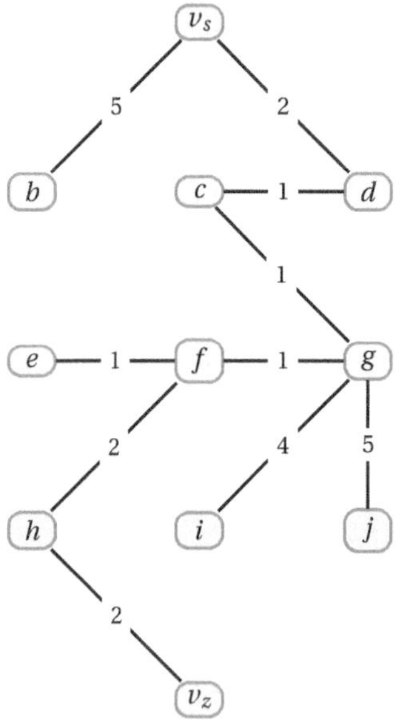

Bild 3.6 Der Kürzeste-Wege-Baum zum *Bild 3.1* für den Startknoten v_s

Im Einführungsbeispiel (siehe *Bild 3.1*) interessierte uns ja eigentlich nur der kürzeste Weg von v_s zu v_z und nicht alle kürzesten Wege vom Startknoten v_s aus. Da der Dijkstra-Algorithmus jedoch der Breitensuche zuzuordnen ist, können wir bei Verwendung dieses Algorithmus nicht abkürzen. Wann dürften wir denn frühestens aufhören? Wenn wir unseren Zielknoten erreicht haben? Nein, das Erreichen eines Knotens ist noch kein Kriterium dafür, auch den kürzesten Weg zu diesem Knoten gefunden zu haben. Erst wenn wir ein Update für eben diesen Knoten durchgeführt haben, die aktuelle Gesamtlänge also für alle Zeiten festgeschrieben haben, können wir die Suche stoppen.

Wendet man den Dijkstra-Algorithmus auf alle Knoten als Startknoten an, so erhält man eine Liste kürzester Wege zwischen je zwei beliebigen Knoten. Ein Algorithmus, der eine solche

Liste *gleichzeitig für alle Knoten* erstellt und dabei die Entfernungsmatrix nutzt, ist der *Floyd-Warshall-Algorithmus.* Wir werden diesen nur kurz erläutern.

Floyd-Warshall-Algorithmus

Eingabe: Gerichteter Graph $G = (V, E)$ mit n Knoten und einer positiven Kantenbewertung (Werte: b_{ij} für die Kante (v_i, v_j)).

Ausgabe: Entfernungen d_{ij} zwischen den Knoten v_i und v_j für alle i, j.

1. Für alle i, j: Setze $d_{ij} := b_{ij}$, falls (v_i, v_j) eine Kante von G ist; andernfalls setze $d_{ij} := 0$, falls $i = j$ bzw. $d_{ij} := \infty$, falls $i \neq j$.
2. Für alle i, j, k: Prüfe, ob $d_{ij} > d_{ik} + d_{kj}$, und ersetze in diesem Fall d_{ij} durch diese Summe.
3. Wiederhole den 2. Schritt solange, bis sich für keine Werte von i, j, k mehr etwas ändert.

Der Floyd-Warshall-Algorithmus ist nichts anderes als die Bestimmung der Entfernungsmatrix von G, ausgehend von den Kantenbewertungen. Die Ausgangsmatrix für den Graphen aus *Bild 3.4* ist

$$\begin{pmatrix} 0 & \infty & 5 & \infty & 9 & 3 \\ 2 & 0 & 2 & \infty & \infty & \infty \\ \infty & \infty & 0 & 7 & \infty & \infty \\ 6 & \infty & \infty & 0 & \infty & \infty \\ \infty & \infty & \infty & 4 & 0 & \infty \\ \infty & 5 & \infty & \infty & 4 & 0 \end{pmatrix}.$$

Im folgenden Schritt des Algorithmus stellt man nun beispielsweise bei der Überprüfung des Tripels $(s, 2, 3)$ fest, dass

$$\infty = d_{s3} > d_{s2} + d_{23} = 5 + 7 = 12.$$

Also kann nun $d_{s3} = 12$ gesetzt werden. Nach Überprüfung aller Tripel ergeben sich die nächsten beiden Matrizen:

$$\begin{pmatrix} 0 & 8 & 5 & 12 & 7 & 3 \\ 2 & 0 & 2 & 9 & 11 & 5 \\ 13 & \infty & 0 & 7 & \infty & \infty \\ 6 & \infty & 11 & 0 & 15 & 9 \\ 10 & \infty & \infty & 4 & 0 & \infty \\ 7 & 5 & 7 & 8 & 4 & 0 \end{pmatrix} \begin{pmatrix} 0 & 8 & 5 & 11 & 7 & 3 \\ 2 & 0 & 2 & 9 & 9 & 5 \\ 13 & \infty & 0 & 7 & 20 & 16 \\ 6 & 14 & 11 & 0 & 13 & 9 \\ 10 & \infty & 15 & 4 & 0 & 13 \\ 7 & 5 & 7 & 8 & 4 & 0 \end{pmatrix}$$

Es bleiben nur noch zwei ∞-Werte, die im Folgeschritt durch

$$d_{21} = d_{23} + d_{3s} + d_{s5} + d_{51} = 7 + 6 + 3 + 5 = 21$$

und

$$d_{41} = d_{43} + d_{3s} + d_{s5} + d_{51} = 4 + 6 + 3 + 5 = 18$$

ersetzt werden; der Algorithmus ist beendet und wir haben die komplette Entfernungsmatrix erhalten:

$$\begin{pmatrix} 0 & 8 & 5 & 11 & 7 & 3 \\ 2 & 0 & 2 & 9 & 9 & 5 \\ 13 & 21 & 0 & 7 & 20 & 16 \\ 6 & 14 & 11 & 0 & 13 & 9 \\ 10 & 18 & 15 & 4 & 0 & 13 \\ 7 & 5 & 7 & 8 & 4 & 0 \end{pmatrix}$$

In der ersten Zeile dieser Entfernungsmatrix erkennen wir übrigens das Schlusstableau des Dijkstra-Algorithmus wieder (vgl. *Tabelle 3.1*).

Haben wir bei unseren Problemen auch negative Kanten zu berücksichtigen, dann hilft uns der Dijkstra-Algorithmus nicht weiter. Im Gegenteil, dieser würde, in der in diesem Buch dargestellten Form, sogar falsche Resultate liefern. Wann haben wir es überhaupt mit negativen Gewichten zu tun? Hier könnten wir uns z. B. Leerfahrten bei Speditionen oder Taxi-Unternehmen vorstellen, wenn wir unsere Kanten statt mit den Entfernungen mit den Gewinnen, die diese Fahrt für das Unternehmen bedeutet, gewichten. Hat der Taxi-Fahrer einen Gast dabei, macht er positiven Gewinn, fährt er leer herum, dann ist der Gewinn entsprechend negativ. Stehen uns für solche Beispiele auch Algorithmen zur Verfügung? Der Moore-Bellman-Ford-Algorithmus kann kürzeste Wege in Graphen mit negativen Kantengewichten finden. Der interessierte Leser sei auf [11] verwiesen.

Ausgewählte Probleme der Graphentheorie

Wie bereits die Überschrift andeutet, werden wir in diesem Abschnitt lediglich ein paar ausgewählte Probleme der Graphentheorie abhandeln. Natürlich sind die bekannten Rundreiseprobleme (Handlungsreisender, Müllabfuhr, chinesischer Postbote) dabei, außerdem kümmern wir uns um Färbungsprobleme und minimale Kosten auf kompletten Netzwerken. Probleme, die auftreten, wenn man Bewerber auf Stellenangebote verteilen möchte, werden im Kapitel 5 (Matching) diskutiert. Die Kapitel in diesem Teil können jeweils einzeln für sich studiert werden, es kommt allerdings auch vor, dass Querverweise untereinander vorhanden sind.

4 Das Problem minimal aufspannender Bäume

Nachdem wir uns bereits um die kürzesten Wege in unbewerteten Graphen (Kapitel 2) und in bewerteten Graphen (Kapitel 3) gekümmert haben und uns auch schon mit aufspannenden Bäumen auskennen, geht es in diesem Kapitel um sogenannte *minimal aufspannende Bäume* (häufig auch kurz mit *MST*, für englisch: *minimal spanning tree*, bezeichnet). Genauer geht es darum, aus den eventuell sehr vielen aufspannenden Bäumen eines Graphen einen mit minimalem Gesamtgewicht zu finden.

4.1 Minimal aufspannender Baum

Machen wir uns zunächst den Unterschied zwischen zwei zentralen Problemen klar: demjenigen, einen Kürzeste-Wege-Baum zu finden, und demjenigen, einen minimal aufspannenden Baum zu finden. Bei den Algorithmen zur Berechnung eines Kürzeste-Wege-Baums gibt es, wie wir uns erinnern, immer einen Startknoten. Einen solchen muss es beim minimal aufspannenden Baum nicht geben. Der Kürzeste-Wege-Baum liefert die kürzesten (minimalen) Wege von einem Startknoten zu jedem anderen Knoten des Ausgangsgraphen. Die Summe aller Kanten (Teilwege) spielt dabei keine Rolle. Bei einem minimal aufspannenden Baum wird aber genau danach gesucht: Die Summe aller Kanten soll minimal sein, und gleichzeitig soll jeder Knoten erreichbar sein – unabhängig davon, ob der Weg dahin nun wiederum der kürzeste ist.

Kommen wir zur Definition, um unter den vielen aufspannenden Bäumen (siehe unter Abschnitt 1.2.5) eines gewichteten Graphen, denjenigen mit kleinstem Gesamtgewicht heraus zu finden.

Minimal aufspannender Baum

Es sei $G = (V, E)$ ein zusammenhängender bewerteter Graph. Unter dem *minimal aufspannenden Baum* (oder dem *minimalen Gerüst*) von G verstehen wir denjenigen aufspannenden Baum kleinster Gesamtlänge – also denjenigen, bei dem die Summe aller Kantengewichte minimal ist.

Verdeutlichen wir uns dies graphisch: In *Bild 4.1* sehen Sie einen Graphen und daneben drei aufspannende Bäume verschiedener Länge. Indem man die Gesamtlänge der drei Bäume bestimmt, also einfach die Kantengewichte addiert, identifiziert man darunter sehr einfach denjenigen mit minimaler Länge, nämlich den ganz rechts abgebildeten Baum mit der Länge 18. Natürlich ist die Bestimmung eines minimal aufspannenden Baums selten so einfach wie in diesem Beispiel; verständlicherweise wird das Problem sehr schwer, wenn man große Gra-

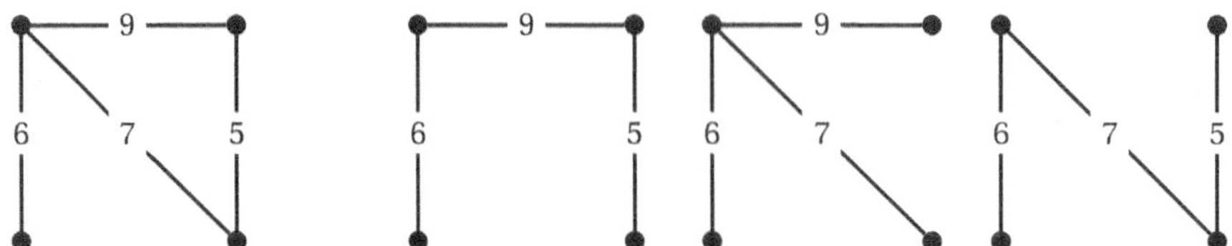

Bild 4.1 Ein Graph (links) mit drei aufspannenden Bäumen verschiedener Länge (rechts). Der ganz rechts abgebildete Baum ist der minimal aufspannende unter ihnen.

phen mit sehr vielen Kanten betrachtet. Im extremen Fall des vollständigen Graphen K_n gibt es ja bekanntlich nach (1.6) sage und schreibe n^{n-2} verschiedene aufspannende Bäume. Schon bei einer in der Praxis eher kleinen Zahl wie $n = 20$ ergibt sich hiermit für den vollständigen Graph K_{20} die unvorstellbar große Zahl von $20^{18} \approx 2{,}62 \cdot 10^{23}$, also weit mehr als 200 Trilliarden unterschiedlichen aufspannenden Bäumen. Wir haben es also auch bei diesem Problem wieder mit einem Fall der kombinatorischen Explosion (vergleiche Abschnitt 3.1) zu tun. Die reine Enumeration, also Auflistung aller aufspannenden Bäume, um anschließend den minimalen unter ihnen heraus zu filtern, ist schlichtweg nicht praktikabel. Wir müssen uns also wieder einmal vernünftige Algorithmen zur Lösung unseres Problems überlegen.

Typischerweise ist man an einem minimal aufspannenden Baum dann interessiert, wenn auf eine möglichst gering gewichtete (also „kurze" oder „billige") Weise zwischen allen Knoten eines Graphen eine Verbindung ermöglicht werden soll. Beispiele in der Praxis sind beim Straßenbau, beim Schienennetz oder auch bei der Sanierung des Energienetzes zu finden. Um uns den Methoden der Berechnung zuzuwenden, geben wir ein kleines Praxisbeispiel:

Beispiel 4.1

Acht Ortschaften sollen durch Straßen miteinander verbunden werden, wobei es keine Rolle spielt, ob die Ortschaften untereinander direkt oder durch Umwege zu erreichen sind. Insgesamt soll für die Errichtung der Straßen natürlich so wenig Geld wie möglich ausgegeben werden. Die Kosten (in einer gewissen Geldeinheit (GE) gemessen) für die Errichtung der Straßen können Sie der folgenden Tabelle entnehmen (ein Strich bedeutet dabei, dass zwischen diesen Ortschaften keine Straße gebaut werden kann):

	Ort 1	Ort 2	Ort 3	Ort 4	Ort 5	Ort 6	Ort 7	Ort 8
Ort 1	0	23	17	–	–	18	33	36
Ort 2	23	0	21	–	13	–	–	–
Ort 3	17	21	0	35	–	–	12	11
Ort 4	–	–	35	0	37	–	–	–
Ort 5	–	13	–	37	0	14	23	27
Ort 6	18	–	–	–	14	0	17	17
Ort 7	33	–	12	–	23	17	0	44
Ort 8	36	–	11	–	27	17	44	0

■

Beachten Sie, dass die Angaben in der Tabelle für Geldeinheiten und nicht für Entfernungsangaben stehen, So wäre es etwa durchaus denkbar, dass zwei Ortschaften mit Baukosten 44 GE näher beieinander liegen, als zwei Ortschaften, die durch 11 GE Baukosten miteinander ver-

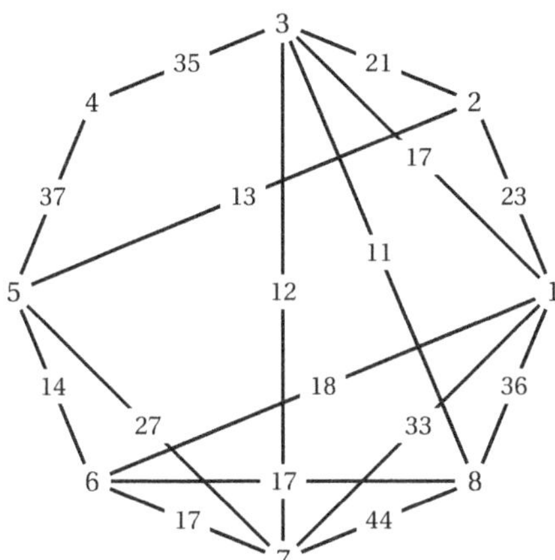

Bild 4.2 Eine graphische Darstellung des *Beispiels 4.1*

bunden sind. (Eine mögliche Erklärung hierfür wäre zum Beispiel, dass die Ortschaften nur durch einen sehr teuren Tunnel direkt verbunden werden können.)

Machen wir uns an die Modellierung dieses Problems. Wie transformiert man die Informationen der Tabelle zunächst einmal in einen Graphen? Bekannterweise spielt der Verlauf der Kanten (ob gerade Strecken, Schlangenlinien oder gezackte Linien) dabei keine Rolle; auch die jeweilige Position der Ortschaften ist Ihrer Phantasie überlassen. Die Darstellung des Graphen ist hier wie schon bei vielen anderen Problemen, so auch bei diesem, nicht entscheidend. Eine mögliche graphische Darstellung ist in *Bild 4.2* zu sehen.

Es gibt einige Algorithmen zur Bestimmung eines minimal aufspannenden Baums, die ein solches Problem lösen. Wir werden zwei davon in diesem Kapitel vorstellen: den *Kruskal-Algorithmus* und den *Prim-Algorithmus*. Beide sind wiederum Greedy-Algorithmen, sie gehen also gierig vor. Der wesentliche Unterschied besteht darin, dass der Kruskal-Algorithmus *global* und der Prim-Algorithmus *lokal* nach optimalen Kanten sucht.

4.2 Algorithmus von Kruskal

Die Grundidee des Algorithmus von Kruskal besteht darin, so lange Kanten des Graphen hinzuzufügen (und zwar in aufsteigender Reihenfolge der Kantengewichte), dass sich kein Kreis ergibt. Die so schrittweise hinzugefügten Kanten verbinden sich nach und nach zum gesuchten minimal aufspannenden Baum. Formal liest sich diese Idee so:

Kruskal-Algorithmus

Eingabe: Zusammenhängender bewerteter Graph G mit n Knoten und m Kanten.

Ausgabe: Minimal aufspannender Baum von G.

1. Sortiere die Kanten aufsteigend, sodass $b(e_1) \leq b(e_2) \leq \ldots \leq b(e_m)$.

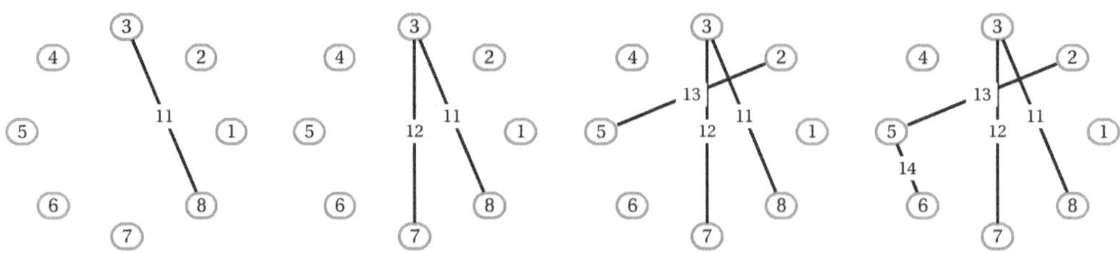

Bild 4.3 Die ersten Schritte des Kruskal-Algorithmus auf das *Beispiel 4.1* angewendet: Nacheinander werden zunächst die Kanten mit den Gewichten 11, 12, 13 und 14 hinzugefügt, ohne dass ein Kreis entsteht.

2. Setze $\mathcal{K} = \emptyset$.
3. Für $i = 1, \ldots, m$: Füge e_i der Menge $\mathcal{K}$ hinzu, sofern hierdurch kein Kreis entsteht.
4. Abbruch nach $n-1$ Kanten und Ausgabe von $\mathcal{K}$.

Probieren wir den Algorithmus gleich aus, und zwar an unserem *Beispiel 4.1.* Zuerst erstellen wir die aufsteigende Kantenliste, wobei wir die Nullen auf der Diagonalen (die für die jeweiligen Kosten für die Straße von Ortschaft i zu Ortschaft i stehen) gleich weglassen. Es reicht natürlich, sich auf die Einträge oberhalb der Diagonalen in der Tabelle zu beschränken, denn weil der Graph ungerichtet ist, stehen die gleichen Einträge auch unterhalb der Diagonalen (die Kosten der Straße von Ortschaft 3 zu Ortschaft 4 sind dieselben wie von 4 zu 3). Es ergibt sich:

$$11 \leq 12 \leq 13 \leq 14 \leq 17 \leq 17 \leq 17 \leq 21 \leq 23 \leq 23 \leq 27 \leq 33 \leq 35 \leq 36 \leq 37 \leq 44$$

Jetzt sind wir bei Schritt 2 des Algorithmus und fügen nach und nach die Kanten hinzu, solange diese keinen Kreis bilden. Wir beginnen mit der „billigsten" Kante $\{3,8\}$ die mit 11 bewertet ist. Im Anschluss an die Kante $\{3,8\}$ können nacheinander die Kanten mit den Bewertungen 12, 13 und 14 hinzugefügt werden (*Bild 4.3*).

Dann treffen wir in unserer Liste auf drei Kanten mit der Bewertung 17. An dieser Stelle müssen wir aufpassen. Die Kante $\{1,3\}$ können wir problemlos mit aufnehmen, da wir den Knoten 1 noch gar nicht besucht haben und somit eine Kreisbildung von vornherein ausgeschlossen ist. (Dies sowie das weitere Vorgehen können Sie anhand der in *Bild 4.4* dargestellten Schritte verfolgen.) Von den beiden anderen Kanten mit Bewertung 17 dürfen wir nur eine hinzufügen, da wir sonst einen Kreis schließen würden. Die eine der beiden Kanten wird allerdings tatsächlich benötigt, um die beiden getrennten Zusammenhangskomponenten miteinander verbinden zu können. Wir wählen die Kante $\{6,7\}$ und stoßen danach nur noch auf Kanten, die einen Kreis erzeugen würden, bis wir schließlich bei Kante $\{3,4\}$ landen, die als letzte dem Baum hinzugefügt werden darf – wir sind fertig.

Beachten Sie, dass der Algorithmus nach Hinzufügen der beiden Kanten mit Bewertung 17 zunächst in seiner „gierigen" Art und Weise nacheinander alle nachfolgenden Kanten der aufsteigenden Kantenliste auf Hinzufügen untersucht – und das obwohl zu diesem Zeitpunkt nur noch ein einziger Knoten, nämlich Knoten 4, im Baum fehlt. Erst wenn der Kruskal-Algorithmus die letzte Kante, diejenige mit der Bewertung 35, erreicht hat, ist er beendet. Überlegen Sie sich doch einmal eine verbesserte Strategie, die schneller zur Terminierung des Algorithmus führt.

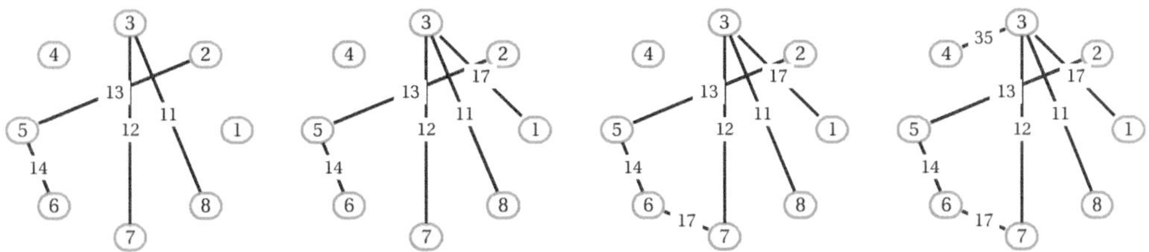

Bild 4.4 Die weiteren Schritte des Kruskal-Algorithmus auf das *Beispiel 4.1* angewendet: Ausgehend von der in *Bild 4.3* entstandenen Situation dürfen nur zwei von den drei Kanten mit dem Gewicht 17 hinzugefügt werden, ohne dass ein Kreis entsteht. Rechts zu sehen ist dann der minimal aufspannende Baum mit Gesamtkosten in Höhe von 119 GE.

Der minimal aufspannende Baum, den wir nun erhalten haben, hat ein Gesamtgewicht von $11 + 12 + 13 + 14 + 17 + 17 + 35 = 119$ GE, erreicht alle acht Knoten mithilfe von sieben Kanten und ist ganz rechts in *Bild 4.4* zu sehen. Übertragen auf unser Beispiel bedeutet das, dass wir für die Sanierung unseres Straßennetzes zwischen den acht Ortschaften mindestens 119 GE veranschlagen müssen.

Für unser Ortschaften-Problem liefert der Kruskal-Algorithmus also eine Lösung. Woher wissen wir aber, dass es nicht auch noch günstiger geht? Wer garantiert uns, dass der Kruskal-Algorithmus tatsächlich immer einen minimal aufspannenden Baum liefert? Was zeichnet überhaupt einen solchen minimal aufspannenden Baum aus? Wir sollten uns zumindest ein Kriterium überlegen, um auch nachfolgende Algorithmen bezüglich ihrer Tauglichkeit überprüfen zu können.

Kriterium für einen minimal aufspannenden Baum

Ein aufspannender Baum B ist genau dann ein minimal aufspannender Baum eines Graphen $G = (V, E)$, wenn für jede Nicht-Baumkante e gilt: Wenn e zu B hinzugefügt wird, dann ist e die teuerste Kante auf dem durch e erzeugten Kreis auf B.

Zuerst wollen wir das Kriterium anhand unseres Beispiels verstehen und anschließend auf den Kruskal-Algorithmus anwenden. Das Kriterium behauptet erst einmal, dass wir durch Hinzufügen irgendeiner Nicht-Baumkante immer einen Kreis erzeugen. Das stimmt offensichtlich, denn da es sich ja bei B insbesondere um einen aufspannenden Baum handelt, der als solcher aus n Knoten und $n-1$-Kanten besteht, würden wir durch Hinzufügen einer weiteren Kante irgendwo im Baum einen Kreis erzeugen. Machen Sie sich das klar. Nehmen wir im *Beispiel 4.1* etwa die Kante $\{1, 6\}$ mit der Bewertung 18 hinzu, dann gingen die Baumeigenschaften verloren und auf dem entstehenden Kreis $1 - 6 - 7 - 3 - 1$ (siehe *Bild 4.5*) wäre $\{1, 6\}$ tatsächlich die teuerste Kante.

Sie sollten ruhig noch weitere Nicht-Baumkanten an unserem Beispiel testen. Wir lassen es an dieser Stelle dabei und schauen uns jetzt noch einmal den Kruskal-Algorithmus im Zusammenhang mit dem Kriterium an. Jede Kante, die nicht im minimal aufspannenden Baum vorkommt, ist eine Nicht-Baumkante. Wählen wir eine dieser Nicht-Baumkanten e. Wie kam es, dass e nicht zum Baum gehört? Zum Zeitpunkt, als e im Kruskal-Algorithmus betrachtet wurde, hätte e einen Kreis geschlossen (wenn nicht, wäre e vom Algorithmus mit aufgenommen worden). Auf diesem Kreis muss die Kante e aber die teuerste sein (oder wenigstens genauso

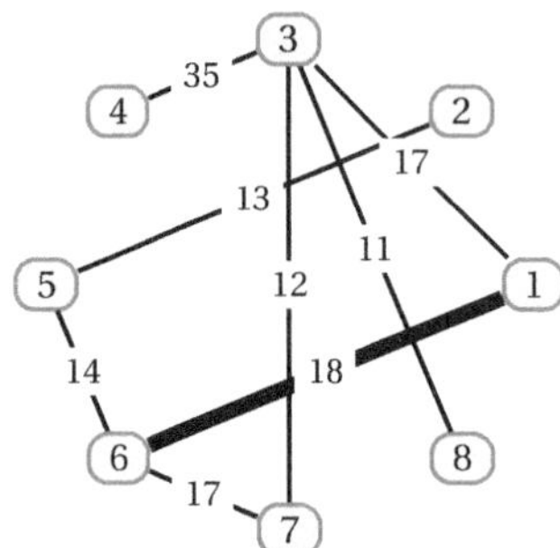

Bild 4.5 Die dunkle Nicht-Baumkante ist die teuerste auf dem Kreis 1 – 6 – 7 – 3 – 1.

teuer wie eine andere), da ja bereits die im Baum vorhandenen Kanten vor e betrachtet wurden – und somit billiger als e waren. Wir haben doch unsere sortierte Liste beginnend mit der billigsten Kante abgearbeitet, bis wir zur Kante e gekommen sind. Zur Verdeutlichung sei hier noch einmal die Kante $\{6, 8\}$ mit der Bewertung 17 im *Beispiel 4.1* erwähnt.

Fazit: Der Kruskal-Algorithmus erfüllt also das Kriterium und liefert einen minimal aufspannenden Baum.

4.3 Algorithmus von Prim

Wie bereits oben erwähnt wurde, sucht der Prim-Algorithmus *lokal* nach einem minimal aufspannenden Baum. Daraus ergibt sich auch der entscheidende Unterschied der beiden Algorithmen: Beim Abarbeiten des Kruskal-Algorithmus entstehen oftmals einzelne Bäume, die erst später zu einem Baum zusammengefügt werden. Beim Prim-Algorithmus dagegen ist die nach und nach entstehende Kantenmenge stets zusammenhängend, also mit anderen Worten: *Es liegt zu jedem Zeitpunkt ein Baum vor.* Eine mögliche Formulierung des Prim-Algorithmus stellen wir hier vor:

Prim-Algorithmus

Eingabe: Zusammenhängender bewerteter Graph G mit n Knoten und m Kanten.

Ausgabe: Minimal aufspannender Baum von G.

1. Wähle einen beliebigen Startknoten $v_0 \in V$.
2. Setze $\mathcal{K} = \emptyset$.
3. Wähle von allen schon besuchten Knoten, die billigste Kante zu einem noch nicht besuchten Knoten. Füge e_i der Menge $\mathcal{K}$ hinzu, sofern $\mathcal{K}$ hierdurch ein Baum bleibt.
4. Füge die Kante der Menge $\mathcal{K}$ hinzu.
5. Hat $\mathcal{K}$ $n-1$ Kanten. Fertig. $\mathcal{K}$ ist der gesuchte minimal aufspannende Baum.

Wenden wir auch den Prim-Algorithmus auf unser Acht-Orte-Problem (*Beispiel 4.1*) an. Als Startknoten wählen wir den Knoten 5. (Wir können mit jedem beliebigen Knoten als Startknoten beginnen, da ja jeder Knoten erreicht werden muss.) Der Ablauf des Algorithmus kann am *Bild 4.6* abgelesen werden.

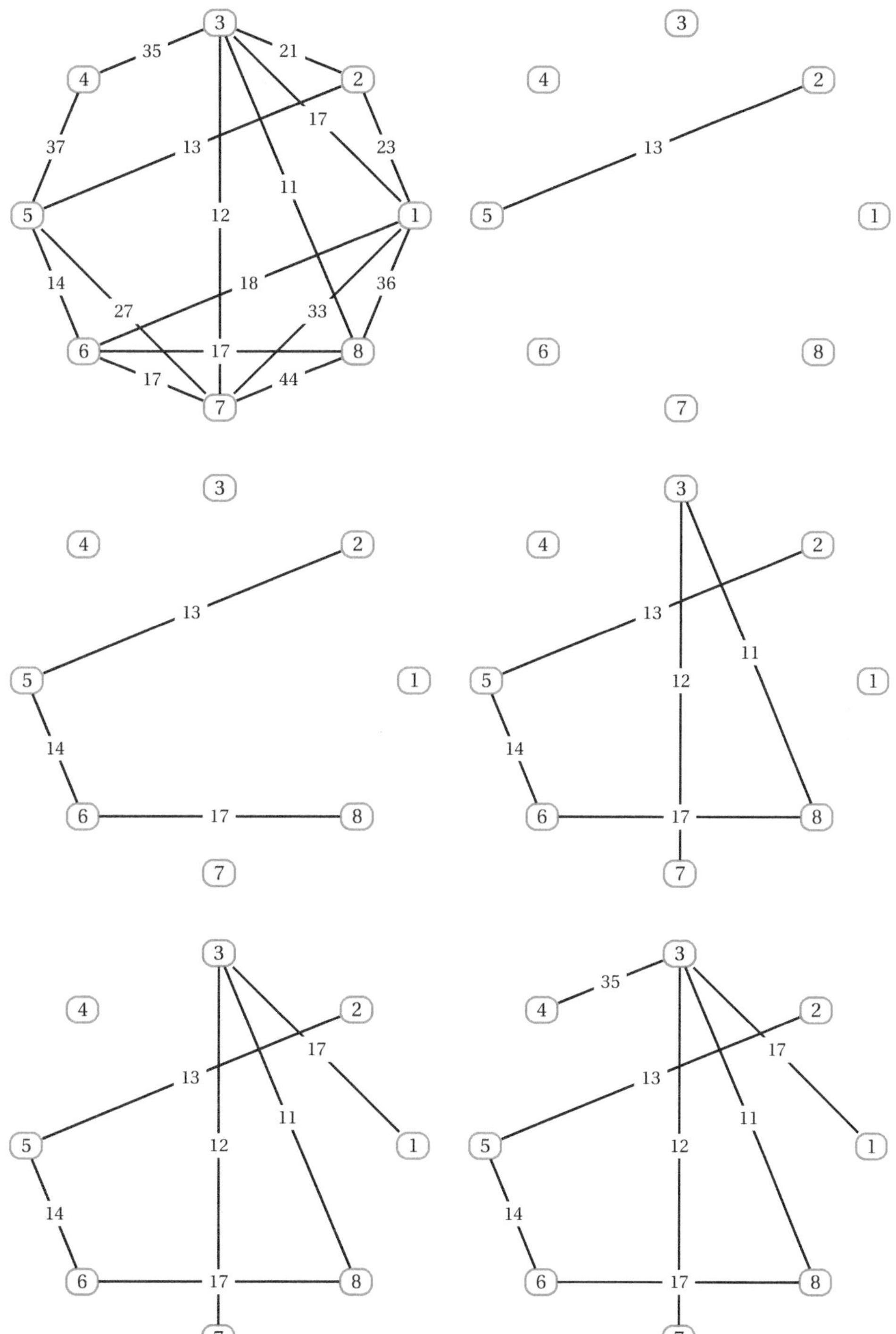

Bild 4.6 Der Prim-Algorithmus auf das *Beispiel 4.1* angewendet. Als Startknoten wählen wir Knoten 5. Der minimal aufspannende Baum (unten rechts) hat Gesamtkosten in Höhe von 119 GE.

Vom Knoten 5 hat die billigste Kante die Bewertung 13 und führt zum Knoten 2, die Kante {5,2} wird dem Baum hinzugefügt. Jetzt wird von den Knoten 5 und 2 nach billigsten Kanten zu noch nicht besuchten Knoten gesucht, {5,6} ist mit 14 die billigste und wird hinzugefügt. Weiter geht es nun von allen bereits besuchten Knoten 5, 2 und 6 mit der Suche nach einer aktuell billigsten Kante zu einem noch unbesuchten Knoten. Wir haben zwei Kanten mit der Bewertung 17 zur Auswahl. Die Auswahl ist beliebig; wir wählen die Kante {6,8} und sehen den bisherigen Baum in *Bild 4.6* in der zweiten Zeile, ersten Spalte abgebildet. Die weiteren Schritte des Prim-Algorithmus kann man den nachfolgenden Abbildungen entnehmen.

Vergleicht man die beiden Ergebnisse der minimal aufspannenden Bäume (siehe *Bild 4.4* und *Bild 4.6*) miteinander, so stellt man fest, dass der Kruskal- und der Prim-Algorithmus beide ein Minimalgerüst gleichen Gewichts liefern. Die minimal aufspannenden Bäume können sich allerdings unterscheiden, falls Kanten gleichen Gewichts vorkommen, und dies ist in unserem Beispiel auch der Fall.

Abgesehen von dem Unterschied der lokalen und globalen Suche bei den beiden Algorithmen, spielt natürlch auch der Speicherplatzbedarf eine entscheidende Rolle. Da dieser aber nicht nur vom Verfahren und dessen Implementierung, sondern selbstverständlich auch vom Problem abhängt, ist eine allgemeine Aussage nicht möglich.

5 Matching-Probleme

In diesem Kapitel geht es um spezielle Zuordnungsprobleme, sogenannte *Matching-Probleme*. Dabei sollen die Elemente zweier disjunkter Mengen möglichst optimal einander zugeteilt werden. Da wir hier ausschließlich die Zuteilungsprobleme von zwei Mengen behandeln – lediglich eine vereinfachende Einschränkung; vieles lässt sich schnell auf den Fall beliebig vieler Mengen übertragen – haben wir es in der Sprache der Graphentheorie mit bipartiten Graphen zu tun. Solchen Graphen sind wir bereits im ersten Kapitel begegnet (vgl. Abschnitt 1.2.2).

Klassische Zuordnungsprobleme in der Praxis sind beispielsweise: Bewerber auf freie Stellen, Kinder auf Kindergartenplätze oder Lehrer auf Schulklassen zu verteilen. Eine (unter noch zu spezifizierenden Bedingungen) erfolgreiche Paarbildung nennen wir ein *Matching.*

5.1 Definition von Matchings

Zu Beginn dieses Abschnitts müssen einige formale Definitionen sein, um die Begriffe zu klären. Hierbei bezeichne stets $G = (V, E)$ einen Graphen.

Matching

Ein *Matching von G* ist eine Teilmenge $M \subseteq E$ der Kanten von G mit der Eigenschaft, dass keine zwei Kanten einen gemeinsamen Knoten besitzen.

Ein Knoten kann also immer nur zu *einer* Matchingkante gehören. Anders ausgedrückt: Zwei Matchingkanten können niemals adjazent (benachbart) sein. In *Bild 5.1* ist zweimal der gleiche Graph mit unterschiedlichen Kantenmarkierungen zu sehen; einmal handelt es sich um ein Matching und einmal nicht.

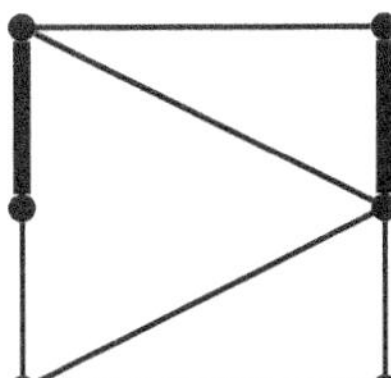

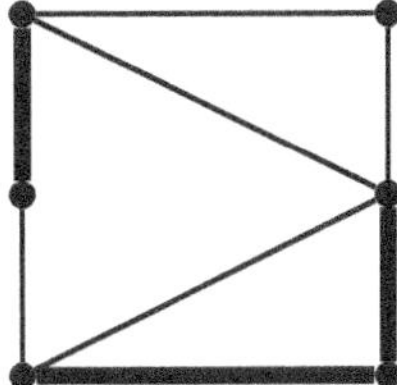

Bild 5.1 Ein Knoten kann immer nur zu *einer Matchingkante* gehören. So sieht man hier zweimal den gleichen Graphen; einmal mit einem Matching (links) und einmal mit einer Kantenmenge, die kein Matching ist, denn der untere rechte Knoten gehört zu zwei Kanten.

Wie groß kann ein Matching maximal sein? Wie lange kann man Matchings erweitern? Betrachten wir etwa das Matching in *Bild 5.1* (links), so sieht man schnell, dass das Hinzufügen der unteren waagerechten Kante das Matching erweitert. Noch größer wird man es aber nicht machen können. Die drei Kanten des so gefundenen Matchings sind für die sechs Knoten verständlicherweise eine Grenze.

Diese Obergrenze ist auch allgemein unmittelbar klar: Wenn der Graph G aus n Knoten besteht, dann kann ein Matching M in G maximal $\frac{n}{2}$ Kanten beinhalten. Aber existiert in jedem Graphen tatsächlich solch ein *maximales Matching*? Und besitzt jedes maximale Matching gleich viele Kanten? Was ist überhaupt ein maximales Matching, und woher weiß man, ob ein gefundenes Matching das maximale darstellt? Zur Beantwortung dieser Fragen benötigen wir vorerst die nächste Definition.

Maximales Matching

Ein *maximales Matching von G* ist ein Matching von G, dem keine weitere Kante mehr hinzugefügt werden kann. Die Knoten der Kanten, die zu einem Matching gehören, nennt man *vom Matching überdeckt.*

So wie die Definition lautet, muss keinesfalls nur ein einziges maximales Matching von G existieren. Es kann sogar passieren, dass zwei maximale Matchings für ein und denselben Graphen eine unterschiedliche Anzahl an Matchingkanten aufweisen. Im Gegensatz zu der häufig in der Literatur gewählten Weise haben wir ein maximales Matching über seine Darstellung definiert: Wenn man dem aktuell abgebildeten Matching keine weitere Matchingkante hinzufügen kann, dann ist dieses für uns ein maximales Matching. Aufgepasst: Damit ist nicht gesagt, dass die Anzahl der Matchingkanten bereits maximal ist. Eventuell stößt man nämlich durch eine Umsortierung der Kanten auf ein größeres Matching – also eines mit mehr Kanten. Es ist nun gerade das sogenannte *Maximal-Matching-Problem*, ein maximales Matching mit maximaler Anzahl von Matchingkanten zu finden.

Ein Begriff fehlt noch in unserem Vokabular:

Perfektes Matching

Sind alle Knoten von G von einem Matching überdeckt, so handelt es sich um ein *perfektes Matching.*

Sind also alle Knoten eines Graphen G mit einer Matchingkante inzident, so hat man aus einem maximalen Matching ein *perfektes Matching* gemacht. Jeder Knoten ist versorgt, mehr geht nicht, wir haben die maximale Mächtigkeit von M erreicht: $|M| = \frac{n}{2}$. Man sieht sofort, dass dafür die Anzahl n der Knoten notwendigerweise eine gerade Zahl sein muss.

In *Bild 5.2* werden die Unterschiede zwischen maximalem und perfektem Matching aufgezeigt. Das Bild veranschaulicht auch folgende wichtige Tatsache:

Zusammenhang: Maximales und perfektes Matching

Jedes perfekte Matching ist maximal, aber nicht jedes maximale Matching ist perfekt.

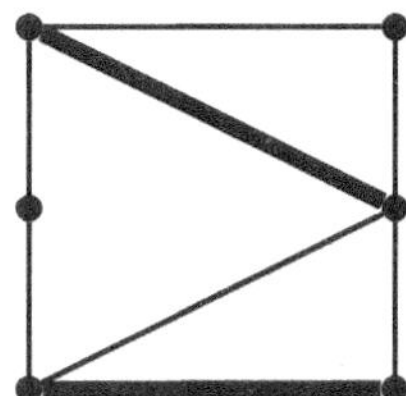
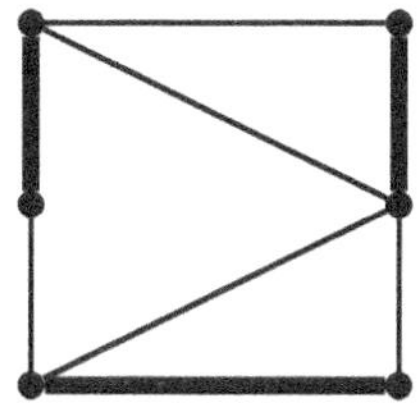

Bild 5.2 Ein maximales Matching (links), das aber nicht perfekt ist (da zwei Knoten ausgelassen werden) und ein perfektes Matching (rechts).

Schauen wir in die reale Welt: Hier reichen diese zunächst sehr schlicht eingeführten Begriffe von Matching, maximalem und perfektem Matching sicher noch nicht aus; man wird hier je nach Fall Gewichtungen vornehmen müssen.

Bei der Verteilung von Kindern auf Kindergartenplätze müssen wohl noch keine Prioritäten der Kinder berücksichtigt werden, zumindest dann nicht, wenn jeder Platz gleichwertig ist. Bei der Verteilung von Bewerbern auf Jobs aber sieht dieses sicherlich schon ganz anders aus: Einerseits wird es beim Bewerber sehr beliebte, weniger beliebte und unbeliebte Stellen geben, das heißt er nimmt eine Wertigkeit vor. Andererseits könnte der Personaler, der für die Stellenvergabe zuständig ist, unter allen Bewerbern auf die gleiche Stelle eine Rangliste festlegen. So stößt man bei dieser Art von Problemen tatsächlich auf gewichtete bipartite Graphen. Wir verzichten aber der Einfachheit halber auf solche Gewichtungen.

5.2 Matchings für bipartite Graphen

Wir haben uns bereits klargemacht, dass Matchings speziell bei bipartiten Graphen eine wichtige Rolle spielen. Um für solche Graphen das Maximal-Matching-Problem genauer zu untersuchen, wiederholen wir zunächst die Definition für bipartite Graphen aus dem Abschnitt 1.2.2:

Bipartiter Graph

Ein Graph $G = (V, E)$ heißt *bipartit*, falls sich die Knotenmenge V so in zwei disjunkte Teilmengen V_1 und V_2 zerlegen lässt, dass keine Kante von G zwei Knoten derselben Teilmenge miteinander verbindet. (Alle Kanten verbinden also nur jeweils einen Knoten aus V_1 mit einem Knoten aus V_2.)

Ein bipartiter Graph mit maximal möglicher Kantenanzahl heißt *vollständig bipartit* und wird mit $K_{r,s}$ bezeichnet, falls r bzw. s die Anzahlen von V_1 bzw. V_2 sind.

Was versteht man unter einem perfekten Matching bei einem bipartiten Graphen? Unter welchen Voraussetzungen existiert ein solches? Eine wichtige Aussage in diesem Zusammenhang ist der sogenannte „Heiratssatz“ von Hall (siehe (5.2)). Dieser Satz ist zentral bei der Beantwortung solcher Fragen, wie den oben genannten. Der Name ist angelehnt an das in früheren Zeiten wohlverbreitete, heute nicht mehr zeitgemäße Problem, eine Gruppe von Frauen zu

„verheiraten“. Aus historischen Gründen formulieren wir den Satz hier dennoch kurz im altertümlichen sprachlichen Kontext: Nach dem Satz ist es möglich, aus einer Gesamtheit von Frauen jede zu „verheiraten“, falls zu jeder Gruppe von Frauen mindestens genau so viele Männer existieren, die sich für mindestens eine der Frauen aus der Gruppe interessieren.

Bringen wir den Satz nun in moderne mathematische Sprache. Dazu müssen wir zuerst den Gradbegriff von Knoten (1.2) auf Knotenmengen ausdehnen:

Grad einer Knotenmenge

Es sei $G = (V, E)$ ein Graph und $U \subseteq V$ eine Teilmenge der Knoten. Wir definieren den *Grad von U* als die Anzahl derjenigen Knoten von G, die mit einem Knoten aus U eine Kante bilden, und schreiben dafür $d(U)$, also:

$$d(U) = |\{w \in V \mid v \in U \text{ und } \{v, w\} \in E\}|. \qquad (5.1)$$

Beispiel 5.1

Wir betrachten den Graphen G in *Bild 5.3* (links). Für die Teilmenge $U = \{1, 2\} \subseteq V$ gilt dann

$$d(U) = 3,$$

denn von den beiden Knoten aus U führen insgesamt Kanten zu drei Knoten (nämlich zu a, b und d). ■

Mithilfe des Grades von Teilmengen lässt sich der Heiratssatz von Hall nun folgendermaßen formulieren:

Satz von Hall

Ein bipartiter Graph $G = (V_1 \cup V_2, E)$ besitzt genau dann ein perfektes Matching, wenn für alle Teilmengen $U_1 \subseteq V_1$ die Ungleichung

$$d(U_1) \geq |U_1| \qquad (5.2)$$

erfüllt ist.

Wir möchten diesen Satz nun mithilfe von *Bild 5.3* nachprüfen und so verdeutlichen. In dem dort abgebildeten Graphen finden sich die beiden Knotenteilmengen

$$V_1 = \{1, 2, 3, 4\} \quad \text{und} \quad V_2 = \{a, b, c, d\}.$$

Die Zahlenknoten können wir als Frauen, die Buchstabenknoten als Männer interpretieren. Eine Kante von einem Zahlenknoten zu einem Buchstabenknoten bedeutet dann, dass diese beiden Personen aneinander interessiert sind. Die Suche nach einem perfekten Matching entspricht nun der Frage, ob es möglich ist, dass sich hieraus derart Paare bilden können, dass jede (und jeder) „unter die Haube kommt“.

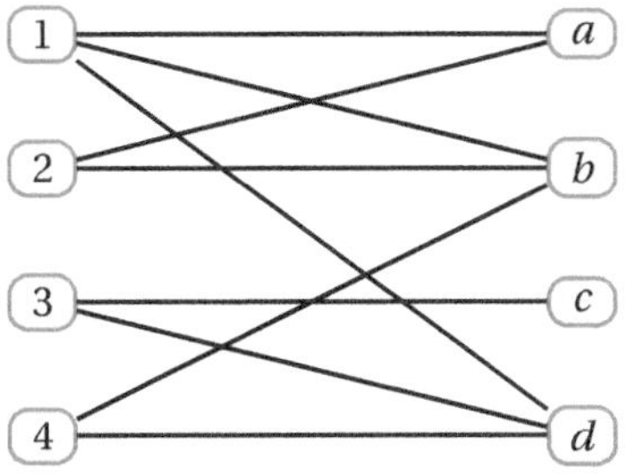

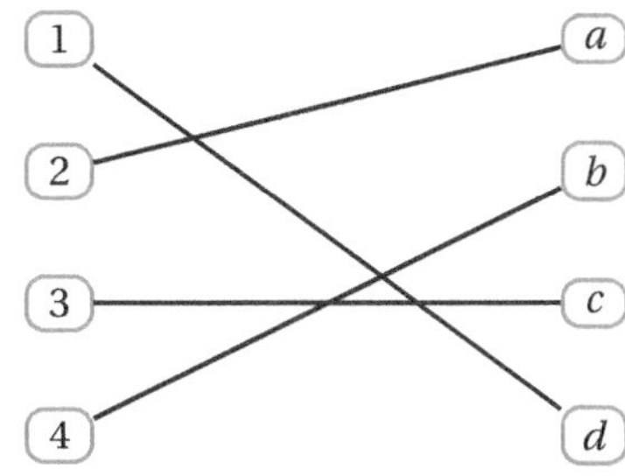

Bild 5.3 Links ein bipartiter Interessengraph, rechts ein mögliches perfektes Matching

Dass ein solches Matching existiert, kann man einerseits in *Bild 5.3* (rechts) sehen; andererseits kann man es eben mithilfe des Heiratssatzes nachweisen. Dafür müssten alle 16 Teilmengen von V_1 überprüft werden; wir beschränken uns hier einmal auf diejenigen Teilmengen, die den Knoten 1 enthalten. Für diese gilt:

$$
\begin{array}{lcccc}
d(\{1\}) & = & 3 & \geq & 1, \\
d(\{1,2\}) & = & 3 & \geq & 2, \\
d(\{1,3\}) & = & 4 & \geq & 2, \\
d(\{1,4\}) & = & 3 & \geq & 2, \\
d(\{1,2,3\}) & = & 4 & \geq & 3, \\
d(\{1,2,4\}) & = & 3 & \geq & 3, \\
d(\{1,3,4\}) & = & 4 & \geq & 3, \\
d(\{1,2,3,4\}) & = & 4 & \geq & 4.
\end{array}
$$

Für die Größe dieses Graphen ist es auch noch möglich, den Satz für alle Teilmengen zu überprüfen. Finden wir für keine der Teilmengen einen Widerspruch, so impliziert der Heiratssatz, dass ein perfektes Matching existiert. In *Bild 5.3* ist ein solches rechts zu sehen.

Hätten wir als Grundlage einen Interessengraph mit, sagen wir, mehr als 200 Knoten, den wir auf ein perfektes Matching hin untersuchen wollten, dann wäre sofort klar, dass die oben verfolgte Vorgehensweise kaum praktikabel ist. Wir müssen uns also auch beim Maximal-Matching-Problem (oder im Sonderfall eben bei der Suche nach einem perfekten Matching) bessere Strategien überlegen.

5.3 Maximal-Matching-Algorithmen

Am Arbeitsmarkt kann die Situation von Stellengesuchen und Stellenangeboten etwa mithilfe eines bipartiten Graphen modelliert werden. Eine Kante zwischen einem Gesuch und einem Angebot bedeutet dann, dass der oder die Arbeitssuchende für die Stelle qualifiziert ist. Ein perfektes Matching bedeutet in so einer Situation, dass alle Arbeitssuchenden mit einer adäquaten Stelle versorgt werden können.

5.3.1 Greedy-Matching-Algorithmus

Zahlreiche Algorithmen können Matchingprobleme in Polynomialzeit, also effizient lösen. Starten wir mit einem Greedy-Matching-Algorithmus zum Auffinden von maximalen Matchings:

Greedy-Matching-Algorithmus

Eingabe: Graph $G = (V, E)$.

Ausgabe: Ein maximales Matching.

1. Setze $M := \emptyset$.
2. Wähle eine Kante $e \in E$, füge e zu M hinzu.
3. Entferne e und alle benachbarten Kanten aus E.
4. Falls $E \neq \emptyset$, gehe zu 2. Ansonsten STOPP: M ist ein maximales Matching.

Beispiel 5.2

Schauen wir erneut auf den linken Graphen in *Bild 5.3*. Wir wollen hierauf den Greedy-Matching-Algorithmus anwenden und starten dazu mit der ersten Kante $\{1, a\}$ aus der Kantenmenge E. Zu Beginn ist also

$$M = \{\{1, a\}\}.$$

Anschließend müssen alle benachbarten Kanten von $\{1, a\}$ aus E entfernt werden, dies sind die Kanten $\{1, b\}, \{1, d\}$ und $\{2, a\}$. Damit reduziert sich E auf

$$E = \{\{2, b\}, \{3, c\}, \{3, d\}, \{4, b\}, \{4, d\}\}.$$

Dieser erste Schritt des Greedy-Matching-Algorithmus wird in *Bild 5.4* links dargestellt. Die Kantenmenge E enthält noch Kanten, und wir fahren fort: Nach Auswahl etwa der Kante $\{2, b\}$ muss lediglich die Kante $\{4, b\}$ aus E entfernt werden. Es ergibt sich

$$E = \{\{3, c\}, \{3, d\}, \{4, d\}\} \quad \text{und} \quad M = \{\{1, a\}, \{2, b\}\}.$$

Nach Auswahl der Kante $\{3, c\}$ erhalten wir schließlich

$$E = \{4, d\} \quad \text{und} \quad M = \{\{1, a\}, \{2, b\}, \{3, c\}\}.$$

Fügen wir auch noch die letzte Kante $\{4, d\}$ zu M hinzu, dann ist E leer, und mit

$$M = \{\{1, a\}, \{2, b\}, \{3, c\}, \{4, d\}\}$$

haben wir ein maximales Matching erhalten – für dieses Beispiel sogar ein perfektes Matching. Das Ergebnis des Greedy-Matching-Algorithmus wird in *Bild 5.4* (rechts) gezeigt.

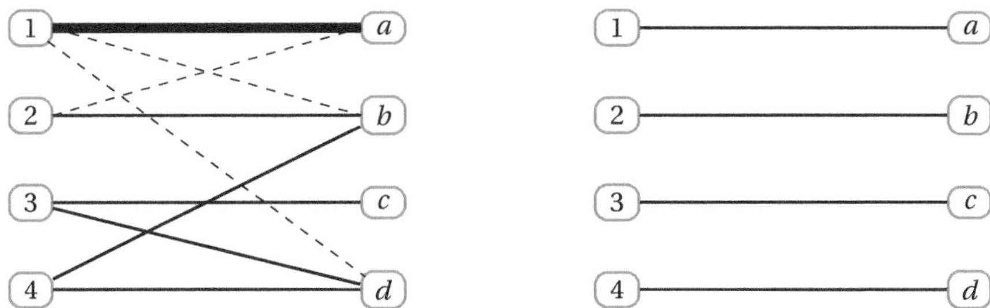

Bild 5.4 Links ein Schritt beim Greedy-Matching-Algorithmus, rechts das maximale (sogar perfekte) Matching ■

5.3.2 Verbessernde Wege

Mithilfe des Greedy-Matching-Algorithmus findet man *auf jeden Fall* ein maximales Matching. Aber nicht immer hat man das Glück, so wie gerade eben, ein perfektes Matching zu finden. Es kann sogar passieren, dass das gefundene maximale Matching noch weiter optimiert werden kann, also noch nicht die maximale Anzahl an Matchingkanten besitzt. Mithilfe sogenannter *verbessernder Wege*, wenn sie denn existieren, lässt sich ein gefundenes maximales Matching noch weiter optimieren; anders ausgedrückt, jeder *verbessernde Weg* erhöht die Anzahl der Matchingkanten in M um eins.

Verbessernder Weg

Es sei M ein Matching auf dem Graphen G. Wir nennen einen Weg $P = (v_0, v_1, \ldots, v_n)$ auf G einen *M-verbessernden Weg*, falls er alle Kanten von M enthält, und zwar so, dass seine Kanten abwechselnd zu M gehören und nicht zu M gehören und falls darüber hinaus Anfangs- und Endpunkt von P *nicht* zu M gehören.

Durch diese verbessernden Wege können Matchings erweitert werden:

Erweitern eines Matchings durch Invertieren

Hat man zu einem Matching M einen *M-verbessernden Weg* P auf G gefunden, so versteht man unter dem *Invertieren von P* das Austauschen von Matching- und Nicht-Matching-Kanten. Man schreibt P^{-1} für den invertierten Weg. Mit P^{-1} erhält man dann ein neues, größeres Matching.

Der französische Mathematiker Claude Berge hat 1957 bewiesen, dass ein maximales Matching M genau dann die maximale Anzahl an Matchingkanten besitzt, wenn es keinen M-verbessernden Pfad mehr in G gibt. Insofern löst der folgende Algorithmus das Maximale-Matching-Problem. Erfüllt der Graph die Voraussetzungen für ein perfektes Matching, dann wird auch dieses gefunden.

Verbessernde-Wege-Algorithmus

Eingabe: Graph $G = (V, E)$, ein Matching M von G.

Ausgabe: Ein Matching von G mit maximalen Matchingkanten.

1. Falls es einen M-verbessernden Weg P gibt, gehe zu 2. Ansonsten gehe zu 3.
2. Invertiere P und setze $M := P^{-1}$. Gehe zu 1.
3. Gib M aus.

Im Allgemeinen wird vor der Anwendung des Verbessernde-Wege-Algorithmus 5.3.2 immer ein Greedy-Matching-Algorithmus 5.3.1 durchgeführt.

Ganz so einfach, wie es aussieht, ist es dann aber immer noch nicht. Die Hauptschwierigkeit des Algorithmus steckt dabei nicht im Invertieren, vielmehr ist das Auffinden der verbessernden Wege das Hauptproblem. Dazu könnte man unter anderem die Tiefensuche 2.3 verwenden. Jedoch werden wir dies nicht im Detail vorführen. Wir wollen aber den Algorithmus der verbessernden Wege anhand zweier kleinerer Beispiele verdeutlichen. Als erstes nehmen wir uns noch einmal unseren Interessengraph vor:

Beispiel 5.3

Wir betrachten erneut den Interessengraphen, für den wir in *Beispiel 5.2* bereits ein perfektes Matching gefunden haben. Dass wir so erfolgreich waren, hing aber natürlich von den ausgewählten Kanten ab. Was passiert, wenn man die Kanten nicht auf Anhieb geschickt wählt?

Werden vom Greedy-Matching-Algorithmus beispielsweise zuerst die Matchingkanten $\{1, d\}, \{2, b\}$ und $\{3, c\}$ ausgewählt, dann steht für den Knoten 4 keine Matchingkante mehr zur Verfügung. Die Situation wird in *Bild 5.5* links verdeutlicht. Nun ist es so, dass es in diesem Fall aber einen verbessernden Weg gibt; im Bild rechts ist er skizziert.

Für den Knoten 4 können wir aktuell keine Matchingkante auswählen, da sowohl b als auch d bereits mit andern Partnern gematcht wurden. Bei der Suche nach verbessernden Wegen müssen wir bei einem exponierten (nicht gematchten) Knoten starten. Wir beginnen beim Knoten 4 und wählen die Kante $\{4, d\}$, als nächstes muss eine gematchte Kante folgen, also die Kante $\{1, d\}$ oder besser $\{d, 1\}$, da wir ja beim Knoten d starten und bei 1 landen. Von Knoten 1 können wir direkt den Knoten a auswählen, ebenfalls ein exponierter Knoten. Wir haben einen verbessernden Weg mit drei Kanten gefunden

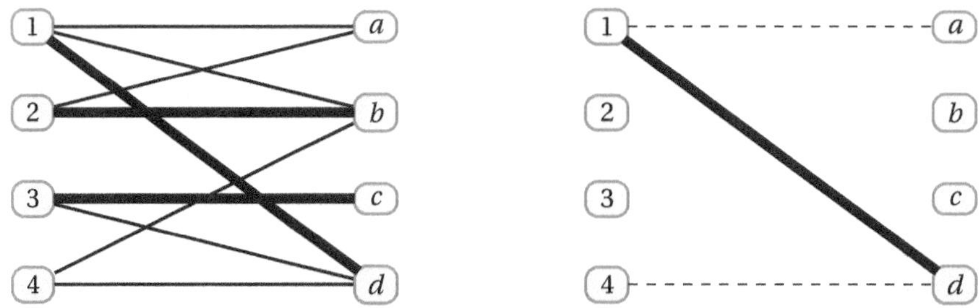

Bild 5.5 Links der Greedy-Matching-Algorithmus für *Beispiel 5.3*, rechts nur der gefundene verbessernde Weg

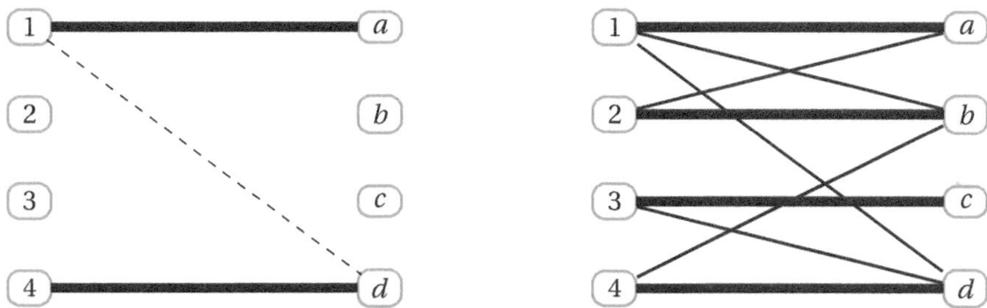

Bild 5.6 Verbessernde-Wege-Algorithmus für *Beispiel 5.3*: Umwandlung von Matching- und Nicht-Matchingkante (links) und resultierendes perfektes Matching (rechts)

$P = (4, d, 1, a)$, von denen bisher nur eine Kante eine Matchingkante ist. Wir invertieren P und erhalten zwei Matchingkanten $\{4, d\}$ und $\{1, a\}$ und eine Nicht-Matchingkante $\{1, d\}$, dargestellt in *Bild 5.6* links. Wir haben damit unser Matching verbessert. Da wir in diesem speziellen Fall bereits ein perfektes Matching gefunden haben, können wir die Suche nach weiteren verbessernden Wegen einstellen. Das perfekte Matching ist im *Bild 5.6* rechts zu sehen, alle Nicht-Matchingkanten sind ebenfalls dargestellt. ■

Der Verbessernde-Wege-Algorithmus funktioniert nicht nur für bipartite Graphen, die einzige Voraussetzung war ein zusammenhängender Graph. Zur Verdeutlichung zeigen wir daher die Anwendung des Algorithmus noch an einem Beispiel mit sechs Knoten:

Beispiel 5.4

Im *Bild 5.7* links ist ein Graph mit maximalem Matching zu sehen. Da jedoch nur vier der sechs Knoten gematcht sind, könnte es sein, dass es einen verbessernden Weg gibt. Ein solcher Weg müsste beim ungematchten Knoten b beginnen und beim ungematchten Knoten e enden. In der Tat existiert ein solcher verbessernder Weg, nämlich $P = (b, a, c, d, f, e)$. Dieser Weg besteht abwechselnd aus Nicht-Matching- und Matchingkanten.

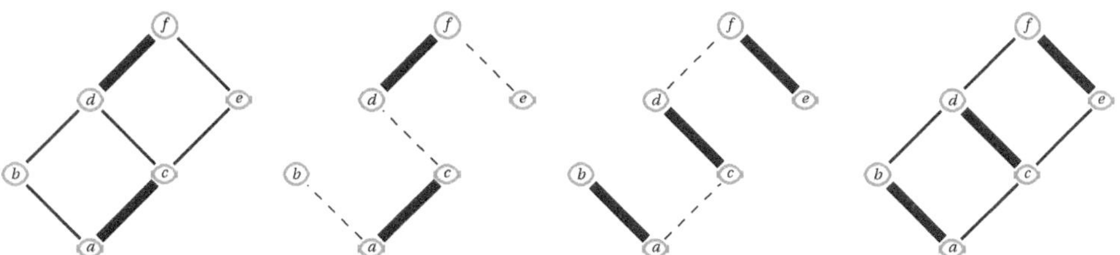

Bild 5.7 Von links nach rechts: Graph G mit maximalem Matching M, ein M-verbessernder Weg auf G, der invertierte verbessernde Weg, G mit resultierendem perfekten Matching

Geht man nun nach dem Verbessernde-Wege-Algorithmus vor, muss der Weg P invertiert werden, was ebenfalls in *Bild 5.7* zu sehen ist – und dieser invertierte Weg liefert dann das verbesserte (und hier sogar perfekte) Matching. ■

6 Das Problem des chinesischen Postboten

In den ersten Kapiteln dieses Buches haben wir uns bereits intensiv mit kürzesten Wegen in unbewerteten (Kapitel 2) und bewerteten (Kapitel 3) Graphen beschäftigt. Heraus kam bei diesen Diskussionen unter anderem der Kürzeste-Wege-Baum nach Anwendung des Dijkstra-Algorithmus (siehe Abschnitt 3.2). In diesem Kapitel beschäftigen wir uns nun nicht mehr nur mit Wegen, sondern mit ganzen „Rundreisen" durch Graphen. Bei Wegen, die bereits ohnehin alle Knoten eines Graphen durchlaufen, bedeutet dies nur das Hinzufügen einer weiteren, den Kreis schließenden, Kante vom Endknoten des Weges zurück zum Startknoten. Im Allgemeinen aber stoßen wir bei den Rundreisen auf eine völlig neue Klasse von Problemtypen. Beim sogenannten „Postboten-Problem" geht es beispielsweise darum, eine Rundreise durch einen gegebenen Graphen zu finden, bei der jede Kante *genau einmal* durchlaufen wird.

6.1 Euler-Kreise und Euler-Wege

Unter welchen Bedingungen ist es möglich, in einem Graphen G jede Kante genau einmal zu durchlaufen? Kann man die Voraussetzungen, die für einen solchen Graphen erfüllt sein müssen, überhaupt knapp formulieren? Diesen Fragen werden wir in diesem Abschnitt nachgehen.

Man stelle sich etwa ein Straßennetz als Graphen modelliert vor – die Straßen als gewichtete Kanten und die Kreuzungen als Knoten – und versuche das Problem zu lösen, einen möglichst kurzen Weg zu finden, der optimalerweise genau einmal durch jede Straße führt. Es soll also möglichst vermieden werden, Straßen doppelt zu durchlaufen. Wie man sich vorstellen kann, sind solche Problemstellungen zwar enorm wichtig für die Praxis, aber bedauerlicherweise häufig gar nicht oder höchstens mit einem nicht vertretbar hohen Rechenaufwand zu beantworten.

Das Problem, in einem gegebenen Graphen G einen Weg zu finden, der jede Kante genau einmal durchläuft, ist uns allen schon seit Kindertagen bekannt, und zwar in der Form des sogenannten *Hauses vom Nikolaus*. Es handelt sich hierbei um einen Graphen mit acht Kanten und fünf Knoten, der ohne Absetzen des Stiftes gezeichnet werden soll. Dazu, so der Brauch, sollen die acht Silben „Das ist das Haus vom Nikolaus!" gesprochen werden. Schaffen Sie dies noch? Falls nein: *Bild 6.1* zeigt drei Möglichkeiten, dies zu tun.

Ein vergleichbares Problem haben wir bereits ganz zu Beginn des Buches kennengelernt: das *Königsberger Brückenproblem*, das Leonhard Euler gestellt wurde. Es ging darum, einen Weg zu finden, der exakt einmal über jede der sieben Königsberger Brücken führte (vgl. *Bild 1.1*). Hier, so erinnern wir uns, war das nicht möglich. Einen Graphen, in dem das gestellte Problem lösbar ist, nennen wir *eulersch*:

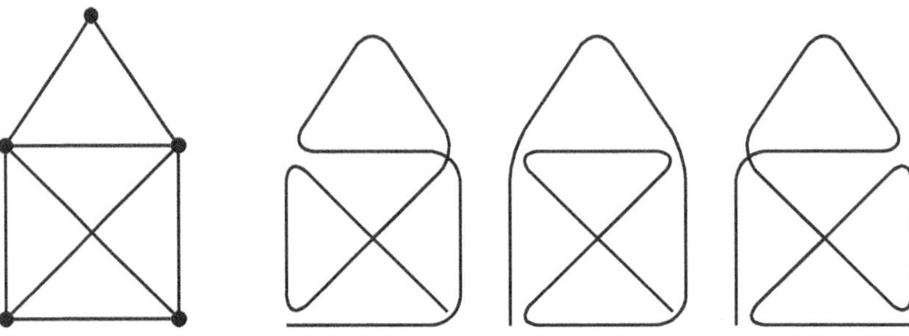

Bild 6.1 Das Haus vom Nikolaus und verschiedene Möglichkeiten, es zu zeichnen

Euler-Weg und Euler-Kreis

Es sei $G = (V, E)$ ein Graph mit m Kanten. Ein Weg bzw. ein Kreis auf G heißt *Euler-Weg* bzw. *Euler-Kreis*, falls er exakt aus den m Kanten von G besteht (d. h., falls er sämtliche Kanten von G genau einmal durchläuft). Der Graph selber heißt dann auch *eulerscher Graph.*

In der Literatur werden manchmal auch nur die Graphen, die einen Euler-Kreis (Startknoten gleich Endknoten) beinhalten, eulersch genannt; wir gestalten dies hier ein bisschen offener. Außerdem möchten wir an dieser Stelle gleich darauf hinweisen, dass die Anzahl der Knoten bei der Definition eulerscher Graph keinerlei Rolle spielte.

Es ist unmittelbar einleuchtend, dass nur ein zusammenhängender Graph eulersch sein kann. Außerdem ist zu beachten, dass jede Kante zwar nur genau einmal durchlaufen werden soll, dass man an manchen Knoten dabei aber durchaus mehrfach vorbeikommen kann (und muss).

Bekannterweise handelt es sich beim Haus vom Nikolaus um einen eulerschen Graphen, und *Bild 6.1* zeigt mehrere Möglichkeiten für einen Euler-Weg. Wie sieht es aber bei den Graphen in *Bild 6.2* aus; sind sie eulersch? Probieren Sie es einfach einmal aus, einen Euler-Weg oder einen Euler-Kreis im jeweiligen Graphen zu finden. Was stellen Sie fest? Bei welchen Knoten scheitern Sie, weisen die besagten Knoten vergleichbare Eigenschaften auf? Könnten Sie damit eine Bedingung formulieren, wann in einem Graphen jede Kante exakt einmal besucht werden kann?

Bevor wir zur Auflösung kommen, prüfen wir noch bei einigen einfachen Graphen, ob sie eulersch sind. Der Spezialfall etwa, dass ein betrachteter Graph selbst schon ein Weg oder ein Kreis ist, ist klar: Hier stellt der Weg bzw. der Kreis selbst den gesuchten Weg bzw. Kreis dar, der jede Kante exakt einmal enthält:

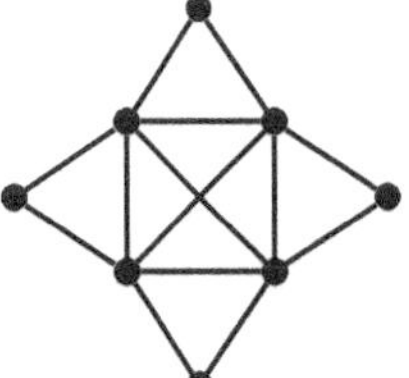

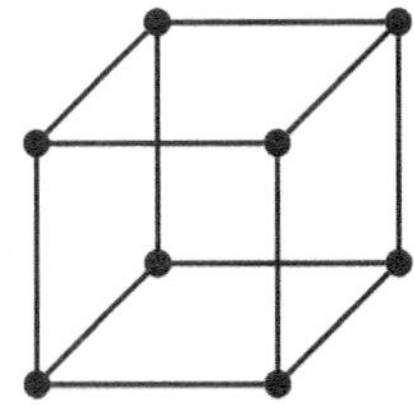

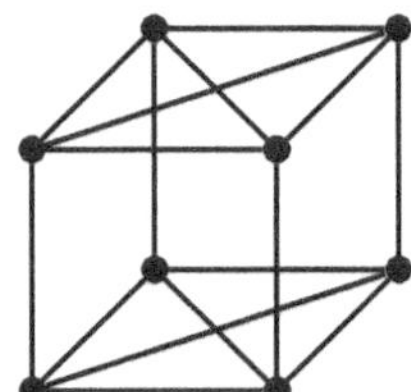

Bild 6.2 Sind die abgebildeten Graphen eulersch?

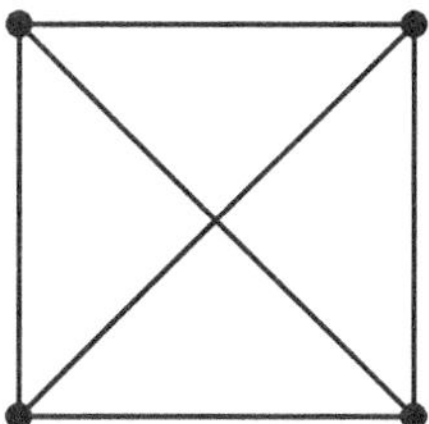
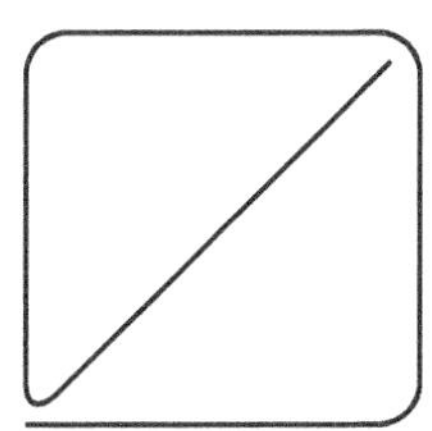
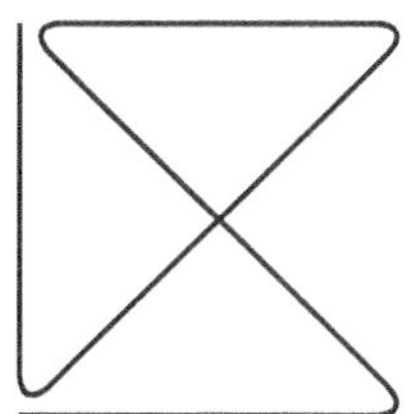
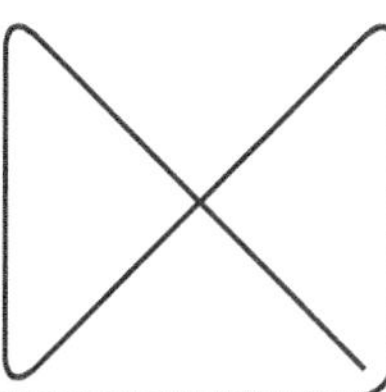

Bild 6.3 K_4 ist nicht eulersch – einige gescheiterte Versuche

Wege und Kreise sind eulersch
Für alle n sind die Graphen P_n und C_n eulersch.

Wie sieht es bei den vollständigen Graphen aus? Der Graph K_3 ist selbstverständlich eulersch, da K_3 mit C_3 übereinstimmt. Eine leichte Übung zeigt hingegen, dass der Graph K_4 nicht eulersch ist: Spätestens, wenn man fünf verschiedene Kanten durchlaufen hat, erreicht man die sechste Kante nicht, ohne abzusetzen (siehe *Bild 6.3*). Beim Graphen K_5 funktioniert es dann wieder, probieren Sie es aus. In der Tat gilt folgende Regel, die Sie sich klarmachen sollten:

K_n eulersch, falls n ungerade
Der vollständige Graph K_n ist genau dann eulersch, wenn n ungerade ist.

Schauen wir noch auf die bipartiten Graphen; auch hier ist schnell klar, dass einige eulersch sind, andere nicht. Es drängt sich die Frage auf: Für welche Werte von m und n ist $K_{m,n}$ eulersch? Der $K_{2,3}$ ist beispielsweise eulersch, wie *Bild 6.4* zeigt. Wie sieht es mit dem $K_{3,3}$ aus? Probieren Sie es erst einmal selbst, wir kommen später darauf zurück.

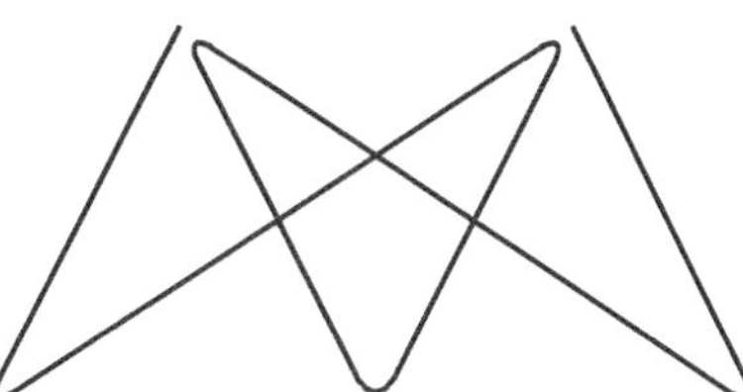

Bild 6.4 Der bipartite Graph $K_{2,3}$ ist eulersch.

Ein typisches, noch recht einfaches Problem, das mithilfe von Euler-Wegen gelöst werden kann, ist folgendes:

Beispiel 6.1

Fünf europäische Delegationen (je zwei Teilnehmer aus Deutschland, England, Frankreich, Italien und Spanien) sollen an einem runden Tisch Platz nehmen. Dabei soll jede mögliche Paarung von Nationalitäten vorkommen, d. h., es soll ein Franzose neben einem Deutschen sitzen, ein Deutscher neben einem Italiener, usw. Gibt es eine solche Sitzordnung?

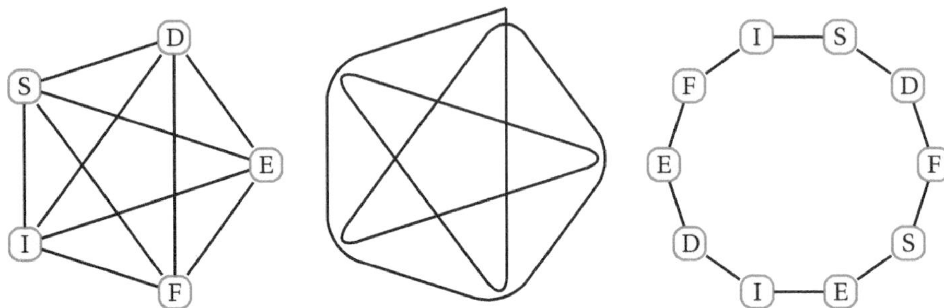

Bild 6.5 K_5 modelliert *Beispiel 6.1* (links); ein Euler-Weg (Mitte) und die hieraus resultierende Tischordnung (rechts)

Wir bezeichnen die Knoten des vollständigen Graphen K_5 mit den fünf Nationalitäten: D, E, F, I und S. Der vollständige Graph K_5 ist eulersch, wie der in *Bild 6.5* (Mitte) angedeutete Euler-Weg zeigt. Durchläuft man nun diesen Euler-Weg (es ist sogar ein Euler-Kreis), so ergibt sich die gewünschte Tischordnung (*Bild 6.5*, rechts). ■

Es existieren in *Beispiel 6.1* übrigens mehrere unterschiedliche Tischordnungen; es gibt ja auch viele Möglichkeiten den eulerschen K_5 zu durchlaufen. Auf die Frage, wie man überhaupt jeweils einen Euler-Weg oder auch einen Euler-Kreis finden kann, geben wir im nachfolgenden Abschnitt die Antwort.

Das Haus vom Nikolaus und im Prinzip auch das vorangehende Beispiel mit dem K_5 sind sehr übersichtlich und können schnell und mit ein wenig Herumprobieren gelöst werden. Nun fragt man sich jedoch irgendwann sicher, ob es nicht eine allgemeine Regel gibt, anhand der man schnell entscheiden kann, ob ein Graph eulersch ist oder nicht. Und tatsächlich, es gibt sie. Der Grad eines Knotens in einem Graphen spielt dabei eine wesentliche Rolle. Zur Erinnerung: Unter dem Grad eines Knotens v verstehen wir die Anzahl der von diesem Knoten ausgehenden Kanten und schreiben dafür $d(v)$.

Schauen wir noch einmal auf das Haus vom Nikolaus und spezieller auf die Grade der fünf Knoten: Die beiden unteren Knoten haben den Grad 3, die beiden Knoten in der Mitte haben den Grad 4, und der obere Knoten schließlich hat den Grad 2. Schaut man sich nun noch einmal etwas genauer die möglichen Euler-Wege in *Bild 6.1* an, so stellt man fest, dass diese tatsächlich immer an einem der beiden unteren Knoten beginnen und am anderen enden. Jede Möglichkeit, einen Euler-Weg zu finden, der an einem anderen Knoten beginnt, ist zum Scheitern verurteilt – probieren Sie es aus!

Der Grund hierfür liegt in der Tat im Knotengrad. Es gilt nämlich:

Eulerscher Graph

Ein zusammenhängender Graph ist genau dann eulersch, wenn es entweder keinen oder genau zwei Knoten mit ungeradem Grad gibt. Im ersten Fall handelt es sich um einen Euler-Kreis und im zweiten um einen Euler-Weg, wobei hier die beiden Knoten mit ungeradem Grad den Anfangs- und den Endpunkt des Euler-Weges bilden. (6.1)

Beim Haus vom Nikolaus haben nur die beiden unteren Knoten einen ungeraden Knotengrad, nämlich 3, alle anderen Knoten haben einen geraden Knotengrad. Mithilfe von (6.1) wird jetzt auch die bereits zuvor vermutete Regel, welche vollständigen Graphen eulersch sind, bestätigt: Es sind dies außer dem Graphen K_2 nur diejenigen Graphen K_n mit ungeradem n. Diese Graphen sind nämlich $(n-1)$-regulär, also haben alle Knoten einen geraden Grad und eignen sich daher gleichzeitig als Anfangs- und Endknoten für einen Euler-Kreis.

Welche Schlussfolgerungen aus (6.1) können wir für die bipartiten Graphen ziehen? Außer den bipartiten Graphen $K_{2,n}$ sind nur diejenigen Graphen $K_{m,n}$ eulersch, für die sowohl m als auch *n gerade* sind.

Wir können jetzt auch eine Aussage zu allen Graphen aus dem *Bild 6.2* machen. Es sind lediglich alle Knotengrade zu überprüfen. Unter dem *Bild 6.6* ist die Lösung aufgeführt.

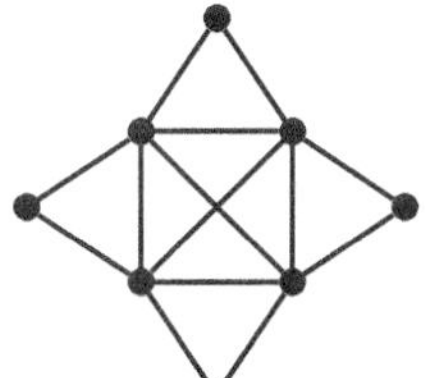
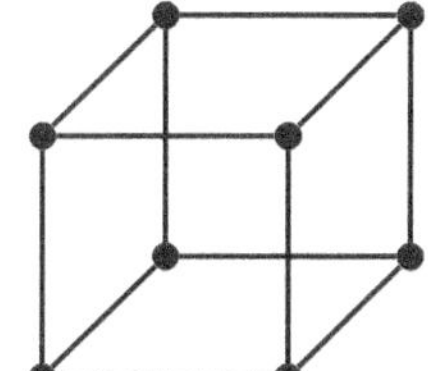
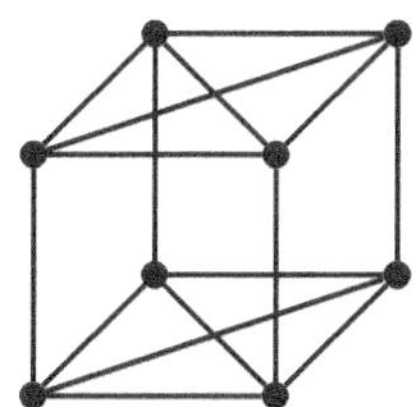

Bild 6.6 Links: 4 Knoten mit Knotengrad 5 (nicht eulersch); Mitte: 3-regulärer Graph (nicht eulersch); rechts: 4-regulärer Graph (eulersch)

Die Entscheidung darüber, ob ein (evtl. großer) Graph eulersch ist, reduziert sich also auf die Berechnung der Grade seiner Knoten. Damit ist aber, wie man sich leicht klar macht, der Euler-Weg selber noch lange nicht gefunden. Und in der Tat braucht es dafür dann schon ein wenig mehr Rechenaufwand. Im Folgenden stellen wir eine Strategie für das Ablaufen der Kanten, sodass jede Kante nur einmal besucht wird, vor.

Der Mathematiker Carl Hierholzer legte mit seinem Beweis des sogenannten *Euler-Hierholzer-Satzes* den Grundstein für eine vollständige Klassifizierung eulerscher Graphen und damit für den nach ihm benannten Algorithmus zur Bestimmung eines Euler-Kreises in einem ungerichteten Graphen.

Beim Hierholzer-Algorithmus geht man davon aus, dass in dem zu betrachtenden Graphen kein Knoten einen ungeraden Grad besitzt. Nach Bedingung (6.1) ist damit bekannt, dass der Graph einen Euler-Kreis besitzt. Die simple Grundidee des Algorithmus besteht nun darin, dass man einfach „drauf los zeichnet“: Man beginnt mit einem beliebigen Knoten und einer Kante, die von diesem Knoten ausgeht. Von dem über diese Kante erreichten Knoten aus folgt man erneut einer Kante zu einem weiteren Knoten, und so fort. Natürlich ist dabei darauf zu achten, dass keine Kante ein zweites Mal benutzt wird.

Verfahren wir so, stellen wir fest, dass wir mit jedem Erreichen und Verlassen eines Knotens zwei Kanten des Graphen nicht mehr benutzen dürfen. Da es keinen Knoten mit ungeradem Grad gibt, ist es nicht möglich, in einer „Sackgasse“ stecken zu bleiben, was zur Folge hat, dass irgendwann der Startknoten wieder erreicht wird – mit dieser Vorgehensweise hat man einen Kreis C auf dem Graphen gefunden. Sollte dieser Kreis nun bereits alle Kanten des Graphen enthalten, handelt es sich bereits um den gesuchten Euler-Kreis. In der Regel wird man aber nicht davon ausgehen können, insbesondere, wenn der Graph sehr groß ist.

In diesem Fall wird versucht, den Kreis C zu erweitern, und zwar dadurch, dass man einfach noch einmal „losläuft“, und zwar von einem bereits besuchten Knoten auf C, von dem noch unbesuchte Kanten ausgehen. Man verfährt wiederum so lange auf diese Weise, bis man erneut den Startknoten erreicht. Durch diese Methode erhält man einen zweiten Kreis C', der einen Verbindungsknoten zu C hat.

Solange es noch unbesuchte Kanten im Graphen gibt, wird dieser Schritt wiederholt, was zu immer neuen Kreisen führt. Als letzter Schritt werden dann die einzelnen Kreise zu einem kompletten Euler-Kreis zusammengefügt: Man geht vom Startpunkt des ersten Kreises C die Kanten ab, bis man auf einen Knoten stößt, der gleichzeitig noch zu einem anderen Kreis C_i gehört. Diesen neuen Kreis C_i läuft man dann ab, bis man wiederum auf einen anderen Kreis C_j trifft – und so weiter. Trifft man auf keinen weiteren neuen Kreis mehr, geht man den zuletzt begonnen Kreis zu Ende, dann den vorherigen, usw., bis zum Schluss der erste Kreis C beendet wird.

Mithilfe der Bedingung (6.1) können wir eulersche Graphen eindeutig identifizieren, und mithilfe des nachfolgenden Algorithmus von Hierholzer können wir in diesen immer einen Euler-Kreis angeben.

Algorithmus von Hierholzer

Eingabe: Zusammenhängender Euler-Graph $G = (V, E)$.

Ausgabe: Ein Euler-Kreis.

1. Setze $C := \emptyset$; wähle $w \in V$ beliebig.
2. Wähle weitere Knoten $v_i \in V$, sodass $(w, v_1, v_2, \ldots)$ ein Weg in G ist, und zwar so lange, bis ein Kreis C' entsteht. Füge C' bei w an C an.
3. Falls C ein Euler-Kreis ist, STOPP und Ausgabe von C. Ansonsten wähle einen in C enthaltenen Knoten w, der zu einer nicht in C enthaltenen Kante gehört und gehe zum 2. Schritt.

Was ändert sich, wenn wir nur einen Euler-Weg konstruieren können? Probieren Sie selber aus, den Algorithmus so umzuformulieren, dass die Ausgabe ein Euler-Weg und kein Euler-Kreis ist.

Beispiel 6.2

Betrachten wir den Graphen in *Bild 6.7*. Wir wählen als Startknoten den Knoten 1. Der Algorithmus verlangt nun ausgehend von diesem Startknoten die Konstruktion eines Kreises C_1 – beispielsweise $C_1 = (1, 4, 7, 8, 1)$. Von den Knoten 1, 7 und 8 gehen noch weitere Kanten aus; daher kommen diese Knoten als Startknoten für weitere Kreise infrage. Wählt man etwa nun den Knoten 7, so findet man etwa den Kreis $C_2 = (7, 1, 3, 8, 5, 7)$. Ausgehend von Knoten 8 findet man dann den Kreis $C_3 = (8, 9, 2, 5, 6, 8)$ und hat damit alle Kanten verbraucht.

Der Euler-Kreis ergibt sich nun nach dem Algorithmus wie folgt: Man geht aus von Knoten 1, über Knoten 4, und stößt bei Knoten 7 auf den Kreis C_2. Diesen beginnt man nun zu durchlaufen, und zwar bis zu Knoten 8, wo man wiederum mit Kreis C_3 beginnt. Diesen durchläuft man komplett, beendet dann Kreis C_2 und schließlich Kreis C_1. ■

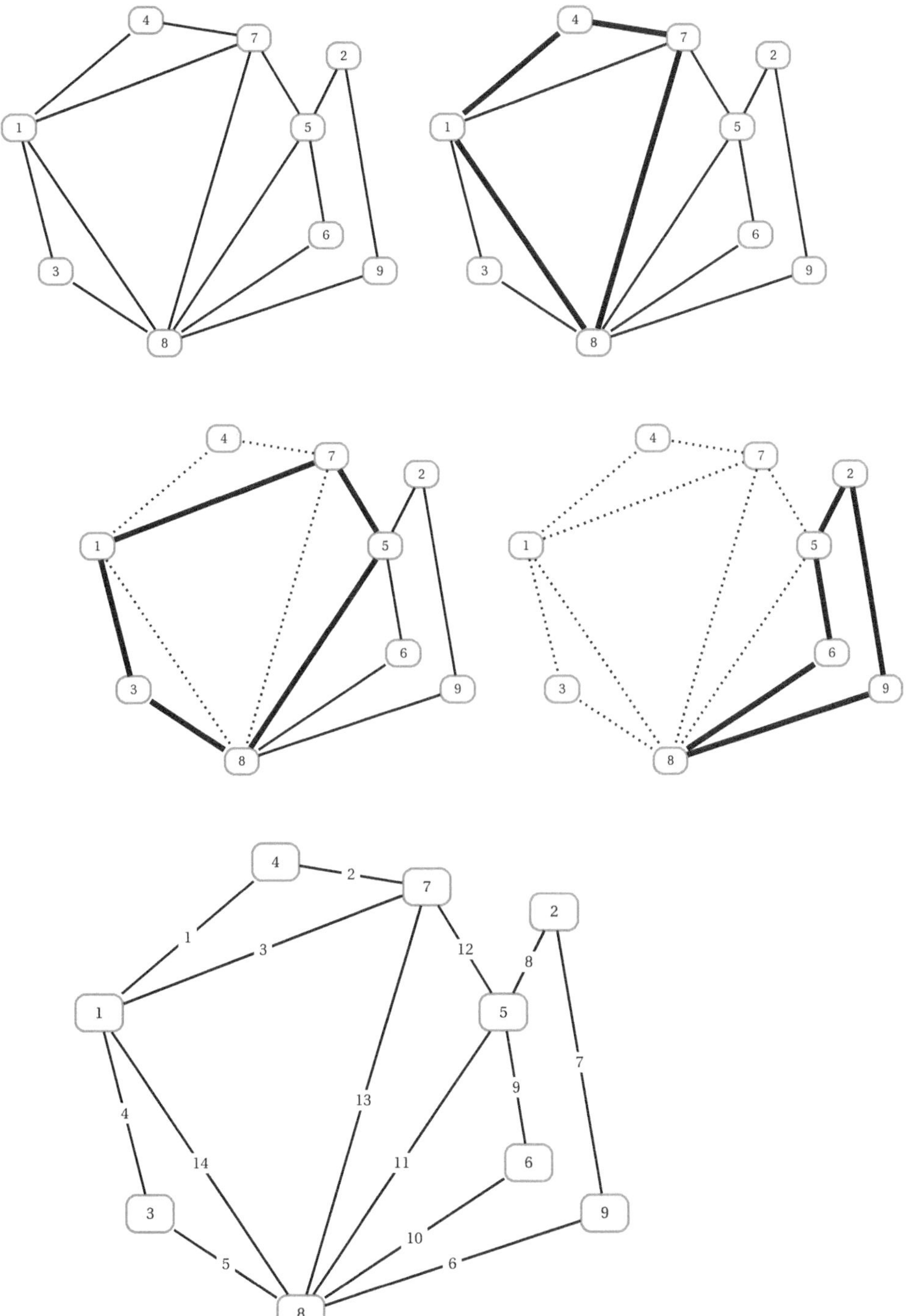

Bild 6.7 Der Algorithmus von Hierholzer im Beispiel: Ausgehend von den Startknoten 1 bzw. 7 bzw. 8 werden nacheinander drei Kreise konstruiert, die dann zu einem Euler-Kreis verbunden werden (letztes Bild, Kanten der Reihe nach nummeriert).

Den fertigen Euler-Kreis erhält man beim Hierholzer-Algorithmus also erst nach der Durchführung des letzten Arbeitsschrittes. Vorher hat man es mit mehreren, möglicherweise sogar sehr vielen, einzelnen Kreisen zu tun. In einzelnen Problemfällen könnte es durchaus wünschenswert sein, einen Euler-Kreis in einem Durchlauf zu konstruieren. Mit dem Algorithmus von Fleury (französischer Mathematiker) gelingt dieses Vorhaben, wobei die Grundidee dabei eine völlig andere ist. Statt einfach so lange neue Kanten hinzuzufügen bis man einen Kreis gefunden hat, wird bei Fleury jede neue Kante auf ihre Zulässigkeit überprüft. Die Grundidee bei dieser Überprüfung auf Zulässigkeit kann man folgendermaßen zusammenfassen: Eine Kante ist zulässig, wenn die restliche Menge, der noch nicht besuchten Kanten, stets zusammenhängend bleibt. Einen vollständigen Algorithmus von Fleury kann man z. B. in [11] nachlesen.

6.2 Postbotenproblem

Kommen wir nun zur Überschrift dieses kompletten Kapitels, dem Problem des Postboten (in der Literatur bekannt als: „Problem des chinesischen Postboten", benannt nach dem chinesischen Mathematiker Mei-Ko Kwan, der sich 1962 mit diesem Optimierungsproblem beschäftigte).

Das Problem des Postboten besteht darin, von einem bestimmten Standort aus eine möglichst kurze Tour durch ein Verteilungsnetz (Straßennetzwerk) zu finden. Jede Straße muss dabei mindestens einmal durchlaufen werden, da Mei-Ko Kwan die Annahme getroffen hat, dass der Postbote die Briefe auf beiden Seiten der Straße gleichzeitig zustellt. Dieses Problem findet natürlich Anwendungen bei Postdienstleistungen, genauso wie bei der Müllabfuhr, der Straßenreinigung und selbst bei der Planung von Rundgängen durch Museen.

Im Idealfall, in dem keine Straße zweimal benutzt wird, steht bereits ein eulerscher Graph zur Verfügung; hier geht es dann lediglich darum, einen Euler-Kreis zu finden, und dieses Problem löst zum Beispiel der im vorhergehenden Abschnitt vorgestellte Algorithmus von Hierholzer (siehe Seite 90). Da sowieso jede Straße (im Graphenmodell also jede Kante) durchlaufen werden muss, spielt auch eine etwaige Bewertung keine Rolle. Dabei lassen wir an dieser Stelle vorerst nur ungerichtete Graphen zu (gerichtete, gemischte oder Graphen bei denen Hin- und Rückweg unterschiedlich gewichtet sind, betrachten wir zu diesem Zeitpunkt noch nicht).

Wir stellen fest, dass der Postbote nur in einem eulerschen Graphen in der Lage ist, jede Straße exakt einmal zu durchlaufen. Kann der Postbote demnach seine Post nur in eulerschen Graphen zustellen? Sicherlich nicht; das Beschränken auf eulersche Graphen wäre aber auch tatsächlich eine viel zu große Einschränkung – besonders im Hinblick auf die Praxisanwendungen. Wir müssen uns daher auf eine etwas allgemeinere Formulierung einlassen:

Definition des Postbotenproblems

Das Problem des Postboten besteht darin, zu einem nicht negativ bewerteten Graphen G einen (im Sinne der Bewertung) möglichst kurzen Euler-Kreis zu finden. Ist G eulersch, so ist das Problem mit dem Euler-Kreis gelöst; im allgemeinen Fall muss zu G ein eulerscher Multigraph mit der gleichen Knotenmenge konstruiert werden.

Wir fordern in der Definition des Postbotenproblems, dass wir keine negativen Kantenbewertungen haben; dies ist nicht unbedingt notwendig, man muss dann aber die Algorithmen leicht modifizieren. Denkt man beim Postbotenproblem an ein übliches Straßennetz, so kann man sich eine negativ gewichtete Straße (also eine Straße deren Länge kleiner Null ist) auch nur schwer vorstellen; aber es gibt ja auch noch andere Gewichtungsmöglichkeiten als die Länge einer Straße.

Es müssen nun offenbar zwei wesentliche Fälle unterschieden werden: Ist der Graph gerichtet oder nicht? Mit gerichteten Graphen kann man in der Praxis beispielsweise Einbahnstraßen modellieren, damit ist sichergestellt, dass diese nur in einer Richtung durchlaufen werden können. Ehrlicherweise muss man zugeben, dass die Praxis sehr selten so klar ist: Wir werden es in der Regel weder mit reinen gerichteten noch mit reinen ungerichteten Graphen zu tun haben, sondern mit einer dritten Klasse, den Mischformen mit gerichteten und ungerichteten Kanten. Wir gehen hierauf am Ende dieses Abschnitts ein.

Die Hauptidee des Algorithmus ist sehr einfach und bereits in der Formulierung des Problems beinhaltet: Da bei einem eulerschen Graphen das Problem trivial ist, werden wir bemüht sein, den allgemeinen Fall hierauf zurückzuführen, also aus dem vorliegenden Graphen *einen eulerschen Graphen zu machen*. Das funktioniert, indem wir dort, wo es notwendig ist (also bei den Knoten ungeraden Grades), Kanten einführen, deren Gesamtlänge aber möglichst klein sein sollte – dies lösen wir mit sogenannten *Hilfsgraphen*, im ungerichteten Fall etwa mit einem Matching. Die zusätzlichen Kanten, die es ja in der Praxis gar nicht gibt, bedeuten dann für den Postboten exakt die Wege, die dieser doppelt ablaufen muss.

Algorithmus zum Postbotenproblem

Eingabe: Gerichteter oder ungerichteter Graph $G = (V, E)$ mit Kantenbewertung.

Ausgabe: Kantenzug minimaler Länge, der jede Kante mindestens einmal enthält.

1. Falls G eulersch ist, löst der Euler-Kreis in jedem Fall das Problem.
2. Falls G *ungerichtet* ist, gehe zu 3. und falls G *gerichtet* ist, gehe zu 4.
3. (a) Fasse die Knoten ungeraden Grades zu einer Teilmenge V' von V zusammen und definiere G' als den vollständigen Graphen auf den Knoten von V'.
   (b) Definiere eine Bewertung auf G' mithilfe kürzester Wege (beispielsweise mit dem Algorithmus von Dijkstra (siehe Abschnitt 3.2).
   (c) Bestimme ein bezüglich dieser Bewertung minimales Matching M auf G' und füge zu G die Kanten des Matchings M hinzu; erhalte den Multigraphen G'' und gehe zu 5.
4. (a) Fasse die Knoten von V mit *kleinerem Ein- als Ausgangsgrad* zu einer Menge V^- und die Knoten von V mit *größerem Ein- als Ausgangsgrad* zu einer Menge V^+ zusammen und definiere G' als den vollständig bipartiten gerichteten Graphen zwischen den Knoten von V^- und V^+.
   (b) Definiere auf diesem Hilfsgraphen eine Bewertung mithilfe kürzester Wege (beispielsweise mit dem Algorithmus von Dijkstra (siehe Abschnitt 3.2).
   (c) Wähle eine bezüglich dieser Bewertung minimale Teilmenge von Pfeilen aus dem Hilfsgraphen aus und füge sie zu G hinzu; erhalte den Multigraphen G'' und gehe zu 5.
5. Bestimme einen Euler-Kreis in G''.

Man beachte die formale Unterscheidung des gerichteten und des ungerichteten Falles. Die Grundidee ist bei beiden Fällen die gleiche; wir müssen nur im gerichteten Fall die „störenden Knoten" ein wenig differenzierter behandeln, indem wir ihren Ein- und Ausgangsgrad betrachten. Am deutlichsten wird dies an dem folgenden Beispiel, das wir parallel für beide Fälle betrachten.

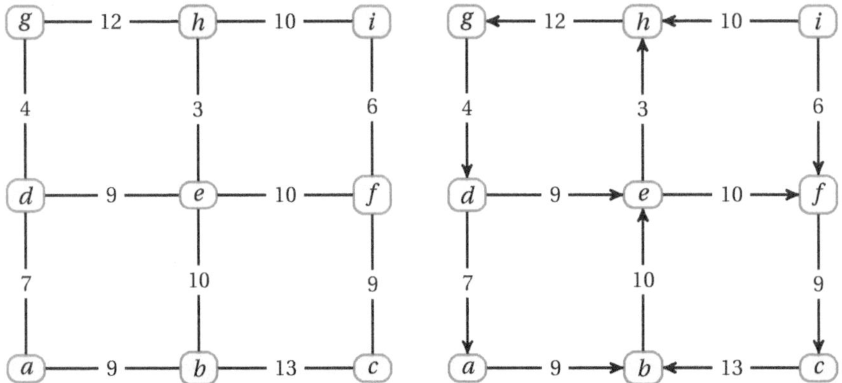

Bild 6.8 Ein bewerteter Graph *G*: einmal ungerichtet (links), einmal gerichtet (rechts)

Wir betrachten den Graphen in *Bild 6.8*, den wir etwa als Straßennetz mit Entfernungen auffassen können, und zwar einmal ungerichtet und einmal gerichtet. Gesucht ist in beiden Fällen ein möglichst kurzer Weg, der jede Kante (bzw. jeden Pfeil) mindestens einmal enthält, wir suchen also einen Euler-Kreis. Der Graph G ist jedoch nicht eulersch, es gibt vier Knoten mit ungeradem Grad (nämlich b, d, f und h), das sind unsere „Problemknoten" für den ungerichteten Fall. Im gerichteten Fall ist darüber hinaus auch i ein Problemknoten, denn hier gehen lediglich zwei Pfeile heraus, aber keiner hinein.

Nach dem Algorithmus zum Postbotenproblem auf Seite 93 müssen wir nun im ungerichteten Fall auf den Knoten ungeraden Grades, also auf

$$V' = \{b, d, f, h\},$$

den vollständigen Graphen betrachten: *Bild 6.9*, links. Im gerichteten Fall müssen wir feiner unterscheiden; hier ist

$$V^- = \{d, i\} \quad \text{und} \quad V^+ = \{b, f, h\}.$$

Nun muss der vollständig bipartite Graph zwischen den Knoten von V^- und V^+ als Hilfsgraph betrachtet werden: *Bild 6.9*, rechts.

Für die beiden Hilfsgraphen müssen nun Minimierungsprobleme gelöst werden: Für den ungerichteten muss ein perfektes Matching minimalen Gewichts gefunden werden. Ein solches ist in *Bild 6.9* (links) fett gedruckt.

Für den gerichteten Hilfsgraphen müssen wir eine Teilmenge minimalen Gewichts der Pfeile finden, wobei sorgfältig darauf zu achten ist, dass *zwei Pfeile bei dem Knoten i landen*! Das Ergebnis ist in *Bild 6.9* (rechts) fett gedruckt zu sehen.

Durch Einfügen der beiden Hilfsgraphen in die Ausgangsgraphen ergeben sich schließlich die beiden – nun eulerschen – Multigraphen in *Bild 6.10*. Man beachte, dass etwa im ungerichteten

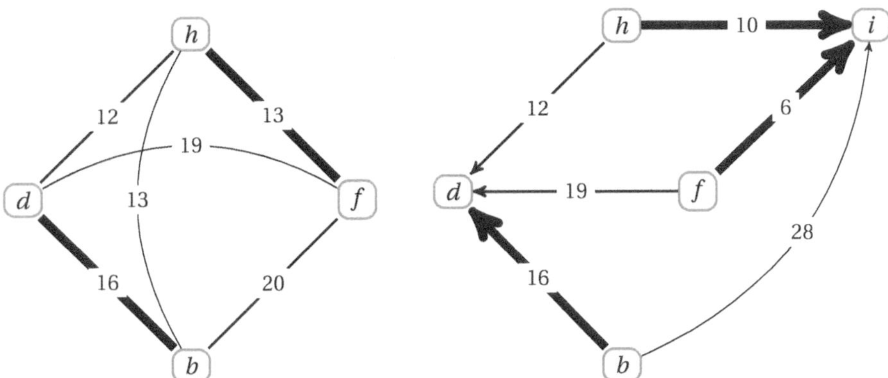

Bild 6.9 Die beiden Hilfsgraphen G' gemäß Algorithmus zum Postbotenproblem von Seite 93: im ungerichteten Fall der vollständige Graph G' mit minimalem Matching (links); im gerichteten Fall der vollständig bipartite Hilfsgraph G' mit längenminimaler Teilmenge von Pfeilen (rechts).

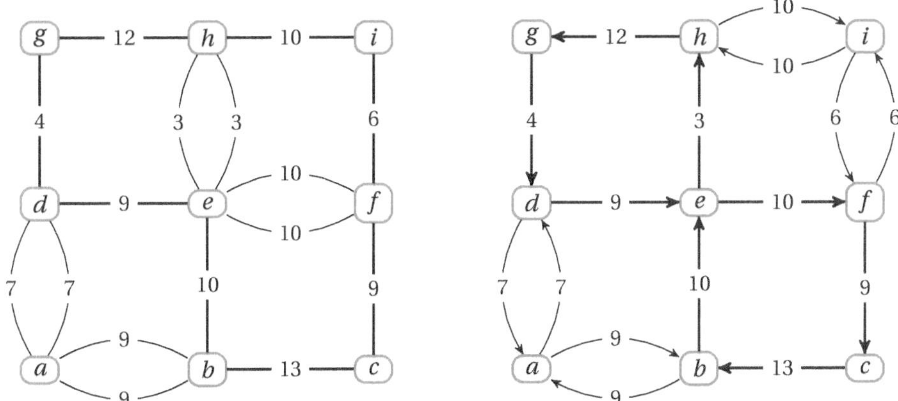

Bild 6.10 Die beiden Multigraphen zu den Graphen aus *Bild 6.8* nach Einfügen der Kanten des minimalen Matchings bzw. der Pfeile der längenminimalen Teilmenge; in beiden Fällen gibt es nun einen Euler-Kreis.

Fall das Einfügen der Hilfskante mit der Bewertung 16 zwischen d und b dem Einfügen zweier realer Kanten entspricht: eine mit der Bewertung 7 zwischen d und a und mit der Bewertung 9 zwischen a und b.

Zurück in unserem Straßennetz bedeutet es also für den Postboten, dass dieser die Abschnitte zwischen b und d sowie zwischen h und f doppelt laufen muss. Außerdem liefert das minimale Matching exakt die Streckenkombinationen, die dabei auftreten.

Im Fall des gerichteten Graphen haben wir zwar ebenfalls eine Lösung gefunden, nur lässt sich diese nicht immer 1:1 in die Realität übertragen. Um ein Beispiel zu nennen, Einbahnstraßen können nicht in der entgegengesetzten Richtung durchfahren werden.

Für einen gemischten Graphen, also einen Graphen der sowohl gerichtete als auch ungerichtete Kanten enthält, existiert bis heute kein Algorithmus, der das Postbotenproblem in erträglicher (sagen wir polynomieller) Zeit löst.

Allgemein bleibt festzuhalten, dass das Lösen der beiden Hilfsprobleme in der Praxis manchmal recht aufwendig sein kann. Es ist natürlich nicht immer so einfach wie in unserem Beispiel. Algorithmen zum Auffinden von minimal aufspannenden Bäumen haben wir zwar kennengelernt, aber eine praktische Anwendung bei sehr großen Graphen sind wir schuldig geblieben. Hinzu kommt, dass wir die Algorithmen zum Finden eines minimalen Matchings nicht auch noch behandeln konnten. Diese sind zum Teil ziemlich kompliziert und würden den Rahmen dieses Buches sprengen. Dem interessierten Leser sei an dieser Stelle unter anderem [17] empfohlen.

7 Das Problem des Handlungsreisenden

Unter dem Sammelbegriff der *Rundreiseprobleme* fasst man die schon bekannten Fragestellungen nach Euler-Wegen auf einem Graphen – also nach Wegen, die durch alle Kanten des Graphen führen – und den sogenannten *Hamilton-Wegen* zusammen; dies sind Wege, die durch alle Knoten eines gegebenen Graphen führen. Nachdem wir uns im letzten Kapitel mit den Euler-Wegen der Kantenproblematik gewidmet haben, wenden wir uns nun den Knotenproblemen, also den Hamilton-Wegen zu.

Das klassische Problem des Handlungsreisenden ist dabei, die (im Sinne einer gegebenen Kantenbewertung) günstigste Rundreise in einem bewerten Graphen zu finden: ein Problem, wenn nicht sogar das Problem im Bereich der Graphentheorie, das bereits seit Generationen die Menschheit beschäftigt. Die Gründe hierfür sind vielfältig: Neben dem klassischen Handlungsreisenden gibt es unzählige verschiedene Anwendungsbereiche. Außerdem ist der Zugang zum Problem recht einfach; man versteht schnell, worum es geht. Und doch ist die Angabe eines allgemeinen, sämtliche Problemklassen betreffenden Lösungsalgorithmus bis zum heutigen Zeitpunkt nicht gelungen. Dabei verstehen wir unter Lösungsalgorithmus wieder ein Verfahren, mit dessen Hilfe wir in der Lage wären, ein gegebenes Problem in adäquater Zeit zu lösen.

7.1 Hamilton-Kreise und Hamilton-Wege

Wieder suchen wir nach einem speziellen Teilgraphen eines gegebenen Graphen, und zwar diesmal nach einem Kreis, der alle Knoten durchläuft:

Hamilton-Kreis

Es sei $G = (V, E)$ ein Graph mit n Knoten. Ein Kreis C auf G heißt *Hamilton-Kreis*, falls er jeden der n Knoten von G genau einmal durchläuft. Der Graph selber heißt dann auch *hamiltonscher Graph*.

Während wir beim eulerschen Graphen neben den Kreisen auch noch Wege zugelassen haben, beschränken wir uns bei der Definition von hamiltonschen Graphen auf die Kreise. Auch hier ist klar, dass ein hamiltonscher Graph notwendigerweise zusammenhängend ist. *Bild 7.1* zeigt den hamiltonschen Graphen K_4; *Bild 7.2* einen nicht hamiltonschen Graphen.

Das systematische Auffinden eines Hamilton-Kreises bei großen Graphen ist im Allgemeinen sehr schwierig; genauer gesagt ist es ein weiteres $\mathcal{NP}$-vollständiges Problem – so wie unter

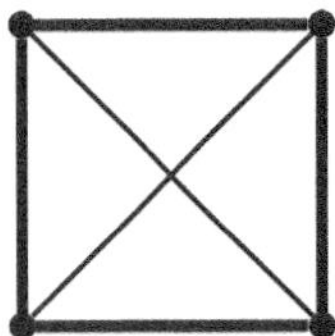

Bild 7.1 Der vollständige Graph K_4 mit Hamilton-Kreis (dick gezeichnet)

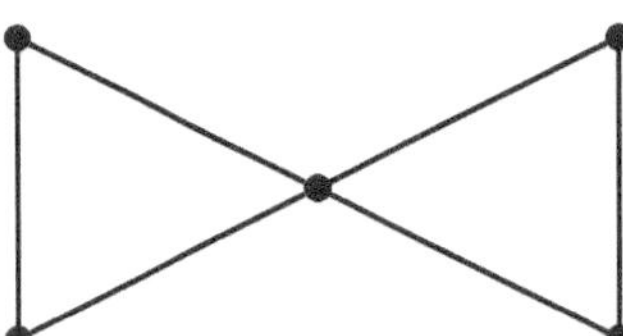

Bild 7.2 Ein nicht hamiltonscher Graph: Beim Durchlaufen aller Knoten wird man zwangsläufig den mittleren Knoten zweimal passieren müssen.

anderem das ebenso berühmte Rucksackproblem. Wie dort wäre es auch hier sehr schön, ist aber sehr unwahrscheinlich, dass ein effektiver Algorithmus gefunden wird. Mathematisch nicht ganz exakt, aber sehr einfach zu merken, wäre es, die Abkürzung $\mathscr{NP}$ mit „nicht polynomiell" zu übersetzen.

Beim Hamilton-Kreis gibt es sogar zweierlei Probleme: zum einen die Beantwortung der Frage, ob es sich bei einem vorliegenden Graphen um einen hamiltonschen handelt – also die Frage nach der Existenz eines Hamilton-Kreises –, und zum anderen die Suche und das Auffinden eben dieses Kreises in einer für menschliche und rechentechnische Verhältnisse vernünftigen Zeit. Das soll wieder bedeuten, es ist ein Algorithmus anzugeben, der in polynomieller Zeit eine Lösung liefert.

Zur Verdeutlichung noch einmal die Abstufungen der Problematik: Hätten wir ein Kriterium, welches uns sagt, dass ein gegebener Graph hamiltonsch ist, dann wüssten wir natürlich, dass in diesem mindestens ein Hamilton-Kreis existiert. Existiert nun mindestens ein Hamilton-Kreis, dann gibt es auch mindestens einen optimalen, also einen Rundweg mit geringsten Kosten. Allerdings kommt die Enumeration, also das Aufzählen aller gültigen Lösungen um eine billigste auszuwählen, ab einer gewissen Größe des Graphen aus zeitlichen Gründen nicht mehr infrage.

Kommen wir nun zu einer ersten kleinen Anwendung, bei der es um eine Tischordnung geht:

Beispiel 7.1

Sechs Personen A, B, C, D, E, F sollen so an einem runden Tisch Platz nehmen, dass jeder zwischen zwei Personen sitzt, die er schon kennt. Es gilt: Die Gruppe A, B, D, E kennt sich untereinander, ebenso die Gruppe B, C, F. Außerdem kennen sich noch A und F sowie C und D. Kann man die Personen wie gewünscht platzieren? ■

Wir gehen dieses Problem an, indem wir einen passenden, modellierenden Graphen zeichnen. Eine Möglichkeit dafür besteht darin, die Knoten den Personen entsprechen zu lassen und zwei von ihnen durch eine Kante zu verbinden, wenn sich die entsprechenden Personen kennen. Eine passende Tischordnung entspricht dann einem Hamilton-Kreis in diesem Gra-

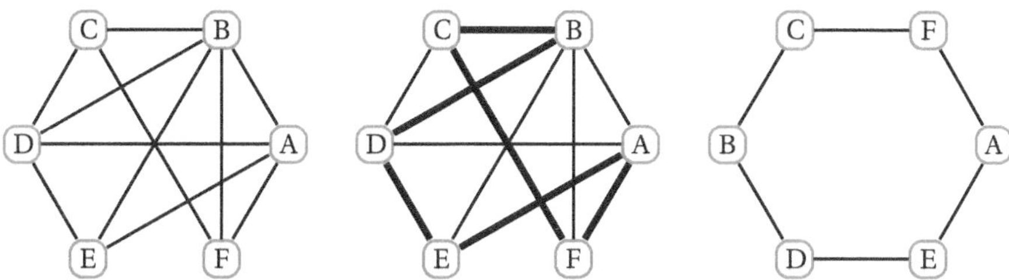

Bild 7.3 Links Bekanntheitsgraph, in der Mitte mit Hamilton-Kreis, rechts resultierende Tischordnung

phen. In *Bild 7.3* ist dies dargestellt: Man sieht (von links nach rechts) den modellierenden Graphen, den Hamilton-Kreis und die hieraus resultierende Tischordnung.

Im vorliegenden Graphen war es nicht schwer, die Existenz eines Hamilton-Kreises nachzuweisen und ihn auch konkret anzugeben. Wie bereits erwähnt, existiert für die hamiltonschen Graphen im Allgemeinen kein so praktisches Kriterium wie im Fall der eulerschen Graphen, wo man anhand der Parität der Knotengrade sofort überprüfen kann, ob ein Graph eulersch ist oder nicht. Dennoch lassen sich zumindest hinreichende Kriterien angeben, um die wir uns im folgenden Abschnitt kümmern wollen.

7.1.1 Existenz von hamiltonschen Graphen

Intuitiv plausibel ist es, dass die Existenz eines Hamilton-Kreises umso wahrscheinlicher ist, je mehr Kanten der Graph hat, und es gibt einige Kriterien, die in diese Richtung abzielen. So konnte etwa Paul Dirac im Jahre 1952 zeigen, dass ein Graph, dessen Minimalgrad mindestens so groß wie die halbe Knotenzahl ist, hamiltonsch sein muss.

Hinreichende Bedingung für die Existenz eines Hamilton-Kreises

Jeder Graph G mit n Knoten und Minimalgrad

$$\delta(G) \geq \frac{n}{2}$$

ist hamiltonsch.

Die vollständigen Graphen K_n, deren Minimalgrad gleich $n-1$ ist, sind damit hamiltonsch, und bei dem klassischen Problem des Handlungsreisenden wird auch in der Tat oftmals ein vollständiger Graph zugrundegelegt.

Wie sieht es mit der Umkehrung der Aussage von Dirac aus? Ist ein hoher Minimalgrad notwendig für die Existenz eines Hamilton-Kreises? Muss etwa jeder hamiltonsche Graph mindestens einen Minimalgrad $\delta(G) \geq \frac{n}{2}$ haben, oder lassen sich Beispiele dafür finden, dass die Umkehrung dieser Aussage falsch ist? Wie man sich leicht klar macht, gibt es tatsächlich solche Beispiele; ganz extreme Gegenbeispiele sind natürlich Kreise, deren Minimalgrad 2 beträgt, die aber dennoch klarerweise hamiltonsch sind (vgl. *Bild 7.4*).

Ein mögliches naives Vorgehen zum Auffinden eines Hamilton-Kreises besteht beispielsweise darin, nach und nach Kanten zu entfernen und zu beobachten, was passiert. Außerdem kann

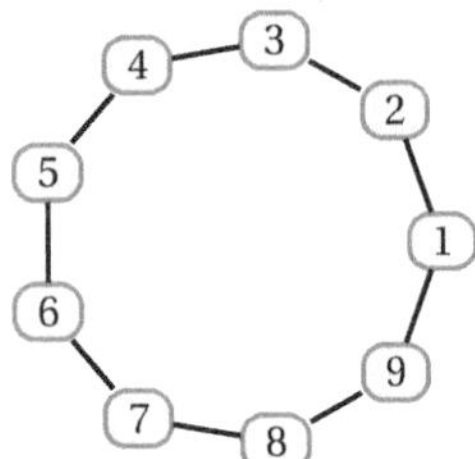

Bild 7.4 Kreise wie der C_9 haben den Minimalgrad 2 und sind dennoch hamiltonsch.

man sich Gedanken darüber machen, wie weit in einem hamiltonschen Graphen die Knoten voneinander entfernt sind, bzw. über die kürzesten Wege zwischen den einzelnen Knoten eines hamiltonschen Graphen. Für beide Vorgehensweisen gibt es Regeln, die es zumindest ermöglichen festzustellen, ob ein Graph nicht hamiltonsch ist.

Zwei notwendige Bedingungen für die Existenz eines Hamilton-Kreises

1. Entfernt man aus einem hamiltonschen Graphen einen Knoten, so bleibt der Restgraph zusammenhängend.
2. Ein hamiltonscher Graph mit n Knoten hat einen Durchmesser (maximalen Abstand zwischen zwei Knoten) von höchstens $\frac{n}{2}$.

Wie immer bei notwendigen Kriterien eignen sich auch diese beiden lediglich gut dafür, zu zeigen, dass ein Graph *nicht hamiltonsch* ist, nämlich dann, wenn er eine der beiden Bedingungen nicht erfüllt. Das funktioniert beispielsweise bei dem nicht hamiltonschen Graphen in *Bild 7.2*: Wird hier der mittlere Knoten (und mit ihm vier Kanten) entfernt, so bleibt ein nicht zusammenhängender Graph übrig – der Ausgangsgraph kann also nicht hamiltonsch sein.

Andererseits ist auch das hinreichende Kriterium nicht sehr praktikabel; hier muss man alle (eventuell sehr viele) Knoten durchprobieren, um den Minimalgrad zu bestimmen und eine Aussage treffen zu können.

Kommen wir nun zum eigentlichen Hauptproblem dieses Kapitels, dem Problem des Handlungsreisenden.

7.1.2 Beschreibung des TSP

Bei dem Problem des Handlungsreisenden (auch *Travelling Salesman Problem*, TSP genannt) geht es um die Planung einer Reise durch eine vorgegebene Anzahl von Orten, von denen paarweise die Entfernung bekannt ist. Gesucht ist die kürzeste Route durch alle Orte.

Es ist eines der klassischen Probleme der Graphentheorie und zeichnet sich durch seine sehr einfache Formulierung wie auch durch die Tatsache aus, dass „gute Lösungen" verhältnismäßig einfach, die optimale Lösung hingegen sehr schwierig zu finden ist. Exakte Lösungsverfahren gibt es zwar, diese dauern aber eventuell sehr lange. Dagegen finden einige heuristische Verfahren häufig schnell Lösungen, die aber weit vom Optimum entfernt sein können. Hierbei ist es nicht immer leicht, eine Abschätzung anzugeben, wie weit die gefundene Lösung von der optimalen entfernt ist.

Direkte Anwendungen des Problems gibt es sehr viele; darüber hinaus dient seine systematische Untersuchung aber auch der Entwicklung neuer Optimierungsverfahren in anderen Bereichen. So gibt es etwa Verbindungen dieses Problems zur bekannten Branch-and-Bound-Methode der ganzzahligen linearen Optimierung. Wir können das Problem graphentheoretisch so formulieren:

Problem des Handlungsreisenden (TSP)

Das *Problem des Handlungsreisenden (Travelling Salesman Problem)* besteht darin, auf einem bewerteten vollständigen Graphen K_n einen (im Sinne der Bewertung) kürzesten Hamilton-Kreis zu finden. Gilt für die Bewertung zusätzlich die Dreiecksungleichung, so spricht man von einem *metrischen Rundreiseproblem.*

Die erwähnte Dreiecksungleichung gilt salopp gesagt dann, wenn „Umwege immer länger sind“, d. h., der direkte Weg zwischen zwei Knoten u und v (also das Verwenden von nur einer Kante) ist immer kürzer oder gleich, wie der Umweg über einen Zwischenknoten w. Formal bedeutet dies:

Dreiecksungleichung

Im vollständigen Graphen K_n ist die Dreiecksungleichung erfüllt, wenn für alle Knoten u, v und w gilt:

$$d(u,v) \le d(u,w) + d(w,v). \tag{7.1}$$

Die Dreiecksungleichung ist mit unserem üblichen Entfernungsverständnis im Alltag verträglich. Sie muss dagegen in allgemeinen Graphen nicht gelten, etwa wenn die Bewertungen der Kanten gewissen Kosten entsprechen und somit nur im übertragenen Sinn als Entfernungen zu interpretieren sind.

Dass der vollständige Graph K_n hamiltonsch ist, ist einleuchtend. Wir müssen uns demzufolge über die Existenz keine weiteren Gedanken machen und können unsere volle Aufmerksamkeit dem Optimierungsproblem widmen. Beim K_n ist es sogar möglich, die exakte Anzahl der Hamilton-Kreise anzugeben:

Anzahl der Hamilton-Kreise im K_n

Im vollständigen Graphen K_n gibt es

$$\frac{1}{2}(n-1)! \tag{7.2}$$

verschiedene Hamilton-Kreise.

Wie kommt diese Anzahl zustande? Von einem beliebig ausgewählten Startknoten haben wir $(n-1)$ Möglichkeiten zu einem nachfolgenden Knoten zu gelangen, von diesem wiederum bleiben uns noch $(n-2)$ Möglichkeiten einen nächsten auszuwählen, anschließend können wir nur noch zwischen $(n-3)$ Knoten wählen, usw. Insgesamt ergeben sich so $(n-1)!$ Rundreisen. Da wir von einem symmetrischen Graphen ausgehen, d. h., Hin- und Rückweg sind gleichlang, können wir die gefunden Rundreisen noch einmal halbieren und erhalten so die Anzahl der Hamilton-Kreise für ein symmetrisches TSP.

Bei einem asymmetrischen TSP (Hin- und Rückweg dürfen unterschiedlich lang sein) erhalten wir entsprechend $(n-1)!$ Hamilton-Kreise. Wieso spielt eigentlich die Wahl des Startknotens keine Rolle oder anders gefragt, müssten nicht noch n verschiedene Startknoten als Faktor hinzugerechnet werden? Nein, denn es handelt sich ja um Rundreisen, eine Rundreise für einen beliebigen aber festen Startknoten, ist gleichzeitig eine Rundreise für jeden Knoten auf diesem Hamilton-Kreis. Daher sind wir bei unseren Berechnungen tatsächlich fertig gewesen und haben alle unterschiedlichen Rundreisen korrekt aufgezählt.

Ob asymmetrisches oder symmetrisches TSP, es sind in beiden Fällen bei einer hinreichend großen Zahl von Städten n sehr viele verschiedene Hamilton-Kreise auf ihre Optimalität hin zu untersuchen (für $n = 20$ Städte erhalten wir beispielsweise mehr als 60 Billiarden Hamilton-Kreise beim symmetrischen und 120 Billiarden beim asymmetrischen TSP). Wie bereits erwähnt, haben wir es auch hier wieder mit der kombinatorischen Explosion zu tun; ein reines Aufzählen aller Lösungen, um anschließend eine optimale auszuwählen, scheidet also aus.

Es sind natürlich in den Anwendungen nicht immer nur Städte, die besucht werden. Auch beim Bäckerproblem (*Beispiel 1.6*), bei dem unterschiedliche Brot- oder Brötchensorten der Reihe nach gebacken werden sollten, haben wir es im Prinzip mit einem TSP zu tun. Der Hamilton-Kreis (vgl. *Bild 1.17*) liefert hier denjenigen Prozess, der in der Summe die minimalen Reinigungszeiten liefert. In dem Beispiel handelte es sich übrigens bei dem zu untersuchenden Graphen um den vollständigen Graphen K_5, der bekannterweise

$$\frac{1}{2}(5-1)! = \frac{1}{2} \cdot 4 \cdot 3 \cdot 2 \cdot 1 = 12$$

verschiedene Hamilton-Kreise enthält, die wir miteinander vergleichen müssen (was wir intuitiv getan haben). Die Lösung dieses Beispiels ist somit durch moderates Ausprobieren relativ schnell zu bestimmen; bei größeren Problemen müssen wir jedoch wieder strukturierter an die Sache herangehen. Da bis zum heutigen Tag beim TSP kein *vernünftiger* Algorithmus existiert (vernünftig in dem Zusammenhang: löst das TSP in einer annehmbaren Zeit), muss man sich mit Heuristiken begnügen.

7.2 Heuristiken

Die Heuristik kommt vom griechischen *heurisko*: „Ich finde". Wir bemühen uns in erster Linie, mathematische Verfahren oder auch Algorithmen zu finden, die *gute*, aber nicht unbedingt optimale Lösungen unserer Probleme liefern. Oftmals reicht einem aber auch bereits eine nur „akzeptable" Lösung, und zwar aus folgendem Grund: Bei der Modellierung von Praxisproblemen mithilfe von Graphen ist es bei weitem keine Seltenheit, dass nicht alle Eckdaten bekannt sind, die für eine „scharfe" Formulierung des Problems erforderlich wären. Unter diesen Umständen macht es auch keinen Sinn, eine praxistaugliche sehr gute Lösung zugunsten einer theoretisch optimalen Lösung verwerfen zu wollen, die nur durch einen erheblichen Mehraufwand gefunden werden könnte. Ein solcher erhöhter Aufwand bei der Lösungsermittlung muss auch zu rechtfertigen sein.

Wir fangen wieder mit einem Greedy-Algorithmus an, für diese Problemklasse auch bekannt unter dem Namen, die *Methode des besten Nachfolgers*:

Best-Successor-Algorithmus

Eingabe: Vollständiger Graph K_n mit Bewertung.

Ausgabe: Ein Hamilton-Kreis.

1. Wähle einen Knoten $v \in V$, setze $M := \emptyset$.
2. Bestimme einen Knoten $w \neq v$ mit minimaler Entfernung zu v und setze

   $$M := M \cup \{\{v, w\}\}$$

   sowie $v := w$.
3. Solange es noch nicht ausgewählte Knoten gibt, gehe zum 2. Schritt.
   Ansonsten STOPP: M enthält alle Kanten des Hamilton-Kreises.

Diese Methode hat den Vorteil wesentlich geringeren Rechenaufwands als die erschöpfende Suche; der Aufwand ist quadratisch in der Knotenzahl. Durch Ausprobieren verschiedener Startknoten kann man das Ergebnis eventuell noch verbessern. Trotzdem kann auch diese Methode noch beliebig schlecht sein, wie folgendes Beispiel zeigt.

Beispiel 7.2

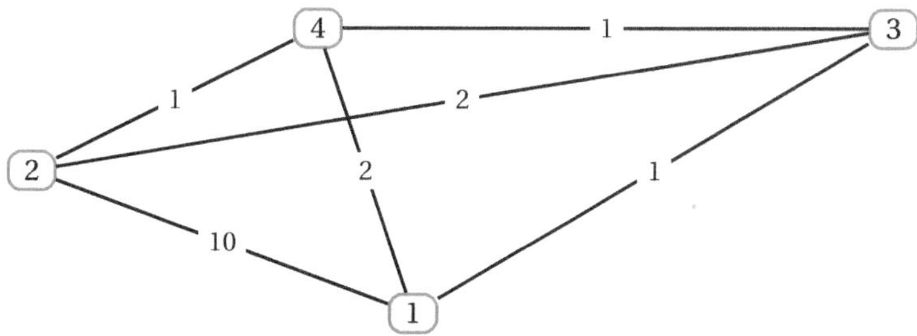

Bild 7.5 K_4 mit kürzestem Hamilton-Kreis (13241), der mit Best-Successor allerdings nicht gefunden wird.

Beim Graphen in *Bild 7.5* findet man durch Probieren schnell heraus, dass $(1, 3, 2, 4, 1)$ mit einer Länge von $1 + 2 + 1 + 2 = 6$ Einheiten den kürzesten Hamilton-Kreis liefert.

Wendet man den Best-Successor-Algorithmus an und startet beispielsweise mit Knoten 1, so erhält man den Kreis $(1, 3, 4, 2, 1)$. Bei einem Start mit Knoten 2 ergibt sich der Kreis $(2, 4, 3, 1, 2)$. In beiden Fällen verläuft der Weg über die Kante mit dem Wert 10. ■

Bei dieser *gierigen* Methode zeigt sich wieder ein typisches Phänomen: Gerade die letzten beiden Kanten können sehr *teuer* werden. In unserem Beispiel ist es die letzte Kante. Woran liegt das? Daran, dass man eben nur *lokal* und nicht global sucht. Es wird von einem besuchten Knoten immer der billigste noch nicht besuchte Knoten als Nachfolger ausgewählt. Fast am Ende des Algorithmus angelangt, bleibt dann nach dem vorletzten Knoten nur noch die Kante zum bisher noch nicht besuchten Knoten und anschließend muss man noch zum Startknoten zurückkehren. Auch diese Kante könnte eine Menge Kosten verursachen, und man hat doch keine andere Wahl, denn da bereits alle Knoten besucht worden sind, muss man auf direktem Weg den letzten Knoten und den Startknoten – in unserem Beispiel die Kante mit dem Gewicht 10 – ablaufen.

Eine im Allgemeinen bessere Methode zum Auffinden eines Hamilton-Kreises liefern Bäume, so etwa die folgende, die Euler-Kreise zu Hilfe nimmt:

Baumalgorithmus (oder *Spanning-Tree-Heuristik*)

Eingabe: Vollständiger Graph K_n mit Bewertung.

Ausgabe: Ein Hamilton-Kreis.

1. Bestimme einen minimal aufspannenden Baum B in G (mithilfe der Algorithmen 4.2 oder 4.3).
2. Konstruiere einen Multigraphen $\tilde{G}$ auf den n Knoten des K_n mit der Eigenschaft, dass jede Kante von B genau zweimal in $E(\tilde{G})$ enthalten ist.
3. Konstruiere einen Euler-Kreis C in $\tilde{G}$ (mithilfe des Algorithmus von Hierholzer auf der Seite 90).
4. Streiche aus C alle mehrfach vorkommenden Knoten (behalte jeweils nur das erste Auftreten jedes Knotens bei). Durch diese Methode erhält man einen Hamilton-Kreis.

Der Rechenaufwand dieses Baumalgorithmus ist ebenfalls quadratisch in der Knotenzahl n. Wie *Bild 7.6* zeigt, muss auch dieses Verfahren nicht zu dem kürzesten Hamilton-Kreis führen.

Das Verfahren hat dennoch einige Vorteile gegenüber dem Best-Successor-Verfahren: Zum Einen ist das Erstellen eines minimal aufspannenden Baums durchaus globalerer Natur, es handelt sich also nicht mehr um eine lediglich lokale Suche. Zum Anderen gilt die folgende Abschätzung:

Abschätzung beim Baumalgorithmus

Der beim Baumalgorithmus ausgegebene Hamilton-Kreis ist nur höchstens doppelt so lang wie der tatsächlich kürzeste Hamilton-Kreis.

Wie kann man sich diese Abschätzung klarmachen? Grundsätzlich muss die Dreiecksungleichung (7.1) erfüllt sein. Mit dem minimal aufspannenden Baum haben wir, global gesehen, die günstigsten Kanten im Graphen ausgewählt und können dennoch alle Knoten erreichen. Für unsere gesuchte Rundreise fehlt jedoch in jedem Fall eine weitere Kante, das bedeutet selbst im Idealfall mit einem minimal aufspannenden Baum, bei dem jeder Knoten (bis auf Start- und Endknoten) den Knotengrad 2 hat, ist der optimale Hamilton-Kreis immer teurer als der minimal aufspannende Baum. Wir haben damit sogar eine Abschätzung nach unten, wissen also auch, was der Hamilton-Kreis mindestens kosten wird. Nun werden ja im Baumalgorithmus alle Kanten verdoppelt, wir wollen jedoch jeden Knoten nur genau einmal besuchen, wählen also gegebenenfalls eine Abkürzung von dem zuletzt besuchten Knoten zu einem noch unbesuchten. Dass es sich bei dem direkten Weg immer um eine Abkürzung handelt, garantiert die Dreiecksungleichung. Im schlechtesten Fall könnten die Abkürzungen maximal so lang sein,

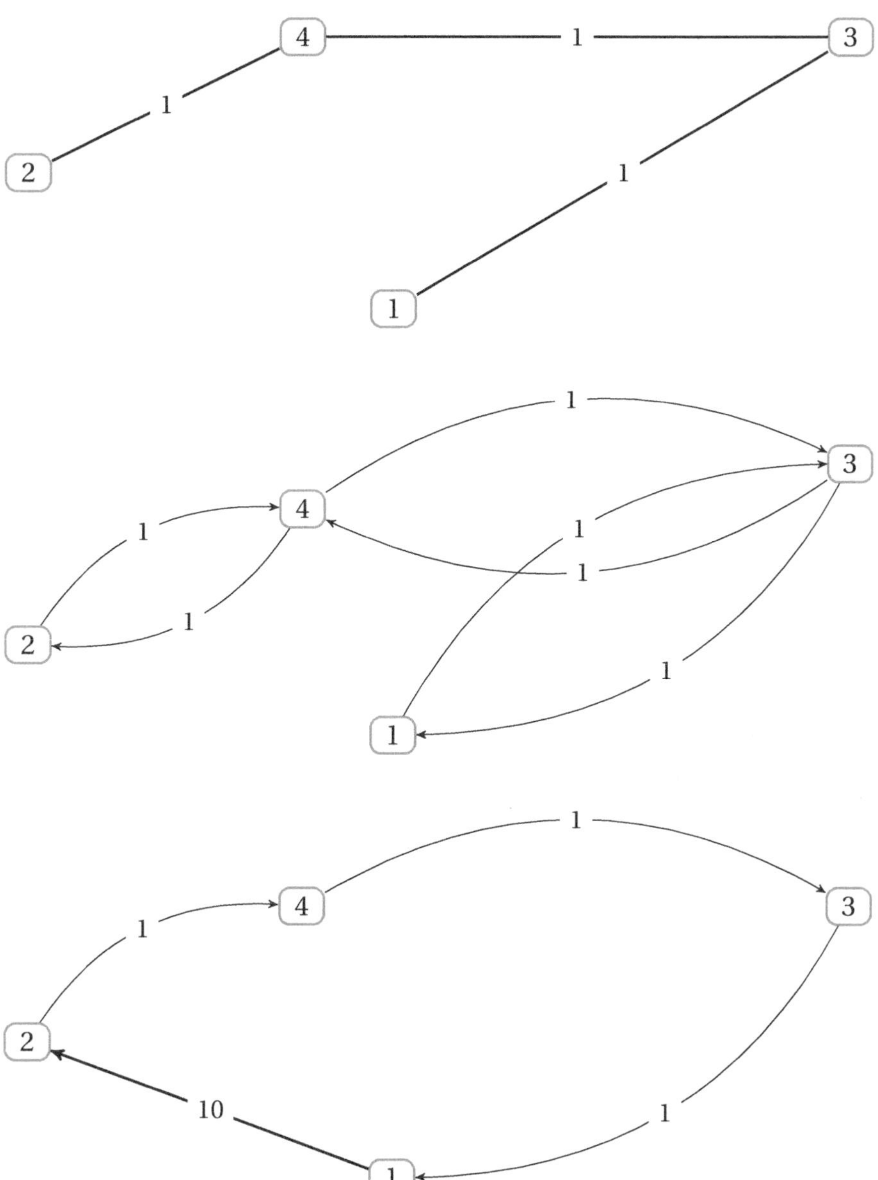

Bild 7.6 Der Baumalgorithmus von Seite 104 angewendet auf den Graphen aus *Bild 7.5*: Aus dem minimalen Baum (oben) wird ein Multigraph (darunter) mit Euler-Kreis (2, 4, 3, 1, 3, 4, 2) konstruiert; durch Streichen mehrfacher Knoten ergibt sich mit (2, 4, 3, 1, 2) ein Hamilton-Kreis (ganz unten) der Länge 13.

wie alle doppelten Kanten zusammen; die Länge des berechneten Hamilton-Kreises durch den Baumalgorithmus ist also maximal doppelt so lang wie die des optimalen Hamilton-Kreises. Für das gerade betrachtete *Beispiel 7.2* trifft diese Argumentation natürlich nicht zu, da dort die Dreiecksungleichung nicht erfüllt ist.

7.3 Anwendungen in der Praxis

Beispiel 7.3

Ein Handlungsreisender möchte hintereinander fünf verschiedene Weihnachtsmärkte in den Städten München (M), Nürnberg (N), Köln (K), Dresden (D) und Hamburg (H) besuchen, um dort Saisonware anzubieten. Dabei soll die kürzeste Strecke gefunden werden, damit der Handlungsreisende möglichst viel Zeit in den einzelnen Orten und möglichst wenig Zeit auf den einzelnen Reisenrouten verbringt. Der Handlungsreisende startet an seinem Wohnort in München und möchte zum Schluss auch wieder in München ankommen.

Gesucht ist also der kürzeste Hamilton-Kreis durch die fünf Städte, die in beliebiger Reihenfolge angefahren werden können. Als Entfernungsangaben sollen die Bahnlinienentfernungen dienen:

Tabelle 7.1

	München	Nürnberg	Köln	Dresden	Hamburg
München	–	151	457	359	613
Nürnberg	151	–	337	260	463
Köln	457	337	–	475	357
Dresden	359	260	475	–	377
Hamburg	613	463	357	377	–

Wir modellieren einen gewichteten Graphen für unser Problem des Handlungsreisenden (*Bild 7.7*) und wenden anschließend sowohl den Best-Successor- als auch den Baumalgorithmus zum Auffinden einer kürzesten Rundreise an.

Dabei starten wir jeweils beim Knoten M, also in München, und wollen dort auch enden. Gehen wir nach dem Best-Successor-Algorithmus vor, dann würde der Handlungsreisende zuerst von München nach Nürnberg (151 km) reisen.

Anschließend geht es weiter nach Dresden (260 km), von Dresden nach Hamburg (377 km) und von Hamburg nach Köln (357 km), um zum Schluss wieder zurück nach München (457 km) zu reisen. Die Lösung des kürzesten Hamilton-Kreises nach dem Best-Successor-Algorithmus hat demnach eine Länge von

$$151 + 260 + 377 + 357 + 457 = 1.602\,\text{km}.$$

Die gefundene Rundreise mit Start- und Endknoten München wird in *Bild 7.8* aufgezeigt. Haben wir damit bereits eine kürzeste Rundreise gefunden oder finden Sie eine kürzere?

Wenden wir auf das gleiche Problem den Baumalgorithmus an, dann müssen wir zuerst einen minimal aufspannenden Baum in unserem Ausgangsgraphen berechnen. Mithilfe des Kruskal-Algorithmus (siehe Abschnitt 4.2) erhalten wir die aufsteigende Kantenliste

$$151, 260, 337, 357, 359, 377, 457, 463, 475, 613.$$

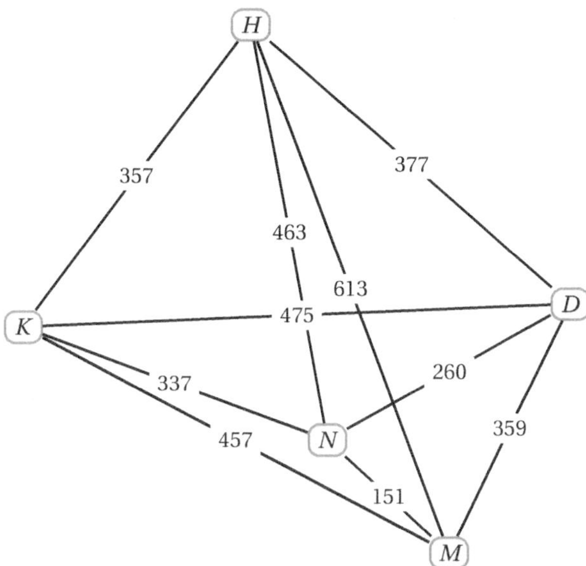

Bild 7.7 TSP-Graph für den Handlungsreisenden zur *Tabelle 7.1* in *Beispiel 7.3*. Welche Länge hat die kürzeste Rundreise zwischen allen Städten?

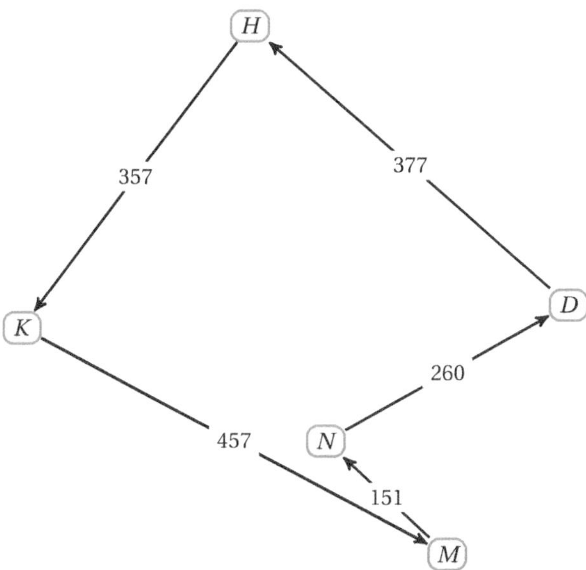

Bild 7.8 Lösung des Best-Successor-Algorithmus für den Handlungsreisenden in *Beispiel 7.3*: Die Rundreise hat eine Länge von 1.602 km.

In unserem Beispiel können tatsächlich die ersten vier Kanten ausgewählt werden, ohne einen Kreis zu schließen, und diese vier Kanten ergeben dann den minimal aufspannenden Baum: Wir benötigen exakt vier Kanten für unsere fünf Knoten. Die Lösung des Kruskal-Algorithmus wird in *Bild 7.9* dargestellt.

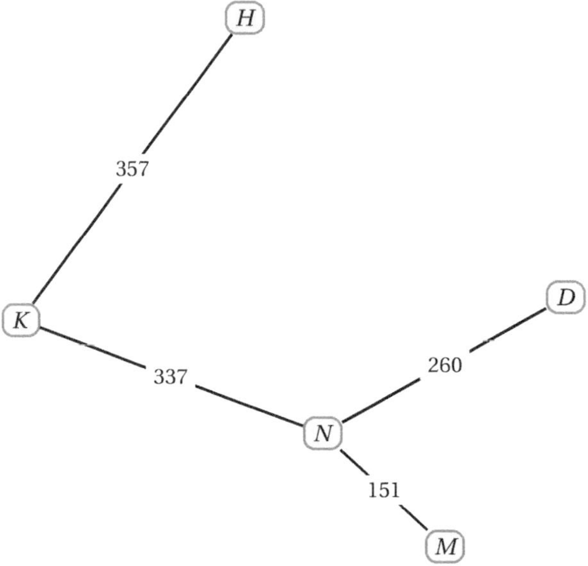

Bild 7.9 Lösung des Kruskal-Algorithmus für den Handlungsreisenden (minimal aufspannender Baum)

Anschließend werden alle Kanten im minimal aufspannenden Baum verdoppelt, und die Kanten erhalten eine Richtung. So entsteht aus einem ungerichteten ein gerichteter Graph. Schließlich laufen wir alle Kanten exakt einmal ab. Damit haben wir einen Euler-Kreis auf unserem Graphen ermittelt. Dargestellt wird die komplette Situation in *Bild 7.10.*

Im letzten Schritt des Baumalgorithmus wird jetzt aus der vorhandenen Eulertour ein Hamilton-Kreis und damit unsere gesuchte Rundreise berechnet; die Eulertour wird *abgekürzt.*

Der Euler-Kreis wird der Reihe nach abgelaufen, von München nach Nürnberg, von Nürnberg nach Köln, von Köln nach Hamburg. Von Hamburg würde der Euler-Kreis nun zurück nach Köln führen, wo wir aber bereits waren. Weiter ginge es nach Nürnberg, was wir ebenfalls schon besucht haben, und anschließend erst nach Dresden, ein neuer Ort.

Wir kürzen also unsere Eulertour ab und besuchen direkt von Hamburg aus die Stadt Dresden. Aufgrund der gültigen Dreiecksungleichung wissen wir dabei auch, dass diese Abkürzung wirklich einer Abkürzung im wörtlichen Sinne entspricht. In unserem Beispiel müssten wir nur 377 km statt

$357 + 337 + 260 = 954\,\text{km}.$

zurücklegen. Wir haben also, abgesehen davon, dass wir jede Stadt nur exakt einmal besuchen wollen, auch eine Abkürzung gefunden. Da Dresden bereits die letzte noch

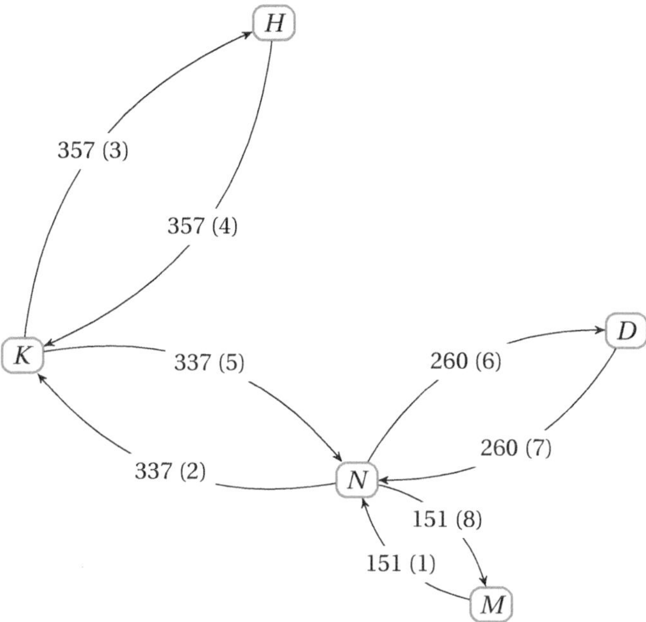

Bild 7.10 Die Verdopplung der minimal aufspannenden Baumkanten und somit ein Euler-Kreis für das Problem des Handlungsreisenden: Anhand der zusätzlichen Nummerierung kann man die Kantenablauffolge des Euler-Kreises ablesen.

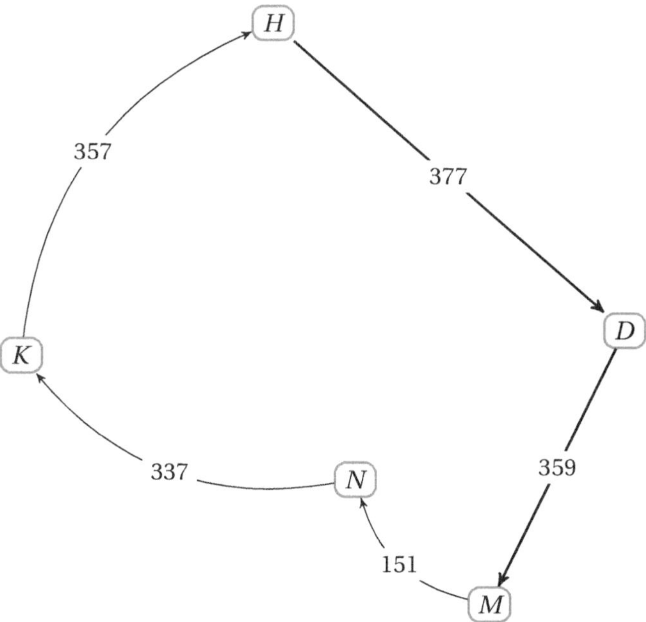

Bild 7.11 Lösung des Baumalgorithmus für den Handlungsreisenden. Die geraden Kanten stellen die jeweiligen Abkürzungen dar. Die Rundreise hat eine Länge von 1.581 km.

unbesuchte Stadt darstellte, können wir jetzt auf direktem Weg zurück nach München reisen und haben damit abermals abgekürzt.

Unser gefundener Hamilton-Kreis lautet somit München-Nürnberg-Köln-Hamburg-Dresden-München und hat eine Gesamtlänge von

$$151 + 337 + 357 + 377 + 359 = 1.581\,\text{km}.$$

Dargestellt wird die Lösung im *Bild 7.11.* ■

Können Sie noch eine kürzere Hamiltontour konstruieren? Nein, unsere durch den Baumalgorithmus gefundene Tour ist tatsächlich die optimale Rundreise für den Handlungsreisenden, es existiert für dieses Beispiel keine kürzere Rundreisemöglichkeit. An dieser Stelle sei aber gleich darauf hingewiesen, dass dies bei Anwendung des Baumalgorithmus nicht immer garantiert ist. Im *Beispiel 7.3* war unter anderem die Nummerierung beim Ablaufen der Eulertour entscheidend; wären wir zuerst von Nürnberg nach Dresden statt von Nürnberg nach Köln gefahren, dann hätten wir lediglich eine passable, aber nicht die optimale Tour gefunden. Es lässt sich relativ einfach zeigen, dass der Baumalgorithmus zumindest eine Gütegarantie von 100 % besitzt, d. h., die Länge der gefundenen Tour weicht maximal 100 % von der optimalen Tour ab. Bezeichnen wir die Länge der gefundenen Tour mit $l(T)$, die Länge der Eulertour mit $l(E)$ und die Länge des minimal aufpannenden Baums mit $l(B)$, dann gelten folgende Zusammenhänge:

$$l(T) \leq l(E) = 2 \cdot l(B) \leq 2 \cdot l(T_{\text{opt}})$$

Die Dreiecksungleichung wird weiterhin stets vorausgesetzt. Die Länge der Tour T, die wir aus der Eulertour E konstruieren, ist aufgrund der Abkürzungen, die dabei stets realisiert werden müssen, kleiner oder maximal gleich der Eulertour. Die Länge der Eulertour ist exakt gleich der doppelten Länge des minimal aufspannenden Baums B. Die Gesamtlänge des minimal aufspannenden Baums ist aber wiederum stets kleiner oder gleich der Länge der optimalen Hamiltontour. Somit haben wir gezeigt, dass die durch den Baumalgorithmus gefundene Tour T maximal doppelt so lang ist wie die optimale Hamiltontour T_{opt}.

Gütegarantie des Baumalgorithmus

Es sei $G = (V, E)$ ein vollständiger bewerteter Graph, bei dem die Dreiecksungleichung erfüllt ist. Dann konstruiert der Baumalgorithmus stets Hamiltontouren, die maximal 100 % von der optimalen Hamiltontour abweichen können.

Tatsächlich existieren noch bessere Heuristiken zum Berechnen von Hamiltontouren. Da wäre zum einen noch die Christofides-Heuristik zu nennen, die ähnlich wie der Baumalgorithmus auf einer Eulertour aufbaut und für die man sogar eine Beschränkung der Tourlänge nach oben von 50 % zeigen kann; die Tour, welche durch die Christofides-Heuristik berechnet wird, ist also im schlechtesten Fall 50 % länger als die kürzeste Hamiltontour. Natürlich gibt es weitere sehr gute Heuristiken, die abhängig von der jeweiligen Problemstellung zum Einsatz kommen. Aktuell sind den Autoren jedoch keine Heuristiken bekannt für die man deutlich bessere Gütegarantien *beweisen* könnte, was nicht gleichzusetzen ist mit, es gäbe keine besseren Heuristiken; die Betonung liegt hier auf *beweisen*.

8 Färbungsprobleme

Immer wenn es darum geht, Kollisionen zu vermeiden (zeitlicher oder räumlicher Art – oder auch Kollisionen im wahrsten Sinne des Wortes, wie etwa durch Ampelschaltungen), kann man die Fragestellung als sogenanntes *Färbungsproblem* formulieren. Da ein Graph aus einer Knoten- und einer Kantenmenge besteht, hat man dabei die Wahl zwischen einer Knoten- und einer Kantenfäbung, die exakte Definition was wiederum damit gemeint ist, folgt später.

Grundsätzlich entsprechen Bewertungen in Form von Färbungen nominalen (also nicht vergleichbaren) Merkmalen: Blau ist nicht „besser, kürzer, billiger" oder „schlechter, länger, teurer" als Grün. Da wir in diesem Buch lediglich mit unterschiedlichen Grautönen arbeiten und somit *echte* Färbungen in Rot, Grün, Gelb oder Blau für uns nicht unterscheidbar sind, werden wir teilweise auch verschiedene Formen einsetzen, um eine bessere Unterscheidbarkeit herzustellen. Es lassen sich viele Problemtypen als Färbungsprobleme formulieren, von denen wir in diesem Kapitel einige näher betrachten wollen. Beginnen wollen wir dieses Kapitel allerdings mit *echten* Kollisionen, besser bekannt als Kreuzungen, zwischen den Kanten eines Graphen. Die Untersuchung von Kreuzungen beschränken wir hier auf das Nötigste, aber gerade für das später folgende Vierfarben-Problem ist die kreuzungsfreie Darstellung eines Graphen eine wichtige Voraussetzung.

8.1 Planarität und Satz von Euler

In diesem Abschnitt geht es kurz gesagt darum, Entscheidungskriterien dafür zu finden, welche Graphen in der Ebene überkreuzungsfrei gezeichnet werden können. Dazu führen wir zunächst einige erforderliche Begriffe ein.

Der wohl wichtigste ist die sogenannte *Kreuzungszahl* eines Graphen: Wir sagen, dass sich in einer Darstellung eines Graphen G zwei Kanten *kreuzen*, wenn sie einen Punkt gemeinsam haben, der kein Knoten ist. Diesen Punkt nennen wir dann einen *Kreuzungspunkt* oder kurz eine *Kreuzung*. Es ist klar, dass man ein und denselben Graphen sicher „beliebig kompliziert", d. h. mit sehr vielen Kreuzungspunkten zeichnen kann. Die drei Graphen in *Bild 8.1* sind beispielsweise alle isomorph; es handelt sich nur um verschiedene Darstellungen: die einfachste Darstellung hat gar keine Kreuzungspunkte, die komplizierteste der drei abgebildeten hat sogar sieben Kreuzungspunkte.

Kreuzungszahl

Es sei G ein zusammenhängender Graph. Wir definieren die *Kreuzungszahl von G* als die kleinste Anzahl von Kreuzungspunkten, die eine Darstellung von G haben kann, und schreiben dafür $\mathrm{cr}(G)$.

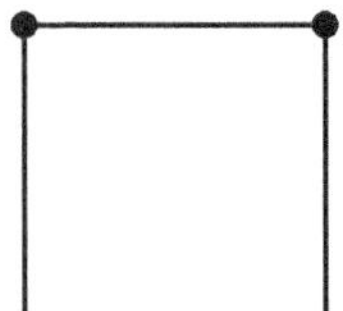

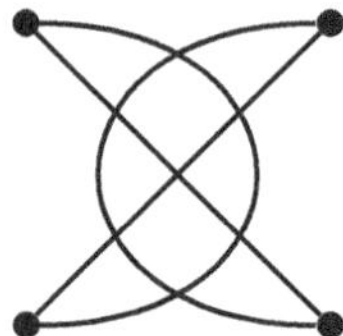

Bild 8.1 Drei Darstellungen des gleichen Graphen mit unterschiedlich vielen Kreuzungspunkten

Der Begriff der Kreuzungszahl geht auf einen ganz praktischen Zusammenhang zurück: Der ungarische Mathematiker Paul Turan arbeitete in den 1940er-Jahren in einer Ziegelei bei Budapest und stand dort häufig vor dem Problem, dass die Loren, mit denen die Ziegel zwischen den Brennöfen und Lagerplätzen transportiert wurden, in den Schienenkreuzungen entgleisten. Turan ging dieses Problem nicht etwa mit der Konstruktion neuer Schienen an, sondern mit einer alternativen Anordnung, die *ohne Kreuzungen* auskam.

Planarität und Plättbarkeit

Eine kreuzungsfreie Darstellung eines Graphen heißt *eben* oder *planar*.

Ein Graph $G = (V, E)$, der isomorph zu einem planaren Graphen ist – der mit anderen Worten kreuzungsfrei dargestellt werden kann, für den also $\mathrm{cr}(G) = 0$ gilt – heißt *plättbar*.

Jeder plättbare Graph kann also eben (planar) dargestellt werden. Um die Unterschiede zwischen den beiden Begriffen noch einmal zu verdeutlichen, schauen wir uns *Bild 8.2* an. Dort sehen wir den vollständigen Graphen K_4 in zwei unterschiedlichen Darstellungen. Die linke Darstellung hat eine Kreuzung; die rechte Darstellung ist kreuzungsfrei. Der K_4 ist also plättbar, da man eine planare Darstellung finden kann.

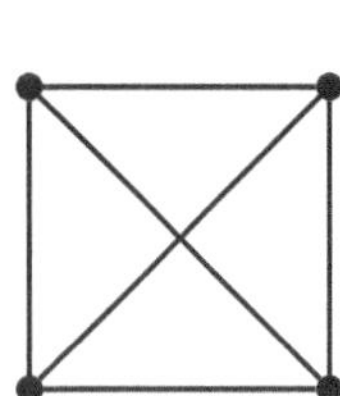
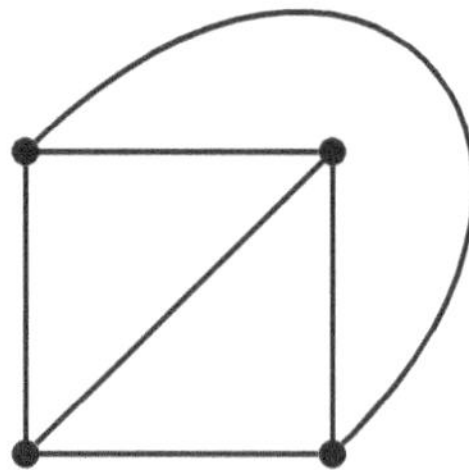

Bild 8.2 Die linke Darstellung des K_4 hat eine Kreuzung; die rechte Darstellung ist kreuzungsfrei. Der K_4 ist also plättbar.

Schauen wir uns einen weiteren vollständigen Graphen an, den K_5. Durch „Probieren" überzeugt man sich, dass K_5 nicht plättbar zu sein scheint; in *Bild 8.3* ist ein solcher „Probierprozess" abgebildet, bei dem man durch „Herumziehen der Kanten" nach und nach Kreuzungspunkte los wird – aber eben nicht alle. Für die Kreuzungszahl des K_5 scheint somit zu gelten: $\mathrm{cr}(K_5) = 1$.

Auch wenn dies sehr plausibel erscheint (und man sich nach ein wenig Herumprobieren seiner Sache schon sehr sicher ist), ist dies natürlich dennoch kein strenger Beweis. Einen solchen

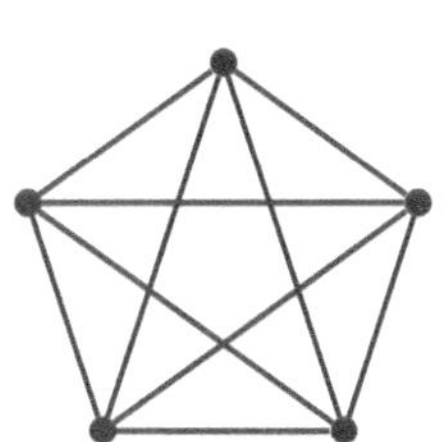 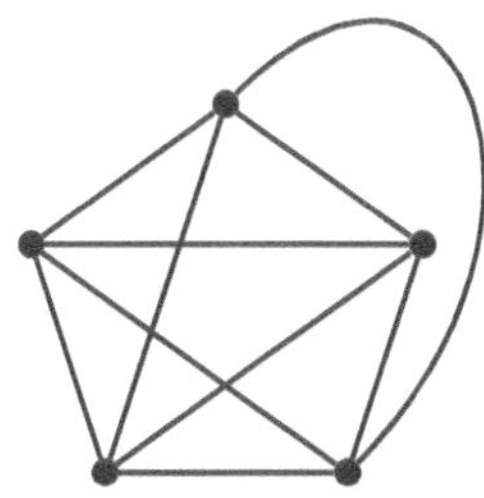 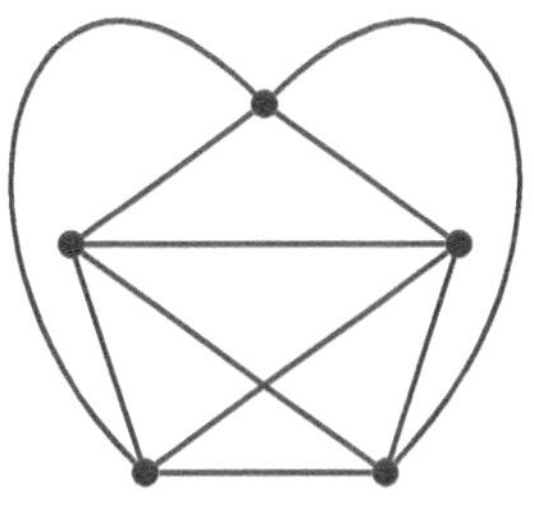

Bild 8.3 Ein missglückter Versuch, den K_5 planar darzustellen: Man wird einen letzten Kreuzungspunkt einfach nicht los.

können wir erst mithilfe des Satzes von Euler erbringen, und dann können wir auch solche Probleme grundsätzlich struktureller angehen.

Nach den beiden sehr einfachen Beispielen und vor der Herleitung der nächsten Begriffe, wollen wir ein wenig zum Hintergrund und zur Motivation in diesem Bereich erzählen. Die ganze Theorie der Plättbarkeit ist erstens äußerst hilfreich und praktisch, dagegen aber zweitens alles andere als einfach oder gut verstanden. Ganz im Gegenteil: Im Jahr 1970 bemerkte der geniale ungarische Mathematiker Paul Erdös, dass „fast alle Fragen, die man zu Kreuzungszahlen stellen kann, ungelöst bleiben" würden. Zum heutigen Zeitpunkt muss man feststellen, dass er Recht behalten hat. Viele einfach zu formulierende, aber schwierig zu beweisende Aussagen im Bereich der Graphentheorie haben mit der Kreuzungszahl zu tun.

Dagegen hat das, was verstanden wird, eine ganze Fülle von Anwendungen – etwa in der Kartographie, in der Straßen- und Verkehrsplanung, in der Beschreibung ökonomischer Abläufe oder auch in der Elektrotechnik: Dort dürfen Drähte auf Platinen nicht übereinander verlaufen.

Der Satz von Euler über ebene Graphen ist wohl einer der wichtigsten Sätze der Graphentheorie. Da er eine notwendige Bedingung für einen ebenen Graphen liefert, besteht eine seiner Hauptanwendungen darin, zu zeigen, dass ein spezieller Graph nicht plättbar ist.

Um den Satz formulieren und verstehen zu können, müssen wir uns klarmachen, dass jeder ebene Graph G die Ebene in eine endliche Anzahl von Flächen aufteilt. Die Menge dieser Flächen bezeichnen wir mit $S(G)$ oder auch kurz mit S; ihre Anzahl mit $s(G)$ oder kurz mit s. (Wir verzichten hier darauf zu beweisen, dass die Zahl $s(G)$ unabhängig von der kreuzungsfreien Darstellung des Graphen ist.)

So gilt beispielsweise $s(K_3) = 2$, denn der K_3 ist nichts anderes als ein Dreieck, und dieses teilt die Ebene in zwei Flächen: eine Innen- und eine Außenfläche. Betrachtet man die kreuzungsfreie Darstellung des K_4 in *Bild 8.4*, so sieht man: $s(K_4) = 4$.

Der Satz von Euler liefert nun für ebene (planare) Graphen einen Zusammenhang zwischen der Anzahl der Knoten, der Anzahl der Kanten und der Anzahl der Flächen:

Satz von Euler

Für einen zusammenhängenden ebenen Graphen G mit $v(G)$ Knoten, $e(G)$ Kanten und $s(G)$ Flächen gilt

$$v(G) - e(G) + s(G) = 2. \tag{8.1}$$

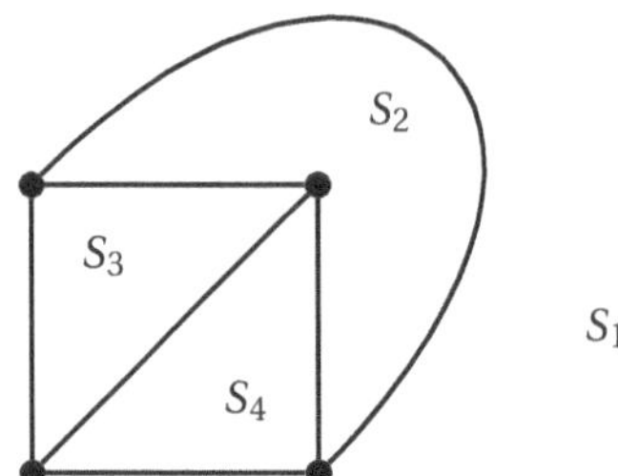

Bild 8.4 Eine planare Darstellung des K_4 teilt die Ebene in vier Flächen auf.

Wir wollen hier zumindest kurz die Beweisidee skizzieren. Dazu überlegt man sich, auf welche Weise man einen gegebenen ebenen Graphen vergrößern kann. Betrachten wir z. B. das Hinzufügen einer Kante zwischen zwei Knoten eines Graphen, die Kante darf dabei keine andere Kante kreuzen, da wir ja einen ebenen Graphen voraussetzen. Indem wir die Kante hinzunehmen, erhöht sich die Kantenzahl um eins. Gleichzeitig teilt diese neue Kante aber auch eine bereits vorhandene Fläche in zwei Teile, d. h., auch die Flächenzahl wird um eins erhöht. Damit bleibt dann aber die Differenz zwischen Kanten und Flächen $s(G) - e(G)$ gleich, und da außerdem kein Knoten hinzugekommen ist, ändert sich der Wert des gesamten Ausdrucks $v(G) - e(G) + s(G)$ nicht. Hatte die linke Seite von Gleichung (8.1) vorher den Wert 2, so auch nachher. Damit haben wir den Satz von Euler noch nicht bewiesen, aber wir haben uns immerhin klargemacht, dass das Hinzufügen einer Kante bei einem ebenen Graphen unter Beibehaltung der Planarität nichts am Wert der Gleichung (8.1) ändert.

Beispiel 8.1

Der vollständige Graph K_4 erfüllt die Eulergleichung. Es gilt nämlich, wie *Bild 8.4* zu entnehmen ist:

$$v(K_4) - e(K_4) + s(K_4) = 4 - 6 + 4 = 2.$$

■

Alle Bäume sind planare Graphen. Hat ein Baum nämlich n Knoten, so hat er $n-1$ Kanten und eine Fläche; es gilt also auch hier die Eulerformel:

$$n - (n-1) + 1 = 2.$$

Um Kreuzungszahlen von Graphen zu berechnen, werden wir im Folgenden den Satz von Euler anwenden. Dazu definieren wir noch den folgenden Begriff:

Taille eines Graphen

In einem Graphen G definieren wir die sogenannte *Taille von G* als die kleinste Länge eines Kreises auf G und schreiben dafür $\mathrm{t}(G)$:

$$\mathrm{t}(G) = \min\{l(C) \mid C \text{ ist ein Kreis auf } G\}.$$

Ist G kreisfrei, so setzen wir $\mathrm{t}(G) = -\infty$.

Da Bäume B bekanntlich kreisfrei sind, gilt $\mathrm{t}(B) = -\infty$.

Beispiel 8.2

Für $n \geq 3$ gilt

$$\mathrm{t}(C_n) = n \text{ und } \mathrm{t}(K_n) = 3$$

(denn ein Kreis der Länge n hat keine anderen Kreise als Teilgraphen), und der vollständige Graph besteht nur aus Dreiecken. ■

Mit den nachfolgenden zwei Ungleichungen, von deren Gültigkeit man sich durch ein wenig Nachdenken schnell überzeugt, können wir dann die Kreuzungszahl für einige Graphen annähernd berechnen.

Ist G ein ebener Graph mit v Knoten, e Kanten und s Flächen, so gilt

$$2e \geq s \cdot \mathrm{t}(G). \tag{8.2}$$

Schauen Sie sich verschiedene Graphen an, ermitteln Sie die Taille, notieren Sie sich die Anzahl der Kanten und Flächen und verifizieren Sie dann für den jeweiligen Graphen die Ungleichung (8.2).

Abschätzung der Kreuzungszahl

In einem nicht plättbaren Graphen G mit v Knoten und e Kanten gilt für die Kreuzungszahl $\mathrm{cr}(G)$ die folgende Abschätzung:

$$\mathrm{cr}(G) \geq e - \mathrm{t}(G) \cdot \frac{v-2}{\mathrm{t}(G)-2}. \tag{8.3}$$

Zur Herleitung dieser Ungleichung sei neben der Ungleichung (8.2) auch noch an den Satz von Euler (8.1) erinnert; beide zusammen ergeben nach kleineren Umformungen die Abschätzung für die Kreuzungszahl (8.3).

Damit können wir nun Graphen auf Plättbarkeit überprüfen bzw. sogar ihre Kreuzungszahl abschätzen. Wir tun dies am Beispiel des Graphen K_5.

Beispiel 8.3

Wäre der vollständige Graph K_5 plättbar, so hätte auch seine ebene Darstellung fünf Knoten und zehn Kanten. Nun gilt aber $\mathrm{t}(K_5) = 3$, und so folgt mit (8.3):

$$\mathrm{cr}(K_5) \geq 10 - 3 \cdot \frac{5-2}{3-2} = 1.$$

Hieraus müssen wir schließen, dass K_5 nicht plättbar ist. ■

Das Beispiel zeigt also, dass die Kreuzungszahl des K_5 mindestens gleich 1 ist – andererseits kann sie aber auch nicht größer sein, denn *Bild 8.3* zeigt eine Darstellung mit nur einem Kreuzungspunkt.

Ähnlich kann man in vielen Fällen argumentieren, wir wollen zumindest noch die Kreuzungszahl des *Petersen-Graphen* (benannt nach dem dänischen Mathematiker Julius Petersen) untersuchen.

Beispiel 8.4

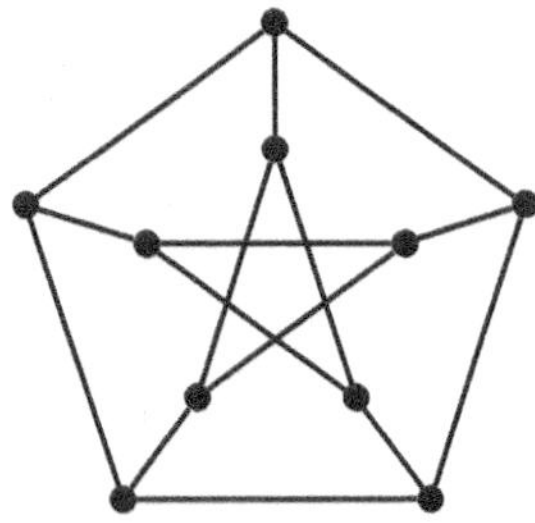

Bild 8.5 Der Petersen-Graph: 3-regulär, zusammenhängend, symmetrisch und nicht plättbar.

In *Bild 8.5* sieht man den *Petersen-Graphen P*. Er hat 10 Knoten, 15 Kanten und seine Taille ist 5. Mit (8.3) ergibt sich:

$$\mathrm{cr}(P) \geq 15 - 5 \cdot \frac{10-2}{5-2} = 15 - 5 \cdot \frac{8}{3} = \frac{5}{3} \approx 1{,}667.$$

So erhalten wir also aufgerundet mindestens zwei Kreuzungspunkte. Der *Petersen-Graph* ist also nicht plättbar. Die Darstellung in *Bild 8.5* zeigt den Graphen mit fünf Kreuzungspunkten, mit ein wenig Knobeln sollte es gelingen, eine Darstellung mit nur zwei Kreuzungen zu finden. ■

8.2 Knotenfärbung

Wir kommen in diesem Abschnitt auf den Zusammenhang zwischen Planarität und Färbungen zurück und beginnen zunächst mit einem einfachen Beispiel. Der Zeitfaktor liefert im Allgemeinen die Hauptmotivation dafür, sich mit Färbungsproblemen und dadurch mit der Vermeidung von Kollisionen zu beschäftigen. Für viele Anwendungen ist ein einfaches „Nacheinander" oder „Nebeneinander", mit dem ja sämtliche Kollisionen vermieden werden könnten, einfach nicht sinnvoll bzw. eine solche Lösung kostet schlichtweg zu viel Zeit und ist damit nicht praktikabel. Wir starten mit einem kleinen Anwendungsbeispiel:

Beispiel 8.5

Die Prüfungsphase an einer Hochschule könnte sehr einfach aussehen: Sämtliche Prüfungen werden einfach nacheinander abgehalten; dann gibt es keinerlei Überschneidungen. Nachteil: So würde es sehr lange dauern, bis alle Prüfungen abgehalten worden sind. Bei einem „Nacheinander" werden Kollisionen zwar vermieden; leider geht damit aber auch eine sehr große Bearbeitungszeit einher. Sollte man zum Beispiel für 250 Prüfungen 250 Tage benötigen, so ist dieses ganz einfach nicht praktikabel. ■

Ein typisches Färbungsproblem (wenn nicht „das" Färbungsproblem) ist das Vierfarbenproblem oder besser: der Vierfarbensatz. Dieser ist zwar eher theoretischer Natur, aber historisch interessant und durchaus von ästhetischer Relevanz. Wir wollen an dieser Stelle nur einen kurzen Einblick in die Historie des Vierfarbenproblems geben. Mitte des 19. Jahrhunderts formulierte der englische Mathematiker de Morgan in etwa folgende Vermutung:

Vier-Farben-Vermutung

Jede Landkarte kann mit höchstens vier Farben eingefärbt werden, wenn Länder, die eine Grenze (nicht nur einen Punkt) gemeinsam haben, verschieden eingefärbt werden sollen.

Es sollte tatsächlich über 100 Jahre dauern, bis ein mathematischer Beweis erbracht werden konnte. Auf dem Weg dorthin gab es verschiedenste Ansätze, und ganz zu Beginn hielt man das Problem für so einfach, dass man es Schulklassen als Hausaufgabe zum Lösen vorsetzte. Auch wenn Heawood bereits 1890 zeigen konnte, dass fünf Farben in jedem Fall reichen (vgl. etwa [9]), so blieb die Frage, ob denn vielleicht auch schon vier Farben genügen könnten, lange Zeit offen.

Eine tragische Figur ist Heinrich Heesch, ein deutscher Mathematiker, der sich jahrelang in das Problem vertiefte und es neben einem theoretischen Teil auf ca. 10.000 mit dem Computer zu überprüfende Fälle eingrenzen konnte. Leider fehlte ihm das Geld für einen leistungsstarken Rechner, und so griffen Kenneth Appel und Wolfgang Haken die Ideen von Heinrich Heesch auf, reduzierten dessen Fälle auf etwa 2.000 und konnten das Problem im Jahre 1976 mithilfe eines Computers lösen. Unter Mathematikern war diese Lösung allerdings nicht unumstritten, da es der erste Beweis in der mathematischen Geschichte war, der massiv Gebrauch von Computern machte. Inzwischen konnte die Anzahl der Fälle, die vom Computer überprüft werden müssen, bereits auf 633 reduziert werden, und der Beweis ist nun allgemein anerkannt. Zu Recht wird aber bis heute der Mangel an mathematischer Eleganz kritisiert, und zur Vorführung im Rahmen einer mathematischen Vorlesung bleibt er schlicht ungeeignet.

Statt der formulierten Vier-Farben-Vermutung könnte man auch fragen, ob die Knoten jedes planaren Graphen mit maximal vier Farben so gefärbt werden können, dass keine benachbarten Knoten die gleiche Farbe tragen. Anders ausgedrückt: Ist jeder planare Graph 4-färbbar? Wenn wir jedem Land der Karte genau einen Knoten zuweisen (man denke zum Beispiel an die jeweiligen Hauptstädte) und wenn die Knoten angrenzender Länder dann mit Kanten verbunden werden, so erhalten wir einen ebenen Graphen. Da jede beliebige Landkarte 4-färbbar ist, ist auch der dazugehörige planare Graph mit 4 Farben färbbar.

Wir werden uns dem Vierfarbensatz nicht noch näher widmen, sondern kümmern uns stattdessen um etwas modernere Anwendungen. Dazu führen wir zunächst den Begriff der *Knotenfärbung* eines Graphen ein. Viele Konfliktprobleme können als Knotenfärbungsprobleme beschrieben werden. Bei einer solchen Färbung werden die Knoten so mit verschiedenen Farben versehen, dass je zwei benachbarte Knoten unterschiedliche Farben haben. Kommen wir nun zur Definition der Knotenfärbung, die sich formal so liest:

Knotenfärbung

Es sei $G = (V, E)$ ein Graph und C eine beliebige endliche Menge (nämlich die Menge der zur Verfügung stehenden Farben). Eine *Knotenfärbung von G* ist dann eine Abbildung

$$c\colon V \to C$$

mit der Eigenschaft, dass $c(v) \neq c(w)$ für je zwei benachbarte Knoten $v, w \in V$.

So zeigt *Bild 8.6* beispielsweise, dass für den bipartiten Graphen $K_{3,3}$ zwei Farben ausreichen. Dies gilt natürlich ebenso für beliebige bipartite Graphen, denn es ist ja gerade deren definie-

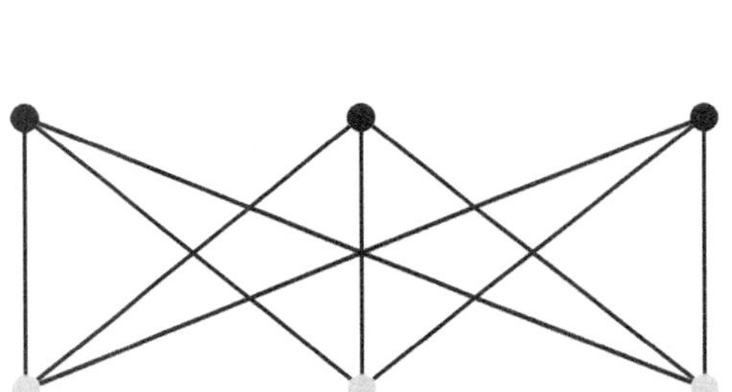

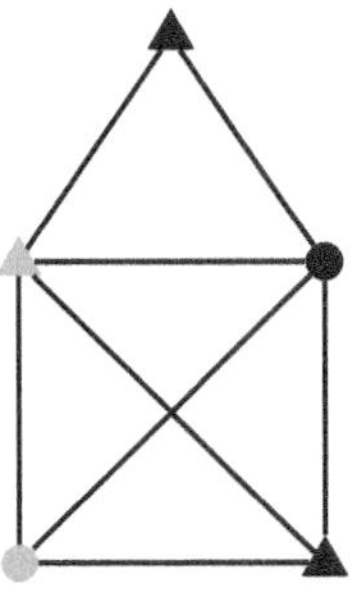

Bild 8.6 Zwei Farben reichen für den $K_{3,3}$; für das Haus vom Nikolaus werden vier Farben benötigt (hier durch Helligkeit und Formen unterschieden).

rende Eigenschaft, dass die Knotenmenge in zwei Teilmengen zerfällt, die nicht miteinander verbunden sind. Jeder der beiden Teilmengen wird dann einfach mit einer Farbe eingefärbt. Das Haus vom Nikolaus hingegen benötigt mehr Farben.

Die beiden Graphen in *Bild 8.6* zeigen, dass die Anzahl der benötigten Farben sehr unterschiedlich sein kann. Wir sind natürlich an einer Minimierung der Farbenanzahl interessiert:

Chromatische Zahl

Ein Graph, dessen Knoten mit k Farben gefärbt werden können, heißt *k-knotenfärbbar* (oder kurz *k-färbbar*, wenn klar ist, dass es sich um Knotenfärbungen handelt). Die kleinste Zahl k mit der Eigenschaft, dass ein gegebener Graph G k-knotenfärbbar ist, heißt die *chromatische Zahl von G* und wird mit $\chi(G)$ bezeichnet:

$$\chi(G) = \min\{k \mid G \text{ ist } k\text{-knotenfärbbar}\}.$$

Somit gilt also

$$\chi(K_{3,3}) = 2,$$

und die chromatische Zahl des Hauses vom Nikolaus beträgt höchstens 4. Im Anschluss an das Vier-Farben-Problem haben wir uns bereits Gedanken über die chromatische Zahl von planaren Graphen gemacht. Ein Beweis erfolgte nicht, aber man kann sich klarmachen, dass vier Farben reichen. Das Haus vom Nikolaus besitzt eine ebene Darstellung, woraus wir schließen können, dass zumindest nicht mehr als vier Farben benötigt werden; finden Sie selber heraus, ob die chromatische Zahl gleich 4 ist.

Klarerweise gilt stets

$$\chi(G) \leq |V(G)|,$$

aber dies ist in der Regel eine schlechte Schranke: Benutzt man ebenso viele Farben, wie es Knoten gibt, so entspricht das dem eingangs erwähnten „zeitlichen Nacheinander“. Es gibt wieder einen *Greedy-Algorithmus* (also einen „gierigen Algorithmus“), der die Schranke ein wenig verbessert, und zwar auf

$$\chi(G) \leq \Delta(G) + 1,$$

wobei $\Delta(G)$ den Maximalgrad von G bezeichnet. Diese Schranke ist aber noch immer nicht die tatsächlich beste.

Greedy-Algorithmus zur Knotenfärbung

Eingabe: Graph G.

Ausgabe: Eine Knotenfärbung von G.

1. Nummeriere die Knoten von G: $v_1, v_2, \ldots, v_n$.
2. Für $i = 1, \ldots, n$: Färbe den Knoten v_i mit der jeweils „kleinsten“ Farbe, die kein Nachbar von v_i hat.
3. Ausgabe der Färbung.

In der Tat liegt es an der Knotennummerierung, wie gut der Greedy-Algorithmus ist. Man kann sogar zeigen, dass er *für eine geeignete Nummerierung* immer eine optimale Knotenfärbung liefert. Nur diese Nummerierung zu finden, wird mit wachsender Knotenzahl sehr schwierig. Die Bestimmung der chromatischen Zahl und damit das Lösen von Färbungsproblemen gehört in dieselbe *sehr* schwere Problemklasse wie das Auffinden von Rundreisen für den Handlungsreisenden. Es existieren bis heute keine zuverlässigen Algorithmen, sodass auch in diesem Bereich mit Heuristiken gearbeitet wird.

Es folgt ein Beispiel aus der Verkehrsplanung.

Beispiel 8.6

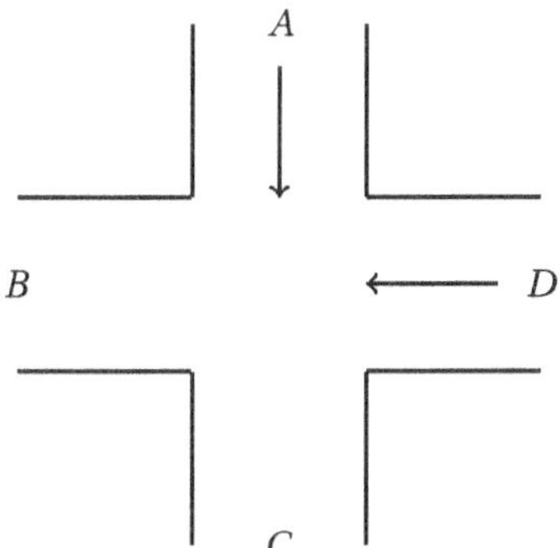

Bild 8.7 Eine Kreuzungssituation mit zwei Einbahnstraßen

In *Bild 8.7* ist eine Kreuzungssituation dargestellt, für die eine Ampelschaltung konfiguriert werden soll. Die Zufahrtsstraßen sind hier mit A bis D bezeichnet; die Fahrtrichtung von Einbahnstraßen ist durch einen Pfeil angegeben. Wie viele verschiedene Ampelphasen sind für einen reibungslosen Verkehrsfluss (der Kollisionen vermeiden soll) notwendig?

Wir können mit Paaren von Buchstaben die zulässigen Verkehrsströme modellieren, die die Kreuzung passieren können. So sind etwa AC und DC zulässige Verkehrsströme (die allerdings nicht gleichzeitig geschaltet werden dürfen) und BD ist ein unzulässiger Verkehrsstrom. Der Graph K, dessen Knoten die zulässigen Verkehrsströme sind

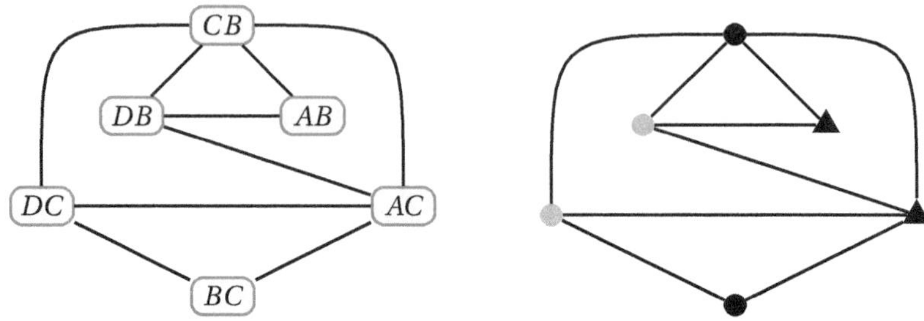

Bild 8.8 Die Kreuzungssituation aus *Bild 8.7* mithilfe eines Konfliktgraphen *K* modelliert: Miteinander verbundene Knoten entsprechen Verkehrsströmen, die nicht gleichzeitig freigegeben werden dürfen; daneben eine Knotenfärbung von *K* mit drei Farben.

und bei dem zwei solche durch eine Kante verbunden sind, wenn sie *nicht gleichzeitig stattfinden dürfen*, ist in *Bild 8.8* zu sehen. Einen solchen Graphen nennt man *Konfliktgraphen*.

Wir stellen fest, dass in unserem Konfliktgraphen Kreise der Länge 3 vorkommen, weshalb wir für die Knotenfärbung schon einmal mindestens drei Farben benötigen. Mehr brauchen wir aber nicht, wie *Bild 8.8* (rechts) zeigt; somit gilt $\chi(K) = 3$. Es sind also drei Ampelschaltungen notwendig, um Kollisionen auf der Kreuzung zu vermeiden. ■

Die einfachen Beispiele zeigen schon, dass das Färben von Graphen sehr viel mit Anwendungsproblemen zu tun hat. Außerdem kann für beliebig komplizierte Graphen auch das Auffinden einer kleinsten Färbung beliebig schwer sein. Bei ebenen Graphen, die natürlich nicht zu den komplizierten zählen, wissen wir zwar, dass wir mit vier Farben auskommen müssten, den passenden Algorithmus für eine Vier-Färbung hat allerdings bis heute niemand gefunden.

8.3 Kantenfärbung

Kantenfärbungen werden analog zu Knotenfärbungen definiert. Mussten bei einer Knotenfärbung benachbarte Knoten verschieden gefärbt werden, so geht es nun bei einer *Kantenfärbung* eines Graphen darum, die Kanten so einzufärben, dass je zwei benachbarte Kanten unterschiedliche Farben haben.

Kantenfärbung

Es sei $G = (V, E)$ ein Graph und C' eine beliebige endliche Menge (wiederum die zur Verfügung stehenden Farben). Eine *Kantenfärbung von G* ist eine Abbildung

$$c' : E \to C'$$

mit der Eigenschaft, dass $c'(e) \neq c'(f)$ für je zwei benachbarte Kanten $e, f \in E$.

Analog zur chromatischen Zahl definiert man hier den *chromatischen Index* $\chi'(G)$ als die kleinste Zahl, mit der die Kanten eines Graphen G gefärbt werden können:

Chromatischer Index

Ein Graph, dessen Kanten mit k Farben gefärbt werden können, heißt *k-kantenfärbbar* (oder kurz *k-färbbar*, wenn klar ist, dass es sich um Kantenfärbungen handelt). Die kleinste Zahl k mit der Eigenschaft, dass ein gegebener Graph G k-kantenfärbbar ist, heißt der *chromatische Index von G* und wird mit $\chi'(G)$ bezeichnet:

$$\chi'(G) = \min\{k \mid G \text{ ist } k\text{-kantenfärbbar}\}.$$

Die Frage nach dem chromatischen Index für vollständige Graphen ist nicht schwer zu beantworten. Es gilt:

$$\chi'(K_n) = \begin{cases} n-1 & \text{falls } n \text{ gerade} \\ n & \text{falls } n \text{ ungerade} \end{cases} \tag{8.4}$$

Kantenfärbungsprobleme haben zahlreiche Anwendungen in der Praxis, etwa bei der Turnierplanung.

Beispiel 8.7

Es soll die Frage beantwortet werden, wie viele Spieltage bei einem Turnier mit vier Mannschaften zu spielen sind, wenn jede Mannschaft gegen jede andere, aber keine zweimal an einem Tag spielen soll. Typischerweise verläuft die Gruppenphase bei vielen Weltmeisterschaften so, und es ist gemeinhin bekannt, dass die Anzahl der Tage gleich drei ist.

Wir machen uns dieses einfache Beispiel dennoch mithilfe einer geeigneten Kantenfärbung klar; der Graph, um den es hier geht, ist der K_4 – denn jede Mannschaft soll ja gegen jede spielen. Die Anzahl der notwendigen Tage entspricht genau der Anzahl von Farben, die für eine solche Kantenfärbung notwendig sind. *Bild 8.9* macht deutlich, dass es tatsächlich drei Tage sind: Jede Farbe entspricht einem Tag. So könnten etwa am ersten Tag die Begegnungen $A - B$ und $C - D$ stattfinden, am zweiten Tag die Begegnungen $A - C$ und $B - D$ und am letzten Tag schließlich die verbleibenden Begegnungen $A - D$ und $B - C$.

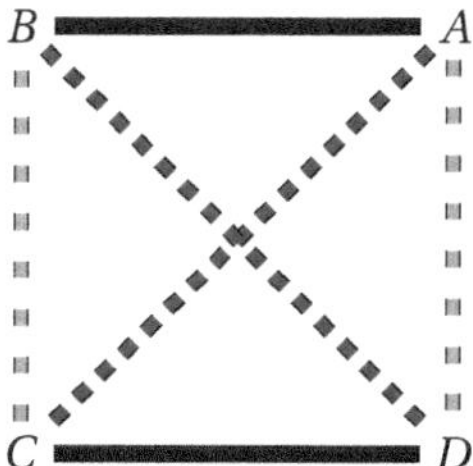

Bild 8.9 Ein Turnier mit vier verschiedenen Mannschaften; jede Kante entspricht einem der sechs möglichen Spiele; es werden drei Tage für jeden gegen jeden benötigt.

Das ist zwar auch schnell im Kopf hergeleitet – oder ohnehin bekannt –, aber anhand dieses Beispiels versteht man schnell die Anwendungsmöglichkeiten der Kantenfärbung. Mit nur zwei Farben kann der K_4 übrigens ganz offensichtlich nicht eingefärbt werden. ■

Ein weiterer, etwas komplexerer Problemtyp, den wir mit Kantenfärbungen angehen können, sind Stundenpläne.

Beispiel 8.8

Für folgendes vereinfachte Unterrichtsmodell soll ein Stundenplan erstellt werden: Es gibt sechs Lehrer (*A* bis *F*), sechs Klassen (*I* bis *VI*) und drei Unterrichtsstunden (1, 2, 3). Der Tabelle in *Bild 8.10* können Sie entnehmen, welcher Lehrer welche Klassen unterrichten soll.

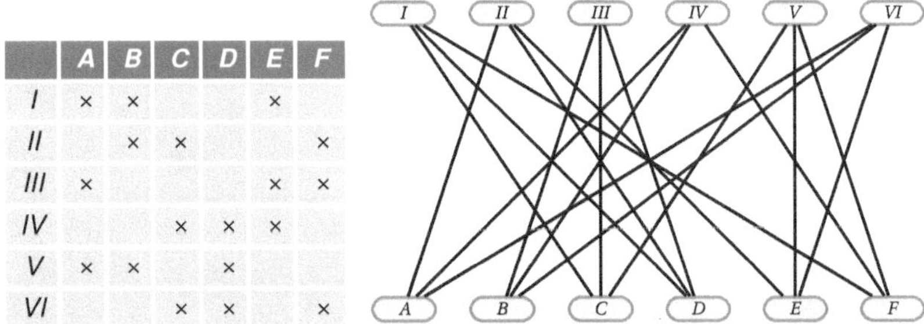

	A	B	C	D	E	F
I	×	×			×	
II		×	×			×
III	×				×	×
IV			×	×	×	
V	×	×		×		
VI			×	×		×

Bild 8.10 Der auszufüllende Stundenplan (links) und seine Modellierung durch einen Graphen, dessen Kanten zu färben sind

Die Erstellung eines Stundenplans bedeutet in diesem Fall nichts anderes, als dass jedes leere Kästchen in der Tabelle in *Bild 8.10* mit einer der Ziffern 1, 2 oder 3 ausgefüllt wird. Beispielsweise würde eine 2 in dem Kästchen *V*-*C* bedeuten, dass Lehrer *C* in der 2. Unterrichtsstunde die Klasse *V* unterrichtet. Natürlich kann zur gleichen Zeit ein Lehrer nur einer Klasse und auch eine Klasse nur einem Lehrer zugeteilt werden. Dieses Problem – übrigens, wenn Sie so wollen, ein „Mini-Sudoku" – kann nun mit einem Graphen modelliert und mit einer Kantenfärbung gelöst werden. Probieren Sie es einmal; Sie müssten eine Kantenfärbung mit drei Farben finden. ■

Bei der Kantenfärbung kann man sogar noch einen Schritt weiter gehen und eine allgemeine Einteilung aller Graphen anhand ihrer chromatischen Indizes vornehmen. Nach dem Satz von Vizing (ukrainischer Mathematiker) gilt für einfache Graphen:

Satz von Vizing

Sei $G = (V, E)$ ein einfacher Graph, dann gilt folgende Abschätzung für den chromatischen Index:

$$\Delta(G) \leq \chi'(G) \leq \Delta(G) + 1.$$

Der Satz sagt also, dass zum Färben eines einfachen Graphens mindestens so viele Farben benötigt werden wie der maximale Knotengrad von G ergibt und höchstens eine Farbe mehr. Vizing konnte also beweisen, dass die Abschätzung nicht nur für vollständige (8.4), sondern für alle einfachen Graphen Gültigkeit hat. Damit lassen sich die Graphen nach ihrem chromatischen Index exakt in zwei Gruppen einteilen, solche die $\Delta(G)$ Farben und die die $\Delta(G) + 1$

Farben benötigen. Einem Graphen anzusehen, welcher der beiden Fälle zutrifft, ist nicht immer leicht, von einigen Ausnahmen abgesehen. Für die vollständigen Graphen beispielsweise gilt die Gleichung (8.4), und für bipartite Graphen gilt $\chi'(G) = \Delta(G)$.

8.4 Dualität zwischen Knoten- und Kantenfärbung

Zum Abschluss dieses Kapitels noch eine kurze Anmerkung zur Dualität zwischen Knoten- und Kantenfärbung. Bei beiden Färbungen geht es darum, jeweils benachbarte Komponenten (entweder Knoten oder Kanten) unterschiedlich einzufärben. Vertauscht man bei einem Graphen Knoten und Kanten, so entsteht ein neuer, der sogenannte *duale Graph*. Bei diesem Graphen sind für die Knotenfärbung genau so viele Farben notwendig wie bei der Kantenfärbung des Ausgangsgraphen. Man kann also aus Kantenfärbungsproblemen Knotenfärbungsprobleme erzeugen und umgekehrt.

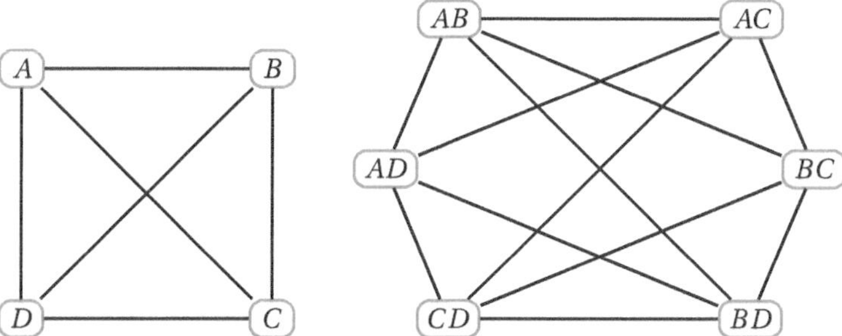

Bild 8.11 Der Turniergraph aus *Beispiel 8.7* (links) und sein dualer Graph (rechts)

Dies verdeutlichen wir anhand von *Beispiel 8.7*. In *Bild 8.11* ist links der Ausgangsgraph (der Turniergraph, noch ungefärbt) und rechts der zugehörige duale Graph dargestellt. Die vier Mannschaften spielen jeder gegen jeden, d. h., die jeweiligen Kanten stehen für die Spielpaarungen $\{(A,B),(A,C),(A,D),(B,C),(B,D),(C,D)\}$, und wir wissen, dass für die Kantenfärbung drei Farben benötigt werden. Für den dualen Graphen müssen die Kanten zu

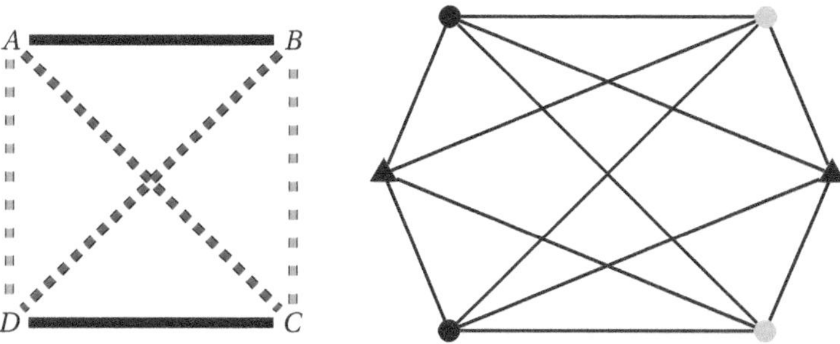

Bild 8.12 Links: der 3-kantengefärbte Turniergraph; rechts: der 3-knotengefärbte duale Graph

Knoten umgewandelt werden. Die Knoten bekommen also die Namen der Spielpaarungen $(AB), (AC), (AD), (BC), (BD)$ und (CD), wie in *Bild 8.11* rechts. Welche Kanten muss dieser duale Graph bekommen? Dazu schauen wir uns die Partie (AB) an. Weder Mannschaft A noch B können also an diesem Tag ein weiteres Spiel absolvieren, d. h., (AB) muss Verbindungen zu allen Spielen erhalten, bei denen Mannschaft A oder B beteiligt sind. Dies sind die Paarungen $(AC), (AD), (BC)$ und (BD). Führt man diese Vorgehensweise für alle Knoten durch, dann erhält man den dualen Graph in *Bild 8.11* rechts. Für diesen ist nun eine Knotenfärbung mit drei Farben möglich, so wie der Ausgangsgraph mit drei Farben kantengefärbt werden konnte. In *Bild 8.12* werden beide Graphen „gefärbt" (mit einer entsprechenden Symbolik) dargestellt.

Netzwerktheorien und -modelle

Im ersten Teil dieses Buches wurden Idealtypen von Graphen wie Wege, Kreise, vollständige, bipartite, gerichtete, bewertete Graphen sowie Bäume und Wälder dargestellt. Diese Idealtypen bildeten die Modelle, auf denen die Lösung der in Teil II des Buches dargestellten Probleme basieren. So wurde der bipartite Graph als Basis für den Greedy-Matching-Algorithmus verwendet, um im Rahmen des Maximalen-Matching-Problems Arbeitssuchende mit einer adäquaten Stelle zu versorgen.

Dabei wurde stets angenommen, dass die Struktur des Graphen aus der jeweiligen Aufgabenstellung abgeleitet werden kann und somit gegeben ist. Es blieb jedoch die Frage unbeantwortet, durch welche Wachstumsmechanismen solche Graphen bzw. Netzwerke in der Praxis überhaupt entstehen. Für ein technisches Netzwerk wie beispielsweise ein Distributionsnetzwerk eines Spediteurs oder das Straßen- oder Stromnetz einer Stadt mag der Entstehungsprozess noch nachvollziehbar sein, da diese Netzwerke meist Ergebnis eines expliziten und teilweise zentralen Planungsprozesses sind. Gänzlich anders sieht es beispielsweise bei sozialen Netzwerken aus, die sich in der Regel aus der Anwendung lokaler und individueller Entscheidungen ergeben. So ist beispielsweise das Freunde-Netzwerk auf Facebook sicherlich nicht das Ergebnis einer zentralen oder koordinierten Planung, sondern vielmehr das Ergebnis einer sehr großen Anzahl an individuellen Einzelentscheidungen („like or dislike"), bei denen die Anzahl der existierenden Verbindungen (Grad) des einzelnen Users (Knoten) und die zeitliche Reihenfolge der Bildung von Verknüpfungen (Kanten) eine wesentliche Rolle spielen.

Häufig werden die Begriffe Graph und Netzwerk synonym verwendet, in diesem dritten Teil des Buches soll zur Kennzeichnung realer Strukturen aus der Praxis stets der Begriff des *Netzwerks* verwendet werden, deren Untersuchungen im Gegensatz zur Graphentheorie im Wesentlichen auf empirischen Daten beruhen.

Im Abschnitt 9.1 werden charakteristische Typen von Netzwerken in der Praxis und besonders relevante Erkenntnisse der neueren Netzwerkforschung erläutert. Im Kapitel 10 betrachten wir die wichtigsten charakteristischen Parameter auf den verschiedenen Ebenen des Netzwerks. Im Kapitel 11 werden verschiedene Algorithmen zur Erzeugung von Netzwerken miteinander verglichen und im Kapitel 12 die relevanten dynamischen Prozesse in Netzwerken dargestellt. Abschießend wird in Kapitel 13 der Modellierungs- und Forschungsprozess im Rahmen der Netzwerkforschung skizziert und anhand ausgewählter Simulationsmethoden und Softwareanwendungen veranschaulicht.

Verstehen wir in den ersten beiden Teilen des Buches unter dem Begriff „Komplexität" eines Problems die sog. (Berechenbarkeits-) Komplexität desjenigen Algorithmus, der das Problem mit dem geringstmöglichen Ressourcenverbrauch löst -- beispielsweise gemessen an seiner Rechenzeit oder Programmgröße (Details s. [33]) – wird unter dem Begriff der strukturellen und dynamischen Komplexität großer Netzwerke im folgenden dritten Teil des Buches etwas anderes verstanden. Strukturelle Komplexität meint verkürzt die Anzahl der Knoten und Kanten und dynamische Komplexität den Grad der Vorhersagbarkeit der zeitlichen Dynamik aus der Zeitreihe der Vergangenheit (Details s. Abschnitt 12.1). Um den Begriff der Komplexität nicht überzustrapazieren, wird im Folgenden häufig einfach von „großen dynamischen Netzwerken" die Rede sein.

Insgesamt soll dieser dritte Teil den Leser motivieren und befähigen, aus empirischen Erkenntnissen über Netzwerke der Praxis gezielt Forschungsfragen bezüglich der Struktur oder Dynamik der betrachteten Netzwerke abzuleiten, die er mithilfe von möglichst realitätsnahen Netzwerkmodellen analysieren und simulieren kann, um die aufgestellten Hypothesen zu prüfen.

9 Netzwerktheorie – Bedeutung und neuere Erkenntnisse

In diesem Kapitel werden zunächst zur Eingrenzung des Untersuchungsgegenstandes die charakteristischen Typen von Netzwerken in der Praxis beschrieben und mit Beispielen veranschaulicht. Die wesentlichen jüngeren Forschungsergebnisse, die teilweise gerade einmal zehn Jahre alt sind, sollen schlaglichtartig dargestellt werden, um die Relevanz des Untersuchungsgegenstandes zu belegen.

9.1 Große Netzwerke in der Praxis

In den vergangenen 15 bis 20 Jahren waren es vor allem Netzwerke, die unsere Gesellschaft dramatisch beeinflusst haben. Der Begriff „Netzwerk-Gesellschaft" wurde bereits 1996 vom spanischen Soziologen Manuel Castells geprägt. Dabei waren es nicht so sehr technische Netzwerke wie beispielsweise das Internet, welche diese neue Ära eröffnet haben, sondern vielmehr das Aufkommen von sogenannten Interorganisationsnetzwerken zwischen weltweit agierenden Unternehmens- und Wertschöpfungsnetzwerken, Beziehungs- bzw. Freundschaftsnetzwerke wie Facebook und die immensen Datennetzwerke des World Wide Web.

Dabei gibt es Netzwerke in den verschiedenen Bereichen schon seit geraumer Zeit: Die Familien der Medici und Fugger bildeten schon im 15. und 16. Jahrhundert weltumspannende Unternehmensnetzwerke, und die Bibliothek von Alexandria im 3. Jahrhundert v. Chr. stellte ein für die damalige Zeit einmaliges Datennetzwerk dar. Schon der erste römische Kaiser Augustus legte ein weit verzweigtes Straßennetz im Imperium Romanum an („Alle Wege führen nach Rom"); und waren die Beziehungs- und Freundschaftsnetzwerke weitgehend auf Familien, Freunde und Geschäftspartner beschränkt, so nutzte die gesellschaftliche Gruppe des Adels in allen Ländern das Arrangement von Hochzeiten als strategisches Mittel zur Steuerung ihres Machteinflusses.

Der entscheidende qualitative Unterschied der Rolle von Netzwerken in den vergangenen 20 Jahren und der zukünftigen Entwicklung liegt in der Tatsache begründet, dass diese immer größere Bereiche der gesellschaftlichen Wirklichkeit umfassen und in immer stärkerem Maße miteinander vernetzt sind. Daher erscheint es nicht übertrieben zu behaupten, dass die Netzwerk-Gesellschaft gerade erst am Anfang ihrer Entwicklung steht und daher die Modelle zu ihrem Verständnis eine hohe Aufmerksamkeit verdienen.

9.1.1 Interorganisationsnetzwerke

Interorganisationsnetzwerke sind Netzwerke, die von strategisch handelnden Akteuren gebildet werden, welche ihre Handlungen untereinander koordinieren, um auf diese Weise Leistungen zu erbringen, die ohne Netzwerk kaum möglich wären. Das Netzwerk ist damit als Koordinationsmechanismus zwischen Markt (koordiniert durch Preise) und Hierarchie (koordiniert durch Organisation) einzuordnen, beispielsweise in den globalen Wertschöpfungsketten oder Innovationsnetzwerken.

Beispiel 9.1

Der Firma *Apple Inc.* gehört keine einzige der Fabriken, in denen das sehr erfolgreiche iPhone hergestellt wird, kein einziger Lagerstandort und kein einziges Fahrzeug zum Transport. Alle notwendigen Wertschöpfungsschritte werden aus dem Lieferantennetzwerk bezogen und durch vertragliche Regelung und Planungsprozesse koordiniert. Gerade wegen der hohen Unsicherheiten auf der Nachfrageseite und den kurzen Innovationszyklen würde es für Apple nicht wirtschaftlich sein, große Teile des Netzwerks über die eigene Organisation zu koordinieren. Denn dies würde bedeuten, dass beispielsweise die Fabriken zur Herstellung der Displays Apple gehören würden. Gäbe es einen Technologiewechsel, müsste Apple mit hohen Abschreibungen rechnen. Es ist aber auch nicht wirtschaftlich, große Teile des Lieferantennetzwerks rein über die Preismechanismen des Marktes zu steuern, denn dies würde bedeuten, dass Apple die Displays im Rahmen kurzfristiger Verträge zukaufen würde und bei einer insgesamt hohen Marktnachfrage entweder sehr hohe Preise zahlen müsste oder aufgrund konkurrierender anderer Abnehmer keine ausreichende Menge erwerben könnte. ■

Bild 9.1 zeigt ein Beispiel des Shareholder-Netzwerks in der japanischen Automobilindustrie in den Jahren 1985 und 2003. Zwei Dinge sind aus der Netzwerkvisualisierung, ohne weitere quantitative Berechnung zu erkennen: Einige Firmen sind deutlich mehr mit anderen Firmen verbunden und besitzen damit einen deutlich höheren Knotengrad; diese Firmen bilden so-

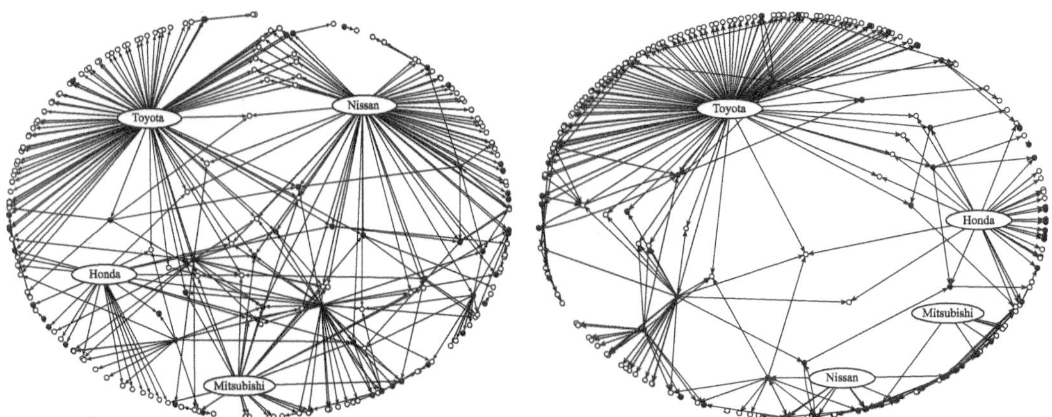

Bild 9.1 Das Netzwerk der Shareholder in der japanischen Automobilindustrie: Vergleich der Struktur im Jahr 1985 (links) mit der Struktur im Jahr 2003 (rechts) [1]. – Nachdruck mit Genehmigung

genannte „Hubs". Zudem zeigt der zeitliche Vergleich zwischen der linken und rechten Hälfte von *Bild 9.1,* dass die Firmen Mitsubishi Motors und Nissan Motors ihre Rolle als Hubs im Laufe der 18 Jahre verloren haben. Grund dafür waren veränderte Eigentumsverhältnisse vor allem im Zeitraum von 2000 bis 2003, welche die Regeln für Unternehmensbeteiligungen deutlich verändert hatten.

9.1.2 Beziehungs-, Freundschafts- und soziale Netzwerke

Grundsätzlich besteht ein soziales Netzwerk aus einer Gruppe von Individuen, die in Interaktion miteinander stehen, seien es individuelle oder geschäftliche Kontakte oder Bindungen über Familie oder Heirat. Die frühen sozialwissenschaftlichen Studien waren im Wesentlichen durch den hohen Aufwand zur Ermittlung verlässlicher und großer Datenmengen in der untersuchbaren Gruppengröße begrenzt. Relativ verlässliche Daten für größere Netzwerke boten Kollaborationsnetzwerke zwischen Wissenschaftlern, Kommunikationsdaten aus dem Telefon- und später aus dem E-Mail-Verkehr. Zunehmend komplementieren jedoch elektronische Medien die traditionelle Face-to-Face und fernmündliche Kommunikation. Da die Handlungen dieser meist individuellen und häufig anonymen Akteure der sogenannten sozialen Netzwerke sich im Gegensatz zu Interorganisationsnetzwerken nur schwer antizipieren lassen, ist auch die Vorhersage des Verhaltens solcher Netzwerke eine sehr anspruchsvolle Aufgabe.

Beispiel 9.2

Heute führen manche Nutzer von sozialen Netzwerken Hunderte von sogenannten „Freunden" auf. Die Forscher Cameron Marlow und Kollegen untersuchten im Jahr 2009 [72], welche von diesen Beziehungen die Rolle einer echten Freundschaft haben und welche davon eher die Rolle schwacher Verbindungen und daher eher als flüchtige Bekannte, denn als Freund einzustufen sind. Dazu visualisierten sie das soziale Netzwerk mit dem ausgewählten *Facebook*-Nutzer als Knoten im Zentrum, so wie es in *Bild 9.2* dargestellt ist, und unterschieden bei den Verbindungen zu den „Facebook-

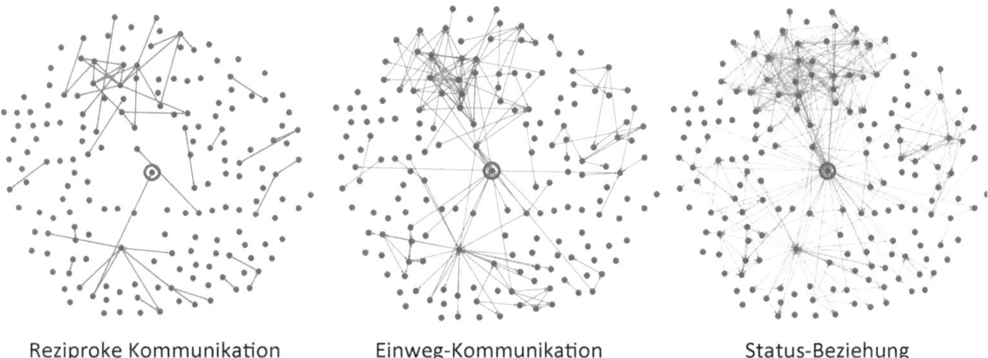

Bild 9.2 Die unterschiedliche Qualität der Beziehung in sozialen Netzwerken zeigte sich bei der Untersuchung von Facebook-Usernetzwerken durch den Experten Cameron Marlow [72] aus dem Jahr 2009. – Nachdruck mit Genehmigung

Freunden" drei Kategorien: *Reziproke Kommunikation*, falls beide Knoten der Kante sich gegenseitig Nachrichten im untersuchten Zeitraum zusandten, *Einweg-Kommunikation*, falls der Nutzer mehr Nachrichten an den „Freund" sandte, als er selbst von diesem empfing, und *Status Beziehung*, falls der Nutzer lediglich Informationen über den „Freund" abrief. Generell konnten die Forscher zeigen, dass Nutzer sozialer Netzwerke, selbst wenn diese eine sehr große Anzahl von typischerweise 500 „Facebook-Freunden" besaßen, diese mit nur 10 bis 20 anderen Nutzern eine reziproke Kommunikation führten, und die Anzahl der Nutzer, denen Sie folgten, typischerweise weit unter 50 lag. ■

Aber auch innerhalb von Unternehmen werden Netzwerkanalysen eingesetzt, um beispielsweise die realen Kommunikationsnetzwerke unabhängig von der Aufbauorganisation abzubilden oder die Durchführung und Wirksamkeit von Veränderungsprojekten in Organisationen effektiver zu gestalten. Dabei kann beispielsweise die E-Mail-Kommunikation als Näherungswert für die Intensität der Beziehungen genutzt werden oder die Mitarbeiter gezielt befragt werden, an wen sie sich wenden, wenn sie einen Ratschlag benötigen. Damit können die informellen Netzwerke eines Unternehmens identifiziert und je nach Aufgabenstellung mit der Aufbauorganisation abgeglichen werden, um eine reibungslose und effiziente Koordination innerhalb der Unternehmensorganisation zu erreichen.

9.1.3 Informations-, Daten- und Wissensnetzwerke

Schon in den 1930er-Jahren befassten sich Forscher wie Alfred Lotka (1880–1949) mit der Analyse von Zitationsnetzwerken wissenschaftlicher Fachpublikationen. Wie in *Bild 9.3* dargestellt, bilden dabei die jeweiligen Fachartikel die Knoten und die Literaturverweise die Kanten des Netzwerks, welches aufgrund der zeitlichen Komponente kreisfrei sein muss – denn ein aktueller Artikel kann nicht durch einen zuvor erschienenen Artikel zitiert werden. Wir haben es also mit einem gerichteten Graphen und einem Baum zu tun.

Lotka konnte nachweisen, dass die Häufigkeitsverteilung der Publikationen in Bezug auf einzelne Forscher einem Potenzgesetz mit negativem Exponenten folgt. Das bedeutet, die Vielzahl der wissenschaftlichen Veröffentlichungen konzentriert sich auf eine verhältnismäßig kleine Gruppe von Wissenschaftlern, ein Großteil der Wissenschaftler schreibt nur eine einzige oder wenige Publikationen.

Auch das Informationsnetzwerk des World Wide Web (*WWW*) ähnelt einem Zitationsnetzwerk. Die Idee zum *WWW* wurde am CERN (European Organization for Nuclear Research) im Jahr 1989 entwickelt, um den Wissenschaftlern zu ermöglichen, auf die enorme Menge an erzeugten Experimentaldaten zuzugreifen. Dabei stellen die Webseiten die Knoten und die Hyperlinks die Kanten des Netzwerks dar. Wie auf der rechten Seite von *Bild 9.3* dargestellt, enthält das *WWW* durchaus Kreise, da ältere Webseiten in der Regel mit Hyperlinks auf später erschienene Webseiten aktualisiert werden.

Zunehmenden Bekanntheitsgrad erlangten auch die sogenannten Präferenz-Netzwerke, in denen zwei unterschiedliche Knotenarten mit Kanten verbunden sind und ein bipartites Netzwerk bilden. Beispiele hierfür sind Individuen und ihre Objekte der Präferenz, wie beispielsweise Bücher oder Filme, wobei die Kanten anzeigen, dass ein Individuum ein bestimmtes Objekt, wie beispielsweise ein Buch, präferiert. Mit zunehmender Ausbreitung des Internets

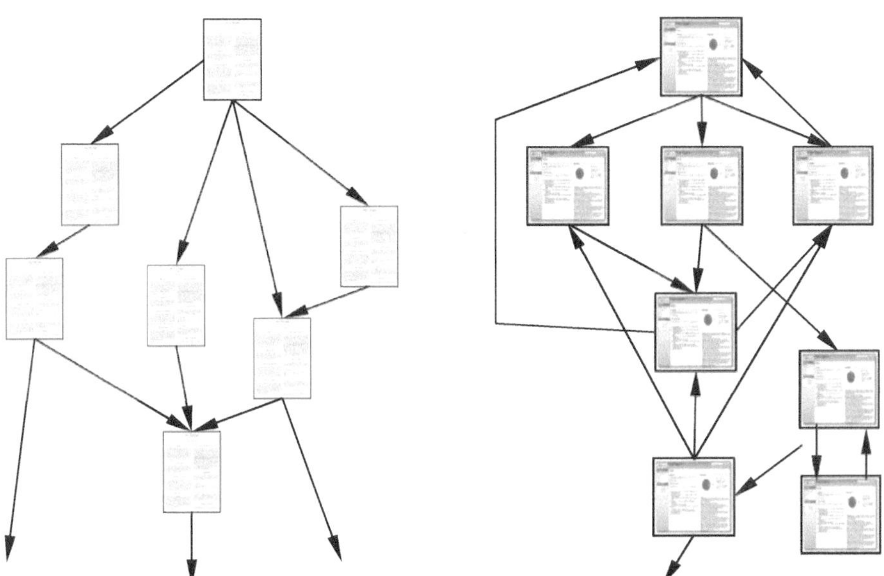

Bild 9.3 Die beiden am besten untersuchten Informationsnetzwerke: In einem Zitationnetzwerk bilden dabei die jeweiligen Fachartikel die Knoten und die Literaturverweise die Kanten des Netzwerks (links). Im *WWW* stellen die Webseiten die Knoten und die Hyperlinks die Kanten des Netzwerks dar (rechts).

sind diese Daten Wissenschaftlern zunehmend leichter zugänglich, und damit steht eine große Datenbasis für die Netzwerkanalyse zur Verfügung.

Beispiel 9.3

Die Analyse und Modellierung der beschriebenen Präferenz-Netzwerke bilden die Basis bei den Empfehlungen, die *Amazon Inc.* seinen Kunden ausspricht, wie bei der Anzeige der Treffer der Suche „Welche anderen Artikel kaufen Kunden, nachdem sie diesen Artikel angesehen haben" oder, nachdem man das Buch in den virtuellen Warenkorb gelegt hat, die Anzeige „Wird oft zusammen mit folgenden Artikeln gekauft". Der Treffsicherheit der generierten Vorschläge wird ein Großteil des kommerziellen Erfolges und des Firmenwertes von Amazon zugeschrieben. ■

Datennetzwerke verbinden eine enorme Anzahl an Dokumenten mit Informationen, die zunehmend auch wiederum die Nutzer der Netzwerke beobachten, analysieren und letztendlich auch beeinflussen. Das World Wide Web (*WWW*) ist derzeit das größte Datennetzwerk und verbindet etwa 10^9 Web-Dokumente mit etwa 10^{10} sogenannten Hyperlinks. Die Tagesschau berichtete am 5. März 2012, dass die im Internet erzeugte Datenmenge zum ersten Mal den Wert von 2,5 Quintillionen Byte pro Tag überschritten hatte (eine Quintillion ist eine Eins, gefolgt von 30 Nullen). Eine Untersuchung des Forschers Albert-László Barabási aus dem Jahr 1999 [56] zeigt, dass das *WWW* ein überraschend kompaktes Netzwerk darstellt: Zwei beliebig ausgewählte Webseiten sind im Durchschnitt nur 19 „Klicks" voneinander entfernt. Allerdings muss man dazu den kürzesten Pfad verwenden – so, wie es in Abschnitt 2.2 ausführlich erläutert und mithilfe der Breitensuche gelöst wurde.

Beispiel 9.4

Die Forscher Andrei Broder et al. [61] konnten durch umfangreiche Untersuchungen ein interessantes Bild des *WWW* als Schmetterling skizzieren (*Bild 9.4*), welches zwar in den absoluten Zahlen von 1999 nicht mehr dem aktuellen Stand entspricht, dessen strukturelle Aussagen aber weiterhin gültig sind. In gerichteten Graphen garantiert ein Pfad von einem zum anderen Knoten nicht, dass es auch eine Verbindung in die entgegengesetzte Richtung gibt. Wie in *Bild 9.3* dargestellt, stellen im *WWW* die Webseiten die Knoten und die Hyperlinks die gerichteten Kanten des Netzwerks dar. Würde man die Richtung der Hyperlinks ignorieren, so wären 90 Prozent der *WWW*-Seiten miteinander verbunden und würden damit eine sehr große Komponente des Netzwerks, eine Art *Kern des* WWW, bilden.

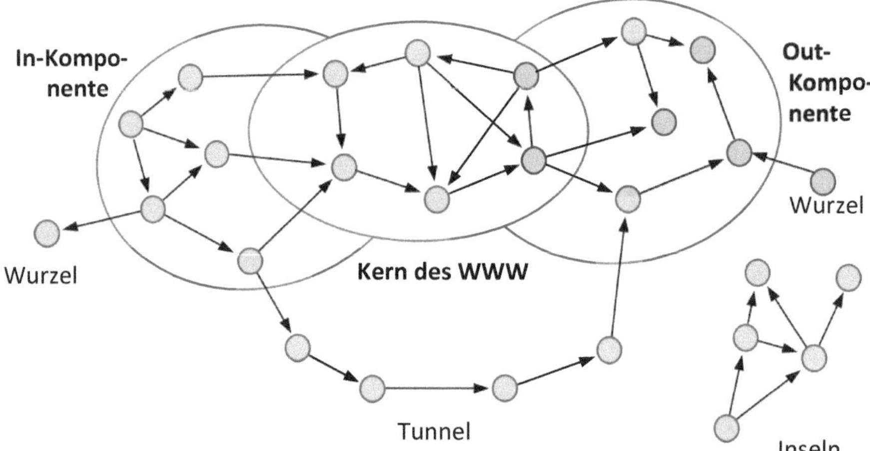

Bild 9.4 Die Schmetterlingsform des *WWW* aus dem Jahr 1999 mit dem typischen Kern aus von untereinander in beiden Richtungen verbundenen Webseiten [61]

In Wirklichkeit gibt es aufgrund der gerichteten Kanten nur 24 Prozent der Seiten, die innerhalb des zentralen Kerns miteinander auf diese Weise verbunden sind. Der Rest teilt sich mit jeweils 19 Prozent fast gleichmäßig auf die beiden nächstkleineren Komponenten des *WWW* auf, die sogenannte *In-Komponente* und *Out-Komponente.* Die erste besteht aus Seiten, die auf Seiten innerhalb des Kerns verweisen, auf die aber aus dem Kern heraus nicht verwiesen wird. Auf die Seiten der Out-Komponenten wird vom Kern aus verwiesen, diese verweisen selbst aber nicht auf den Kern. Damit bildet der Großteil der *WWW*-Seiten eine Schmetterlingsform, die nicht nur für das *WWW*, sondern für viele weitere gerichtete Graphen charakteristisch ist. Zudem gibt es noch sogenannte *Inseln* und *Wurzeln*, die nicht mit dem Kern des *WWW* erreicht werden können und auf diesen auch nicht verweisen. Damit können selbst die größten und aktuell erfolgreichsten Suchmaschinen wie beispielsweise Google nie alle Seiten im *WWW* ausfindig machen. ■

9.1.4 Technologische Netzwerke

Technologische Netzwerke sind künstlich geschaffene Netzwerke, die typischerweise für die Verteilung von Gütern und Ressourcen geschaffen wurden. Beispiele sind hierfür Energieversorgungsnetze, das Schienen-, Straßen- und Kanalnetz sowie Telefonnetze oder Distributionsnetzwerke zum physischen Transport von Gütern.

Beispiel 9.5

Eine Arbeitsgruppe des *Max-Planck-Instituts für Dynamik und Selbstorganisation* beschäftigt sich mit der Frage, wie die Hochspannungsnetzwerke angepasst werden müssen, um den Anforderungen der veränderten Bedingungen der sogenannten Energiewende genügen zu können. Derzeit versorgen große zentrale Kraftwerke vor allem ihre nähere Umgebung (linke Seite in *Bild 9.5*); in Zukunft sollen verstärkt kleine, dezentrale Wind- und Solaranlagen die Stromversorgung übernehmen (rechte Seite in *Bild 9.5*). Insbesondere wurde untersucht, ob Befürchtungen gerechtfertigt seien, dass solche veränderten dezentraleren Netzwerkstrukturen eine geringere Stabilität und Robustheit aufweisen, da deren Leistung mit den Wetterverhältnissen starken Schwankungen unterworfen sind.

Wie empfindlich große Energieversorgungsnetze sein können, zeigte sich am Abend des 4. November 2006, als in weiten Teilen Deutschlands, Frankreichs, Belgiens, Italiens, Österreichs und Spaniens für mehrere Stunden der Strom ausfiel. Der Grund war das gezielte Abschalten einer Leitung, damit ein neuer Kreuzfahrtriese die Werft in Papenburg auf der Ems in Richtung Nordsee verlassen konnte. Die Herausforderung in solch komplexen Stromnetzen liegt unter anderem darin, dass das Netz möglichst synchron im 50-Hertz-Takt der Kraftwerkgeneratoren schwingen muss. Driften die Frequenzen in einzelnen Teilen des Netzes zu weit auseinander, gerät das Netz aus dem Takt, es müssen Teile des Netzes abgeschaltet werden, um unkontrollierte Schwankungen und Kurzschlüsse zu verhindern. Genau das musste am 4. November 2006 wegen der unerwarteten Effekte der Leitungsabschaltung erfolgen.

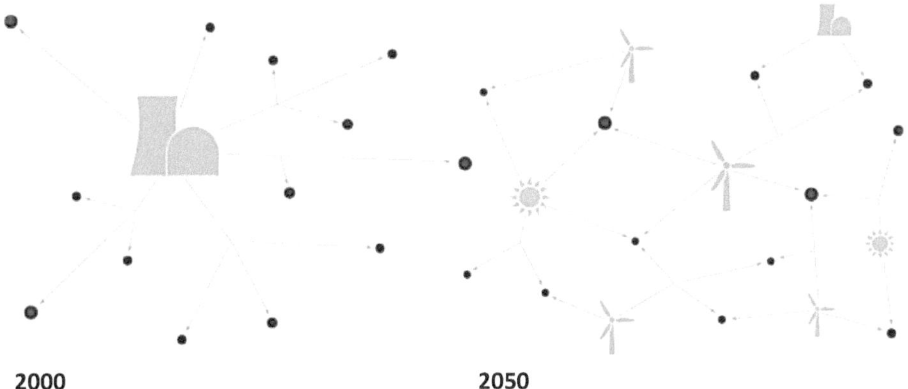

Bild 9.5 Die Energiewende als Netzwerkproblem: Derzeit versorgen große zentrale Kraftwerke vor allem ihre nähere Umgebung (links). In Zukunft sollen verstärkt kleine, dezentrale Wind- und Solaranlagen die Stromversorgung übernehmen (rechts) [83]. – Nachdruck mit Genehmigung

Die Forscher des Max-Planck-Instituts konnten mit ihrem Modell aus 100 virtuellen Kraftwerken zeigen, dass die dezentraleren Netze sowohl stabiler gegen Störungen in den Knoten (Flaute im Windpark) als auch robuster gegen spontane Veränderungen der Kanten (Leitungsausfall) sind, dass also somit die zuvor genannten Befürchtungen nicht zutreffen. Jedoch tritt ein neues Phänomen auf, welches es in den zentralen heutigen Netzen so nicht gibt, nämlich das sogenannte *Braess-Paradoxon:* Zusätzliche Leitungen, die in dezentralen Netzen bestimmte Kreise des Netzes weiter vernetzen, können dazu führen, dass der Stromtransport im gesamten Netz schlechter funktioniert als vorher; im Modell waren das fünf Prozent aller Leitungen. Damit muss man beim zukünftigen Umbau der Netze im Blick haben, mit welchen dezentralen Anbindungen von Energieerzeugern man ggf. die gesamte Netzwerkleistung verschlechtern würde, und entsprechende Alternativen finden. [83] ■

In Abschnitt 9.1.3 wurde das *WWW* als größtes derzeit existierendes Datennetzwerk dargestellt. Von dem *WWW* als Datennetzwerk ist jedoch das *Internet* als technisches Netzwerk zu unterscheiden, auch wenn diese Begriffe häufig als Synonyme verwendet werden. Das Internet als technisches Netzwerk verbindet weltweit die Computer, über welche die Nutzer auf die Dokumente des *WWW* zugreifen.

Beispiel 9.6

Der Vorläufer des heutigen Internets begann in den 1950er-Jahren mit dem *ARPA-Netzwerk* (US Advanced Research Project Agency), welches vom US-Militär entwickelt wurde, um dem potenziellen Ausbruch eines Nuklearkrieges zu widerstehen. Im Jahr 1964

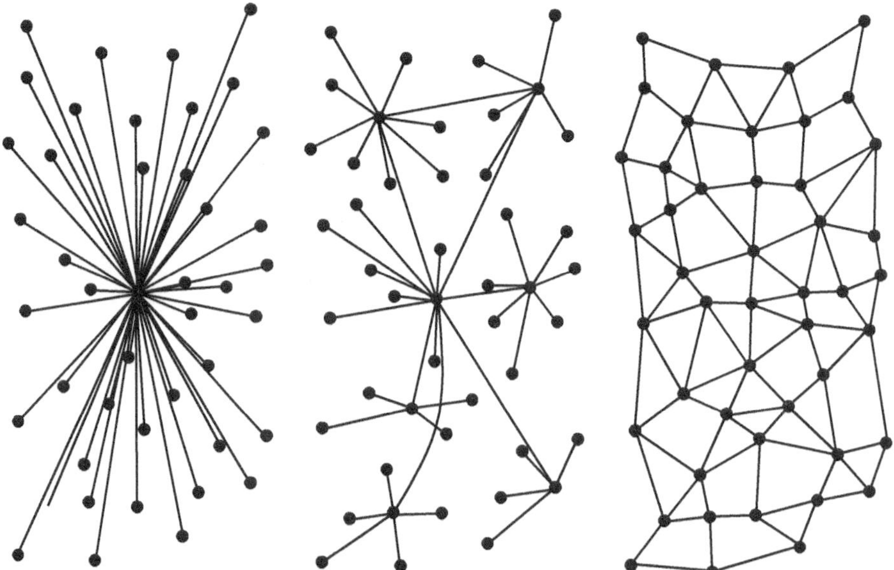

Bild 9.6 Darstellung der grundsätzlichen Gestaltungsoptionen für das damalige DARPA-Netzwerk: zentralisiert mit einem Hub (links), dezentralisiert mit vielen verbundenen Knoten (Mitte) und verteilt auf einem Gitter (rechts) [58]. – Nachdruck mit Genehmigung

begann Paul Baran [58] über die optimale Struktur des Netzwerks nachzudenken. Er schlug für das ARPA-Netzwerk eine verteilte netzartige Struktur vor, so wie es rechts in *Bild 9.6* dargestellt ist, um weniger verwundbar gegenüber möglichen gezielten Angriffen der Sowjetunion während der Zeit des Kalten Krieges zu sein. Im Jahr 1969 startete die *DARPA* (Defence Advanced Research Projects Agency) das Netzwerk, „that will allow to be resistant to attacks and continue to provide network services" als Vorläufer des heutigen Internets. In den 1960er-Jahren griffen US-Universitäten diese Entwicklung auf, und so wurden 1969 erstmals Informationen von einem zum anderen Computer versandt – damals noch über gewöhnliche Telefonleitungen. ■

9.1.5 Biologische Netzwerke

In der Biologie ist oft die Transparenz über das Netzwerk verschiedener Interaktionen der Elemente der Schlüssel zum Verständnis des Gesamtsystems. Beispiele hierfür sind Untersuchungen von Nahrungsketten, molekulare Netzwerke oder Protein-Protein-Netzwerke.

Beispiel 9.7

Eine Nahrungskette bezeichnet die stofflichen und energetischen Beziehungen zwischen verschiedenen Organismen. Diese Beziehungen sind in realen Ökosystemen selten reine Ketten, sondern müssen meist durch komplexe Nahrungsnetze beschrieben werden. Ein Beispiel für ein solches Nahrungsnetz zeigt die linke Hälfte von *Bild 9.7*, welches ein Nahrungsnetz mit den Organismen als Knoten und den Kanten als Beziehung „Organismus A dient Organismus B zur Ernährung" darstellt. Das Netzwerk ist nach Trophien strukturiert, also nach Organismen mit der gleichen Position in der Nahrungskette. Ganz unten in dunkler Farbe dargestellt befinden sich die Produzenten (wie

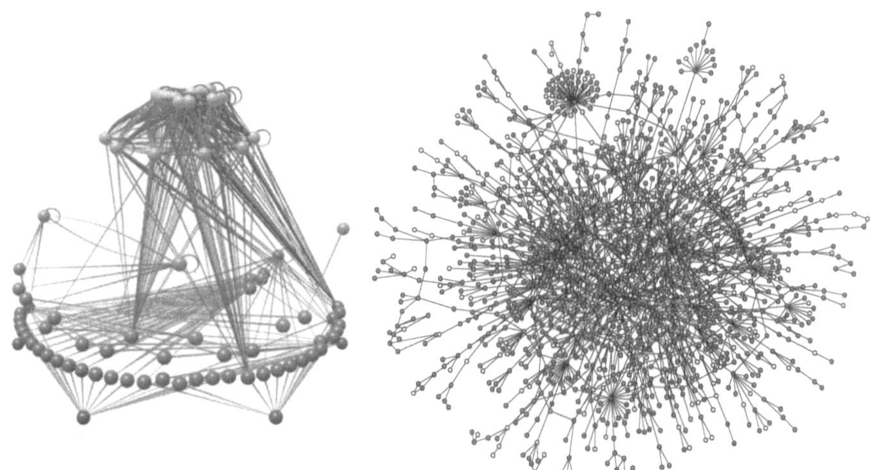

Bild 9.7 Darstellung eines Nahrungsnetzes mit den verschiedenen Organismen als Knoten und der Nahrungskette als Kanten; dabei sind Trophien auf der gleichen Ebene dargestellt (links) [65]. Protein-Netzwerk von Backhefe (Saccharomyces cerevisiae) (rechts) [70]. – Nachdruck mit Genehmigung

beispielsweise grüne Pflanzen), und weiter oben, heller dargestellt, die Konsumenten, die zur Ernährung andere Organismen dienen. Gerade wenn in solche Nahrungsnetze vonseiten des Menschen eingegriffen wurde oder werden soll, ist es wichtig, die Dynamik dieser Netzwerke grundsätzlich zu verstehen, denn selbst kleinere Änderungen an einzelnen Bereichen des Netzwerks können das gesamte System aus dem Gleichgewicht bringen. ■

Beispiel 9.8

Das Humangenomprojekt wurde im Jahr 2001 fertiggestellt und bot die erste umfassende Liste der Abfolge der Basenpaare der menschlichen DNA auf ihren einzelnen Chromosomen. Insgesamt enthält das Genom des Menschen rund 20.000 bis 30.000 Gene. Um aber zu verstehen, wie beispielsweise Krankheiten entstehen, und wie diese durch gezielten Einsatz von Medikamenten behandelt werden können, ist es notwendig, die Interaktion zwischen der DNA und den sogenannten *molekularen Netzwerken* zu verstehen. Daher versuchen Biologen, die bestimmenden Prozesse in den menschlichen Zellen durch Netzwerke zu beschreiben und im Rahmen groß angelegter Forschungsprojekte zu kartieren. Auch die Pharmaunternehmen investieren erhebliche Mittel in diese Art von Projekten, um in der Lage zu sein, zukünftig Medikamente wesentlich gezielter und damit schneller zu entwickeln und auf den Markt zu bringen. ■

Beispiel 9.9

Die Funktionsweise biologischer Zellen ist bei Weitem noch nicht vollständig verstanden. Von wesentlicher Bedeutung sind aber die Interaktionen zwischen den Proteinen. Diese Interaktionen lassen sich (wie in der rechten Hälfte von *Bild 9.7* dargestellt) als *Protein-Protein-Netzwerk* veranschaulichen. Die Knoten sind die eigentlichen Proteine, und die Kanten repräsentieren eine physikalische Interaktion zwischen den betreffenden Proteinen. Die Forscher Jeong et al. [70] konnten zeigen, dass das Protein-Protein-Netzwerk des Backhefe-Pilzes (Saccharomyces cerevisiae) die für ein skalenfreies Netzwerk typische Struktur aufweist. Das bedeutet, es existieren sogenannte Hubs (Proteine), die mit deutlich mehr anderen Proteinen interagieren als alle anderen. Die Schädigung dieser speziellen Proteine kann für manchen Organismus tödlich sein [70]. ■

9.2 Ausgewählte Erkenntnisse der Netzwerkforschung

Seit der Mitte des letzten Jahrhunderts wurden verstärkt reale Netzwerke der Praxis von verschiedensten Disziplinen untersucht und eine Reihe überraschender Eigenschaften entdeckt. Waren die empirischen Untersuchungen der Sozialwissenschaften aufgrund des hohen Aufwandes lange Zeit auf Kleingruppen beschränkt, so verhalf das Aufkommen des Internets und des *WWW* ab den 1990er-Jahren durch die zunehmend leichter und in größerem Umfang verfügbaren Daten der jüngeren Netzwerkforschung zum Durchbruch.

Dabei begannen ganz unterschiedliche Disziplinen von der Informationstechnik bis hin zur Biologie mithilfe der verfügbaren Daten die jeweils relevanten Systeme zu „kartographieren“. Es stellte sich heraus, dass, so unterschiedlich die Elemente und Entstehungsprozesse der verschiedenen Netzwerke auch sein mögen, diese einen erstaunlichen Grad an Ähnlichkeiten aufweisen.

So stellten die Forscher fest, dass selbst bei vielen großen und komplexen Netzwerken sehr häufig der Durchmesser und die durchschnittliche Pfadlänge vergleichsweise klein sind. Gleichzeitig weisen die Netzwerke eine große Anzahl sogenannter Triaden auf, also Kreise aus drei untereinander verbundenen Knoten. Diese Triaden bilden mit anderen Triaden große sogenannte Cluster, welche dem Netzwerk eine enorme Vernetzung verleihen. Auch stellte sich die charakteristische Häufigkeitsverteilung der Knotengrade realer großer Netzwerke nicht wie erwartet als normalverteilt heraus.

Die Arbeiten werden im Folgenden ausführlich geschildert, da sie wegweisend für die jüngere Netzwerkforschung der beiden letzten Jahrzehnte waren. Dabei wurden die klassischen Ansätze der Graphentheorie vor allem um Ansätze der sozialen Netzwerkforschung und später um die Ansätze der Statistischen Mechanik ergänzt.

9.2.1 Forschung im Bereich sozialer Netzwerke

Neben den technischen Netzwerken, wie Strom- oder Datennetze, und den Interorganisationnetzwerken, wie beispielsweise den globalen Wertschöpfungsnetzwerken vieler Unternehmen, spielen vor allen die Beziehungsnetzwerke für unsere Gesellschaft eine wesentliche Rolle. Sozialwissenschaftler beschäftigten sich schon geraume Zeit vor den Mathematikern mit den Strukturen und Informationsflüssen in sozialen Netzwerken.

Dabei ging es vor allem darum, die existierenden Strukturen aufzuzeigen und die Beziehungen zwischen den Akteuren und die Weitergabe von Informationen zu charakterisieren. Die Grundlagen für die Visualisierung solcher Netzwerke wurden in den 1930er-Jahren maßgeblich von Jacob Levy Moreno (1889–1974) gelegt, der die Soziometrie als Methode der empirischen Sozialforschung mitbegründete.

Beispiel 9.10

Im Herbst 1932 liefen innerhalb von nur zwei Wochen 14 Schülerinnen von der „Hudson School of Girls“ in New York State fort. Diese Zahl war ungewöhnlich hoch, sodass sich die Schulleiter entschieden, den Psychiater *Jacob Levy Moreno* zu beauftragen, die Sache näher zu untersuchen. Dieser konnte aber keine Erklärung finden, die auf die individuellen Persönlichkeiten der Schülerinnen zurückzuführen war, und schlug einen gänzlich anderen Ansatz vor: Moreno bildete die sozialen Beziehungen zwischen den Schülerinnen ab, indem er die Methoden der Soziometrie entwickelte.

Er fand heraus, dass diese sozialen Verbindungen zwischen den Schülerinnen die wesentlichsten Kanäle waren, welche Schülerinnen dazu bewegten, von der Schule wegzulaufen. Die Position der Einzelnen im Freunde-Netzwerk war entscheidend für die Verbreitung der Verhaltensweise der gesamten Gruppe. Seitdem haben soziometrische Methoden eine weite Verbreitung zur Analyse sozialer Strukturen gefunden. ■

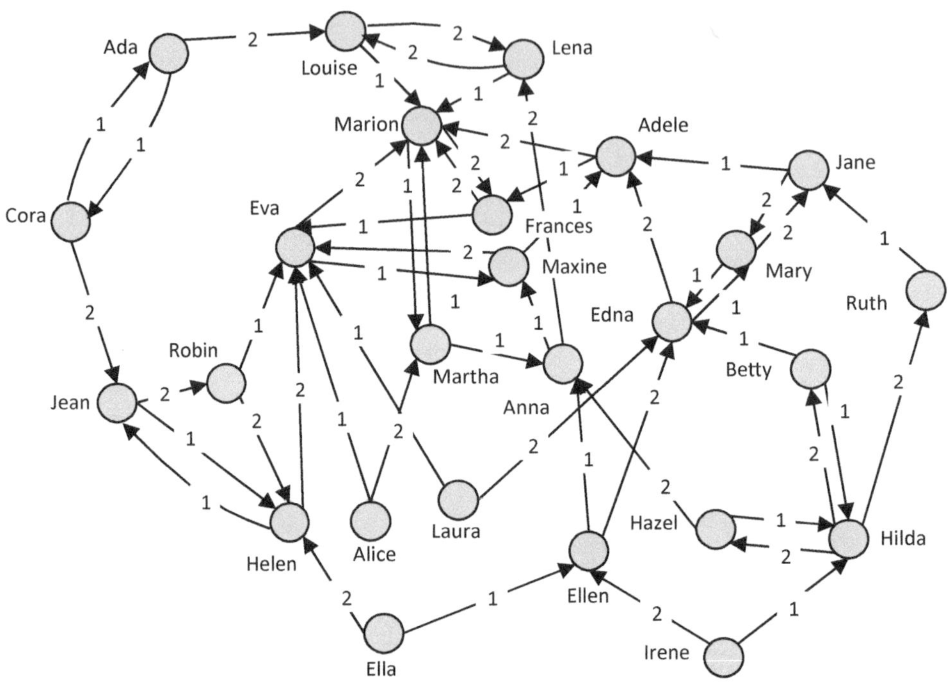

Bild 9.8 Beispiel für ein Soziogramm einer Abendgesellschaft: Die Kanten geben die Wahl des gewünschten Sitznachbarn an, und die Gewichte der Kanten zeigen die Prioritäten (1 = Erste Wahl, 2 = Zweite Wahl) [74, 115].

Die Sozialwissenschaftler argumentierten, dass es eben nicht die aggregierten Charakteristika einer statistischen Analyse sind, welche das Verhalten von Netzwerken bestimmen, sondern vielmehr die Struktur der inter-personellen Beziehungen. *Bild 9.8* zeigt ein Beispiel für ein Soziogramm [74, 115] aus 26 Knoten für die Wahl von Sitznachbarn einer Abendgesellschaft. Die 52 Kanten geben die Wahl des gewünschten Sitznachbarn an, und die Gewichte der Kanten zeigen, wie hoch die Priorität gesetzt wurde. Jedoch war die Erfassung und Interpretation der Strukturen von sozialen Netzwerken vor dem Aufkommen des Internets sehr aufwendig, sodass für lange Zeit die Untersuchungen auf solche Arten von Kleingruppen beschränkt bleiben mussten.

9.2.2 Cluster als Kennzeichen sozialer Netzwerke

Die Graphentheorie nahm die Netzwerkstrukturen als statisch an und betrachtete damit nur eine Momentaufnahme des Netzwerks. Im Kontext von sozialen Netzwerken ist es jedoch sehr relevant zu verstehen, durch welche Mechanismen sich die Netzwerke im Laufe der Zeit verändern. Insbesondere ist von Interesse, welche Mechanismen zum Ein- und Austreten von Knoten führen, und welche Mechanismen für das Entstehen und Lösen von Kanten verantwortlich sind.

Anatol Rapoport (1911–2007) wies schon in den 1950er-Jahren mit der Theorie der „Triadic Closure" darauf hin, dass die Triade in Netzwerken eine besondere Bedeutung besitzt und entwarf die Hypothese, dass zwei Unbekannte, die einen gemeinsamen Freund besitzen, im Verlauf der Zeit selbst zu Freunden werden und damit die Triade schließen. Als Grund wurde eine höhere Wahrscheinlichkeit dafür genannt, dass sich die Freunde eines Freundes treffen und vertrauen und dass der Freund auch geneigt ist, seine Freunde einander bekannt zu machen. Rapoport konnte seine Theorie zur damaligen Zeit, weit vor dem Aufkommen des *WWW*, mangels verfügbarer Daten allerdings nicht beweisen.

Hypothese von Anatol Rapoport

„If two people in a social network have a friend in common, then there is an increased likelihood that they will become friends themselves at some point in the future."
(Anatol Rapoport, 1953) [80]

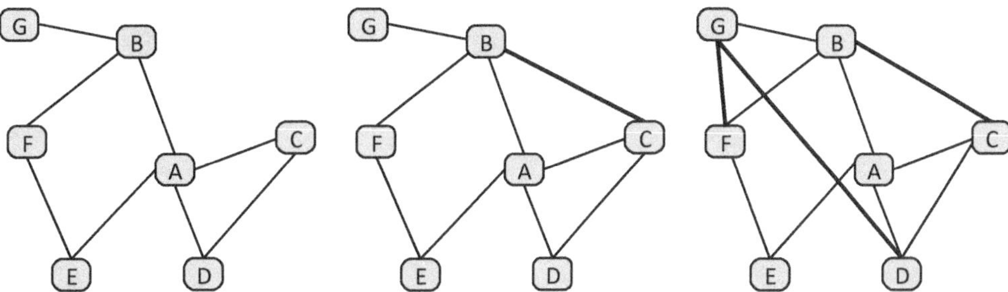

Bild 9.9 Skizze der Formation einer „Triadic Closure" in drei Schritten: Zunächst verbinden sich Knoten *B* und *C*, da beide mit Knoten *A* „befreundet" sind, dann schließen sich *G* und *F* sowie *G* und *D* zusammen.

Bild 9.9 zeigt, dass, wenn die Knoten *B* und *C* einen gemeinsamen Freund *A* haben (links), durch eine zusätzliche Kante *B-C* (Mitte) die Struktur derart geschlossen wird, dass sich eine Triade *A-B-C* herausbildet. Betrachtet man das Netzwerk zu einem späteren Zeitpunkt (rechts), so ist es wahrscheinlich, dass sich weitere Kanten aufgrund dieser Regel gebildet haben. Ein Maß für den Anteil geschlossener Triaden in Netzwerken bietet der sogenannte *lokale Cluster-Koeffizient*, der in Abschnitt 10.1.2 noch genauer definiert werden wird.

Populär wurde das Konzept später durch die Arbeit von Mark Granovetter, der im Jahr 1973 in einer der wohl einflussreichsten Arbeiten der Sozialwissenschaften, „Strength of weak ties" [69], die Hypothese aufstellte, dass bei der Berufssuche die „schwachen" Verbindungen wichtiger sind als die „starken". Dabei ermittelte er die Stärke der Verbindung über die Kontakthäufigkeit im Verlauf eines Jahres. Diese schwachen Verbindungen stellen „Brücken" zwischen sonst nur gering vernetzten Gruppen im Netzwerk dar und sind daher für die Informationsweitergabe von entscheidender Bedeutung. In *Bild 9.10* ist ein Netzwerk dargestellt, bei dem die Kante A-B eine sogenannte Brücke darstellt: Das Entfernen dieser Kante würde das Netzwerk in zwei disjunkte Teilgraphen zerfallen lassen.

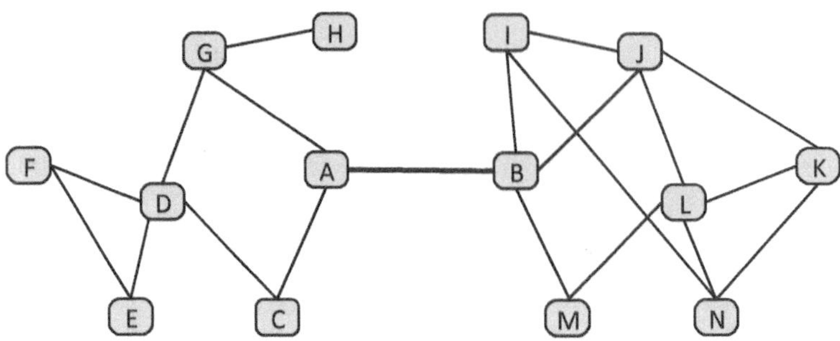

Bild 9.10 Die Kante *A-B* als „schwache" Verbindung bzw. Brücke verbindet die beiden Module des Netzwerks. Beim Entfernen würden sich Knoten *A* und *B* in disjunkten Teilgraphen befinden.

9.2.3 Kurze Wege als Kennzeichen sozialer Netzwerke

Angeregt durch die Untersuchungen von Mark Granovetter, dass zwei unbekannte Personen über eine Reihe von schwachen Verbindungen in Beziehung stehen können, führte der Sozialpsychologe Stanley Milgram (1933–1984) ein Experiment zur Messung der Anzahl solcher Verbindungen durch, die zwischen zwei zufällig ausgewählten Personen existieren.

Beispiel 9.11

Der Forscher Stanley Milgram gab 300 zufällig ausgewählten Personen aus der Stadt Ohama im US Bundesstaat Nebraska in der Mitte der USA den Auftrag, einen Brief an eine Zielperson in Boston, Massachusetts, an der Ostküste der USA zu senden. Jedoch durften sie den Brief nicht direkt an die Zielperson senden, sondern nur an einen direkten Bekannten weitergeben, von dem sie annahmen, dass dieser den Brief an die Zielperson weiterleiten könnte. Die typischen Schätzungen vor der Durchführung des Experimentes lagen bei hunderten von notwendigen Schritten. Für die 64 Briefe, die ihr Ziel erreichten, ergab sich eine sehr geringe mittlere Pfadlänge von etwa sechs, um aus den Millionen von US-Bürgern die eine Zielperson zu erreichen. Diese Erkenntnis wurde unter dem Begriff *„Six Degree of Separation"* bekannt [73]. ■

Diese überraschend kleine Zahl könnte sehr einfach dadurch erklärt werden, dass man annimmt, dass eine Person fünf Bekannte hat, von denen wiederum jeder fünf Bekannte hat – und so weiter. Innerhalb von sechs Schritten könnte man auf diese Weise $5^6 \approx 16.000$ Personen erreichen. Wie in der oberen Hälfte von *Bild 9.11* dargestellt, führt ein solcher Prozess zu einem exponentiellen Wachstum der erreichbaren Kontakte in einem Netzwerk. Würde man eine realistische Zahl von 100 Bekannten pro Person annehmen, käme man auf eine Zahl von $100^6 = 10^{12}$ von einem Sender aus in sechs Schritten erreichbaren Empfänger – also mehr als die gesamte Weltbevölkerung. Ist damit das Phänomen des „Six Degrees of Separation" einfach eine Sache der Kombinatorik? Wie in Abschnitt 9.2.2 geschildert wurde, überlappen sich reale soziale Netzwerke durch die „Triadic Closure" jedoch sehr stark, sodass eine Baumstruktur wohl nicht als realistische Struktur gelten kann, sondern vielmehr, wie in *Bild 9.11* unten dargestellt, gerade die „Triadic Closure" für die relevanten „Kurzschlüsse" im Netzwerk sorgt und somit die Pfadlänge erheblich reduziert.

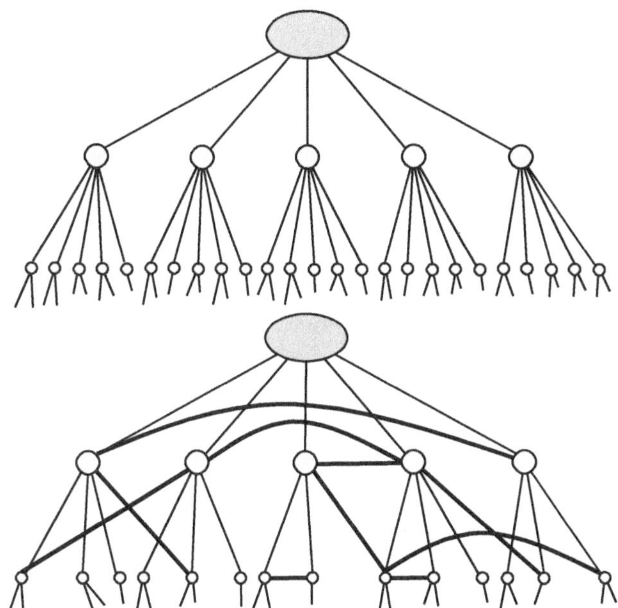

Bild 9.11 Baumstruktur eines rein hierarchischen Netzwerks mit exponentiellem Wachstum der vom Ausgangsknoten erreichbaren Empfänger (oben): Realistische Struktur eines sozialen Netzwerks mit den typischen Triaden, welches die Erreichbarkeit der Empfänger in wenigen Schritten vom Ausgangsknoten ermöglicht (unten).

Da es Kritik an der Auswahl der Absender und der geringen Anzahl der Briefe gab, stellte Duncan Watts mit Forscherkollegen im Jahre 2003 das Experiment mit 60.000 Absendern nach [86]. Es konnte eine mittlere Pfadlänge von weniger als sieben und im Durchschnitt von vier bestätigt werden. Der geringe Anteil der Nachrichten, die das Ziel erreichten, macht klar, dass das Phänomen des „Six Degrees of Separation“ zwar zeigt, dass in sozialen Netzwerken viele kurze Wege vorhanden sind, jedoch es nicht notwendigerweise einfach ist, diese im Rahmen einer dezentralen Suche ohne globale Informationen zu finden. Zudem ist zu beachten, dass die Kriterien, nach welchen die Auswahl der Empfänger erfolgt, eine große Rolle spielt. Diese erfolgte im Experiment nicht zufällig, sondern die Sender orientierten sich vor allem am geographischen Ort des Empfängers und seinem Berufsstand.

9.2.4 Skalen-Invarianz als Kennzeichen großer Netzwerke

Bei der statistischen Analyse von Vorgängen in der Praxis ist man es häufig gewohnt, ein typisches Maß wie beispielsweise den arithmetischen Mittelwert oder den Median zu ermitteln, um die gesamte untersuchte Stichprobe zu charakterisieren. Eine typische frühe Anwendung war die Ermittlung der Häufigkeitsverteilung der Körpergröße in der Bevölkerung durch Adolphe Quetelet (1796–1874) im Jahr 1844, die er sehr gut durch eine Normalverteilung um einen bestimmten Mittelwert beschreiben konnte. Auch die beobachteten minimalen und maximalen Messwerte bildeten eher eine kleine Spanne. So nennt das Guinness-Buch der Rekorde 272 cm und 57 cm als die Rekordhalter in Bezug auf Körpergröße, was einem Verhältnis von etwa fünf entspricht.

Beispiel 9.12

Die Ursprünge der statistischen Betrachtung im Sinne vom „Gesetz der großen Zahlen" gehen auf die Anfänge der statistischen Physik zurück, mit der James Clerk Maxwell (1831–1879) die kinetische Theorie der Gase begründete. Der revolutionäre Ansatz, später von Ludwig Boltzmann (1844–1906) weiterentwickelt, bestand darin, die Eigenschaften wie Temperatur, Dichte und Druck eines Gases durch die statistischen Eigenschaften der Wahrscheinlichkeitsverteilungen der Geschwindigkeit der Gaspartikel zu charakterisieren. Es war damit nicht notwendig, die Milliarden Einzelatome in ihrer Wechselwirkung gemäß den Gesetzen der klassischen Mechanik nach Newton zu beschreiben. Die Sozialwissenschaftler der damaligen Zeit, wie beispielsweise Adolphe Quetelet (1796–1874), vertraten, angeregt durch den Erfolg der Beschreibung sozialer Phänomene mithilfe statistischer Mittel, die Sichtweise von sozialen Akteuren als „Atom" und den Glauben, dass soziale Phänomene eines Tages ebenfalls mit einer Art „Sozialphysik" beschrieben werden könnten. Wir werden im Verlauf dieses Abschnittes sehen, dass die neueren Erkenntnisse der Netzwerkforschung dem klar widersprechen. ■

Vor allem mit dem Aufkommen des Internets war es den Forschern möglich, mit vertretbarem Aufwand große Datenmengen aus Netzwerken mithilfe der Methoden der statistischen Mechanik zu analysieren. Untersucht man nun die statistischen Eigenschaften großer Netzwerke der Praxis, kommt man zu ganz anderen Ergebnissen. Die Häufigkeitsverteilungen lassen sich dort in der Regel nicht durch eine Normalverteilung beschreiben.

Beispiel 9.13

Der Forscher Albert-László Barabási, heute Leiter des „Center of Complex Network Research" an der Northeastern University in Boston, analysierte mit seiner Forschergruppe an der Notre-Dame University als einer der Ersten die Struktur des *WWW*. Die Ergebnisse wurden 1999 in einer richtungsweisenden Veröffentlichung mit dem Titel „The Diameter of the World Wide Web" [56] publiziert. Die Forschergruppe erfasste die Netzwerkstruktur von über 300.000 Dokumenten und über 1,5 Millionen Hyperlinks im Intranet der US-University of Notre Dame. Die Forscher erwarteten, dass die Auswertung zeigen würde, dass die Netzwerkstruktur der eines zufällig gebildeten Netzwerks entspricht, da es keine zentrale Planung gab und sich daher die Hyperlinks zwischen den Webseiten zufällig herausgebildet hatten. Ein erster Blick auf eine visuelle Darstellung des Netzwerks schien diese Hypothese zu bestätigen: In der Vielzahl der Verbindungen war keine Struktur erkennbar. Eine genauere statistische Analyse zeigte jedoch, dass es sich keineswegs um ein Zufallsnetzwerk handelte, sondern vielmehr, dass es neben der Vielzahl an Knoten mit nur wenigen Links eine kleine Menge von extrem gut vernetzten „Hubs" gab, wie es schematisch in *Bild 9.12* dargestellt ist.

Die Forscher untersuchten die Häufigkeitsverteilung der Knotengrade $P(d)$ im Netzwerk und stellten fest, dass diese erheblich von der erwarteten Normalverteilung abwich. Der Verlauf einer Normalverteilung um einen für das Netzwerk charakteristischen Mittelwert $\langle d \rangle$ ist in *Bild 9.13* auf der linken Seite dargestellt. Für das untersuchte

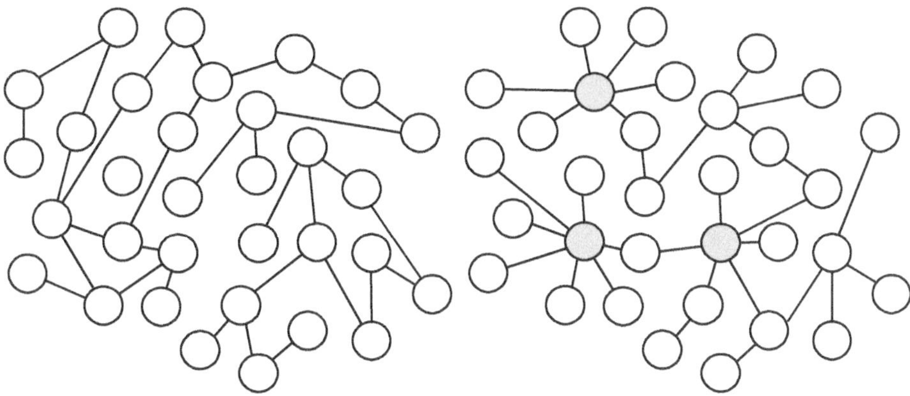

Bild 9.12 Ein homogenes Netzwerk mit normalverteilten Knotengraden (links) und ein heterogenes Netzwerk (rechts), in dem die hochvernetzten Hubs als graue Knoten zu erkennen sind.

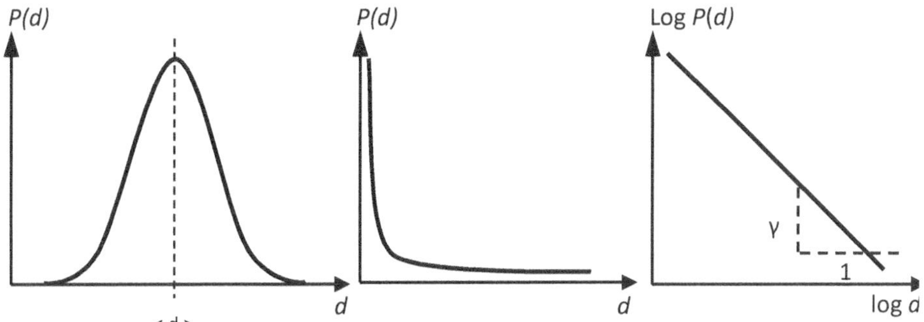

Bild 9.13 Skizze der verschiedenen Häufigkeitsverteilungen: Normalverteilung um einen typischen Mittelwert <d> (links), Exponentialverteilung ohne charakteristisches Maß (Mitte), Exponentialverteilung dargestellt als Linie mit der Steigung $-\gamma$ im doppelt-logarithmischen Maßstab (rechts).

Netzwerk folgte die Häufigkeitsverteilung jedoch einem Potenzgesetz $P(k) \sim d^{-\gamma}$, mit d als Knotengrad und γ als charakteristischem Exponenten. Der Verlauf der Häufigkeitsverteilung nach dem Potenzgesetz ist in *Bild 9.13* in der Mitte dargestellt. Für das untersuchte Netzwerk des *WWW*-Ausschnittes ergab sich ein Exponent von $\gamma = 2{,}4$ für die ausgehenden und $\gamma = 2{,}1$ für die eingehenden Hyperlinks. Der Verlauf lässt sich am besten mithilfe einer doppelt-logarithmischen Skala darstellen, wie im rechten Teil von *Bild 9.13* zu sehen. Dabei tritt der charakteristische Verlauf als Linie mit der Steigung $-\gamma$ hervor, denn es gilt $\log P(d) \sim -\gamma \log d$. Der betrachtete Ausschnitt des *WWW* besitzt keine typische mittlere Gradzahl $\langle d \rangle$, wie dies nach dem Gesetz der Großen Zahlen für eine Überlagerung einer großen Anzahl von Zufallsprozessen der Fall ist. ■

Die wesentliche Erkenntnis war, dass diese Netzwerke sogenannte „Heavy-Tailed"-Verteilungen (endlastige Verteilungen) besitzen, bei denen es deutlich mehr Knoten mit sehr hohen

Graden gibt als bei einer Normalverteilung. Bei dieser nehmen die Häufigkeitswerte mit zunehmendem Abstand zum Mittelwert sehr rasch ab. Da keine typische mittlere Gradzahl existiert, mit deren Hilfe man das Netzwerk charakterisieren könnte, werden diese Netzwerktypen auch als *skalenfreie Netzwerke* bezeichnet. Die Grade dieser Netzwerke sind sehr ungleich, und damit heterogen verteilt, sodass diese Netzwerktypen auch als *heterogene Netzwerke* bezeichnet werden. Ob ein Netzwerk heterogen oder homogen ist, lässt sich bei kleineren Netzwerken relativ leicht aus der Visualisierung des Graphen erkennen (siehe *Bild 9.12*), die Hubs treten hier deutlich hervor.

Die Häufigkeitsverteilung der Knotengrade ist damit eine sehr charakteristische Größe großer Netzwerke, die wir im Kapitel 11 sehr ausführlich für die verschiedenen Netzwerktypen untersuchen werden. Wie dort noch genauer erläutert werden wird, lässt sich der Grad der Heterogenität über die Standardabweichung und das zweite Moment der Häufigkeitsverteilung beschreiben.

Beispiel 9.14

Die Normalverteilung vieler Größen spielt für die Gestaltung von Prozessen und Produkten eine große Rolle. Beispielsweise kann man Kinositze auf eine mittlere Körpergröße auslegen, da die Wahrscheinlichkeit, dass die Körpergröße der Kinobesucher sehr stark nach oben oder nach unten vom Mittelwert abweicht, sehr gering ist. Dies ist aber für die Gestaltung von Netzwerken nicht der Fall. Würde man die Häufigkeitsverteilung der Netzwerke gemäß dem Potenzgesetz auf die Körpergrößen von Menschen übertragen, so wären Riesen mit 2 Kilometern Körpergröße nichts Ungewöhnliches. Zwar nimmt deren Anzahl mit zunehmender Körpergröße ab, aber es gäbe eine sehr breite Skala von Körpergrößen und damit kein normales Maß, also keine charakteristische Skala im engeren Sinne. Ein Albtraum für Sitzhersteller, die nicht wüssten, auf welches normale Körpermaß sie ihre Produkte auslegen sollten. ■

9.2.5 Universalität als Kennzeichen großer Netzwerke

Die in Abschnitt 9.1 beschriebenen Netzwerke sind in Bezug auf ihre Elemente sehr unterschiedlich. So repräsentieren die Knoten in den Nahrungsnetzen bestimmte Spezies, die Kanten stehen für den Energiefluss der Nahrungskette. Im *WWW* sind es die HTML-Dokumente, die über die Hyperlinks miteinander verbunden sind. In sozialen Netzwerken sind es die einzelnen Individuen, die über soziale Verbindungen miteinander verknüpft sind. Auch ist der Entstehungsprozess der verschiedenen Netzwerk denkbar unterschiedlich. Wurden die Nahrungsnetze im Lauf der Jahrmillionen durch die Prozesse der Evolution geformt, so entstand das *WWW* in relativ kurzer Zeit durch die Interaktion von Millionen von Individuen. Die kulturellen Normen unserer sozialen Netzwerke haben sich über Jahrtausende entwickelt.

Daher würde es nicht verwundern, falls diese Netzwerke in ihren wesentlichen Charakteristika kaum vergleichbar wären; genau das Gegenteil ist aber der Fall. Es zeigt sich, dass die Strukturen und Entwicklungen der Netzwerke ein großes Maß an Ähnlichkeit aufweisen, man spricht hier von der sogenannten *Universalität*. Diese bezeichnet die Tatsache, dass gewisse Eigenschaften gewisser Klassen von Systemen nicht von allen Systemdetails abhängen: Trotz im Detail anderer Struktur oder anderer Entwicklungsdynamik zeigen diese quantitativ dasselbe Verhalten.

Beispiel 9.15

Es gibt eine Vielzahl an Beispielen für diese sogenannten skalenfreien Netzwerke, einige sind in *Bild 9.14* dargestellt. So zeigen die Häufigkeitsverteilungen von Firmennetzwerken in Volkswirtschaften, von Einkommensverteilungen, von Wissensnetzwerken wie Kollaborations- und Zitationsnetzwerken oder von technologischen Netzwerken wie Internets oder Energieversorgungsnetzwerken die charakteristische Eigenschaft, dass es keinen typischen Mittelwert gibt, um den sich die anderen Häufigkeiten gruppieren.

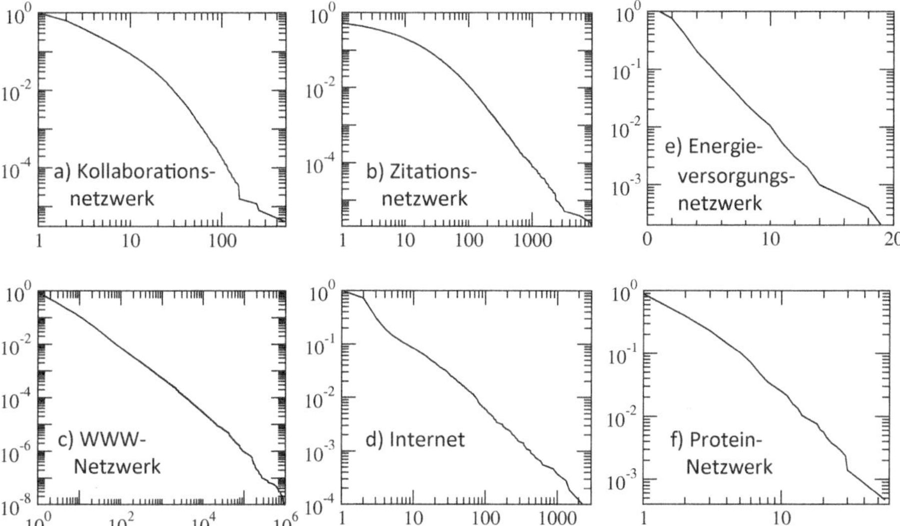

Bild 9.14 Sechs verschiedene Netzwerke der Praxis: Die horizontale Achse stellt die Knotengrade und die vertikale Achse die kumulierte Häufigkeitsverteilung der Knotengrade dar. Die Angaben zu den zugehörigen Datenquellen finden sich in der Veröffentlichung von Newman aus dem Jahr 2006 [76]. – Nachdruck mit Genehmigung

In der Realität besitzen diese Häufigkeitsverteilungen einen „Cut-Off", da die maximale Größe von Hubs beispielsweise aus Gründen der Physik oder Wirtschaftlichkeit beschränkt sein kann. In der Praxis enthält die Stichprobe in der Regel zudem nur eine geringe Anzahl an solchen Hubs. Die Folge ist, dass die Histogramme für höhere Knotengrade eine starke Streuung aufweisen. Daher wird in der Praxis häufig die kumulative Häufigkeitsverteilung der Knotengrade für die Wahrscheinlichkeit verwendet, dass der Grad eines Knotens gleich oder größer einer gewissen Gradzahl d ist (*Bild 9.14*). Durch das Aufaddieren der Werte gleicht sich die Streuung der Einzelwerte teilweise aus. ■

Es gibt aber ein paar Ausnahmen von dieser Universalität. So haben Kristall-Netzwerke eine sehr geordnete Struktur mit identischen Knotengraden, ebenso die Neuronen-Netzwerke mancher Spezies wie beispielsweise des Fadenwurms „Caenorhabditis Elegans", der in der Genetik als Modellorganismus Verwendung findet, oder auch die großen Energieversorgungsnetze. Der Grund liegt in der stark begrenzten Zahl an maximalen Verbindungen, die ein Knoten haben kann. Liegt dieser Grenzwert sehr niedrig, können sich keine Hubs herausbilden, die sich von den anderen Knoten wesentlich unterschieden, und das Netzwerk ähnelt eher einem Netzwerk mit zufällig verteilten oder gar mit gleichverteilten Knotengraden.

9.3 Weiterführende Literatur

Eine gelungene Darstellung der *Charakteristika großer Netzwerke in der Praxis* bietet der zweite Teil des Buches „Scale – Free Networks" von Caldarelli [12], der das Spektrum von Zell- über ökologische bis hin zu den Netzwerken der Finanzbranche spannt. Auch der erste Teil des Buches „Networks" von Newman [36] und der zweite Teil des Buches „The structure of complex networks" von Estrada [23] bietet zu den großen Netzwerken der Praxis und ihren Charakteristika einen sehr guten Überblick. Auch das aktuelle Buch von Izenman [27] zeigt im zweiten Kapitel graphisch sehr schön aufbereitete Beispiele aus verschiedenen Fachdisziplinen mit einer kurzen Diskussion. Das empfehlenswerte Buch von Dirk Brockmann [10] stellt das Thema großer Netzwerke in den Kontext komplexer Systeme und greift auf die in Kapitel 12 diskutierte Dynamik solcher Systeme bereits vor.

10 Eigenschaften von Netzwerken

Im Grundlagenteil wurde bereits eine Reihe von Grundbegriffen der Graphentheorie erläutert, und es wurden Graphen beispielsweise nach Wegen, Kreisen, vollständigen Graphen, bipartiten Graphen, gerichteten Graphen sowie Bäumen und Wäldern klassifiziert. Außerdem wurde ausgeführt, wie man kürzeste Wege und minimal aufspannende Bäume in einem Graphen identifizieren kann. Da die betrachteten Netzwerke relativ klein waren, konnte man diese gut mithilfe von Graphen skizzieren und mit den charakteristischen Größen wie Knotengraden oder den Kantengewichten versehen.

Bei der Vielzahl der Kanten und Knoten in den großen realen Netzwerken der Praxis ist eine vollständige (visuelle) Einzelbetrachtung mithilfe eines Graphen in der Regel zu aufwendig. Daher versucht man für die Fragestellung besonders relevante Einzelknoten mithilfe von charakteristischen Parametern zu identifizieren. Zudem sind große Netzwerke in der Regel nicht homogen, vielmehr bilden sich abgrenzbare Module, die sich getrennt untersuchen lassen. Weiterhin lässt sich die Netzwerkstruktur mithilfe statistischer Eigenschaften der Knoten und Kanten charakterisieren und so besser mit anderen Netzwerken vergleichen.

Wir gehen dabei in diesem Kapitel schrittweise vor und charakterisieren zunächst die Netzwerke auf Knotenbasis (Mikro-Ebene), anschließend in Bezug auf ihre Teilgraphen (Meso-Ebene) und abschließend auf Basis der statistischen Eigenschaften (Makro-Ebene).

10.1 Charakterisierung von Netzwerken auf Knoten-Ebene

Im Rahmen der jüngeren Netzwerkforschung wurden über den Knotengrad hinausgehende charakteristische Größen auf der Knotenebene entwickelt, die es erlauben, besonders relevante Knoten oder Kanten zu identifizieren. Welches die besonders relevanten Knoten und Kanten sind, wird durch die jeweilige Aufgabenstellung bestimmt. Beispielsweise kann es sich um die Identifikation besonders zentraler Kunden für eine Marketingkampagne oder besonders wichtiger Hubs in einem Innovationsnetzwerk handeln. Stellvertretend für die Vielzahl an in der Literatur genannten Maße auf der Mikro-Ebene seien als besonders wichtige Maße die Cluster-Koeffizienten und verschiedene Zentralitätsmaße erläutert.

10.1.1 Unterscheidung von Hubs und Authorities

Die einfachste Kennzahl zur Ermittlung der Bedeutung eines Knotens ist wie bereits im Kapitel 1 erläutert sein Grad, also die Anzahl der verbundenen Kanten. Dabei sind Knoten mit einer im Vergleich zu den übrigen Knoten hohen Anzahl vom Knoten weg gerichteter Pfeile für die Erreichung anderer Netzwerkbereiche besonders wichtig. Bei einer im Vergleich zu den übrigen Knoten hohen Anzahl auf den Knoten gerichteter Pfeile hebt dies die Bedeutung des Knotens für das restliche Netzwerk hervor.

Klassifizierung der Knoten nach Hubs und Authorities

In einem gerichteten Graphen bezeichnen *Hubs* Knoten mit einer im Verhältnis zu anderen Knoten hohen Anzahl vom Knoten weg gerichteter Pfeile und *Authorities* Knoten mit einer im Verhältnis zu anderen Knoten hohen Anzahl auf den Knoten gerichteter Pfeile.

In einem ungerichteten Graphen sind *Hubs* diejenigen Knoten mit den höchsten Knotengraden im Verhältnis zu anderen Knoten.

Besonders einsichtig ist die Klassifizierung beispielsweise für das Datennetzwerk des *WWW*, mit den Webseiten als Knoten und den Hyperlinks als gerichtete Kanten bzw. Pfeile. Bei der Analyse eines großen Netzwerks würde man zunächst also die *Hubs* und *Authorities* identifizieren, sollte deren Anzahl sehr groß sein, so muss man sich weiterer charakteristischer Kenngrößen bedienen, um eine zielführende Priorisierung zu erhalten.

10.1.2 Lokaler Cluster-Koeffizient

Wie bereits weiter oben im Abschnitt 9.2.2 zur „Triadic Closure“ sozialer Netzwerke ausgeführt, ist der lokale Cluster-Koeffizient (C_i) auf Knotenebene ein Maß für den Anteil geschlossener Kreise in der unmittelbaren Umgebung eines Knotens. Der lokale Cluster-Koeffizient (C_i) eines Knotens A ist definiert als die Wahrscheinlichkeit, dass zwei zufällig ausgewählte mit A verbundene Knoten B und C, wiederum untereinander verbunden sind; also eine Kante B-C existiert. Da bei einem Knoten mit dem Grad d_i maximal $d_i(d_i-1)/2$ Kreise mit diesem verbunden sein können, lässt sich der lokale Cluster-Koeffizient (C_i) wie folgt berechnen.

Lokaler Cluster-Koeffizient C_i eines Knotens

Wenn d_i den Grad des Knotens $v_i \in G$ darstellt und L_i die Anzahl der Kanten zwischen allen mit dem Knoten v_i verbundenen weiteren Knoten v_j, so gilt

$$C_i = \begin{cases} 2 \cdot \frac{L_i}{d_i(d_i-1)} & (d_i > 1) \\ 0 & d_i = 0 \text{ oder } d_i = 1. \end{cases}$$

Es gilt $0 \leq C_i \leq 1$.

Ein lokaler Cluster-Koeffizient C_i von Null bedeutet, dass mit dem Ausgangsknoten verbundene Knoten untereinander nicht verbunden sind, es liegt in der direkten Umgebung des Ausgangsknotens eine Sternstruktur vor, wie in *Bild 10.1* auf der rechten Seite zu sehen. Ein Cluster-Koeffizient von $C_i = 1$ bedeutet, dass alle mit dem Ausgangsknoten verbundenen Knoten auch wieder untereinander verbunden sind, es liegt in der direkten Umgebung des Ausgangsknotens ein vollständiger Graph vor, wie auf der linken Seite von *Bild 10.1* zu sehen.

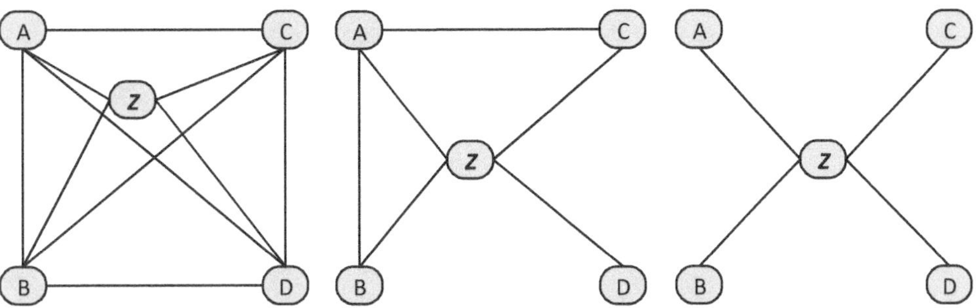

Bild 10.1 Graphen zur Veranschaulichung der Berechnung des lokalen Cluster-Koeffizienten C_i: Der zentrale Knoten Z besitzt den lokalen Cluster-Koeffizienten $C_i = 1$ (links), $C_i = 1/3$ (Mitte) bzw. $C_i = 0$ (rechts).

Beispiel 10.1

In *Bild 10.1* in der Mitte gibt es aus Sicht des zentralen Knotens Z mit dem Grad 4 maximal $4(4-1)/2 = 6$ verbundene Dreiecke. Da dieser aber nur zu zwei Dreiecken verbunden ist, also $L_i = 2$, ergibt sich der lokale Cluster-Koeffizient für den zentralen Knoten zu $C_i = 2/6 = 1/3$. Für den Knoten A ergibt sich analog ein lokaler Cluster-Koeffizient von $C_i = 2 \cdot 2/(3 \cdot (3-1)) = 2/3$ und für den Knoten D wegen $d = 1$ definitionsgemäß $C_i = 0$. Für die beiden Knoten B und C ergibt sich $C_i = 2 \cdot 1/(2 \cdot (2-1)) = 1$. Dividiert man die Summe aller lokalen Cluster-Koeffizienten durch die Knotenanzahl des Netzwerks $n = 5$ so ergibt sich der *mittlere Cluster-Koeffizient* des Netzwerks zu $\langle C \rangle = (1+1+1/3+2/3+0)/5 = 3/5 = 0{,}6$. Diesen Koeffizienten $\langle C \rangle$ werden wir im Abschnitt 10.3.4 definieren. ■

10.1.3 Zentralitätsmaße eines Knotens

Die Zentralitätsmaße von Knoten werden in Abhängigkeit von der Berechnungsgrundlage in verschiedene Kategorien unterteilt. Die sogenannte *Degree Centrality* misst, wie stark ein Knoten im Verhältnis zur Knotenanzahl des Netzwerks verbunden ist. Die *Closeness Centrality* bewertet, wie nahe im Sinne seiner Entfernung ein Knoten jedem anderen Knoten im Netzwerk ist. Die *Betweenness Centrality* gibt an, wie viele der im Netzwerk vorhandenen kürzesten Wege über den Knoten verlaufen.

Beispiel 10.2

Für den gesellschaftlichen und wirtschaftlichen Aufstieg des *Florentiner Adelsgeschlechts der Medici* während des 15. Jahrhunderts spielte deren Position und Rolle im sozialen Netzwerk der damaligen Adelsfamilien eine entscheidende Rolle. Die Forscher Padget und Ansel [78] dokumentierten das Netzwerk der sozialen Verbindungen zwischen den verschiedenen Adelsfamilien in Florenz in den Jahren um 1430, basierend auf der Arbeit von Breiger und Pattison [62]. Das entsprechende Netzwerk ist in *Bild 10.2* dargestellt, wobei die Kanten die Verbindungen durch Heirat zwischen zwei Adelsfamilien symbolisieren. Bekanntermaßen vereinten die Medici einen Großteil

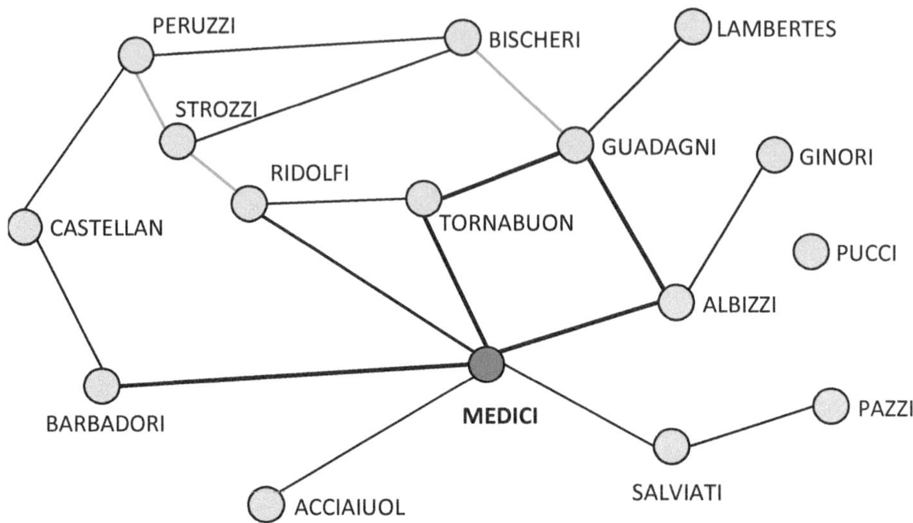

Bild 10.2 In diesem Graphen sind die sechzehn verschiedenen Adelsfamilien im Florenz der 1430er-Jahre als Knoten und die Verbindungen durch Heirat als Kanten dargestellt. Daten von Padget and Ansell [78], Breiger und Pattison [62], Datensatz von UCINET [116].

wirtschaftlicher und politischer Macht in Florenz, jedoch unterschieden sich diese zu Beginn in Bezug auf ihre Vermögen nicht wesentlich von den anderen Familien jener Zeit; der Schlüssel zum Erfolg lag vielmehr in ihrer Position im sozialen Netzwerk.

Der Grad der Medici ist zwar mit $d = 6$ der höchste, jedoch kamen die Grade anderer Familien, wie der Strozzi oder Guadagni, diesem relativ nahe. Um den entscheidenden Unterschied zu finden, muss man sich die Positionierung der Medici betrachten. Sei P_{ij} die Länge des kürzesten Weges von Familie i zu Familie j (also die Anzahl der Kanten, die auf diesem Weg liegen) und P^k_{ij} diejenige Teilmenge der Wege, die dabei über die Familie k führen.

Beispielsweise gibt es zwei kürzeste Wege der Länge drei zwischen den Barbadori (i) und den Guadagni (j), wobei auf beiden dieser Wege die Familie der Medici (k) liegt: Barbadori-*Medici*-Albizzi-Guadagni und Barbadori-*Medici*-Tornabuon-Guadagni. Also ist in diesem Beispiel $P_{ij} = 2$ und $P^k_{ij} = 2$, und der Medici-Knoten liegt auf allen $P_{ij}/P^k_{ij} = 1$ der kürzesten Pfade zwischen Barbadori (i) und den Guadagni (j).

Diese Berechnung kann man nun für alle Tupel an Familien wiederholen und die Verhältnisse P_{ij}/P^k_{ij} aufaddieren. Setzt man das Ergebnis noch ins Verhältnis zu den theoretisch möglichen $(n-1)(n-2)/2 = 91$ Pfaden im Netzwerk – da nur 15 der 16 Knoten verbunden sind – ergibt sich für die Medici die sogenannte *Betweenness Centrality*, die wir gleich noch genauer definieren werden, von $C^b_M = 0{,}522$. Das bedeutet, die Medici lagen mit weitem Abstand vor den anderen Familien auf mehr als der Hälfte aller kürzesten Pfade zwischen allen 15 Adelsfamilien. Dieser hohe Grad an Zentralität mag der wesentliche Schlüssel zum wirtschaftlichen und politischen Erfolg der Medici zu jener Zeit gewesen sein. ■

Zentralitätsmaße eines Knotens

Gegeben sei ein Netzwerk $G = (V, E)$ mit insgesamt n Knoten $v_i \in G$ mit dem jeweiligen Knotengrad d_i. Dann ist die *Degree Centrality* C_i^c definiert als relativer Knotengrad

$$C_i^d = \frac{d_i}{(n-1)} \quad \text{mit } n > 1.$$

Die *Closeness Centrality* C_i^c ist der Kehrwert der mittleren Länge $\langle d_{ij} \rangle$ aller kürzesten Wege $d(i,j)$ von einem Knoten v_i zu allen anderen Knoten v_j. Ist die Entfernungsmatrix $D(G) = (d_{ij})$ mit $d_{ij} = d(v_i, v_j)$ gegeben, so ergibt sich

$$C_i^c = \frac{1}{\langle d_{ij} \rangle} = \frac{(n-1)}{\sum\limits_{0 \le j \le n} d_{ij}} \quad \text{mit } j \neq i.$$

Die *Betweenness Centrality* C_i^b ergibt sich aus der Anzahl der kürzesten Wege P_{kj}^i zwischen den Knoten k und j, auf denen der Knoten i liegt, im Verhältnis zur Zahl aller kürzesten Wege P_{kj} zwischen den Knoten k und j

$$C_i^b = \sum \frac{P_{kj}^i / P_{kj}}{(n-1)(n-2)/2} \quad \text{mit } k \neq j \text{ und } i \notin \{k, j\}.$$

Beispiel 10.3

Die verschiedenen Zentralitätsmaße eines Knotens seien mithilfe des einfachen Graphen in *Bild 10.3* veranschaulicht. Die Knoten fünf und drei haben mit $C^d = 3/(7-1) = 0{,}5$ eine höhere *Degree Centrality* als die anderen Knoten. Der Knoten vier besitzt jedoch mit $C^c = 0{,}6$ den höchsten Wert für die *Closeness Centrality*, da er in Bezug auf die Pfadlängen im Netzwerk am zentralsten liegt. Dieser Wert ergibt sich aus den kürzesten

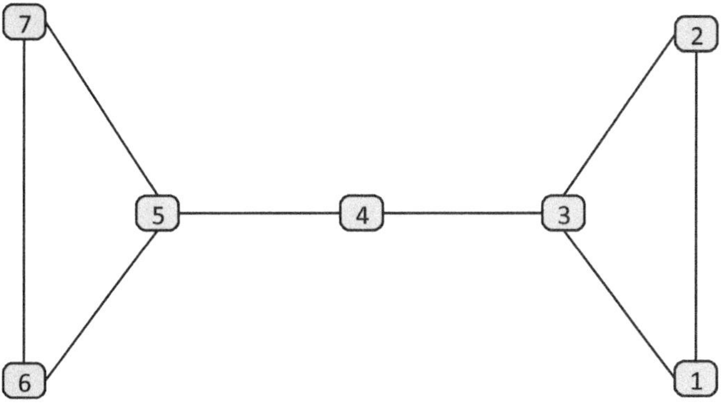

Bild 10.3 Graph zur Erläuterung der verschiedenen Zentralitätsmaße

Pfaden von Knoten 4 zu den Knoten 1,2,3,5,6,7 mit den Längen 2,2,1,1,2,2, in Summe 10, und damit $C^c = (7-1)/10 = 0{,}6$. Die *Betweenness Centrality* C^b ist ebenfalls für den Knoten 4 am höchsten, da in diesem Beispiel alle $3 \cdot 3 = 9$ kürzesten Wege der Knoten des linken Dreiecks zu den Knoten des rechten Dreiecks über den Knoten 4 führen. Lediglich die Pfade zwischen 1-2, 1-3 und 2-3 sowie 6-5, 7-5 und 6-7, also 6 Pfade, laufen nicht über den Knoten 4. In Summe gibt es $(7-1)(7-2)/2 = 15$ Pfade, damit ergibt sich die Betweenness Centrality von $C_4^b = 9/15 = 0{,}6$ für den Knoten 4. ■

10.2 Charakterisierung von Netzwerken auf Teilgraphen-Ebene

Neben der Betrachtung des Netzwerks auf Knotenebene ist es bei der Analyse großer Netzwerke der Praxis sehr wichtig zu verstehen, aus wie vielen zusammenhängenden Komponenten das Netzwerk besteht, wie dicht und nach welchen Attributen diese im Inneren vernetzt sind. In Netzwerken können meist *Module* identifiziert werden, die zwar mit anderen Modulen verbunden sind, aber keinen gemeinsamen Knoten aufweisen. Zudem wird von sogenannten *Communities* gesprochen, wenn man die Knoten gemäß ihren Attribute einer gemeinsamen Klasse zuordnen kann. Im Inneren sind diese Module häufig durch *Cliquen* aufgebaut, die einen vollständigen Teilgraphen mit k Knoten aufweisen und sich sowohl Kanten als auch Knoten mit anderen Cliquen teilen. Besitzen bestimmte Teilnetzwerke eine hohe Netzwerkdichte, sind also durch eine hohe Anzahl von Kanten deutlich besser verbunden als andere Teilnetzwerke, spricht man von *Clustern*. Damit sind die Begriffe Cluster und Community nicht überschneidungsfrei zu definieren, aber klar von den Begriffen Komponenten und Modul zu trennen.

Beispiel 10.4

Der Forscher Wayne W. Zachary erstellte das Soziogramm eines Karate-Clubs an einer US-Universität [88], der sich aufgrund sozialer Konflikte in zwei überlappende Communities aufgespalten hatte, so wie es in *Bild 10.4* dargestellt ist. Das Netzwerk ist zwar maximal zusammenhängend, und es gibt damit nur ein Teilnetzwerk, welches zugleich auch größte zusammenhängende Komponente ist. Module im engeren Sinne sind nicht zu erkennen, da für diese Brücken vorhanden sein müssten, die Netzwerkteile verbinden, ohne dass sich dabei Knoten überschneiden.

Es gibt aber nur zehn Kanten, welche die eine mit der anderen Community verbinden, also gerade mal knapp 8 Prozent aller Kanten. Innerhalb der Communities sind relativ deutlich besonders gut verbundene Hubs zu erkennen. Das Soziogramm zeigt den Effekt der sogenannten sozialen Homophilie, eine Tendenz von Individuen, mit ähnlichen anderen zu interagieren oder Beziehungen und Bindungen aufzubauen und sich im gleichen Maße gegen die andere Community abzugrenzen. Die Daten aus dem Jahr 1977 werden auch heute noch verwendet, um die Leistung von Algorithmen zur Bestimmung von Communities zu vergleichen.

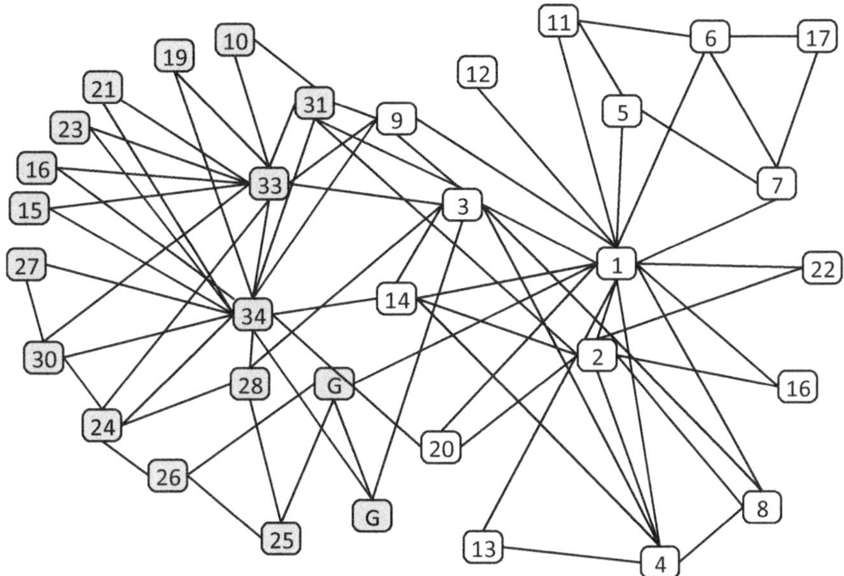

Bild 10.4 Der Graph eines Freundschaftsnetzwerks im Karate-Club einer US-Universität, aufgenommen im Jahr 1977 von Zachary [88], zeigt ganz klar zwei überlappende Communities (Farben grau und weiß); Daten von Gephi-Plattform [117]. ■

Wir werden im folgenden Abschnitt betrachten, wie man zunächst die Komponenten, also die Teilnetzwerke und insbesondere die größte Komponente des Netzwerks identifizieren kann. Denn es bietet sich an, die Analysen getrennt nach Teilnetzwerken durchzuführen. Für ein Teilnetzwerk geht es im nächsten Schritt darum, die relevanten Cluster und Communities zu identifizieren. Es wird ein Verfahren vorgestellt, welches das Netzwerk mithilfe eines Algorithmus sukzessive in Teilgraphen aufspaltet und damit die Communities identifiziert. Häufig geht man aber auch qualitativ vor und untersucht die Knoten des Graphen auf Ähnlichkeiten und ordnet ähnliche Knoten denselben Communities zu.

10.2.1 Verfahren zum Auffinden zusammenhängender Komponenten

In einem Netzwerk sind zwei Knoten v_i und v_j miteinander verbunden, falls es einen Pfad $l(v_i, v_j)$ endlicher Länge zwischen beiden Knoten gibt. Ein Netzwerk wird als zusammenhängend bezeichnet (vgl. Abschnitt 1.1.3), wenn es zu allen Knoten des Netzwerks einen Pfad endlicher Länge gibt. Maximal zusammenhängende Teilgraphen werden als größte zusammenhängende Komponente T des Netzwerks bezeichnet. Diese Eigenschaft ist für große Netzwerke der Praxis besonders relevant, wenn diese Kommunikationsnetzwerke darstellen. Falls nicht alle Knoten miteinander verbunden sind, so besteht das Netzwerk aus mehreren Komponenten. Eine Methode die Komponenten eines großen Netzwerks zu identifizieren, besteht in der Durchführung der Breitensuche, ähnlich wie diese im Abschnitt 2.2 schon dargestellt wurde, mit dem Unterschied, dass man den Algorithmus beim Vorhandensein mehrerer Komponenten mehrmals starten muss.

Auffinden von verbundenen Komponenten in großen Netzwerken

Eingabe: Ein Graph $G = (V, E)$ mit $n > 1$ Knoten; Laufvariable $k = 0$.

Ausgabe: Alle aufspannenden Bäume $B_k = (V_k, E_k)$ (mit $V_k \subseteq V$), die für den Ausgangsgraphen G die kürzesten Wege vom jeweiligen Startknoten $v_{0k} \in B_k$ zu allen anderen Knoten in B_k liefern.

1. Wähle zufällig einen noch nicht markierten Startknoten v_{0k} des Graphen aus.
2. Führe gemäß dem Algorithmus der Breitensuche aus Abschnitt 2.2 eine Breitensuche durch und nummeriere alle gefundenen Knoten mit der Laufvariable k.
3. Falls die Anzahl der gefundenen Knoten der Gesamtknotenanzahl n des Graphen entspricht, dann spannt der gefundene Baum den gesamten Graphen G auf. Gehe zu Schritt 5.
4. Erhöhe die Laufvariable k um 1 und gehe zu Schritt 1.
5. STOPP. Ausgabe aller aufspannenden Bäume B_k als einzelne Zusammenhangskomponenten des Graphen G.

Wie im Abschnitt 9.1 zu den großen Netzwerken der Praxis erläutert, ist es für diese durchaus charakteristisch, dass sich ein Großteil aller Knoten und Kanten in einem einzigen zusammenhängenden Teilgraphen befindet, der sogenannten *größten (zusammenhängenden) Komponente T* des Netzwerks. Die größte zusammenhängende Komponente ist als diejenige zusammenhängende Komponente $T \in G$ des Teilgraphen definiert, welche die größte Knotenanzahl aller Teilgraphen enthält. Die Größe ist in der Praxis relevant, da diese angibt, welcher Anteil der Knoten untereinander verbunden ist, und daher ist sie ein Maß für die Effektivität des Netzwerks.

10.2.2 Algorithmen zum Auffinden von Communities

Für Netzwerke ist aufgrund der Vielzahl an möglichen Segmentierungen ein Algorithmus notwendig, der die Communities ausfindig machen kann. Für große Netzwerke ist es jedoch nicht einfach, einen Algorithmus zu finden, der in vertretbarer Zeit und für verschiedene Netzwerkkonfigurationen mit einer hohen Wahrscheinlichkeit die Communities des Netzwerks identifizieren kann. Für nicht überlappende Communities haben Newman und Girvan einen Algorithmus entwickelt, der auf der Hypothese beruht, dass es die Kanten mit der höchsten Betweenness Centrality C_i^b sind, welche die verschiedenen Communities als Brücken miteinander verbinden.

Der Algorithmus deckt dabei die Community-Struktur schrittweise auf, in dem er die Kante, über welche die meisten kürzesten Wege des Netzwerks laufen, entfernt und dann die *Modularität Q* ermittelt und nach einer Neuberechnung der Betweenness Centrality C_i^b wiederum die Kante mit der höchsten Bewertung entfernt, solange bis keine Kante mehr im Graphen übrig ist. Ohne auf die Details der Berechnung der *Modularität Q* [12, Formel 2.40] einzugehen, ist diese am größten, falls der Anteil, der sich in der Community befindlichen Kanten im Vergleich zu einem Zufallsgraphen besonders groß ist im Vergleich zu den sich zwischen den Communities befindlichen Kanten.

Algorithmus zum Auffinden von Communities nach Newman und Girvan [12]

Eingabe: Ein Netzwerk $G = (V, E)$ mit der Kantenmenge $E = \{e_1, e_2, \ldots, e_m\}$ mit $m > 2$; Laufvariable $k = 0$.

Ausgabe: Die k Teilgraphen $H \subseteq G$.

1. Berechne für alle vorhandenen Kanten e_i die Betweenness Centrality C_i^b.
2. Entferne diejenige Kante j mit der höchsten Betweenness Centrality $\max(C_i^b)$; wähle bei mehreren Kanten mit gleicher C_i^b die Kante zufällig aus.
3. Berechne die Modularität Q_k des Netzwerks.
4. Setze $k = k + 1$.
5. Ausgabe Modularität Q_k und Teilgraph H_k.
6. Prüfe, ob noch Kanten im Graphen vorhanden sind, falls ja, gehe zu Schritt 1.
7. STOPP. Der Teilgraph H_k mit der höchsten Modularität Q_k bestimmt die Communities.

Beispiel 10.5

Wie in der linken Hälfte in *Bild 10.5* ersichtlich, hat die Kante E-F die höchste Betweenness Centrality und wird im ersten Schritt entfernt, Dadurch entstehen zwei Teilgraphen *A* bis *E* und *F* bis *G*, in der Folge werden gemäß des Algorithmus die folgenden Kanten entfernt *E-I, B-D, A-D, C-F, C-L, D-H, G-L, D-I, B-E, A-B, H-I, F-L, C-G*. Der Prozess lässt sich wie in der rechten Hälfte im *Bild 10.5* skizziert mithilfe eines sogenannten Dendrogramms darstellen, wobei der Ausgangsgraph die Wurzel des Baumes bildet. Bei jedem Entfernen eines Knotens werden die Knoten in die jeweiligen Gruppen eingeordnet, das Dendrogramm verzweigt sich.

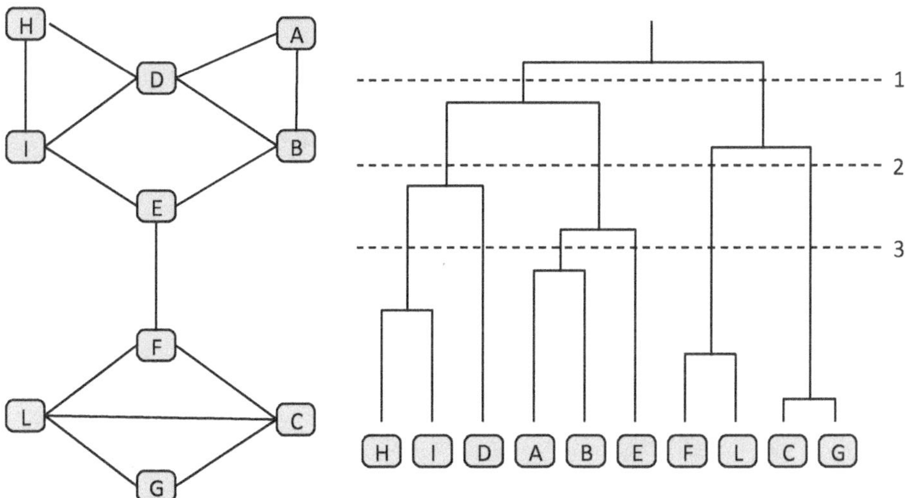

Bild 10.5 Ausgangsgraph und das aus dem Algorithmus von Newman und Girvan resultierende Dendrogramm [12, Abschnitt 2.6.1.2]. – Nachdruck mit Genehmigung

Die horizontalen Linien stellen die ersten drei Schritte dar: Linie 1 gibt den Graphen nach dem Entfernen der Kante E-F wieder, Linie zwei nach der Entfernung der Kante G-L und Linie drei das System, nach der Entfernung der Kante B-E. Man kann erkennen, dass der Algorithmus erst aufhört, sobald der gesamte Graph in nicht zusammenhängende Knoten aufgeteilt ist. Daher benötigt man als Maßzahl für die Qualität der Aufteilung die Modularität Q. Man wählt denjenigen Schnitt im Dendrogramm, der den höchsten Wert für diese Modularität Q aufweist [12, Abschnitt 2.6.1.2]. ■

10.2.3 Klassifizierende Verfahren zum Auffinden von Communities

Auch wenn zwei Netzwerke dieselbe Anzahl an Knoten und Kanten besitzen und die Häufigkeitsverteilungen der Knotengrade der beiden Graphen übereinstimmt, können die Knoten sehr unterschiedlich angeordnet sein, wie das *Bild 10.6* zeigt. Die Knotengrade in bestimmten Nachbarschaften des Netzwerks können miteinander korreliert sein. In der linken Seite im *Bild 10.6* sind die Hubs tendenziell wiederum mit anderen Hubs verbunden. In der rechten Hälfte des *Bildes 10.6* befinden sich die Hubs am Rand des Netzwerks und sind nicht direkt, sondern über Brücken miteinander verbunden. Im mittleren Graphen scheint es keine charakteristische Korrelation für das Netzwerk zu geben.

Die Gradkorrelation eines Knotens bezeichnet also die Korrelation der Grade von Knoten, die mit einer Kante verbunden sind. Liegt eine positive Korrelation vor, d. h., steigt die mittlere Gradzahl der verbundenen Knoten mit dem Grad des betrachteten Knotens an, so spricht man

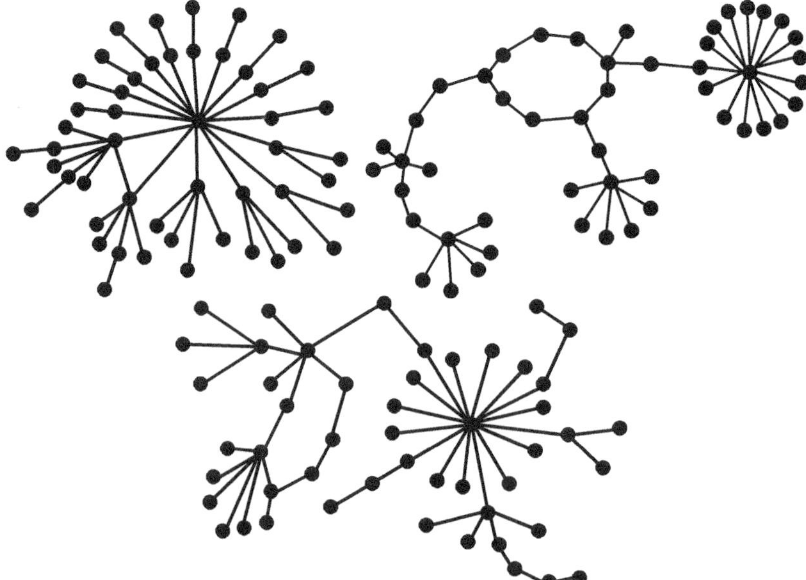

Bild 10.6 Skizze des Effekts von Korrelationen auf die Netzwerkstruktur: assortatives Netzwerk, in dem Hubs mit Hubs verbunden sind (oben links), zufällige Verbindungen ohne Korrelation (Mitte), disassortatives Netzwerk, in dem Hubs nicht direkt mit anderen Hubs verbunden sind (oben rechts).

von einem *assortativen* („gepaarten") Netzwerk, bei negativer Korrelation von einem *disassortativen* („ungepaarten") Netzwerk. Über diese beiden Arten der Korrelation lassen sich so also im Netzwerk einzelne Communities identifizieren. Für soziale Netzwerke sind die assortativen Netzwerke von besonderer Bedeutung, man spricht hier auch von homophilen Netzwerken, die in vielen Studien untersucht wurden. Dabei werden neben den Knotengraden hier vor allem Attribute der sozialen Akteure im Netzwerk verwendet, wie beispielsweise Geschlecht, Hautfarbe oder Alter. Als einfaches Maß für den Grad der Homophilie bietet sich ein Quotient an, der die Anzahl der gleichpaarigen Kanten, also Kanten, an deren Enden sich Knoten mit denselben Attributen befinden, zur halben Anzahl der Kanten im Netzwerk ins Verhältnis setzt. Bei perfekter Homophilie ist dieser Faktor 1. Bei zufälliger Auswahl ist der Faktor 0.

Beispiel 10.6

Der Ökonom Thomas Schelling untersuchte die Siedlungsmuster der verschiedenen ethnischen Gruppen in US-amerikanischen Städten. In den meisten Städten lebten die einzelnen ethnischen Gruppen in unterschiedlichen Teilen der Stadt getrennt voneinander. Er verwendete als Netzwerk ein Schachbrettmuster, auf dem direkt benachbarte Knoten miteinander in Kontakt standen und dabei prüfte er, ob der Anteil der Nachbarn anderer ethnischer Herkunft einen bestimmten Grenzwert überschreitet. War dies der Fall, so tauschten die Knoten mit einem anderen zufällig ausgewählten Knoten das Attribut und bildeten damit einen Wohnortwechsel ab. Schelling konnte mithilfe von Simulationen zeigen, dass sich aus einem anfangs sehr homogenen Netzwerk nach wenigen wiederholten Anwendungen der obigen Regel ein homophiles Netzwerk mit klaren Segregationsmustern entwickelt, wie in *Bild 10.7* dargestellt. Besonders interessant war, dass es nur einer Intoleranz von weniger als 50 Prozent bedurfte, um klare Segregationsmuster zu entwickeln. Das ließ den Schluss zu, dass es keiner ausgesprochenen homophilen Präferenzen auf der Knotenebene bedarf, um auf der Makro-Ebene des Netzwerks Segregationsmuster zu erzeugen. Dies ist ein gutes Beispiel dafür, dass man in Netzwerken mit der Übertragung der Eigenschaften von der Akteurs- auf die Netzwerkebene vorsichtig sein muss.

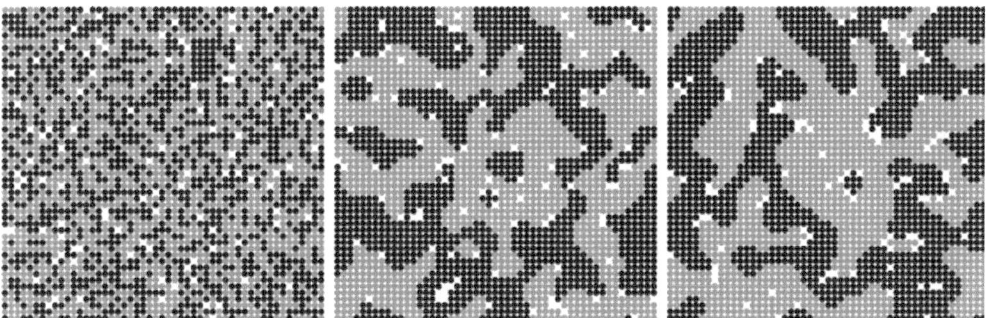

Bild 10.7 Ergebnis der Simulation von Schelling: Ausgehend von einer zufälligen Zuordnung (links) der Ethnien (Graustufen) bilden sich innerhalb weniger Schritte klare Segregationsmuster heraus (rechts). Ergebnisse einer Simulation mit NetLogo [100] für die Ausgangssituation und stationären Endergebnissen für die Grenzwerte von 30, 40 und 50 Prozent ■

10.3 Charakterisierung von Netzwerken mit statistischen Größen

Für die Betrachtung von großen Netzwerken, wie beispielsweise sozialen Netzwerken oder Informations- bzw. Kommunikationsnetzwerken ist es in der Praxis zielführend, charakteristische Größen zu ermitteln, die das Netzwerk als Ganzes auf einer aggregierten Makro-Ebene charakterisieren. Der Forscher Mark Newman vom Santa Fe Institute hat es einmal so formuliert „How can I tell what this network looks like, when I can not actually look at it?" [37]. Ziel ist es dabei, aus diesen Makrogrößen auf die Eigenschaften des Netzwerks zu schließen, oder ein Netzwerk mit anderen Netzwerken mit ähnlichen Charakteristika vergleichen zu können. Dies kann Aussagen beispielsweise über die existierenden Wachstumsmechanismen des Netzwerks, Verlauf der Ausbreitung von Informationen im Netzwerk oder den Grad der Stabilität des Netzwerks gegen Störungen liefern. Dazu werden in der Regel statistische Ansätze verwendet.

10.3.1 Mittlerer Knotengrad und durchschnittliche Netzwerkdichte

Der mittlere Knotengrad $\langle d\rangle$ und die Standardabweichung σ_d sind mit die wichtigsten Kenngrößen eines Netzwerks. Eine hohe Standardabweichung im Verhältnis zum mittleren Knotengrad kann, wie in Abschnitt 9.2.4 erläutert ein Hinweis auf ein skalenfreies Netzwerk sein.

Mittlerer Knotengrad $\langle d\rangle$ und Standardabweichung σ_d der Knotengrade

Für ein ungerichtetes Netzwerk $G = (V, E)$ mit n Knoten der Grade d_i und m Kanten ergibt sich der mittlere Knotengrad $\langle d\rangle$ als

$$\langle d\rangle = \frac{1}{n}\sum_{1\leq i\leq n} d_i = \frac{2m}{n},$$

das zweite Moment $\langle d^2\rangle$ zu

$$\langle d^2\rangle = \frac{1}{n}\sum_{1\leq i\leq n} (d_i)^2$$

und die Standardabweichung der Knotengrade σ_d zu

$$\sigma_d = \sqrt{\frac{1}{n}\sum_{1\leq i\leq n} (d_i - \langle d\rangle)^2}.$$

Um für ein Netzwerk zu bestimmen, wie vollständig dessen Graph ist, wird die Gesamtanzahl der Kanten im Graphen ins Verhältnis zur maximal möglichen Kantenzahl gesetzt und daraus die durchschnittliche Dichte $\rho(n)$ des Netzwerks ermittelt.

Durchschnittliche Dichte $\rho(G)$ des Netzwerks

Als durchschnittliche Dichte eines Netzwerks $\rho(G)$ wird die Anzahl m der Kanten im Verhältnis zu der maximal möglichen Kantenanzahl des vollständigen Graphen K_n (für $n \geq 2$ Knoten) bezeichnet. Für die Kantenanzahl des vollständigen ungerichteten Graphen K_n gilt (s. Kapitel 1)

$$|E(K_n)| = \binom{n}{2} = \frac{n(n-1)}{2}.$$

Damit ist die charakteristische Dichte $\rho(G)$ eines ungerichteten Netzwerks mit der Kantenzahl m und einem mittleren Knotengrad von $\langle d \rangle$ gegeben durch

$$\rho(G) = \frac{2m}{n} \cdot \frac{1}{n-1} = \frac{\langle d \rangle}{(n-1)}.$$

Beispiel 10.7

In sozialen Netzwerken ist die Netzwerkdichte typischerweise gering, da die Anzahl der möglichen Verbindungen mit zunehmender Knotenanzahl quadratisch ansteigt, wohingegen die Anzahl der Verbindungen je Akteur begrenzt bleibt, wie in *Beispiel 9.2* zu Facebook erläutert mit typischerweise 10–20 Verbindungen reziproker Kommunikation gezeigt wurde. Im vierten Quartal 2013 gab es 1,3 Milliarden Facebook-Nutzer, damit ergibt sich unter Annahme einer mittleren Verbindungsanzahl von $\langle d \rangle = 20$ Kanten je Nutzer mit $\rho(n) = 20/(1{,}3 \cdot 10^9) \approx 1{,}5 \cdot 10^{-8}$ eine äußerst geringe Netzwerkdichte. ■

10.3.2 Häufigkeitsverteilung der Knotengrade

Die Häufigkeitsverteilung $P(d)$ der Knotengrade eines Graphen G ist ein statistisches Maß, um ein Netzwerk zu charakterisieren. Sie gibt die Wahrscheinlichkeit an, dass ein zufällig ausgewählter Knoten v_i den Grad $d(i)$ besitzt.

Allgemeine Gradverteilung $P(d)$ eines Graphen G

Wenn n_d die Anzahl der Knoten mit dem Grad d darstellt und insgesamt n Knoten im Netzwerk vorhanden sind, so ist die Häufigkeitsverteilung der Knotengrade im Netzwerk definiert durch

$$P(d) = \frac{n_d}{n} \qquad \text{mit} \qquad \sum_{\delta(G) \leq d \leq \Delta(G)} P_d = 1.$$

Daraus lässt sich auch der mittlere Netzwerkgrad $\langle d \rangle$ bestimmen

$$\langle d \rangle = \sum_{\delta(G) \leq d \leq \Delta(G)} d \cdot P(d).$$

Beispiel 10.8

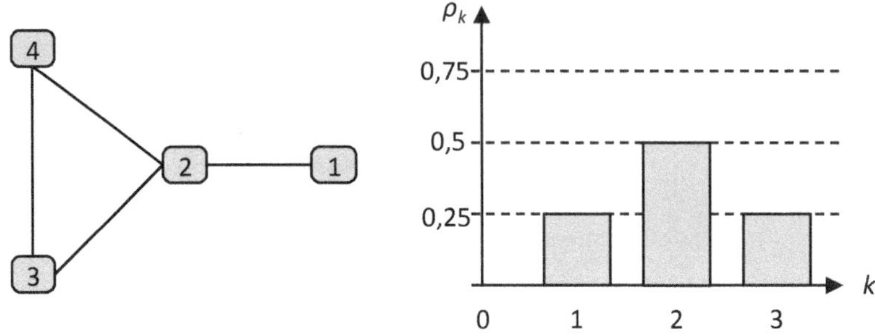

Bild 10.8 Beispiel zur Bestimmung der Häufigkeitsverteilung der Knotengrade

Für das einfache in *Bild 10.8* dargestellte Netzwerk soll die Häufigkeitsverteilung bestimmt werden. Der Graph besteht aus $n = 4$ Knoten, Knoten 4 und Knoten 3 haben den Grad $d = 2$, also $P(2) = 2/4 = 0{,}5$, nur der Knoten 2 hat den Grad $d = 3$, also $P(3) = 1/4 = 0{,}25$ und es gibt mit Knoten 1 nur einen Knoten, der einen Grad von $d = 1$ besitzt und damit $P(1) = 1/4 = 0{,}25$. Da keine weiteren Knoten mit $d = 0$ oder $d > 3$ existieren ergibt sich die auf der rechten Seite des *Bildes 10.8* dargestellte Häufigkeitsverteilung. Der mittlere Knotengrad ist $\langle d\rangle = (2+2+3+1)/4 = 2$, das zweite Moment beträgt $\langle d^2\rangle = (2^2+2^2+3^2+1^2)/4 = 9/2$ und Standardabweichung ist $\sigma_d = \sqrt{((2-2)^2+(2-2)^2+(3-2)^2+(1-2)^2)/4} = \sqrt{2}/4 = 0{,}35$. Die durchschnittliche Dichte ist $\rho(4) = 2/(4-1) = 2/3$. ■

Im Folgenden werden für die wesentlichen Netzwerktypen die Wahrscheinlichkeitsverteilungen ohne Herleitung angegeben, die Wachstumsmechanismen, die zu diesen Netzwerken führen, werden im Kapitel 11 detailliert erläutert. Wenn n_d die Anzahl der Knoten mit dem Grad d darstellt und insgesamt n Knoten im Netzwerk vorhanden sind, so ist die Häufigkeitsverteilung der Knotengrade in den speziellen Netzwerktypen wie folgt verteilt.

Gradverteilung $P(d)$ für spezielle Netzwerktypen

Zufallsgraphen: Die Zufallsgraphen mit n Knoten und der Wahrscheinlichkeit p_0 im Wachstumsprozess eine Kante zu einem zufällig ausgewählten Knoten zu bilden, kann für große n und kleine p die Häufigkeitsverteilung mithilfe der Poisson-Verteilung approximiert werden zu:

$$P(d) = \mathrm{e}^{-\langle d\rangle}\frac{\langle d\rangle^d}{d!} \quad \text{mit } \langle d\rangle = p_o(n-1).$$

Skalenfreie Graphen gemäß Potenzgesetz: Zur Beschreibung genügt der Exponent γ und eine Konstante $c > 0$, um die Häufigkeitsverteilung auf die Summe 1 zu normieren:

$$P(d) = c \cdot d^{-\gamma}.$$

Skalenfreie Graphen gemäß Exponentialverteilung: Zur Beschreibung genügt der Exponent κ und eine Konstante $c > 0$, um die Häufigkeitsverteilung auf die Summe 1 zu normieren:

$$P(d) = c \cdot \mathrm{e}^{-d/\kappa}.$$

10.3.3 Der Durchmesser und die mittlere Pfadlänge des Netzwerks

Wie in Abschnitt 1.1.3 bereits erläutert, ist die Länge eines Wegs oder Pfades P_n definiert als Anzahl der Kanten von P_n. Die kürzeste aller möglichen Weglängen $l(i, j)$ zwischen zwei Knoten v_i und v_j wird als Entfernung $d(i, j)$ bezeichnet. Die größte Entfernung zwischen allen Knoten des Netzwerks, also der längste der kürzesten Wege, wird als Durchmesser $L(G)$ des Netzwerks bezeichnet. Der Netzwerkdurchmesser $L(G)$ stellt somit eine obere Grenze für alle kürzesten Wege eines Netzwerks dar. Dieser kann, wie in Abschnitt 2.3 erläutert durch eine Tiefensuche ausgehend von einem Knoten i identifiziert werden.

(Globaler) Durchmesser $L(G)$ eines Netzwerks

Als (globaler) Netzwerkdurchmesser $L(G)$ wird die maximale Entfernung aller Knoten eines Netzwerks $G = (V, E)$ bezeichnet, also die maximale Anzahl an Kanten, die auf dem kürzesten Pfad zwischen zwei beliebigen Knoten $v_i, v_j \in V$ im Netzwerk auftritt:

$$L(G) = \max(d(i, j)),$$

wobei $d(i, i) = 0$ und $d(i, j) = \infty$, falls kein Weg zwischen den Knoten v_i und v_j existiert.

Von besonderem Interesse ist die Abhängigkeit der Pfadlängen und des Durchmessers von der Anzahl der Knoten des Netzwerks. Wie oben erläutert weisen große Netzwerke in der Praxis trotz ihrer hohen Anzahl an Knoten häufig verhältnismäßig kleine charakteristische Pfadlängen auf. Bildet man das arithmetische Mittel der Entfernungen $d(i, j)$ über alle im Netzwerk vorhandenen Knoten, so ergibt sich die mittlere kürzeste Entfernung oder auch mittlere Pfadlänge des Netzwerks.

Mittlere Pfadlänge eines Knotens $\langle l_i \rangle$ und des Netzwerks $\langle l \rangle$

Als mittlere Knotenentfernung oder Pfadlänge $\langle l_i \rangle$ eines Netzwerks $G = (V, E)$ wird das arithmetische Mittel der Entfernungen aller Knoten eines Netzwerks $G = (V, E)$ bezeichnet. Ist die Entfernungsmatrix $D(G) = (d_{ij})$ mit $d_{ij} = l(i, j)$ gegeben, so lässt sich die mittlere Pfadlänge je Knoten v_i ermitteln als

$$\langle l_i \rangle = \frac{1}{n-1} \sum_{1 \leq j \leq n} d_{ij} \qquad \text{mit} \quad j \neq i.$$

Dabei gilt $\langle l_i \rangle = \infty$, falls kein Weg zwischen den Knoten v_i und v_j existiert. Die mittlere Pfadlänge $\langle l \rangle$ des Netzwerks ergibt sich zu:

$$\langle l \rangle = \frac{1}{n} \sum_{1 \leq i \leq n} \langle l_i \rangle = \frac{1}{n(n-1)} \sum_{1 \leq i \leq n} \Big(\sum_{1 \leq j \leq n} d_{ij} \Big) \qquad \text{mit} \quad j \neq i.$$

Sollte der Graph des Netzwerks nicht vollständig zusammenhängend sein, ist es in der Praxis üblich, den Durchmesser und die mittlere Pfadlänge eines Netzwerks nur auf die größte zusammenhängende Komponente T des Netzwerks zu beziehen. Im Kapitel 11 werden wir für jeden Netzwerk-Typ die mittlere Pfadlänge als wesentliches Kriterium zur Charakterisierung des Netzwerks heranziehen.

10.3.4 Der globale Cluster-Koeffizient eines Netzwerks

Der sogenannte globale Cluster-Koeffizient bzw. mittlere Cluster-Koeffizient des Netzwerks ergibt sich über eine Mittelwertbildung der lokalen Cluster-Koeffizienten C_i aller n Knoten eines Netzwerks (s. Abschnitt 10.1.2). Im Kapitel 11 werden wir für jeden Netzwerk-Typ den charakteristischen Cluster-Koeffizient des Netzwerks als wesentliches Kriterium zur Charakterisierung des Netzwerks heranziehen.

Globaler (mittlerer) Cluster-Koeffizient $\langle C\rangle$ eines Netzwerks

Der charakteristische Cluster-Koeffizient des Netzwerks ist definiert als Mittelwert der lokalen Cluster-Koeffizienten C_I aller Knoten des Netzwerks

$$\langle C\rangle = \frac{1}{N} \sum_{1\le i\le N} C_i.$$

10.4 Weiterführende Literatur

Eine gelungene Darstellung der *Charakteristika von Netzwerken* bietet der zweite Teil des Buches „Networks“ von Newman [36], in dem alle wesentlichen Kennzahlen detailliert erläutert werden, ebenso im ersten Teil des Buches „The structure of complex networks“ von Estrada [23]. Eine einfache Einführung samt Anleitung zur Nutzung der Programmiersprache Python bietet Menczer und Co-Autoren in einem aktuellen Buch „A First Course in Network Science“ [35].

11 Entstehung von Netzwerken – Netzwerkmodelle

Wie in Kapitel 1 geschildert, kann der Ausgangspunkt der Graphentheorie auf das Königsberger Brückenproblem zurückgeführt werden, welches Leonard Euler im Jahr 1737 mithilfe einer für jene Zeit neuen Sprache der Knoten und Kanten modellierte. In der Folge wurde die Graphentheorie von einer Reihe von Mathematikern weiterentwickelt, und die Methoden wurden perfektioniert. Erst in den 1960er-Jahren begannen sich Wissenschaftler mit der Frage zu beschäftigen, wie reale Netzwerke der Praxis entstehen und welche Regeln das Wachstum und deren Struktur bestimmen.

Die beiden ungarischen Wissenschaftler Paul Erdös und Alfred Renyi waren zeitgleich mit den amerikanischen Wissenschaftlern Ray Solomonoff and Anatol Rapoport die ersten, die sich dieser Fragestellung widmeten und dabei die Theorie der Zufallsgraphen begründeten. Schon in den 1930er-Jahren untersuchte der Wissenschaftler Alfred Lotka (1880–1949) – siehe Abschnitt 9.1.3 – und später, Ende der 1980er-Jahre, der Wissenschaftler Solla Price (1922–1983) den Wachstumsprozess von gerichteten Informationsnetzwerken in der Form der Zitationshäufigkeit wissenschaftlicher Veröffentlichungen untereinander. Obwohl andere Wissenschaftsdisziplinen über die notwendigen mathematischen Werkzeuge verfügten, wurde die Netzwerktheorie aufgrund mangelnder Verfügbarkeit empirischer Daten bis in die 1990er-Jahre nicht wesentlich über die klassischen Zufallsgraphen nach Erdös und Renyi hinaus entwickelt.

Erst Ende der 1990er-Jahre, mithilfe der zunehmenden Verfügbarkeit umfangreicherer Daten speziell für das Internet und *WWW*, versuchten Forscher wie Albert-László Barabási, oder Duncan Watts aufzudecken, mit welchen Modellen man das Wachstum einer größeren Klasse von Netzwerken adäquat beschreiben kann. Dabei standen die Forscher zunächst vor einem Rätsel: Diese großen Netzwerke der Praxis weisen sowohl eine geringe mittlere Weglänge zwischen den Knoten als auch einen hohen mittleren Cluster-Koeffizienten auf; eine Eigenschaft, die weder geordnete Gittergraphen noch die Zufallsgraphen aufweisen.

Die neueren Modelle zur Erzeugung skalenfreier Netzwerke, wie beispielsweise das Wachstumsmodell des „Preferential Attachment" nach Albert-László Barabási, versuchen, Algorithmen zur Erzeugung von Netzwerken zu formulieren, die in Bezug auf die in Kapitel 10 diskutierten wesentlichen Charakteristika den großen Netzwerken der Praxis möglichst ähnlich sind.

Beim Wachstum von Netzwerken kann man unterscheiden, ob sich die Kanten verändern und dabei die Knoten unverändert bleiben oder laufend Knoten hinzugefügt werden – bei überwiegender Stabilität der Kanten. Alternativ kann der Wachstumsprozess auch durch das gleichzeitige Hinzufügen von Knoten und Kanten erfolgen.

So werden bei Zitationsnetzwerken im Laufe der Zeit neue Veröffentlichungen als Knoten des Netzwerks hinzugefügt, die bestehenden Zitate als Kanten des Netzwerks aber nicht mehr verändert, da diese ja nur auf ältere Artikel verweisen können. Bei Unternehmensnetzwerken verändern sich die Verbindungen zwischen den Unternehmen durch kurzfristige Vertragsabschlüsse schneller, als sich die beteiligten Unternehmen verändern. Bei sozialen Netzwerken werden sowohl neue Nutzer als auch neue Verbindungen zwischen den Nutzern laufend dem Netzwerk hinzugefügt.

11.1 Erzeugung von Netzwerken mit Gleich- oder Binomialverteilung

In diesem Abschnitt werden wir zunächst Modelle zur Erzeugung eines Gitter- oder Kreisgraphen mit deterministischen Regeln betrachten, welche als Basis für eine Reihe weiterer Modelle dienen. Der anschließend betrachtete Zufallsgraph nach Erdös-Renyi fügt hingegen dem Netzwerk die Kanten nach stochastischen Regeln hinzu. In beiden Modellarten sind die Knoten zu Beginn des Wachstumsprozesses festgelegt, und es werden nur die Kanten hinzugefügt.

11.1.1 Erzeugung von Gittergraphen mit deterministischen Regeln

Die wohl einfachste Art und Weise ein Netzwerk zu erzeugen, besteht darin, es mit einer deterministischen Regel systematisch aus n Knoten aufzubauen. Es können beispielsweise $n = L \cdot L$ Knoten auf einem zweidimensionalen Gitter angeordnet und mit anderen Knoten innerhalb eines euklidischen Abstandes von $r = 1$ verbunden werden. Man erhält dabei einen sogenannten *Gittergraphen*, wie in *Bild 11.1* zu sehen. Ein Gittergraph kann nur im Grenzfall $L \to \infty$ als regulärer Graph betrachtet werden.

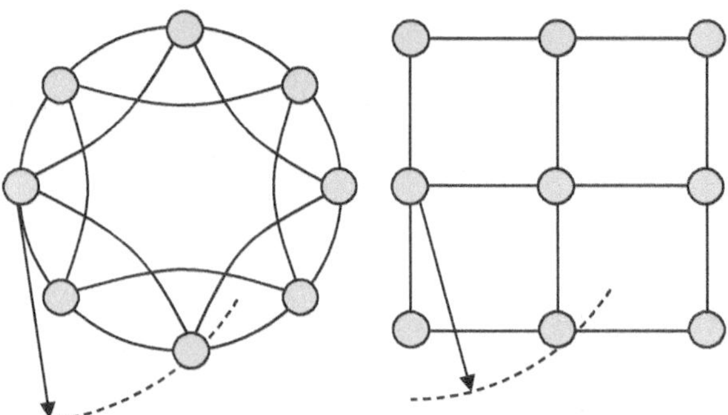

Bild 11.1 Zwei Beispiele für die Erzeugung eines Graphen mithilfe deterministischer Regeln: Knoten sind auf einem Kreis verteilt und werden mit den vier nächsten Nachbarn verbunden (links). Knoten werden auf einem Gitter angeordnet und mit den Nachbarn im euklidischen Abstand *r* verbunden (rechts).

Um einen regulären Graphen mit einheitlichem Knotengrad d_0 zu erzeugen, können die n Knoten als Kreisgraph C_n mit gleichen Abständen auf einem Ring angeordnet werden. Dabei werden immer diejenigen d_0 Nachbarknoten, welche vom Ausgangsknoten weniger als einen vorgegebenen Abstand r entfernt sind, mit diesem verbunden.

Beispiel 11.1

Die linke Seite von *Bild 11.1* zeigt einen Kreisgraphen, bei dem die acht Knoten auf dem Umfang eines Kreises angeordnet wurden. Jeder Knoten besitzt die Gradzahl vier, da diese mit ihren vier nächsten Nachbarknoten verbunden sind. Auf der rechten Seite von *Bild 11.1* sind die Knoten hingegen auf einem regulären Gitter angeordnet und jeweils mit einem der nächsten Nachbarn innerhalb des Abstandes r verbunden. Die Gradzahl des Knotens im Inneren beträgt vier, auf dem Rand dieses Gittergraphen ist die Gradzahl geringer. Der Gittergraph stellt somit keinen regulären Graphen dar. ■

Bei einer regelmäßigen Anordnung der Knoten auf einem Kreis- oder Gittergraphen ist zu erkennen, dass die kürzesten Wege zwischen zwei Knoten relativ groß werden können, jedoch sich Kreise bilden, die für einen hohen Cluster-Koeffizienten sorgen. Es kann gezeigt werden [36, Kapitel 15.1], dass für einen regulären Kreisgraphen mit dem Grad k_0 sich die durchschnittliche Pfadlänge $\langle l \rangle_R$ und der durchschnittliche Cluster-Koeffizient $\langle C \rangle_R$ wie folgt berechnen lassen:

Mittlere Pfadlänge und mittlerer Cluster-Koeffizient des regulären Kreisgraphen

Gegeben sei ein Kreisgraph $G = (V, E)$ mit insgesamt n Knoten und mit einem einheitlichen Knotengrad d_0, dann gilt [36, Kapitel 15.1]:

$$\langle l \rangle_R = \frac{n(n + d_0 - 2)}{2d_0(n-1)} \approx \frac{n}{2d_0} \qquad \text{für große } n,$$

$$\langle C \rangle_R = \frac{3(d_0 - 2)}{4(d_0 - 1)} \approx \frac{3}{4} \qquad \text{für große } d_0.$$

Charakteristisch für einen solchen regulären Kreisgraphen ist es also, dass die durchschnittliche Pfadlänge $\langle l \rangle_R$ zur Größe des Netzwerks n proportional ist und damit mit zunehmender Netzwerkgröße unbeschränkt anwachsen kann. Hingegen ist der Cluster-Koeffizient $\langle C \rangle_R$ von der Netzwerkgröße n unabhängig und nimmt für große Grade d_0 annähernd den Wert $3/4$ an. Solche regulären Graphen auf Kreisen oder Gittern sind meist keine geeigneten Modelle großer Netzwerke der Praxis. Eine Ausnahme stellen die Gitterstrukturen von Kristallen dar, bei denen in bestimmten Aggregatszuständen sich die Atome eines Moleküls auf einer regelmäßigen dreidimensionalen Gitterstruktur anordnen.

11.1.2 Erzeugung eines Erdös-Renyi-Zufallsgraphen

Die Zufallsgraphen stellen in Forschung und Praxis ein sehr wichtiges Basismodell dar. Dabei wird angenommen, dass ein Zufallsprozess für die Bildung der Kanten im Netzwerk verantwortlich ist.

Dabei wurde ursprünglich in den Veröffentlichungen von Erdös und Renyi des Jahres 1959 ein Algorithmus verwendet, welcher die Knoten- und Kantenzahl fixierte. Im Folgenden wird der Formulierung nach Edgar Nelson Gilbert (1923–2013) gefolgt, bei der nur die Anzahl n der Knoten und die Wahrscheinlichkeit p_0 der Verknüpfung eines Knotenpaars fixiert ist, und die Kantenanzahl damit variieren kann.

Algorithmus zur Erzeugung eines ER-Zufallsgraphen

Eingabe: Menge $V = \{v_1, v_2, \dots, v_n\}$ aus n Knoten mit $n > 2$ und konstanter Wahrscheinlichkeit p_0.

Ausgabe: Erdös-Renyi-Zufallsgraph $G_{\text{ER}} = (V, E)$.

1. Wir wählen aus der Menge der Knoten $V = \{v_1, v_2, \dots, v_n\}$ ein noch nicht untersuchtes Knotenpaar v_i und v_j mit $i \neq j$ aus.
2. Wir erzeugen eine Zufallszahl $P(0,1)$ zwischen 0 und 1.
3. Wir verbinden die ausgewählten Knoten mit einer ungerichteten Kante e_{ij} miteinander, falls $P(0,1) \leq p_0$ und fügen diese der Kantenmenge E hinzu.
4. Wir prüfen, ob bereits alle $n(n-1)/2$ Knotenpaare durchlaufen wurden; falls nicht gehe zu 1.
5. STOPP: Ausgabe des ER-Zufallsgraphen $G_{\text{ER}} = (V, E)$.

Ein Knoten, der dem Graphen neu hinzugefügt wird, kann entweder zu einem Fragment oder zur größten zusammenhängenden Komponente T des Netzwerks gehören. Diese wird im Fall des Wachstumsprozesses auch als „Giant Component“ bezeichnet. Skizziert man den Verlauf der Knotenanzahl der größten zusammenhängenden Komponente T über den mittleren Knotengrad $\langle d \rangle$, so ergibt sich der in *Bild 11.2* skizzierte Verlauf.

Der Übergang von vereinzelten Knoten und Bäumen zu einem zusammenhängenden Netzwerk erfolgt nicht kontinuierlich, sondern entsteht plötzlich, sobald der mittlere Knotengrad $\langle d \rangle$ den kritischen Wert $\langle d \rangle_k = 1$ übersteigt. Physiker würden von einem Phasenübergang, Mathematiker von einer Perkolation und Sozialwissenschaftler von einer Gruppenbildung sprechen.

Beispiel 11.2

Stuart Kauffman gibt in seinem lesenswerten Buch über komplexe Systeme „At Home in the Universe“ [29] eine sehr passende Veranschaulichung für die Generierung von Zufallsgraphen mit einem leicht modifizierten Algorithmus: Man stelle sich vor, dass man eine Schachtel mit Knöpfen auf dem Boden ausstreut und mit einem Faden beginnt, einzelne Knöpfe zufällig miteinander zu verbinden, bis am Ende beim Hochheben des Fadens alle Knöpfe aufgefädelt sind. Zu Beginn werden mit hoher Wahrscheinlichkeit zwei zufällig ausgewählte Knöpfe bisher noch nicht miteinander verbunden

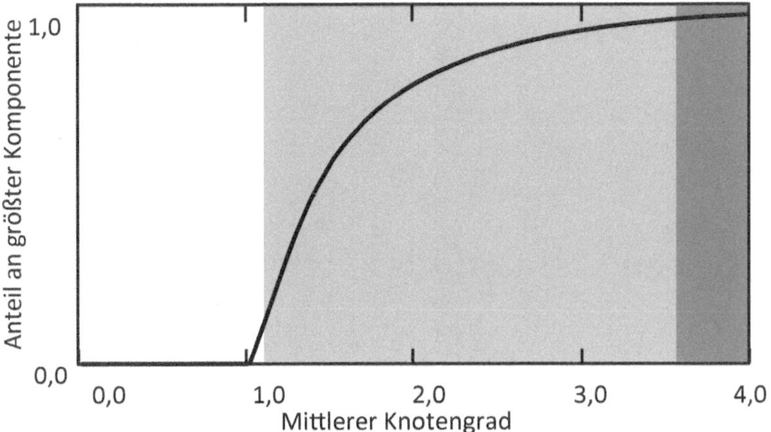

Bild 11.2 Der Verlauf des Anteils der Knoten der größten zusammenhängenden Komponente *T* über den mittleren Knotengrad $\langle d \rangle$ weist bei $\langle d \rangle_K = 1$ einen Phasenübergang auf. Die Graustufen deuten die vier Regime des Wachstumsprozesses an.

sein. Mit zunehmender Anzahl verbundener Knöpfe steigt dann aber die Wahrscheinlichkeit, dass die zufällig herausgegriffenen Knöpfe bereits verbunden sind und nun Teil des Netzwerks werden. Prüft man von Zeit zu Zeit durch Hochheben des Fadens, welcher Anteil der Knöpfe bereits zum Netzwerk gehört, so stellt man fest, dass die Anzahl der aufgefädelten Knöpfe im Verlauf des Prozesses nicht kontinuierlich ansteigt. Lange Zeit befinden sich auf dem Faden nur wenige Knöpfe, doch dann hat man in wenigen weiteren Schritte fast alle vorhandenen Knöpfe auf dem Faden aufgefädelt. Diese Phänomene erinnert an physikalische Phasenübergänge wie beispielsweise das Gefrieren von Wasser und die Bildung von Eiskristallen. ■

Somit bedarf es für einen Zufallsgraphen im Durchschnitt nur einer Kante pro Knoten, um in einem beliebig großen Netzwerk dafür zu sorgen, dass fast alle Knoten über die größte zusammenhängende Komponente miteinander verbunden sind. Den Bereich $\langle d \rangle < 1$ bezeichnet man als unterkritischen Bereich, in dem es noch viele isolierte Knoten gibt und die meisten Komponenten nur einen oder zwei Knoten umfassen. Für den überkritischen Bereich $\langle d \rangle > 1$ umfasst die größte zusammenhängende Komponente schon größere Teile des Netzwerks und für $\langle d \rangle \geq \ln n$ gehören nahezu alle Knoten zur größten zusammenhängenden Komponente [4].

Beispiel 11.3

Diese vier Regime sollen in *Bild 11.3* mithilfe eines Netzwerks von 50 Knoten veranschaulicht werden. Da für dieses Beispiel $\langle d \rangle = p_0(n-1) = 49p_0$, werden die Werte für p_0 zu 0,01, 0,02, 0,03 und $p_0 = \ln(50)/49 = 0{,}08$ gewählt. Für $p_0 = 0{,}01$ sind nur zehn Kanten vorhanden, welche 16 Knoten zu Bäumen verbinden, bei $p_0 = 0{,}02$ bilden die 16 Kanten noch kein zusammenhängendes Netzwerk, aber ein Knoten besitzt schon den Grad 3. Bei einem Wert von $p_0 = 0{,}03 > p_c$ bilden sich erste Knoten mit dem Grad vier, jedoch besteht das Netzwerk noch aus 19 Komponenten. Erst bei $p_0 = 0{,}08$ besteht

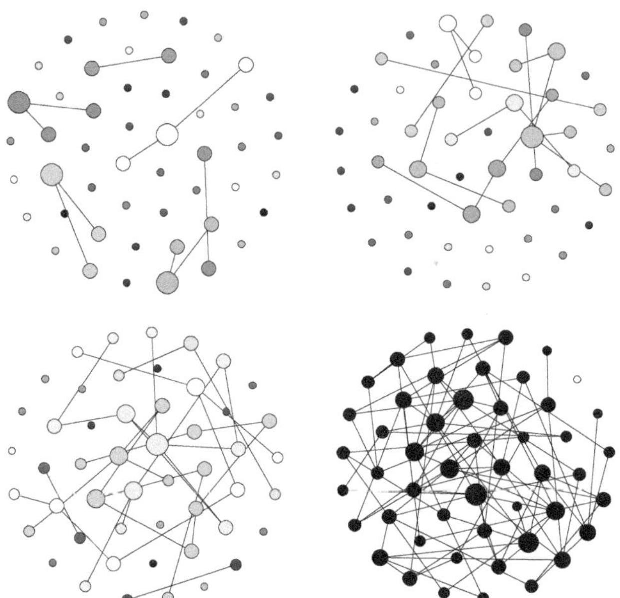

Bild 11.3 Vier klassische Zufallsgraphen mit 50 Knoten und den Wahrscheinlichkeiten $p_0 = 0{,}01, 0{,}02, 0{,}03, 0{,}08$ (von links oben nach rechts unten): Die Graustufen sollen die verschiedenen Komponenten des Netzwerks andeuten – gezeichnet mit der Softwareanwendung Gephi [112].

das Netzwerk nur noch aus zwei Komponenten, die größte zusammenhängende Komponente umfasst 49 Knoten und enthält bereits viele Kreise. Es ist nur noch ein Knoten übrig, der nicht zu dieser Komponente gehört. Das Netzwerk wurde mit der Softwareanwendung Gephi [112] erzeugt, auf die wir im Abschnitt 13.2.2 noch näher eingehen werden. ■

Beispiel 11.4

Der Wachstumsprozess des klassischen ER-Zufallsgraphen kann auch in Form einer numerischen Simulation mithilfe der Modellierungsumgebung *NetLogo* (Northwestern University) [113] veranschaulicht werden. Eine detaillierte Beschreibung der Simulationsmethoden und der verwendeten Modellierungsumgebung findet sich in Abschnitt 13.3. Im über die Modellbibliothek der Software zugänglichen Modell „Giant Component" [92] kann die Anzahl der Knoten n für jeden Simulationslauf festgesetzt werden. *Bild 11.4* zeigt das Simulationsergebnis für $n = 80$ in Form der Anzahl der zur größten zusammenhängenden Komponente S gehörenden Knoten und über den mittleren Knotengrad $\langle d \rangle$. Deutlich ist zu erkennen, dass bei $\langle d \rangle_k = 1$ ein Phasenübergang auftritt.

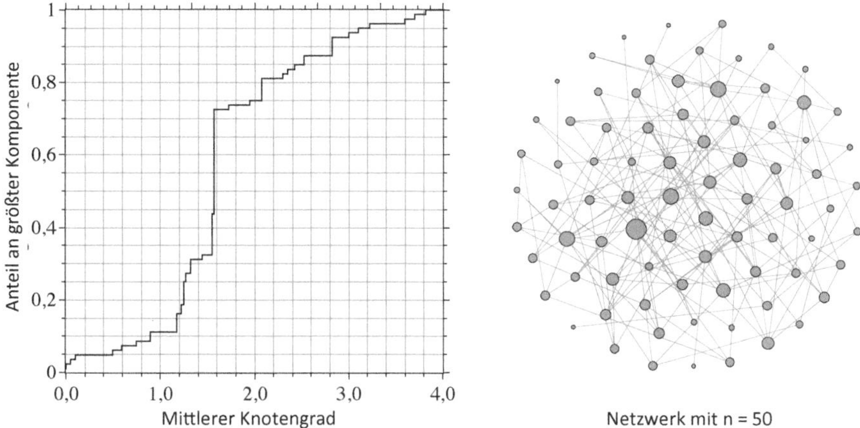

Bild 11.4 Simulationsergebnis des „Giant Component"-Modells (NetLogo) [92] für $n = 80$ als Verlauf der Anzahl der zur größten zusammenhängenden Komponente T gehörenden Knoten über den mittleren Knotengrad $\langle d \rangle$. Es ist deutlich zu erkennen, dass bei $\langle d \rangle_k = 1$ ein Phasenübergang auftritt. ■

Häufigkeitsverteilung der Knotengrade $P(d_i)$ des ER-Zufallsgraphen

Wenn n_d die Anzahl der Knoten mit dem Grad d darstellt und insgesamt n Knoten im Netzwerk vorhanden sind, so ist die Häufigkeitsverteilung der Knotengrade im Netzwerk gegeben durch folgende Binomialverteilung [36, Kapitel 12]

$$P(d)_{\text{ER}} = \binom{(n-1)}{d} \cdot p_0^d (1 - p_0)^{(n-1)-d}.$$

Für große n und kleine p_0 kann die Binomialverteilung mithilfe der Poisson-Verteilung approximiert werden:

$$P(d)_{\text{ER}} = \mathrm{e}^{-\langle d \rangle} \frac{\langle d \rangle^d}{d!} \quad \text{mit } \langle d \rangle = p_0(n-1)$$

Dabei gilt für die Standardabweichung σ_d

$$\sigma_d = \sqrt{(1 - p_0) \cdot \langle d \rangle} \quad \text{bzw. für Poisson-Verteilung } \sigma_d = \sqrt{\langle d \rangle}.$$

Beispiel 11.5

Bild 11.5 zeigt die Poisson-Verteilung (Linie) für den Zufallsgraphen mit $n = 50$ Knoten und einer Wahrscheinlichkeit $p = 0{,}08$ im Vergleich zur entsprechenden Binomialverteilung (Rauten) und der Häufigkeitsverteilung einer Realisierung nach dem Algorithmus zur Erzeugung eines ER-Zufallsgraphen (Balken). Um die Unterschiede der einmaligen Realisierung zur Poisson-Verteilung zu verringern, müsste eine größere Anzahl an Realisierungen des ER-Zufallsgraphen durchgeführt und aus den Häufigkeiten das arithmetische Mittel gebildet werden. Die Abweichung zwischen der Binomialver-

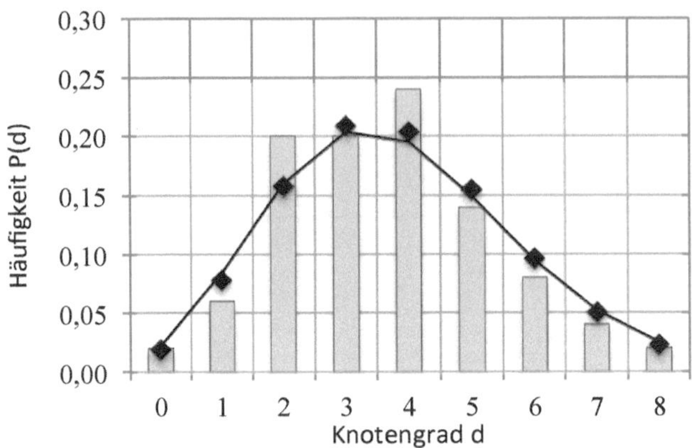

Bild 11.5 Die Häufigkeitsverteilung der Knotengrade eines ER-Zufallsgraphen mit $n = 50$ Knoten und einer Wahrscheinlichkeit $p_0 = 0{,}08$ (Balken) für eine Realisierung gemäß dem angegebenen Algorithmus im Vergleich mit der entsprechenden Poisson-Verteilung (Linie) und der Binomialverteilung (Rauten).

teilung und der Poisson-Verteilung ist auf die geringe Anzahl von $n = 50$ Knoten zurückzuführen. Der Erwartungswert des mittleren Knotengrades nach der Poisson-Verteilung und Binomialverteilung beträgt $\langle d \rangle = 0{,}08(50-1) = 3{,}92$, der mittlere Knotengrad der Realisierung beträgt hingegen $\langle d \rangle = 3{,}64$. ■

Mittlere Pfadlänge und mittlerer Cluster-Koeffizient des ER-Zufallsgraphen

Für einen Erdös-Renyi-Zufallsgraphen mit n Knoten und dem mittleren Grad $\langle d \rangle$ kann gezeigt werden [36, Kapitel 12], dass gilt:

$$\langle l \rangle_{\mathrm{ER}} \simeq \frac{\log n}{\log \langle d \rangle} \quad \text{mit } \langle d \rangle = p_0(n-1),$$

$$\langle C \rangle_{\mathrm{ER}} \simeq \frac{\langle d \rangle}{(n-1)} \quad \text{für } n > 1.$$

Das bedeutet, dass die mittlere Pfadlänge und der Durchmesser großer ER-Zufallsgraphen nur logarithmisch mit der Netzwerkgröße anwächst und damit deutlich kleiner als die Netzwerkgröße n bleibt. Damit ist im Gegensatz zum regulären Graphen, bei dem die mittlere Pfadlänge für den eindimensionalen Fall eines Kreises zu n proportional ist, für einen ER-Zufallsgraphen die Anforderung einer „Small World“ erfüllt. Die Bedingung für eine „Small World“ lautet, dass die mittlere Pfadlänge $\langle l \rangle_{\mathrm{ER}}$ unterproportional mit n ansteigt. Jedoch ist der Cluster-Koeffizient umgekehrt proportional zur Knotenanzahl n und strebt für große n gegen Null.

Zudem besitzt der ER-Zufallsgraph mit $\langle d \rangle$ einen charakteristischen Mittelwert und ein relativ enges Spektrum an Knotengraden von $\langle d \rangle \pm \sigma_d$. Damit erscheinen ER-Zufallsgraphen zur Abbildung realer großer Netzwerke nicht geeignet, in denen – wie in Abschnitt 9.2 ausgeführt – eine kurze mittlere Pfadlänge in Kombination mit einem hohen Cluster-Koeffizienten vorherrscht und die Häufigkeitsverteilungen der Knotengrade durch skalenfreie Verteilungen charakterisiert sind.

11.1.3 Erzeugung des Watts-Strogatz-Modells – zwischen Kreis- und Zufallsgraph

Wenn wir auf die bisher betrachteten Modelle für die Erzeugung von Netzwerken zurückblicken, so fällt auf, dass die in Abschnitt 11.1.1 besprochenen regulären Graphen relativ hohe Cluster-Koeffizienten besaßen, aber zugleich sehr hohe mittlere Pfadlängen. Die in Abschnitt 11.1.2 dargestellten ER-Zufallsgraphen hingegen besitzen kurze mittlere Pfadlängen aber einen geringen Cluster-Koeffizienten. Daher lag es nahe, die Eigenschaften beider Netzwerkmodelle zu kombinieren.

Genau dies macht das im Jahr 1998 von Duncan Watts und Steven Strogatz entwickelte „Small-World"-Modell [37, Abdruck s. 301]. Der Algorithmus führt, wie in *Bild 11.6* dargestellt, einen regulären Kreisgraphen mithilfe zufälliger Neuverknüpfung der Kanten schrittweise in einen Zufallsgraphen über. Dabei bestimmt der Parameter p_0 die Wahrscheinlichkeit einer Neuverknüpfung und dient damit als der bestimmende Parameter des Wachstumsprozesses.

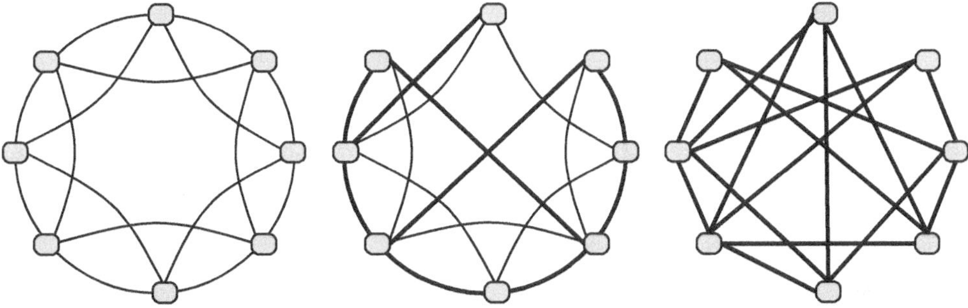

Bild 11.6 Darstellung des Prinzips des Watts-Strogatz Modells (Variante 1): Ausgehend von einem regulären Graphen mit $n = 8$ (links) werden die Kanten mit einer Wahrscheinlichkeit $0 \le p_0 \le 1$ von einem Knoten gelöst und mit einem anderen Knoten verbunden (Mitte). Für $p_0 = 1$ entsteht daraus ein Zufallsgraph (rechts).

Der ursprüngliche Algorithmus von Duncan Watts und Steven Strogatz sah vor, Kanten nur an einem Ende zu lösen und neu zu verknüpfen. Spätere Arbeiten nutzten auch Varianten, bei denen die ausgewählte Kante vollständig gelöscht und durch die zufällig erzeugte Kante ersetzt wird [4, Kapitel 4], oder Varianten, bei denen die zufällig erzeugten Kanten zum Graph hinzugefügt werden, ohne die ausgewählten Kanten zu löschen [36, Kapitel 15.1]. Alle drei Varianten erzeugen ähnliche Strukturen, die letztere ist einer Analyse leichter zugänglich. Die charakteristischen Parameter wie Cluster-Koeffizient oder mittlere Pfadlänge der ursprünglichen Variante von Duncan Watts und Steven Strogatz können hingegen nur durch eine numerische Simulation bestimmt werden.

Algorithmus zur Erzeugung eines Watts-Strogatz-Graphen („Small-World" Netzwerk)

Eingabe: Regulärer Graph $G_{\text{reg}} = (V, E)$ aus $n > 2$ Knoten angeordnet auf einem Kreis mit Verbindung zu den j-nächsten Knoten und die konstante Wahrscheinlichkeit $0 \le p_0 \le 1$.

Ausgabe: Ein Watts-Strogatz-Netzwerk $G_{\text{ws}} = (V, E)$.

1. Wähle aus der Menge an Kanten $E = \{e_1, e_2, \ldots, e_m\}$ die erste noch nicht betrachtete Kante e_i aus der Kantenliste aus, welche die Knoten v_j und v_k verbindet.
2. Erzeuge eine Zufallszahl $P(0,1)$ zwischen 0 und 1.
3. Falls $P(0,1) \leq p_0$:
   (a) *Variante 1:* Löse die Kante e_i am Knoten v_j und verbinde diese mit einem zufällig ausgewählten Knoten $v_j^\star$. Die neue Kante $e_i^\star$ wird der Kantenliste E hinzugefügt, die ausgewählte Kante e_i wird aus der Kantenliste E gelöscht.
   (b) *Variante 2:* Es wird eine neue Kante $e_i^\star$ zwischen zwei zufällig ausgesuchten Knoten $v_j^\star$ und $v_k^\star$ gebildet und der Kantenliste E hinzugefügt; die ausgewählte Kante e_i wird aus der Kantenliste E gelöscht.
   (c) *Variante 3:* Löse die Kante e_i am Knoten v_j und verbinde diese mit einem zufällig ausgewählten Knoten $v_j^\star$. Die neue Kante $e_i^\star$ wird der Kantenliste E hinzugefügt, die ausgewählte Kante e_i verbleibt in der Kantenliste E.
4. Prüfe, ob bereits alle Kanten durchlaufen wurden; falls nicht gehe zu 1.
5. STOPP: Ausgabe des Watts-Strogatz-Netzwerks $G_{\text{WS}} = (V, E)$.

Für die Variante (3) des WS-Algorithmus kann die Häufigkeitsverteilung der Knotengrade als Binomialverteilung [37], um den Mittelwert $\langle d \rangle_{\text{WS}} = d_0 p_0$ des ursprünglichen regulären Graphen beschrieben werden.

Häufigkeitsverteilung der Knotengrade $P(d)$ eines Watts-Strogatz-Graphen

Für Netzwerke mit $n > 2$ Knoten des d_0-regulären Ausgangsgraphen, dem neue Kanten gemäß der Variante (3) des WS-Algorithmus mit der Wahrscheinlichkeit p_0 hinzugefügt werden, ist die Häufigkeitsverteilung der Knotengrade d durch folgende Binomialverteilung $P(d)$ bestimmt [37]:

$$P(d) = \binom{n}{d_i'} \cdot (p_0')^{d_i'} \cdot (1 - p_0')^{n-d_i'} \quad \text{mit } d_i' = d - 2d_0 \text{ und } p_0' = 2d_o p_0 / n.$$

Für große n und kleine p_0 kann die Binomialverteilung mithilfe der Poisson-Verteilung approximiert werden:

$$P(d) = \mathrm{e}^{-\langle d \rangle_{\text{WS}}} \frac{\langle d \rangle_{\text{WS}}^{d-d_0}}{(d - d_0)!} \quad \text{mit } \langle d \rangle_{\text{WS}} = d_0 p_0.$$

Der Verlauf der Häufigkeitsverteilung der Knotengrade des WS-Graphen nach Watts-Strogatz würde damit dem in *Bild 11.5* dargestellten Verlauf der Häufigkeitsverteilung der Knotengrade des ER-Zufallsgraphen ähnlichsehen. Für die Variante (3) des WS-Algorithmus kann der Cluster-Koeffizient des Netzwerks [37] und die mittlere Pfadlänge für eine große Anzahl hinzugefügter Kanten näherungsweise bestimmt werden.

Mittlere Pfadlänge und mittlerer Cluster-Koeffizient des WS-Graphen

Für Netzwerke mit $n > 2$ des d_0-regulären Ausgangsgraphen, dem neue Kanten gemäß Variante (3) des WS-Algorithmus mit der Wahrscheinlichkeit p_0 hinzugefügt werden, kann gezeigt werden [37], dass gilt:

$$\langle l \rangle_{\mathrm{WS}} \simeq \frac{\ln(np_0 d_0)}{d_0^2 p_0} \quad \text{für } np_0 d_0 \text{ groß},$$

$$\langle C \rangle_{\mathrm{WS}} = \frac{3(d_0 - 2)}{4(d_0 - 1) + 8d_0 p_0 + 4d_0 p_0^2}.$$

Damit ist die mittlere Pfadlänge $\langle l \rangle_{\mathrm{WS}}$ vom Logarithmus der Knotenanzahl n und der Cluster-Koeffizient $\langle C \rangle_{\mathrm{WS}}$ nicht von der Knotenanzahl n abhängig. Der Verlauf der beiden Größen $\langle C \rangle_{\mathrm{ws}}$ und $\langle l \rangle_{\mathrm{ws}}$ über den Parameter $0 \leq p_0 \leq 1$ ist in *Bild 11.7* skizziert. Es ist zu erkennen, dass schon bei einem geringen Wert für p_0 die ersten hinzugefügten Kanten das Netzwerk „kurzschließen" und damit die mittlere Pfadlänge $\langle l \rangle_{\mathrm{ws}}$ reduzieren, ohne den Cluster-Koeffizienten wesentlich zu beeinflussen. Dabei nimmt der mittlere Cluster-Koeffizient $\langle C \rangle_{\mathrm{ws}}$ mit zunehmendem p_0 nur leicht, jedoch die mittlere Pfadlänge $\langle l \rangle_{\mathrm{ws}}$ relativ stark ab. Damit kann man durch die Wahl eines passenden Parameterwertes p_0 die gewünschte Kombination aus $\langle l \rangle_{\mathrm{ws}}$ und $\langle C \rangle_{\mathrm{ws}}$ erhalten.

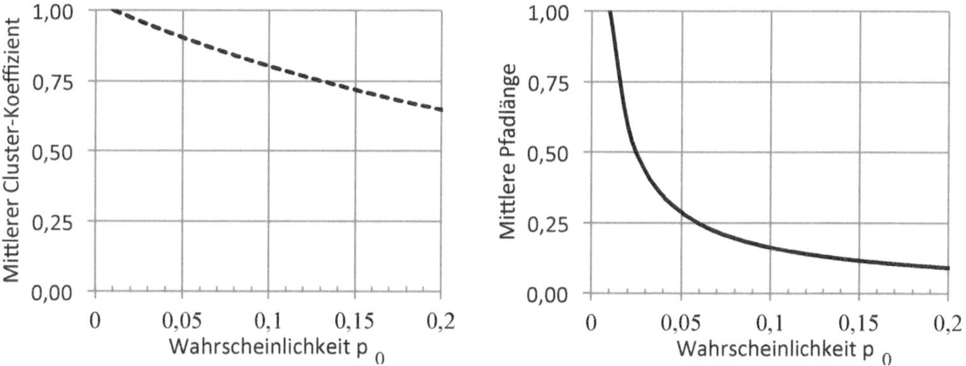

Bild 11.7 Veranschaulichung der Abhängigkeit des mittleren Cluster-Koeffizienten $\langle C \rangle_{\mathrm{ws}}$ (links) und der mittleren Pfadlänge $\langle l \rangle_{\mathrm{ws}}$ (rechts) in Abhängigkeit von der Wahrscheinlichkeit $0 \leq p_0 \leq 1$ der Neuverknüpfung im Watts-Strogatz-Modell (Variante 3). Beide Größen sind dabei auf den Wert für $p_0 = 0{,}01$ normiert.

Beispiel 11.6

Der Wachstumsprozess des klassischen WS-Modells (Variante 1) ist einer analytischen Lösung deutlich schwerer zugänglich als die anderen Varianten des WS-Algorithmus. Daher sollen in diesem Beispiel die Ergebnisse einer Numerische Simulation mithilfe der Modellierungsumgebung *NetLogo* (Northwestern University) [113] erläutert werden. Eine detaillierte Beschreibung der Simulationsmethoden und der verwendeten Modellierungsumgebung finden sich in Abschnitt 13.3. Im über die Modellbibliothek

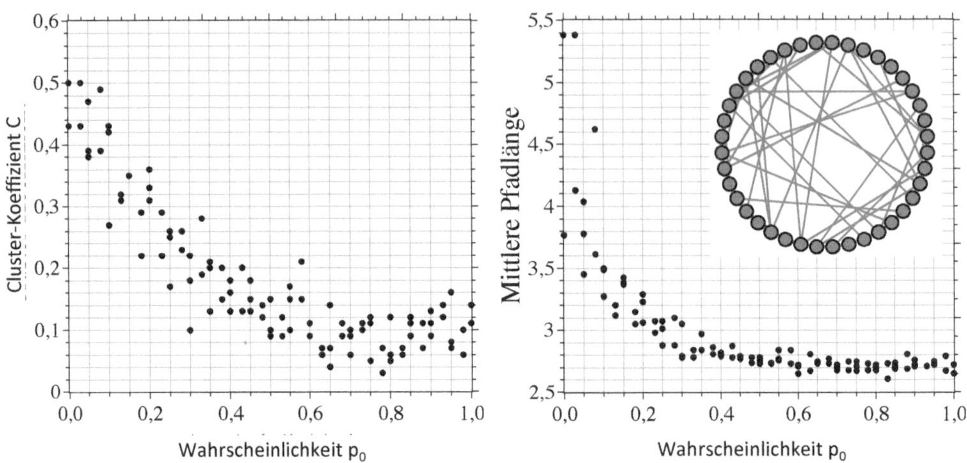

Bild 11.8 Simulationsergebnis der Variante 1 des „Small-World“ Modells (NetLogo) [91] für $d_0 = 4$ und $n = 40$ als Verlauf des Cluster-Koeffizienten $\langle C\rangle_{WS}$ und der mittleren Pfadlänge $\langle l\rangle_{WS}$ als Ergebnis vieler Simulationsläufe für $0 \leq p_0 \leq 1$.

der Software zugänglichen Modell „Small-World“ [91] ist $d_0 = 4$ gesetzt, die Werte für n und p_0 können für jeden Simulationslauf festgesetzt werden.

Bild 11.8 zeigt das Simulationsergebnis in Form des Verlaufs des Cluster-Koeffizienten $\langle C\rangle_{WS}$ und der mittleren Pfadlänge $\langle l\rangle_{WS}$ für eine vollständige Neuverknüpung aller Kanten im Wertebereich $0 \leq p_0 \leq 1$. Die Streuung der Werte für ein p_0 im unteren Diagramm rührt von der mehrfachen Realisierung der stochastischen Simulation her.

Für ein Netzwerk aus $n = 40$ Knoten mit $d_0 = 4$ lässt sich aus den obigen Gleichungen der Erwartungswert der hinzugefügten Kanten zu $1/2(np_0d_0) = 1/2 \cdot (40 \cdot 4) \cdot p_0$ berechnen, für $p_0 = 1$ ergeben sich 80 hinzugefügte Kanten. Für $p_0 = 1$ ergibt sich der Cluster-Koeffizient zu $\langle C\rangle_{WS} = (6)/(12 + 32 + 16) = 0{,}1$ und die mittlere Pfadlänge zu $\langle l\rangle_{WS} = \ln 160/16 = 0{,}3$. Die Simulation zeigt für $p_0 = 1$ und zehn Simulationsläufe hingegen einen durchschnittlichen Cluster-Koeffizienten von $\langle C\rangle_{WS} = 0{,}1$ und die mittlere Pfadlänge $\langle l\rangle_{WS} = 2{,}65$. Die Ursache für die abweichenden Werte zwischen Simulation und der analytischen Berechnung liegt in den unterschiedlichen verwendeten Varianten des Algorithmus und der relativ kleinen Zahl von 80 neu verknüpften Kanten. ■

Das Watts-Strogatz-Modell kann reale große Netzwerke mit den hohen Cluster-Koeffizienten und kurzen mittleren Pfadlängen deutlich besser abbilden als ein ER-Zufallsgraph. Es ist jedoch anzumerken, dass die Häufigkeitsverteilung ähnlich wie beim ER-Zufallsgraphen binomialverteilt ist, und die skalenfreie Verteilung realer Netzwerke nicht modellieren kann. Zudem erscheint die zufällige Neu-Verknüpfung nicht für alle realen Netzwerke als ein realistischer Wachstumsmechanismus. Wie im Abschnitt 13.1.3 noch genauer diskutiert werden wird, liegt es aber generell in der Natur der Modelle, dass diese eine vereinfachte Abbildung der Wirklichkeit darstellen und häufig nicht alle Eigenschaften des realen Systems erfüllt sein müssen, um einen Forschungs- oder Problemlösungsprozess zu unterstützen.

11.2 Erzeugung von Netzwerken mit skalenfreier Verteilung

Die bisherigen Ausführungen zeigen, dass der Zufallsgraph nicht in der Lage ist, die realen Wachstumsmechanismen abzubilden. Er zeigt zwar die typischen kurzen Pfadlängen der „Small World", der mittlere Cluster-Koeffizient ist jedoch für große Netzwerke viel zu gering. Das Modell nach Watts-Strogatz kann zwar diese gewünschten Eigenschaften gleichermaßen abbilden, jedoch zeigt die Häufigkeitsverteilung keine Ähnlichkeit zu den skalenfreien Verteilungen (siehe Abschnitt 9.2.4) großer realer Netzwerke. In beiden Modellen erscheint die zufällige Auswahl der Verbindungen als eine speziell für soziale Netzwerke unrealistische Annahme, denn dessen Beziehungen werden nach ganz bestimmten Kriterien wie Ort, Alter, Ähnlichkeit geschlossen.

Zudem erscheint die Fixierung der anfänglichen Knotenanzahl im Algorithmus als unrealistische Annahme. In großen Netzwerken, wie beispielsweise dem *WWW* oder Freundesnetzwerken wie Facebook, war die endgültige Knotenmenge ja zu Beginn nicht festgelegt, sondern diese Netzwerke begannen mit einem einzigen Knoten und danach wurden laufend Knoten und Kanten dem Netzwerk hinzugefügt. So gestaltete Tim Berbers-Lee im Jahr 1991 die erste Website; heute, etwas mehr als zwanzig Jahre später, hat das Web über eine Trillion Webseiten, die im Laufe der Zeit von Millionen von Nutzern hinzugefügt und mit Milliarden von Links versehen wurden.

Daher werden wir in diesem Abschnitt die sogenannten „Wachstumsmodelle" als eine weitere Klasse der Modelle zur Generierung von Netzwerken betrachten, bei denen im Laufe des Wachstumsprozesses Knoten und Kanten dem Netzwerk gleichzeitig hinzugefügt werden. Dadurch werden bestimmte Knoten bei der Verknüpfung bevorzugt. Sei es, da diese bereits schon früher im Netzwerk vorhanden waren, einen höheren Grad oder eine größere Attraktivität in Bezug auf die Verknüpfung besitzen. Diese Annahme erscheint für viele Netzwerke der Praxis, wenn auch nicht als alleiniger, so doch als plausibler Teilprozess des Wachstums. So werden neue Webseiten tendenziell mit bereits besser vernetzen bestehenden Webseiten verlinkt werden, auch werden publizierte Fachartikel tendenziell Artikel zitieren, die bereits zuvor schon häufiger zitiert wurden.

11.2.1 Erzeugung eines skalenfreien Netzwerks durch das Wachstumsmodell

Die bisherigen Netzwerkmodelle waren hilfreich, um beobachtete Eigenschaften realer Netzwerke wie die Gradverteilung, die mittlere Pfadlänge oder die mittleren Cluster-Koeffizienten nachzubilden, ohne jedoch Erkenntnisse über die tatsächlichen Wachstumsmechanismen zu liefern. In diesem Abschnitt beschäftigen wir uns mit den sogenannten „Wachstumsmodellen", die durch gleichzeitiges Hinzufügen von Knoten und Kanten, die in realen Netzwerken anzutreffenden Wachstumsmechanismen besser nachbilden sollen. Der wesentliche Unterschied zu den bisher betrachteten Modellen besteht also darin, dass das Netzwerkwachstum nun mit jedem Zeitschritt durch das gleichzeitige Hinzufügen eines Knotens $n = 1$ und einer bestimmten Anzahl von m Kanten erfolgt.

Aus *Bild 11.9* ist zu erkennen, dass mit diesem Wachstumsmechanismus eine ungleiche Verteilung der Grade der Knoten entsteht, da selbst bei zufälliger Verknüpfung der neuen Kanten die „älteren“, also in früheren Schritten hinzugefügten Knoten, über den Zeitverlauf hinweg immer eine größere Wahrscheinlichkeit haben mit einer Kante verbunden zu werden als „jüngere“, also später hinzugefügte Knoten. So haben im *Bild 11.9* die linken Knoten im letzten dargestellten Schritt die Grade von 2 bis 3, die rechten Knoten nur 0 bis 1.

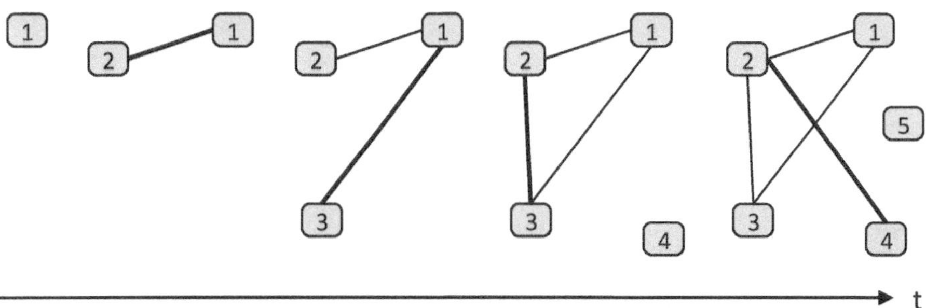

Bild 11.9 Veranschaulichung des Wachstumsprozesses – von links nach rechts – für das sukzessive Hinzufügen von Kanten und Knoten im sogenannten „Wachstumsmodell“. In diesem Beispiel wird nach Erzeugung des Knotens immer eine Kante zwischen zwei beliebigen Knoten des bestehenden Netzwerks eingefügt. Deutlich ist die wachsende Ungleichverteilung der Knotengrade zu erkennen.

Es kann gezeigt werden [21, Kapitel 1 und 5], dass die Häufigkeitsverteilung der Grade einer Exponentialfunktion $P(d) = \mathrm{e}/m \cdot \mathrm{e}^{-d/m}$ folgt. Damit besitzt das Wachstumsmodell zwar eine skalenfreie Häufigkeitsverteilung ohne charakteristischen mittleren Knotengrad, jedoch fällt die Häufigkeit mit zunehmendem Knotengrad viel stärker ab als in den realen Netzwerken (s. Abschnitt 9.2.4). Damit können sich keine Hubs mit deutlich höheren Graden herausbilden. Man benötigt also noch eine Modifikation dieses Modells, um den Wachstumsmechanismus realer Netzwerke so abzubilden, dass die in der Praxis so universellen skalenfreien Verteilungen nach einem Potenzgesetz modelliert werden können. Dies ist den Forschern Barabasi and Albert im Jahr 1999 mit ihrem Modell des „Preferential Attachment“ gelungen, das wir im nächsten Abschnitt betrachten werden.

11.2.2 Erzeugung eines skalenfreien Netzwerks mit dem Barabasi-Albert-Modell des „Preferential Attachment“

Eine zufällige Verknüpfung neuer Knoten für die Wachstumsprozesse realer Netzwerke erscheint, wie bereits diskutiert, als eher unrealistisch. Die ersten in diesem Aspekt modifizierten Modelle stammen von Derek de Solla Price (1922–1983), zuletzt Professor für Wirtschaftsgeschichte an der Yale Universität, der sich Mitte der 1970er-Jahre mit Zitationsnetzwerken (s. Abschnitt 9.1.3) befasste und feststellte, dass die Häufigkeitsverteilung, mit der eine wissenschaftliche Veröffentlichung von anderen Veröffentlichungen zitiert wird, einem Potenzgesetz der Form $P(d) = c \cdot d^{-\gamma}$ folgt.

Um dies zu erklären, entwickelte er ein Wachstumsmodell für ein gerichtetes Netzwerk, in dem die Wahrscheinlichkeit, dass eine Veröffentlichung erneut zitiert wird, proportional zur Anzahl der bereits vorhandenen Zitationen zu diesem Zeitpunkt ist. Dieser Effekt wird in der Soziologie als „Matthäus-Effekt" nach der Bibelstelle „Denn wer da hat, dem wird gegeben, dass er die Fülle habe; wer aber nicht hat, dem wird auch das genommen, was er hat."(Mt 25:29) oder auch als „The rich get richer" im Sinne eines kumulativen Vorteils bezeichnet.

Für ungerichtete Netzwerke übertrugen die Forscher Barabasi und Albert [37, Abdruck s. 349] im Jahr 1999 dieses Prinzip auf das sogenannte „Preferential Attachment"-Modell. Dabei wird ausgehend von einem einzigen Startknoten ein neuer Knoten und eine bestimmte Anzahl m an Kanten dem Netzwerk hinzugefügt, wobei der neue Knoten sich mit einer Wahrscheinlichkeit $P(m)$ mit m bestehenden Knoten verbindet, die proportional zum Grad der bestehenden Knoten ist. Der vollständige Algorithmus des „Preferential Attachment" lautete wie folgt:

Erzeugung eines skalenfreien Netzwerks mit dem „Preferential Attachment"

Eingabe: Menge $V = \{v_1, v_2, \ldots, v_n\}$ aus n_0 Knoten und m_0 Kanten und die maximale Knotenzahl $n_{\max}$.

Ausgabe: Ein skalenfreies Barabasi-Albert-Netzwerk $G_{BA} = (V, E)$, welches nach t (Zeit)-schritten $n_{\max} = t + n_0$ Knoten und $e = m_0 + m \cdot t$ Kanten besitzt.

1. Wir erzeugen für jeden der vorhandenen Knoten v_i aus $\{v_1, v_2, \ldots, v_n\}$ eine Präferenz gemäß seines relativen Grades $P(d_i) = d_i / \sum_{1 \leq j \leq n} d_j$.
2. Wir wählen m Knoten aus der Menge der bestehenden Knoten V $\{v_1, v_2, \ldots, v_m\}$ mit der Wahrscheinlichkeit $P(d_i)$ aus.
3. Wir erzeugen einen neuen Knoten v_k und fügen diesen der Knotenmenge V hinzu.
4. Wir erzeugen von den ausgewählten Knoten m Kanten jeweils zum neuen Knoten $\{e_{1,k}, e_{2,k}, \ldots, e_{m,k}\}$ und fügen diese der Kantenmenge E hinzu.
5. Wir prüfen, ob $n_{\max}$ Knoten erzeugt wurden; falls Nein gehe zu 1.
6. STOPP: Ausgabe des skalenfreien Netzwerks $G_{BA} = (V, E)$.

Wie in *Bild 11.10* zu sehen ist, haben die meisten Knoten nur wenige Kanten. Einige Knoten wandeln sich schrittweise zu Hubs, da sich die neuen Knoten mit größerer Wahrscheinlichkeit mit diesen Hubs verbinden, die damit im nächsten Schritt noch eine höhere Attraktivität für neu hinzugefügte Kanten besitzen. Dabei haben „ältere" also früher hinzugefügte Knoten in der Regel höhere Grade und sind auch tendenziell wieder mit Knoten höherer Grade verbunden.

Für große Netzwerke ergibt sich mit dem „Preferential Attachment" als Gradverteilung ein Potenzgesetz mit einem Exponenten $-\gamma = -3$. Das bedeutet, dass es eine kleine Anzahl sehr stark verbundener Knoten, sogenannten „Hubs", und eine große Mehrheit an Knoten mit nur wenigen Verbindungen gibt.

Es können prinzipiell sehr unterschiedlich große und in unterschiedlicher Zeit entstandene Netzwerke modelliert werden. Jedoch ist im BA-Modell ein Zeitschritt stets ereignisorientiert und bedeutet immer das Hinzufügen eines Knotens. Wenn man Wachstumsprozesse in realen Netzwerken modellieren möchte, muss man zusätzlich festlegen, welchem realen Zeitschritt

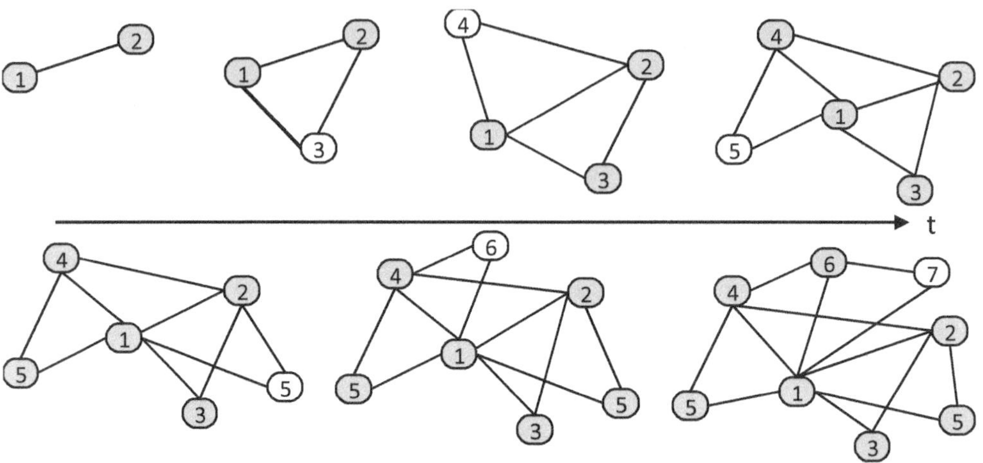

Bild 11.10 Veranschaulichung des Wachstumsprozesses für das sukzessive Hinzufügen von Kanten und Knoten im sogenannten „Preferential Attachment"-Modell nach Barabasi-Albert. In diesem Beispiel werden nach Erzeugung des Knotens immer $m = 2$ Kanten zu den Knoten des bestehenden Netzwerks hinzugefügt. Deutlich bildet sich nach wenigen Schritten ein Hub im Zentrum des Netzwerks heraus.

zum Beispiel in Jahren oder Monaten ein (Zeit-)Schritt im Modell entspricht. Der von der gewählten Knotenzahl m unabhängige Exponent $-\gamma = -3$ ist ein charakteristisches Kennzeichen des skalenfreien BA-Modells und zeigt sich in einer doppelt-logarithmischen Darstellung als Linie mit der Steigung -3.

Häufigkeitsverteilung für das „Preferential Attachment"

Die Häufigkeitsverteilung der Knotengrade $P(d_i)$ kann nach ausreichend langer Wachstumszeit $t \to \infty$ durch folgenden Ausdruck beschrieben werden [5]:

$$P(d_i)_{\text{BA}} = \frac{2m(m+1)}{d_i(d_i+1)(d_i+2)}.$$

Für große m und große d_i gilt

$$P(d_i)_{\text{BA}} \simeq 2m^2 \cdot d_i^{-3} \qquad \text{mit } \langle d \rangle = 2m.$$

Für große Netzwerke der Praxis besitzen die Häufigkeitsverteilungen noch einen „Cut-Off", da die maximale Größe von Hubs beispielsweise aus Gründen der Physik oder Wirtschaftlichkeit beschränkt sein kann. In der Praxis enthält die Stichprobe nur eine geringe Anzahl an solchen „Hubs". Die Folge ist, dass die Histogramme für höhere Knotengrade einem starken Rauschen unterliegen. Daher wird in der Praxis häufig die kumulative Häufigkeitsverteilung der Knotengrade verwendet, welche die Wahrscheinlichkeit wiedergibt, dass der Grad eines Knotens gleich oder größer einer gewissen Gradzahl d ist. Die charakteristische Steigung der Geraden für kumulierte Häufigkeitsverteilungen beträgt für das BA-Model $-(\gamma - 1) = -(3 - 1) = -2$.

Mittlere Pfadlänge und Cluster-Koeffizient für das „Preferential Attachment“

Mittlere Pfadlänge $\langle l \rangle_{BA}$ und Cluster-Koeffizient $\langle C \rangle_{BA}$ des skalenfreien Netzwerks ist nach ausreichend langer Wachstumszeit $t \to \infty$ [5] proportional zu

$$\langle l \rangle_{BA} \simeq \frac{\ln(n)}{\ln(\ln(n))} \qquad \text{für } n > 2,$$

$$\langle C \rangle_{BA} \simeq m \frac{(\ln n)^2}{n} \qquad \text{für } n > 0.$$

Für große Netzwerke ergibt sich mit dem „Preferential Attachment“ eine mittlere Pfadlänge, die kürzer ist als im ER-Zufallsgraphen und ein Cluster-Koeffizient, der größer ist als im ER-Zufallsgraphen. Damit war es den Forschern gelungen sowohl die Charakteristika der hohen Cluster-Koeffizienten und kurzen mittleren Pfadlängen als auch die Häufigkeitsverteilung realer Netzwerke über einen Wachstumsmechanismus zu beschreiben, der plausibel und realitätsnah erscheint. Zudem erscheint der Wachstumsmechanismus als sehr universell und mag erklären, warum der skalenfreie Verlauf nach einer Exponentialfunktion so häufig in Netzwerken ganz unterschiedlicher Art angetroffen werden kann, diese Eigenschaft hatten wir in Abschnitt 9.2.5 mit dem Begriff der Universalität bezeichnet.

Beispiel 11.7

Der Wachstumsprozess des „Preferential Attachment“ kann auch in Form einer numerischen Simulation mithilfe der Modellierungsumgebung *NetLogo* (Northwestern University) [113] veranschaulicht werden. Eine detaillierte Beschreibung der Simulationsmethoden und der verwendeten Modellierungsumgebung finden sich in Ab-

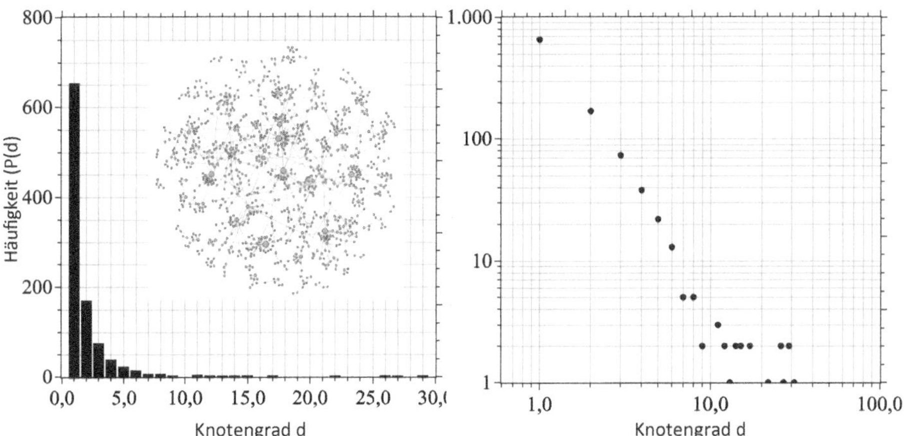

Bild 11.11 Simulationsergebnis des „Preferential Attachment“-Modells (NetLogo) [93] für $n = 1.000$ und $m = 2$. Die Diagramme zeigen die Häufigkeitsverteilung der Knotengrade des entstandenen Netzwerks – links in einer linearen Skala und rechts in einer doppelt-logarithmischen Darstellung. Deutlich sind der skalenfreie Verlauf und die Region großer Grade zu erkennen, in welcher die Häufigkeiten aufgrund der kleinen Stichprobe starken Schwankungen unterworfen sind.

schnitt 13.3. Im über die Modellbibliothek der Software zugänglichen Modell „Preferential Attachment“ [93] kann der Wachstumsprozess ausgehend von einem Knoten gestartet und nach einer gewissen Größe des Netzwerks abgebrochen werden.

Das *Bild 11.11* zeigt das Simulationsergebnis für $n = 1.000$ und $m = 2$ erzeugte Knoten. Die Diagramme zeigen die Häufigkeitsverteilung der Knotengrade des entstandenen Netzwerks. Links in einer linearen Skala und rechts in einer doppelt-logarithmischen Darstellung. Deutlich ist der Verlauf nach dem Potenzgesetz zu erkennen. Für hohe Knotengrade ist die Häufigkeit starken Schwankungen unterworfen, da die geringe Anzahl der Hubs für jeden der Simulationsläufe stark abweicht. ■

11.2.3 Erweiterungen des Barabasi-Albert-Modells

Wie bereits in Abschnitt 9.2.4 erläutert, zeigt *Bild 11.12* die Häufigkeitsverteilungen des ER-Zufallsgraphen und des BA-Modells nochmals im Vergleich. Die Normalverteilung des ER-Zufallsgraphen besitzt eine symmetrische Verteilung um einen charakteristischen Mittelwert $< d >$, das BA-Modell hingegen weist eine Exponentialverteilung ohne charakteristische Skala auf. In einem doppelt-logarithmischen Maßstab lässt sich die Exponentialverteilung als fallende Gerade mit der Steigung $-\gamma = -3$ darstellen.

Das Barabasi-Albert-Modell scheint einen wesentlichen Mechanismus des Wachstums realer Netzwerke wiederzugeben, jedoch mit Einschränkungen. Die Häufigkeitsverteilung besitzt einen fixen Exponenten von $-\gamma = -3$. In realen Netzwerken treten jedoch Exponenten im Bereich von 2 bis 4 auf. Zudem weichen reale Häufigkeitsverteilungen in den Bereich sehr großer und kleiner Knotengrade vom Potenzgesetz ab. Das BA-Modell lässt keine neuen Verbindungen zwischen bestehenden Knoten oder das Entfernen von existierenden Knoten oder Kanten zu; in realen Netzwerken kann dies aber gerade den wesentlichen Effekt darstellen.

Zudem haben Knoten, die früher im Wachstumsprozess erzeugt werden, stets eine höhere Wahrscheinlichkeit mit neuen Kanten verbunden zu werden. Im betriebswirtschaftlichen Bereich bezeichnet man dies häufig als „First Mover Advantage“. Dieser erscheint aber nicht für alle Wachstumsmechanismen als eine zwingende Annahme. Nicht immer besitzen die älteren

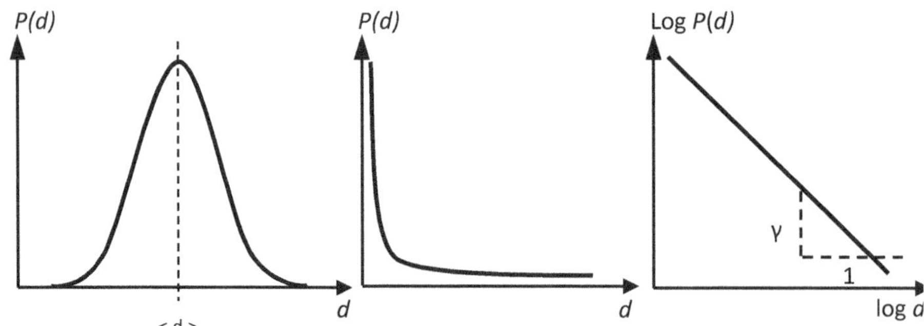

Bild 11.12 Skizze der verschiedenen Häufigkeitsverteilungen: Normalverteilung um einen typischen Mittelwert <d> (links), Exponentialverteilung ohne charakteristisches Maß (Mitte), Exponentialverteilung, dargestellt im doppelt-logarithmischen Maßstab (rechts).

Knoten einen Vorteil, sonst würden beispielsweise etablierte Firmen in einem Unternehmensnetzwerk ab einem bestimmten Grad im Wachstumsprozess nie mehr ihren Vorteil verlieren können und damit für immer das Netzwerk dominieren. In realen Netzwerken spielen jedoch andere intrinsische Qualitäten der Akteursknoten für die Verknüpfung oft eine größere Rolle. So können beispielsweise immer wieder noch schlecht verknüpfte neue Firmen durch exzellente Produkte oder Services sich gegenüber etablierten Firmen durchsetzen.

Diese und weitere Einschränkungen können durch Erweiterungen des Basismodells behoben werden, von denen die wichtigsten im Folgenden skizziert sind [4, Kapitel 6].

1. *Fitness:* Die Wahrscheinlichkeit der Verknüpfung einer neuen Kante zu einem bestehenden Knoten ergibt sich aus dem Knotengrad d_i und der Fitness ρ des Knotens. Die Art des sich ergebenden Netzwerks hängt ganz wesentlich von der Verteilung der Fitness $\rho(v_i)$ über die Knoten ab. Für eine einheitliche Fitness ρ = konstant ist das sogenannte Bianconi-Barabasi-Modell mit dem Barabasi-Albert-Modell äquivalent. Für eine Gleichverteilung der Fitness zwischen $0 \leq \rho \leq 1$ ergibt sich eine Potenzfunktion mit etwas kleinerem Exponenten. Für bestimmte Formen der Fitnessverteilung kann es zu einer Art „Kondensation“ kommen, bei der ein oder wenige Knoten alle neuen Kanten auf sich vereinen, nach dem Motto „The winner takes it all“.
2. *Anfangsattraktivität:* Im BA-Modell haben isolierte Knoten nur eine sehr geringe Chance im Laufe des Wachstumsprozesses mit Kanten versehen zu werden, in realen Netzwerken werden aber auch solche Knoten mit dem Netzwerk verbunden. Abbilden kann man diesen Effekt, in dem man im Modell die Wahrscheinlichkeit $P(d)$ unabhängig vom Grad um eine Konstante a erhöht. Dadurch erhöht sich der Exponent $\gamma = 3 + a/m$ und die Häufgkeitsverteilung weicht vor allem für kleine Grade vom Potenzgesetz nach oben ab.
3. *Bestandsknoten:* In realen Netzwerken werden viele der neuen Kanten m zwischen bestehenden Knoten und nicht wie im BA-Modell immer nur ausgehend von neuen Knoten erzeugt. Wenn man im Wachstumsmechanismus zusätzlich zu den m Kanten von neuen Knoten auch weitere n Kanten hinzufügt, welche Bestandsknoten gemäß deren Grade verbindet, so erhält man ein „Doppeltes Preferential Attachment“ und als Exponent der Potenzfunktion ergibt sich zu $\gamma = 2 + m/(m + 2n)$ und damit $2 \leq \gamma \leq 3$. Wählt man die n Kanten zwischen existierenden Knoten zufällig, so ergibt sich als Exponent der Potenzfunktion $\gamma = 3 + 2n/m$ und damit $\gamma \geq 3$.
4. *Knoten- und Kantenentfernen:* In realen Netzwerken scheiden im Laufe des Wachstumsprozesses immer wieder Knoten und die mit diesen verbundenen Kanten aus dem Netzwerk aus. Im Modell kann man das abbilden, indem man neben dem Hinzufügen eines Knotens und m Kanten mit jedem Schritt auch r Knoten mit der Wahrscheinlichkeit p_0 entfernt. Diese Wahrscheinlichkeit kann auch als vom Knotengrad abhängig modelliert werden. Die sich ergebende Netzwerkstruktur hängt nun davon ab, wie viele r Knoten entfernt werden. Für $r < 1$ ergibt sich ein skalenfreies Netzwerk mit etwas größerem Exponenten $\gamma = 3 + 2r/(1 - r)$, bei $r = 1$ stagniert das Wachstum des Netzwerks und bei $r > 1$ degeneriert das Netzwerk, bis der letzte Knoten entfernt wurde.
5. *Beschleunigtes Wachstum:* Im realen Wachstum kann sich die Anzahl m der hinzugefügten Kanten je neuem Knoten über den Wachstumsprozess hinweg erhöhen, sodass die Kantenanzahl $n(t)$ schneller als die Kontenzahl $e(t)$ wächst. Falls man $m(t) = m_0 t^{\eta}$ setzt, ergibt sich $\gamma = 3 + (2\eta)/(1 - \eta)$, also $\gamma \geq 3$.

6. *Alterungseffekt:* In bestimmten Netzwerken haben die Knoten eine gewisse „Lebenszeit", nach der diese aus dem Netzwerk ausscheiden. Allerdings nicht plötzlich, sondern indem diese immer weniger neue Kanten auf sich ziehen. Die Verminderung der Hinzunahme neuer Kanten kann auch an begrenzten Kapazitäten der Knoten liegen. Damit kann $P(d_i)$ als vom Alter $t - t_i$ des Knotens modelliert werden als $P(d,(t-t_i)) \simeq d(t-t_i)^{\nu}$ mit ν als Kalibrierungsfaktor. Für $0 < \nu < 1$ bleibt die skalenfreie Eigenschaft bestehen, für $\nu \leq 1$ überwiegt der Alterungseffekt das „Preferential Attachment", und die skalenfreie Charakteristik geht verloren.

Je nach Aufgabenstellung muss man sich entscheiden, welche Kombination dieser zusätzlichen Wachstumsregeln man im Modell berücksichtigen muss. Generell sollte jedoch, wie in Abschnitt 13.1.3 noch genauer ausgeführt wird, stets mit einem möglichst einfachen Modell begonnen werden, um dieses dann schrittweise zu erweitern. Bei der Diskussion der Anwendung numerischer Simulation für die Modellierung des dynamischen Netzwerkwachstums in Abschnitt 13.2.2 werden wir einige der aufgeführten Erweiterungen im Rahmen einer Simulationsstudie näher untersuchen.

11.3 Weiterführende Literatur

Viele der grundlegenden Forschungsarbeiten, die zur Entwicklung der neueren Modelle der Netzwerkforschung geführt haben, sind in einem Sammelband „The Structure and Dynamics of Networks" enthalten, herausgegeben von Newman, Barabasi und Watts [37]. Die Details der verschiedenen Wachstumsmodelle sind fast vollständig im vierten Teil des Buches „Networks – An Introduction" von Newman [36] zusammengefasst. Im Buch „Evolution of Networks" von Dorogovtsev und Mendes [21] werden die Modelle den realen Netzwerken verschiedener Bereiche gegenübergestellt.

Sehr lesenswert, aber auch sehr detailliert ist die Publikation von Barabasi [4] die wesentlichen Wachstumsmodelle im Rahmen der historischen Entwicklung mit vielen detaillierten Vergleichen zu realen Netzwerken dargestellt. Als populärwissenschaftliche Bücher zu diesen und weiteren Themen sind „Ubiquity" von Alain Barrat et al. [6], „Linked" von Albert-László Barabási [3] und „Six Degrees" von Duncan Watts [52] zu empfehlen.

12 Dynamische Prozesse auf großen Netzwerken

In diesem Kapitel greifen wir die zuvor erläuterten charakteristischen Parameter und Wachstumsmodelle auf, um die dynamischen Prozesse zu untersuchen, die auf großen Netzwerken ablaufen können. Dabei werden wir insbesondere betrachten, wie stabil Netzwerke gegenüber zufälligen oder gezielten Angriffen sind, wie sich Zustände und Informationen im Netzwerk ausbreiten, wie effiziente Suchstrategien zu gestalten sind, welche Effekte beim Transport auf den Kanten des Netzwerks auftreten und wie sich spieltheoretische Ansätze auf eine Netzwerkstruktur übertragen lassen.

Die Kenntnis und Beherrschung der dargestellten Phänomene spielen in der Praxis beispielsweise bei der Bekämpfung der Ausbreitung von Epidemien und Computerviren, bei der Gestaltung möglichst robuster Kommunikationsnetze, der wirtschaftlichen Auslegung der Kapazitäten eines Energieversogungsnetzes und der Entscheidungsfindung in Unternehmensnetzwerken eine entscheidende Rolle. Dabei werden die Konzepte überwiegend qualitativ beschrieben und mit Anwendungsfällen veranschaulicht. Da die Darstellung der vollständigen analytischen Lösung den Rahmen des vorliegenden Lehrbuches bei Weitem übersteigen würde, wird an den entsprechenden Stellen und am Ende des Kapitels auf die einschlägige Fachliteratur verweisen.

12.1 Strukturelle und dynamische Komplexität großer Netzwerke

Wie in der Einleitung zum dritten Teil erwähnt, verwenden wir für große Netzwerke die Begriffe der strukturellen und dynamischen Komplexität. Strukturelle Komplexität meint im Wesentlichen die Anzahl der Knoten und Kanten – als Maß für die kombinatorischen Möglichkeiten der Verknüpfungen – wohingegen unter der dynamischen Komplexität der Grad der Vorhersagbarkeit der zeitlichen Dynamik – zwischen den Extremen völliger Regularität und reinem Zufall – aus der Zeitreihe der Vergangenheit verstanden werden kann [33]. Beide Dimensionen sind für große Netzwerke i. d. R. nicht unabhängig voneinander. Dabei liegen komplexe dynamische Systeme zwischen einfachen oder lediglich komplizierten Systemen mit hoher Vorhersagbarkeit und den chaotischen oder rein zufallsgesteuerten Systemen, über die sich – zumindest für längere Zeiträume – keinerlei Vorhersagen treffen lassen. Selbst für manche rein deterministisch komplexen Systeme – wie beispielsweise zelluläre Automaten – lässt sich das dynamische Verhalten nicht aus den bekannten Grundregeln ableiten; denn ein Effekt kann mehrere Ursachen, aber eine Ursache kann auch unterschiedliche Auswirkungen haben; das System verhält sich hochgradig nicht-linear und verliert sozusagen sein „Gedächtnis“, was man mithilfe der sog. Informationskomplexität aus einer Analyse der Signalspektren der entstehenden Zeitreihen quantifizieren kann [33].

Trotz mangelnder Vorhersagbarkeit der detaillierten zeitlichen Dynamik können komplexe Systeme kohärente Strukturen und Muster aufweisen, die sich zwar nur mit einer gewissen Unsicherheit aus den Eigenschaften der Elemente ableiten lassen, jedoch wegen einer gewissen zeitlichen Stabilität quasi als „Fingerabdruck" des Systems dienen. Von großer praktischer Relevanz ist es, die Bedingungen für das Auftreten von sog. „Kipppunkten" abzuschätzen; also bestimmter Systemzustände, bei denen das System in Abhängigkeit der Kontrollparameter in einer Art „Phasenübergang" (s. Bild 11.2) spontan neue makroskopische Strukturen fernab des Gleichgewichtszustandes bildet. Diese dynamischen Verhaltensweisen komplexer Systeme nennt man *emergente Phänomene.*

Bekannte Beispiele dafür sind der alltägliche Stau auf der Autobahn, die beeindruckenden Formationen von Starenschwärmen – siehe das preisgekrönte Foto „Starling Murmuration" des Photographen Daniel Denscescu – oder Bewegung großer Menschenmassen in Panik [55]. So unterschiedlich diese Phänomene im Einzelnen sind – ein Stau auf der Autobahn gleicht nie exakt dem anderen –, so gibt es doch universelle Muster: Beispielsweise, dass die Stauwelle stets der Orientierung des Autoverkehrs entgegengesetzt verläuft und sich die Geschwindigkeit der Fortpflanzung dieser Stauwelle aus den Eigenschaften des zuvor fließenden Verkehrs berechnen lässt. Es kann darüberhinaus universell bestimmt werden, ab welchem Zustand mit hoher Wahrscheinlichkeit mit dem Einsetzen eines Staus zu rechnen ist.

Da sich diese emergenten Phänomene nicht einfach auf die identifizierbaren Ursachen zurückführen lassen, aber auch die übliche Zerlegung des komplexen Systems in überschaubare Teilsysteme die relevanten emergenten Phänomene zum Verschwinden bringen können, haben die meisten ungeschulten Beobachter große Schwierigkeiten, die emergenten Muster richtig zu deuten. Man vermutet oft fälschlicherweise eine zentrale Steuerung – man denke an diverse Verschwörungstheorien –, überträgt Eigenschaften der Elemente naiv auf das Ganze – „Die Menge verhielt sich tolerant" – und meint fälschlicherweise, dass Zufallsprozesse die emergenten Muster zerstören, ohne zu erkennen, dass diese oft eine notwendige „Zutat" emergenter Phänomene sind.

Wie Duncan Watts in seinem Buch „Everything is Obvious ... once you know the answer" treffend erklärt [53], ist es bei einem komplexen System i. e. S. oft nur im Nachhinein möglich, die Phänomena zu rationalisieren, was aber nicht bedeutet, dass man in der Lage wäre, zukünftige Ergebnisse vorherzusagen. Hier verführt der – in einfacheren Situationen sehr nützliche – „gesunde Menschenverstand" (sog. Common Sense) Personen häufig zur Selbstüberschätzung der eigenen Urteilskraft. Statt die eigene Fähigkeit zur Vorhersage in Frage zu stellen, nimmt man eher an, dass bestimmte Informationen fehlten; ein wichtiger Hinweis bzgl. der Einschätzung des Potenzials, der derzeitig intensiv diskutierten (angeblichen) Fähigkeiten prädiktiver KI-Methoden.

Dass komplexe Systeme i. e. S. die Fähigkeit haben zu überraschen, wird anhand der im Folgenden aufgeführten (emergenten) Dynamiken auf großen Netzwerken veranschaulicht und die Möglichkeiten der Analyse und Beeinflussung werden näher erläutert. Sei es die Eigenschaft, dass große Netzwerke sehr resilient, aber zugleich auch verwundbar gegenüber Angriffen sind (s. Abschnitt 12.2), dass die Ausbreitung und Bekämpfung von Pandemien sehr stark von der zugrundeliegenden Netzwerktopologie abhängt (s. Abschnitt 12.3), die Wahl des besten Algorithmus zum Auffinden von Informationen auf großen Netzwerken im Wesentlichen vom Grad des Wissens über den Zielknoten abhängt (s. Abschnitt 12.4) und ein Auffinden in vertretbarer Zeit keinesfalls garantiert werden kann. Bei kapazitierten Transportprozessen (s. Abschnitt 12.5) gibt es eine kritische Belastungsgrenze, die zur Betweenness Centrality des Netzwerkes proportional ist und damit zwischen einer hohen Auslastung und kurzen Transportzeiten ein Kompromiss gefunden werden muss; interessanterweise kann das Hinzufügen einer zusätzlichen Transportkante die Transportzeiten aller Elemente erhöhen (sog. Braessche Paradox); ein Phänomen, dass man mit „gesundem Menschenverstand" sicher nicht erwarten würde. Ob Kaskaden von Überlastungen in Netzwerken – z. B. wie beim Blackout im Stromnetz – zum völligen Erliegen aller Transportströme führt oder in der Wirkung lokal begrenzt bleibt, hängt im Wesentlichen von den Umleitungsregeln und der Kritikalität des Netzwerkes selbst ab. Da die Stärke der Kaskade selbst eine skalenfreie Verteilung aufweist (s. Abschnitt 12.5.2), also es keinen typischen erwartbaren Maßstab wie z. B. eine „Mittlere Kaskadenstärke" gibt, ist auch keine einfache Ermittlung der notwendigen Pufferkapazitäten möglich, sondern die Wahl der Puffergröße ist eine Frage der Risikoabwägung. Auch die Dynamik der kollektiven Weitergabe von Informationen (s. Abschnitt 12.6) zeigt, dass der Grad der Verbreitung zwar durchaus von der Informationseigenschaft („interessant" oder „uninteressant") abhängt, jedoch im zumindest selben Maße aber auch von den strukturellen Eigenschaften des Netzwerkes selbst. Versuchen die Akteure auf den großen Netzwerken bestimmte Zielfunktionen zu erfüllen oder versuchen diese gar die Reaktion anderer Akteure in die eigenen Entscheidungen einzubeziehen, hat das große Auswirkungen auf den Grad eines kollektiven kooperativen oder kompetitiven Verhaltens (s. Abschnitt 12.6.3).

12.2 Robustheit von Netzwerken

Die Funktion großer Netzwerke in der Praxis beruht häufig auf ihrer Konnektivität, einem Maß dafür, wie stark verbunden das Netzwerk ist. Eine charakteristische Zahl könnte etwa die Anzahl der Wege zwischen einem ausgewählten Knotenpaar sein. Entfernt man Knoten oder Kanten aus einem Netzwerk, so kann sich die Pfadlänge zwischen den verbliebenen Knoten erhöhen. Noch kritischer wird die Situation, wenn das Netzwerk in Komponenten zerfällt, sodass zwischen bestimmten Knoten des Netzwerks gar keine Verbindung mehr existiert. Damit ist dann kein Informations- oder Materialtransport zwischen diesen mehr möglich. Je nachdem, mit welcher Systematik die Knoten oder Kanten entfernt werden, zeigen sich Netzwerke mehr oder weniger widerstandsfähig.

12.2.1 Relevanz und Erscheinungsformen

Dabei lässt sich in der Praxis beobachten, dass sich einerseits Netzwerke gegen eine Vielzahl von Knotenausfällen als durchaus robust erweisen, jedoch in manchen Fällen der Ausfall eines einzigen Knotens dramatische Konsequenzen bis hin zum vollständigen Zusammenbruch des Netzwerks haben kann. Beispiele für großflächige Zusammenbrüche von Energienetzen der Vergangenheit haben gezeigt, dass die Stabilität großer komplexer Netzwerke von hoher Relevanz ist. Um solche Netzwerke gegen Angriffe oder zufällige Störungen zu schützen bzw. die richtigen Taktiken für den Umgang mit solchen Situationen zu entwickeln, müssen die kritischen Elemente identifiziert werden.

Beispiel 12.1

Das Forscherteam Rèka Albert, Hawoong Jeong und Albert-László Barabási [37, Abdruck s. 503] veröffentlichte im Jahr 2000 im Magazin Nature eine Untersuchung über die Robustheit des Internets und des *WWW*. Sie nutzten dabei empirische Daten zweier Netzwerke: eines mit 6.000 Knoten, welches die Struktur des Internets als technologisches Netzwerk repräsentierte, und ein Ausschnitt eines Informationsnetzwerks mit 326.000 *WWW*-Seiten. Die Autoren bestimmten die durchschnittliche Pfadlänge des Netzwerks, während sie entweder Knoten zufällig entfernten oder gezielt diejenigen Knoten mit den höchsten Graden entfernten. Sie fanden heraus, dass sich die mittlere Pfadlänge in beiden Netzwerken als recht resistent gegen die zufällige Knotenentfernung verhielt, solange ein kritischer Wert nicht überschritten wurde. Sie konnten bis zu 80 Prozent der Knoten entfernen, ohne den Zusammenhang des Netzwerks zu zerstören. Jedoch zeigte die gezielte Entfernung der Knoten mit den höchsten Graden schon nach wenigen Schritten einen verheerenden Effekt: Das Netzwerk brach in viele kleine unverbundenen Komponenten auseinander, und die meisten Knoten konnten nicht mehr erreicht werden. Genau diese Situation ist es aber, die in den USA die NSA (National Security Agency) nach den Anschlägen des 11. September besonders interessierte: Was passiert, falls jemand über die notwendigen Informationen verfügt, um die kritischen Knoten eines Netzwerks zu identifizieren, und sich Zugang verschaffen kann, um diese auszuschalten? Die wesentliche Erkenntnis ist, dass die Netzwerke des Internets und das *WWW* sowohl robust gegen zufällige Störungen als auch verwundbar gegenüber gezielten Angriffen sind. ■

Grundsätzlich ist zu unterscheiden, ob ein Knoten, der zu einem Zeitpunkt im Modell ausgeschaltet bzw. entfernt wird, zufällig bestimmt wurde oder ob es sich um einen gezielten Angriff handelt, der besonders zentrale Knoten – also die Hubs oder Brücken – eines Netzwerks außer Gefecht setzt. Zudem zeigte sich, dass die Schadensentwicklung sehr stark davon abhängt, ob es sich um ein homogenes Netzwerk (beispielsweise einen ER-Zufallsgraphen mit Poisson-Verteilung) oder um ein inhomogenes Netzwerk (z. B. einen BA-Graphen mit Exponentialverteilung) handelt.

Beispiel 12.2

Wie bereits erläutert, war der Vorläufer des heutigen Internets das sogenannte DARPA-Netzwerk, welches vom US-Militär entwickelt wurde, um potenziellen Angriffen eines Nuklearkrieges zu widerstehen. Der Informatiker Paul Baran (1926–2011) behauptete, dass eine verteilte netzartige Struktur, wie in der rechten Hälfte von *Bild 12.1* dargestellt, weniger verwundbar gegenüber möglichen gezielten Angriffen sei. Auch ohne Rechnung ist die Situation für gezielte Angriffe relativ klar: Das auf der linken Seite dargestellte Netzwerk ist nach dem Treffer des zentralen Hubs zerstört; es besteht nur noch aus unverbundenen Knoten. Für das Netzwerk in der Mitte reicht ein gezielter Treffer auf den zentralen Knoten, dann zerfällt das Netzwerk in vier nicht zusammenhängende und zwei zusammenhängende Sterne; weitere sechs Treffer würden auch dieses Netzwerk vollständig zerstören. Das rechte Netzwerk hingegen bietet keinen besonders zentralen Knoten als Ziel, da die Knoten im Inneren den Grad vier oder fünf, die Knoten am Rand den Grad zwei oder drei besitzen. Man müsste immerhin neun Treffer landen, um das Netzwerk in eine linke und rechte Hälfte zu zerteilen, sodass beispielsweise keine Nachrichten zwischen der Ost- und Westküste der USA versandt werden könnten.

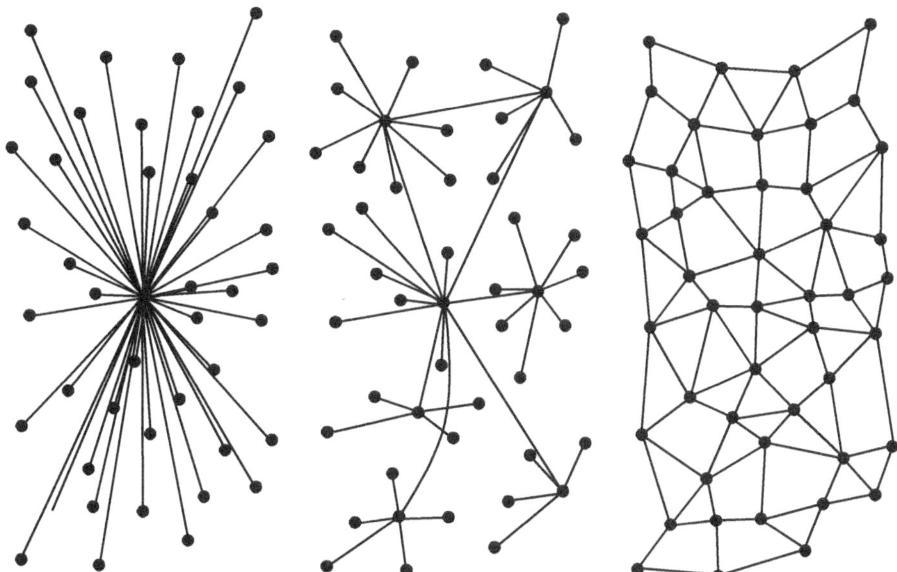

Bild 12.1 Darstellung der grundsätzlichen Gestaltungsoptionen für das damalige DARPA-Netzwerk: zentralisiert mit einem Hub (links), dezentralisiert mit vielen verbundenen Knoten (Mitte) und verteilt auf einem Gitter (rechts) [58]. – Nachdruck mit Genehmigung ■

Als Maß für den Grad der Schädigung eines Netzwerks, nachdem ein gewisser Anteil der Knoten entfernt wurde, wird dabei meist das Verhältnis der Knotenzahl der größten zusammenhängenden Komponente des Netzwerks zur Gesamtgröße des Netzwerks benutzt. Für Kommunikationsnetzwerke könnte auch der mit zunehmendem Anteil entfernter Knoten steigende Netzwerkdurchmesser $D(G)$ relevant sein. Es würde sich dabei jedoch anbieten, den Kehrwert des Netzwerkdurchmessers (von manchen Forschern auch als Netzwerk-Effizienz bezeichnet) als Maß der Schädigung zu verwenden. Denn sobald das Netzwerk in mehrere Teilgraphen zerfällt, würde die Distanz zwischen zwei nicht verbundenen Knoten unendlich und damit eine sinnvolle Aussage über den Grad des Netzwerkschadens erschwert. Mithilfe der im folgenden Abschnitt dargestellten Theorien kann der kritische Wert des Anteils entfernter Knoten bestimmt werden, oberhalb dessen das Netzwerk seinen Netzwerkcharakter verliert.

12.2.2 Wesentliche Modelle und Lösungsverfahren

Geeignete Modelle für die oben beschriebenen Phänomene sind die sogenannten *Perkolationsmodelle,* welche in der statistischen Physik seit langem angewandt werden. Die Perkolationstheorie (engl. percolation: durchsickern) beschreibt die Ausbreitung von zusammenhängenden Strukturen bei zufallsbedingter Besetzung von Kanten oder Knoten und kann in vielen Bereichen der Physik und Biologie eingesetzt werden. Beispiele sind die Modellierung der Ausbreitung von Flüssigkeiten in porösen Materialien oder die Bildung von Molekülketten während Polymerisationsprozessen.

Für einen ER-Zufallsgraphen wurde dieser Perkolationsprozess bereits im Abschnitt 11.1.2 im Rahmen des Wachstumsmodells besprochen. Aus *Bild 11.2* ging hervor, dass der Übergang von vereinzelten Knoten und Bäumen zu einem zusammenhängenden Netzwerk nicht kontinuierlich erfolgt, sondern plötzlich entsteht, sobald der mittlere Knotengrad $\langle d \rangle$ den kritischen Wert $\langle d \rangle_k = 1$ überschreitet. Für den Fall der zufälligen Entfernung von Knoten wird also der Wachstumsprozess in umgekehrter Reihenfolge – vom vollständigen Graphen hin zu unverbundenen Knoten – durchlaufen. Es kann mithilfe der Perkolationstheorie allgemein bewiesen werden, dass dieser kritische Wert f_c im Wesentlichen vom Grad der Heterogenität des Ausgangsnetzwerks abhängt.

Malloy-Reed-Kriterium für die Robustheit gegen Störungen und Attacken

Mithilfe der Perkolationstheorie lässt sich das sogenannte Malloy-Reed-Kriterium ableiten [5, Kapitel 6], [4, Kapitel 5], welches erfüllt sein muss, damit in einem beliebigen Netzwerk eine große zusammenhängende Komponente T existiert

$$\kappa = \frac{\langle d^2 \rangle}{\langle d \rangle} > 2.$$

Daraus ergibt sich der kritische Wert f_c als Anteil entfernter Knoten in einem Netzwerk beliebiger Form zu

$$f_c = 1 - \frac{1}{\dfrac{\langle d^2 \rangle}{\langle d \rangle} - 1}.$$

Die Schädigung des Netzwerks in Abhängigkeit vom Anteil f der entfernten Knoten ist in *Bild 12.2* dargestellt. Dabei untersuchen wir den ER-Zufallsgraphen im Vergleich zum skalenfreien Netzwerk eines BA-Modells und betrachten zwei unterschiedliche Arten der Schädigung des Netzwerks: einerseits das *zufällige Entfernen* von Knoten und andererseits das *gezielte Entfernen* von Knoten.

Zufälliges Entfernen von Knoten: Wie in *Bild 12.2* in der oberen Reihe zu erkennen ist, zeigt das skalenfreie Netzwerk nach dem BA-Modell mit einem Exponenten γ zwischen zwei und drei eine hohe Toleranz gegenüber zufälliger Entfernung von Knoten. Die größte zusammenhängende Komponente ist selbst für sehr hohe Schädigungsgrade f von 80 Prozent immer noch vorhanden. Der geringe Durchmesser des Netzwerks wird im Wesentlichen durch die extrem gut vernetzen Hubs erreicht, die bei einer zufälligen Schädigung des Netzwerks aufgrund ihrer deutlich geringeren Anzahl mit geringerer Wahrscheinlichkeit getroffen werden. Selbst für relativ kleine Netzwerke müssen über 90 Prozent der Knoten entfernt werden, um den kritischen Wert f_c zu überschreiten. Daher wird an dieser Stelle auch von *Ultra-Resilienz* der skalenfreien Netzwerke gesprochen.

Dagegen nimmt die Größe der größten zusammenhängenden Komponente für einen homogenen ER-Zufallsgraphen mit zunehmender Schädigung S_f stetig ab, bis diese bei einem relativ kleineren Wert von $f_c = 1 - 1/\langle d \rangle$ bereits zerfällt. Es wird wie oben besprochen der Wachstumsprozess des ER-Zufallsgraphen in umgekehrter Reihenfolge – vom vollständigen Graphen hin zu den unverbundenen Knoten – durchlaufen. Das Schadensausmaß S_f erreicht für den in

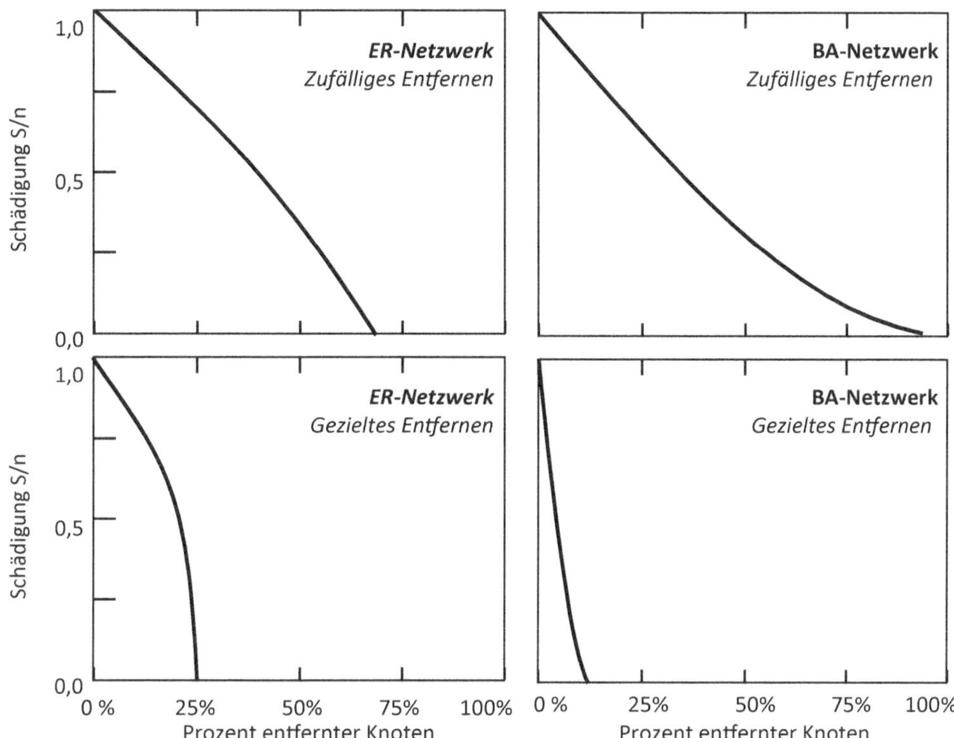

Bild 12.2 Schädigung durch *zufälliges Entfernen* (oben) und *gezieltes Entfernen* (unten) von Knoten: Größte zusammenhängende Komponente im Verhältnis zur ursprünglichen Größe des Netzwerks, aufgetragen über den Anteil f der entfernten Knoten. Verlauf für einen ER-Zufallsgraphen (links) und für ein skalenfreies Netzwerk nach dem BA-Modell gleicher Größe (rechts) [5]. – Nachdruck mit Genehmigung

Bild 12.2 dargestellten Fall für den ER-Zufallsgraphen bereits bei f von ca. 60 Prozent den Wert Null. Der ER-Zufallsgraph besitzt also keine Ultra-Resilienz wie die skalenfreien Netzwerke.

Gezieltes Entfernen von Knoten: Ganz anders sieht die Situation aus, falls man gezielte Attacken auf Knoten mit den höchsten Graden betrachtet, wie in *Bild 12.2* in der unteren Reihe dargestellt ist. Hier erscheint das skalenfreie Netzwerk wesentlich verwundbarer als der Zufallsgraph. Die größte zusammenhängende Komponente wird durch das Entfernen einer geringen Anzahl von Hubs sehr schnell aufgelöst. Bei einer gezielten Attacke auf skalenfreie Netzwerke mit einem Exponenten γ zwischen zwei und drei genügt schon das Ausschalten weniger Prozent der Knoten, um das Netzwerk zusammenbrechen zu lassen. Hier ist das Zufallsnetzwerk weniger verwundbar, da die Grade der Knoten symmetrisch um den Durchschnittsgrad $\langle d \rangle$ verteilt liegen und verhältnismäßig gleichmäßig zur Verknüpfung des Netzwerks beitragen. Dennoch ist auch der ER-Zufallsgraph deutlich verwundbarer gegenüber gezielten Attacken als gegenüber zufälligen Störungen.

12.2.3 Zusammenfassung wesentlicher Erkenntnisse

Wir haben gelernt, dass man differenzieren muss, wenn man von der besonderen Robustheit großer skalenfreier Netzwerke gegenüber Störungen spricht, denn dies gilt nur für zufällige Störungen. Für gezielte Attacken zeigt sich das Netzwerk hingegen als sehr verwundbar. Für das Risikomanagement globaler Versorgungsketten und Lieferantennetzwerke kann dies bedeuten, dass man sich zwar auf die Robustheit gegen zufällige Störungen verlassen kann, man jedoch für die Ausfälle der Hubs oder Brücken bei der Planung des Netzwerks eine bestimmte Redundanz oder Diversifizierung vorsehen muss. So kann beispielsweise ein möglicher Brand bei einem Modullieferanten, der als einzige Quelle dient, entweder durch Vorhalten eines Zweitlieferanten ausgeglichen werden, oder man muss entsprechend schnell reagieren können, um den Knoten wieder funktionsfähig zu machen, beispielsweise durch raschen Wechsel zu einem anderen Logistikdienstleister.

Beispiel 12.3

Jahrzehntelang wurden Risiken in Lieferketten hauptsächlich in der Kategorie des Geschäftsrisikomanagements mit Zuständigkeiten in den Finanz- und Revisionsabteilungen behandelt. Der Risikomanagementansatz innerhalb der Lieferketten selbst konzentrierte sich im Wesentlichen auf den Umgang mit auftretenden Variabilitäten, basierend auf der grundlegenden Annahme, dass die zugrundeliegenden stochastischen Prozesse statistisch unabhängig voneinander – also nicht korrelliert – seien. Unter dieser Annahme konnten Planung und Steuerung der Lieferketten allein auf Mittelwerten und Variabilitäten der angenommenen Normalverteilungen basieren.

Der Hauptanstoß für die Einführung eines systematischeren Ansatzes für das *Supply Chain Risk Management (SCRM)* war eine Häufung globaler Ereignisse im Jahr 2011, welche die Komplexität der Angebots- und Nachfragenetzwerke jener Tage offenbarten. Ausgelöst durch die Ereignisse des 11. September jenes Jahres, gefolgt von mehreren anderen Ereignissen wie Finanzkrisen, dem Tohoku-Erdbeben in Japan, dem Erdbeben in Christchurch auf Neuseeland, Überschwemmungen in Thailand oder der Hurrican „Sandy" in den USA. Da immer mehr Knoten und Verbindungen innerhalb von Angebots- und Nachfrage-Netzwerken entstanden und über weitere Netzwerke aus den Bereichen der Finanzen oder Transport miteinander gekoppelt waren, musste zunehmend die Grundannahme voneinander unabhängiger Ereignisse aufgegeben werden.

Die Situation der Covid-19 Pandemie in den Jahren 2019 bis 2023 unterscheidet sich dann nochmal deutlich von den Ereignissen im Jahr 2011. Die globalen Lieferketten wurden unerwartet hart getroffen, da die Auswirkungen der Pandemie mit geringer Verzögerung rund um die Welt eintraten und mehrere Standorte globaler Lieferketten (fast) gleichzeitig betrafen. Waren durch die Ereignisse in den Jahre 2011 bis 2019 nur ein einzelner Teil des Netzwerks auf eine absehbar (kurze) Zeit betroffen, so kam es ab dem Jahr 2020 zu teilweise flächendeckender Material-, Komponenten- und Energieknappheit ohne verlässliche Prognose, wann diese Krise enden würde. Zudem kam es auf der Nachfrageseite teilweise zu unerwartet hoher Nachfrage – beispielsweise für private Investitionsgüter wie Küchengeräte – und gleichzeitig starken Einbrüchen der Nachfrage vor allem bei Investitionsgütern im Industriebereich; alles bei zunehmend knappen Produktionskapazitäten ausgelöst durch eine große Anzahl erkrankter Mitarbeiter. Auch für die Nachfrage schien das jahrzehntelange Paradigma der auf individueller Ebene voneinander unabhängiger Bedarfsschwankungen außer Kraft gesetzt zu sein. Als Option blieb manchen Unternehmen nur noch die verfügbaren Inputs und Kapazitäten derart zu nutzen, dass diejenigen Endprodukte mit den höchsten Deckungsbeitragsmargen hergestellt werden konnten; eine Vorgehensweise, die man nur noch aus der Kriegs- bzw. Nachkriegszeit des letzten Jahrhunderts kannte und für deren optimalen Planung heutiger komplexer Produkt- und Liefernetzwerke leistungsfähige Modelle und softwarebasierte Werkzeuge benötigt werden. Diese basieren vor allem auf den Erkenntnissen der besprochenen Netzwerkmodelle und speziell auf den in diesem Kapitel behandelten dynamischen Prozessen.

Seitdem unterstützen zahlreiche Softwareanbieter mit ihren spezialisierten Anwendungen die notwendigen Aktivitäten des Supply Chain Risk Managements (SCRM). Der Anwendungsbereich dieser Werkzeuge wird sich durch die zunehmende Bedeutung der sog. „Environmental, Social and Corporate Governance (ESG)" noch deutlich stärker ausweiten. ■

Da es in der Praxis keine perfekte Information über die Hubs – beispielsweise für einen Angreifer – gibt, wurden Perkolationsmodelle entwickelt, bei denen der Ausfall eines Knotens nicht deterministisch nach dem Knotengrad, sondern durch eine zum Knotengrad proportionale Wahrscheinlichkeit bestimmt wird. Andere Modelle untersuchten die gezielte Entfernung der Knoten mit höchster Betweenness Centrality, also die Brücken zwischen den verschiedenen Netzwerkmodulen. Dabei ist nicht überraschend, dass die Methode besonders wirksam ist, wenn nach jedem gezielten Entfernen von Knoten die Betweenness Centrality der verbleibenden Knoten neu berechnet wird; dies entspricht genau dem in Abschnitt 10.2.2 vorgestellten Algorithmus von Newman und Girvan zur Aufdeckung von Communities.

Es gibt zudem neuere Modelle, die als Maß für den Netzwerkschaden auch die Gewichte der Kanten und Knoten beachten. Beispielsweise kommt es bei einem Straßen- oder Flugliniennetz vor allem auf die Kapazitäten der verbliebenen Kanten und nicht nur auf die Existenz der Verbindung als solches an. Auf diesen Fall werden wir bei der späteren Betrachtung von Kaskadeneffekten bei Transportprozessen in Netzwerken in Abschnitt 12.5.2 zurückkommen.

■ 12.3 Epidemische Ausbreitung in Netzwerken

Die Modellierung der Ausbreitung von Epidemien, welche durch die sogenannte mathematische Epidemiologie betrieben wird, ist ein sehr wichtiges Feld, um beispielsweise die Ausbreitung von Pandemien vorherzusagen und die richtigen Strategien zur Impfung empfehlen zu können. Zudem ist dieses Feld sehr interdisziplinär, da die Mechanismen bei der Ausbreitung von Krankheiten, von Computerviren, von Informationen oder von Produkten und Innovationen vergleichbaren Mechanismen folgen und mit strukturell ähnlichen Modellen abgebildet werden können.

12.3.1 Relevanz und Erscheinungsformen

Die Ausbreitungsgeschwindigkeit der Epidemien hat im Laufe der Jahrhunderte aufgrund der veränderten Netzwerkstrukturen deutlich zugenommen. Breitete sich die Pest im 14. Jahrhundert nur mit rund 300–400 Kilometern pro Jahr aus, so benötigte die sogenannte Schweinegrippe in den Jahren 2009/2010 nur wenige Wochen, um von der einen auf die andere Seite des Globus zu gelangen [52]. Gerade für unsere global vernetzte und mobile Gesellschaft, in der eine Person in wenigen Stunden von einem zum anderen Kontinent gelangen kann, ist die Frage der Vorhersage und Begrenzung der Ausbreitung bedeutender denn je. Meist stellt sich die Frage, wie man möglichst rasch und wirtschaftlich die Ausbreitung eindämmen kann. Dabei spielt die Netzwerkstruktur, über die sich die Krankheiten ausbreiten, eine ganz entscheidende Rolle.

Beispiel 12.4

Die Pestepidemie in Europa (1347–1360): Der „Schwarze Tod" breitete sich im 14. Jahrhundert ausgehend von Italien über ganz Europa aus und forderte in diesen 13 Jahren über 25 Millionen Todesopfer. Da die Krankheit durch Flöhe und ihre Wirtstiere, die Ratten, übertragen wurde, dauert es über drei Jahre, bis sich die Krankheit über ganz Europa ausgebreitet hatte, wie es *Bild 12.3* zeigt. Dabei lag der infizierte Teil der Bevölkerung überwiegend im Inneren des Infektionsgebietes und kam damit nur an

Bild 12.3 Darstellung der Ausbreitung der Pest in Europa zwischen 1347 und 1351. Je heller die Schattierung, desto später erreichte die Epidemie die entsprechende Region. – Nachdruck mit Genehmigung

den Rändern mit gesunden Personen in Kontakt. Damit breitete sich die Epidemie sehr langsam wie auf einem *Gitter* über Europa aus und würde mit heutigen Mitteln rasch in Zaum gehalten werden können.

Die Maul- und Klauenseuche (2001): Schon drei Wochen, nachdem diese Epidemie Mitte Februar 2001 in Schottland entdeckt wurde, hatte sie sich bereits auf 43 Farmen ausgebreitet. Nach einem halben Jahr waren mehr als 9.000 Landwirtschaftsbetriebe und über vier Millionen Schafe und Rinder infiziert. Die ersten Farmen waren dabei nicht benachbart, sondern die Ansteckung erfolgte über den Transport und Viehmärkte wie über ein *Zufallsnetzwerk*. Damit konnte der Virus nicht mehr an einer einzigen Front bekämpft werden, wie dies bei der großen Pestwelle der Fall gewesen wäre.

Computervirus „Melissa“ (1999): Schon lange vor dem Internet gab es Computerviren, die sich aber bis dahin nur mithilfe des Mediums Floppy Disk verbreiten konnten. Der Effekt des *skalenfreien Internets* wurde mit der Verbreitung des ersten großen Computervirus namens „Melissa“ im März 1999 deutlich, der sich als sogenannter „Wurm“ von Rechner zu Rechner ausbreitete. Wenn das im Anhang der E-Mail enthaltene Makro aufgerufen wurde, sendete es eine gleichlautende Nachricht samt Anhang an die ersten 50 Adressen der E-Mail-Verzeichnisse der User. Bereits drei Tage nach Ausbruch infizierte dieser Virus über 100.000 Computer in über 300 Organisationen, die teilweise ihre E-Mail-Server abschalten mussten, um der Überlastung Herr zu werden.

Verbreitung von AIDS durch das HI-Virus: Das Acquired Immune Deficiency Syndrome, abgekürzt AIDS, bezeichnet Symptome, die durch Infektion mit dem HI-Virus auftreten, das über Körperflüssigkeiten übertragen wird. Zu Beginn waren die verantwortlichen Behörden vieler Länder überzeugt, dass diese Krankheit auf bestimmte sogenannte Risikogruppen beschränkt sei, und unternahmen daher sehr spezifische Maßnahmen nur für diese. Jedoch gab es auch schwache Verbindungen zu Personen außerhalb dieses Netzwerks. Dort konnte sich das Virus mangels Maßnahmen ungehindert verbreiten und führte bald zu einer raschen Ausbreitung in allen Bevölkerungsgruppen. Im Nachhinein betrachtet hätte man eventuell die Ausbreitung zu Beginn noch eindämmen können; sobald diese aber die gut vernetzen Hubs der skalenfreien sozialen Netzwerke erreichten, stieg die Ausbreitung exponentiell an. Da es bisher keine wirksame HIV-Impfung gibt, besteht die einzige Möglichkeit in der Reduktion der Ausbreitungsrate durch präventive Maßnahmen. Seit Beginn der Epidemie starben bis 2012 etwa 40 Millionen Menschen, fast ebenso viele waren zu dieser Zeit Träger der Krankheit.

Bekämpfung der Schweinegrippe (2009): Gerade bei der Impfkampagne zur Bekämpfung der Schweinegrippe (H1N1-Virus) gab es eine erhebliche öffentliche Diskussion, ob die Maßnahmen, die getroffen wurden, nicht überzogen waren. Bereits Ende April 2009 warnte die Weltgesundheitsorganisation (WHO) vor einer weltweiten Verbreitung, einer sogenannten Pandemie, und erklärte diese im August 2010 schon wieder für beendet. Die Aufmerksamkeit, welche diesem Virus zukam, das durchaus immer wieder in vorangegangenen Grippewellen beteiligt war, lag auch darin begründet, dass ein anderer Typ dieses Virus im Jahr 1919 die sogenannte Spanische Grippe mit über 50 Millionen Todesopfern ausgelöst hatte. Bei der Schweinegrippe von 2009 geht man von unter 20.000 Todesfällen aus. Die Kritik an der Bekämpfung der Schweinegrippe des Jahres 2009 bezog sich vor allem auf die großen Mengen ungenutzter Impfstoffe, die allein in Deutschland einen Wert von knapp 300 Millionen Euro hatten, in anderen Ländern wie

England und Frankreich betrugen die Kosten der Impfkampagnen über eine Milliarde Euro. Dabei war es die erste Pandemie, deren Verlauf und zeitliche Entwicklung durch die Verwendung von heterogenen Multi-Agentensystemen – im sog. GLEAMviz Projekt der Northeastern University (USA) und der ISI Foundation (Italien) [109] – auf Monate genau vorhergesagt werden konnte.

COVID-19-Pandemie (2019–2023): Im Vergleich zum H1N1-Virus mit einer für einen Grippevirus typischen Basisreproduktionsrate (s. Abschnitt 12.3.3) zwischen 1,4 und 1,6 war der anfänglich dominante Krankheitserreger SARS-CoV-2 mit einer Basisreproduktionsrate von 3,3 bis 5,7 deutlich ansteckender und vor allem für ältere oder vorerkrankte Bevölkerungsgruppen mit einem um eine Größenordnung höheren Sterberisiko im Vergleich zu einer regulären Influenza verbunden. Am 31. Dezember 2019 lagen erste Informationen über einen auffälligen Anstieg von Lungenentzündung in der Region um Wuhan vor, am 23. Januar trat der erste Fall in den USA auf, am 15. Februar gab es die ersten Toten in Frankreich, am 22. Februar die ersten Todesfälle in Italien und ab Mitte März gab es in Italien schon kumuliert mehr Todesfälle als zuvor in China; die Epidemie aus China war zur Pandemie geworden und hatte Europa erreicht. Es gab in allen betroffenen Ländern Diskussion über die Notwendigkeit, Intensität und Länge von Lockdowns und Schutzmaßnahmen – wie das Tragen von Masken –, die in der Regel typischerweise erst mit Verzögerung als Reaktion auf steigende Fallzahlen implementiert wurden, um oft nur kurze Zeit später aufgrund der durch den Lockdown verursachten fallenden Fallzahlen wieder aufgehoben zu werden; dies trieb die Infektionszahlen wieder nach oben, und der Zyklus begann von vorne. Es scheint, dass der fundamentale Mechanismus der dynamischen Prozesse der Ausbreitung des Virus auf den komplexen globalen und lokalen Netzwerken durch die relevanten Entscheidungsträger nur unzureichend erfasst werden konnte [10]. Dies war einerseits sicher der komplexen Gemengelage aus Infektionsgeschehen, Politik, Verhalten der Bevölkerung und psychologischen Effekten geschuldet, aber sicher auch einer nicht immer ausreichenden Erklärung der zugrundeliegenden Annahmen und damit Beschränkungen der verwendeten Prognosemodelle. So nahmen die meisten Modelle ganz bewusst nicht die Auswirkungen der politischen Maßnahmen wie Lockdowns oder erhöhte Impfquote in die Prognosen mit auf, da hierzu beispielsweise keine ausreichenden Daten und Kenntnisse über die Teilmechanismen vorlagen. Dies führte teilweise zu einem Glaubwürdigkeitsproblem der Akteure bei bestimmten Bevölkerungsgruppen, da die Vorhersagen trotz – oder besser gesagt wegen – der getroffenen Maßnahmen dann nicht eintrafen. Dies weist – wie in Abschnitt 13.1 noch näher erläutert werden wird – auf die große Bedeutung der Ergebnisdarstellung und der Betonung des Zweckes und der Grenzen bei der Nutzung von Modellen hin. ■

12.3.2 Wesentliche Modelle und Lösungsverfahren

Die in diesem Bereich verwendeten Modellansätze sind ein gutes Beispiel für die unterschiedlichen Grade an Vereinfachungen, die im Rahmen des Modellbildungsprozesses getroffen werden müssen. Darauf werden wir im letzten Kapitel 13 nochmals zurückkommen.

Bild 12.4 zeigt die verschiedenen Ansätze im Vergleich. Eine Modellart nimmt eine homogene Mischung der Individuen an, die gleichförmig und zufällig miteinander interagieren, wie Nu-

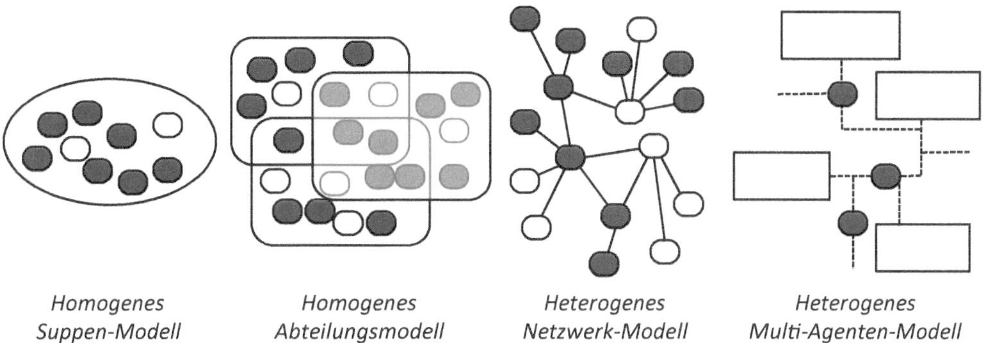

Bild 12.4 Vergleich der verschiedenen Modellstrukturen, die in der mathematischen Epidemiologie Verwendung finden. Die Kreise verschiedener Graustufen repräsentieren Akteure mit verschiedenen Krankheitsgraden [5]. – Nachdruck mit Genehmigung

deln in einer gut umgerührten Suppe. Andere Modelle unterteilen die Individuen nach demographischen Attributen wie Alter, Geschlecht in unterschiedliche soziale Gruppen, und ordnen diesen unterschiedlichen Eigenschaften zu, wie beispielsweise unterschiedliche Inkubationszeiten oder Mortalitätsraten. Im sogenannten Kontaktnetzwerk legen die Kanten die möglichen Interaktionen zwischen den Akteuren fest. Die agentenbasierten Modelle bilden heterogene Bewegung, Wahrnehmung und Interaktion der Akteure auf sehr detaillierte Weise ab; diese werden wir noch im abschließenden Abschnitt 13.3.2 näher betrachten.

Bei den in diesem Abschnitt betrachteten homogenen Modellen und den Netzwerkmodellen ist man vor allem an der Nachbildung der Ausbreitung der Epidemie über den Zeitverlauf interessiert, insbesondere an der Rate, mit der die Zahl der Krankheitsfälle zu Beginn des Ausbruchs in der Bevölkerung anwächst. Zudem ist von Interesse, ob es einen Schwellenwert gibt, der erst überschritten werden muss, bevor aus einer lokalen Epidemie eine Pandemie wird. Daraus lassen sich die geeigneten Impfstrategien ableiten.

12.3.3 Homogene Modelle zur Beschreibung der Ausbreitung

Die einfachsten homogenen Modelle zur Beschreibung der Ausbreitung von Epidemien – die seit den 30er-Jahren des letzten Jahrhunderts etabliert sind – nehmen an, dass die Bevölkerung je nach Zustand in verschiedene in sich homogene Gruppen (sogenannte Compartments) eingeteilt werden kann. Dabei bezeichnen in der Regel die Buchstaben S (*Suspectible*) die Gruppe der Individuen, die erkranken können, I (*Infectious*) die Gruppe der Individuen, die Träger der Krankheit sind und andere anstecken können, R (*Recovered*) die Gruppe der Individuen, die von der Krankheit genesen sind, und L (*Latent*) die Gruppe der Individuen, die schon infiziert, aber noch nicht ansteckend sind. Es können auch noch weitere Gruppen definiert werden, wie beispielsweise diejenigen, die von der Krankheit genesen sind und eine dauerhafte Immunität (V) gegenüber der Krankheit entwickelt haben. In jeder der definierten Klassen wird angenommen, dass die Individuen identische Eigenschaften besitzen und damit als eine perfekte homogene Mischung („Suppe“) angenommen werden können.

Zwischen den Gruppen muss eine Übergangsrate definiert werden. Die Ansteckungsrate β bestimmt, dass sich ein Individuum im Zeitintervall dt aus der Gruppe S (Suspectible) mit der Wahrscheinlichkeit βdt mit dem Erreger ansteckt und in die Gruppe I (Infectious) wechselt. Die Rate μ gibt an, welcher Anteil der Gruppe I (Infectious) pro Zeitintervall dt wieder gesund wird, und in die Gruppe R (Recovered) übergeht. Werden weitere Gruppen definiert, so muss auch für diese jeweils eine Übergangsrate festgelegt werden. Für alle Gruppen müssen die Erhaltungsgleichungen erfüllt werden, sodass die Summe aller Individuen in allen Gruppen über den Zeitverlauf unverändert bleibt. Zudem muss definiert werden, wie oft die Gruppen in einem Zeitintervall dt in Kontakt miteinander treten, dies ist durch die Kontaktrate $\langle d \rangle$ bestimmt.

Die bestuntersuchten Kombinationen dieser Gruppen sind das SI-Modell, das SIS-Modell, das SIR-Modell und das $SIRS$-Modell. Dabei wird unterstellt, dass, obwohl der Übergang zwischen den Gruppen auf Basis von Zufallsprozessen geschieht, diese nicht explizit im Modell abgebildet werden, sondern ähnlich dem Ansatz der Molekularfeldtheorie in der Physik die Wechselwirkungen mit einer konstanten Rate beschrieben werden können.

Unter diesen Annahmen lassen sich für jede Kombination gewöhnliche Differenzialgleichungen zur Beschreibung des zeitlichen Verlaufs der Verteilung der Akteure auf die verschiedenen Gruppen ableiten. Im Folgenden sind die beschreibenden Gleichungen für die einfachen Modelle hergeleitet:

Herleitung der beschreibenden Gleichungen für das SI-, SIS- und SIR-Modell

Es seien $S(t)$, $I(t)$ und $R(t)$ die Anzahl der zur jeweiligen Gruppe gehörenden Personen zum Zeitpunkt t, wobei stets $S(t) + I(t) + R(t) = N$ gilt. Es seien $\langle d \rangle$ die mittlere Kontaktrate, β die Ansteckungsrate und $\beta\langle d \rangle$ die Übertragungsrate. Die Dauer der Krankheit wird durch μ modelliert. Jede Person aus I komme in jedem Zeitintervall dt mit $\langle d \rangle S(t)/N$ Personen aus S in Kontakt, und dabei komme es insgesamt zu $I(t) \cdot (\beta\langle d \rangle S(t)/N)$ Ansteckungen.

Unter diesen Annahmen lautet die beschreibende Gleichung für $i(t) = I(t)/N$ des *SI-Modells*:

$$\frac{dI(t)}{dt} = \beta\langle d \rangle \frac{S(t)I(t)}{N} \quad \text{oder} \quad \frac{di}{dt} = \beta\langle d \rangle si = \beta\langle d \rangle i(1-i).$$

Die Gleichung für das *SIS-Modell* folgt durch Berücksichtigung der Genesenen $\mu I(t)$, die in die Gruppe S übergehen:

$$\frac{di}{dt} = \beta\langle d \rangle si - \mu i = \beta\langle d \rangle i(1-i) - \mu i.$$

Die Gleichung für das *SIR-Modell* folgt durch Berücksichtigung der Resistenten $r(t) = R(t)/N$, die nicht mehr in die Gruppe S übergehen:

$$\frac{di}{dt} = \beta\langle d \rangle i(1-i-r) - \mu i = -\frac{ds}{dt} - \frac{dr}{dt}, \quad \frac{ds}{dt} = -\beta\langle d \rangle i(1-i-r), \quad \frac{dr}{dt} = \mu i.$$

Für das SI-Modell und das SIS-Modell gibt es analytische Lösungen des zeitlichen Verlaufs der Ausbreitung in geschlossener Form. Für die anderen Modelle gibt es keine geschlossene

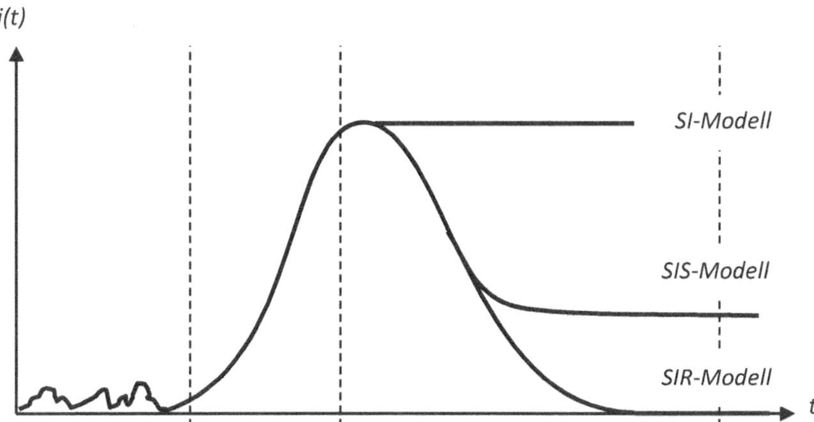

Bild 12.5 Schematische Darstellung der drei typischen Phasen der Ausbreitung; aufgetragen ist die Dichte der infizierten Individuen i(t) über den Zeitverlauf.

Lösung, die Differenzialgleichungen müssen mit numerischen Verfahren gelöst werden. Die typischen Verläufe der verschiedenen Modelle sind in *Bild 12.5* skizziert.

In der ersten Phase ist die Dichte der infizierten Akteure noch sehr gering und zufälligen Schwankungen – nicht im homogenen Modell abgebildet – unterworfen. In der zweiten Phase erfolgt ein exponentielles Wachstum, und in der dritten Phase bleibt die Dichte unverändert beim SI-Modell, für das SIR-Modell nimmt diese wieder auf Null ab, für das SIS-Modell erreicht diese ein niedrigeres, aber von Null verschiedenes Niveau. Das $SIRS$-Modell kann in Abhängigkeit der Wahl der Parameter sehr unterschiedliches Verhalten aufweisen, bis hin zu Oszillationen für $i(t)$.

Um die wichtige Frage der Höhe des Schwellenwertes, ab dem sich die Krankheit ausbreitet, zu beantworten, genügt die Lösung der linearisierten Differenzialgleichungen [5].

Schwellenwerte für das SI-, SIS- und SIR-Modell

Gegeben seien der Anfangswert $i_0 = N(I)/N$ der Infektionsdichte, die Ansteckungsrate β, die Genesungsrate μ und die Reproduktionsrate $R_0 = \langle d\rangle\beta/\mu$. Dann gilt für den zeitlichen Verlauf der Infektionsdichte $i(t)$ zu Beginn der Ausbreitung näherungsweise:

SI-Modell: $i(t) \approx i_0 \cdot e^{\beta t}$, somit kommt es für $\beta > 0$ immer zur Ausbreitung.

SIS und SIR-Modell: $i(t) \approx i_0 \cdot e^{t/\tau}$ mit $\tau^{-1} = \beta\langle d\rangle - \mu$, damit kommt es nur für $\tau^{-1} = \mu(\langle d\rangle\beta/\mu - 1) = \mu(R_0 - 1) > 0$ und damit für $R_0 > 1$ zur Ausbreitung.

Die sog. Basisreproduktionsrate R_0, als Anzahl der Ansteckungen, die eine Person in einer vollständig ansteckbaren („Infectous") Population hypothetisch auslösen könnte. Da R_0 in der Regel nicht direkt einer Messung zugänglich ist, muss dieser Faktor mithilfe des Modells mithilfe empirischer Daten geschätzt werden. Die möglichst genaue Schätzung ist dabei wichtig, da der kritische Wert $R_0 = 1$ – ähnlich dem in Bild 11.2 für das Netzwerkwachstum veranschaulichten „Phasenübergang" – den Übergang zwischen zwei völlig verschiedenen Dynamikregimen trennt und zur Verhinderung einer exponentiellen Ausbreitung dafür gesorgt werden muss, dass eine infektiöse Person im Durchschnitt weniger als eine andere Person ansteckt.

Für das SIS- und das SIR-Modell kann man also mithilfe einer Impfung zufällig ausgewählter Individuen eine Ausbreitung verhindern, indem man für $\tau \leq 0$ sorgt. Dies ist ab einem kritischen Immunisierungsniveau mit $g_c = 1 - \mu/\beta$ als Anteil der zu impfenden Individuen erfüllt. Dieses Immunisierungsniveau ist um so größer, je kleiner die Genesungsrate μ und je größer die Ansteckungsrate β der Krankheit ist. Das bedeutet, dass falls sich Genesungsrate und Ansteckungsrate in etwa die Waage halten, auch schon ein kleiner Anteil zu impfende Personen ausreichen kann, um die Pandemie zu stoppen; allerdings in der Realität nur dann, falls die Annahmen des Modells der völligen Homogenität innerhalb der Gruppen und völlig zufällige Kontakte weitestgehend erfüllt sind; eine Voraussetzung die aufgrund der Kenntnisse über soziale Netzwerke in der Regel bezweifelt werden darf. Aufgrund der Homogenisierung und der festen mittleren Kontaktrate $\langle d \rangle$ können individuelle Unterschiede im Sinne von Kontakthäufigkeit, oder Genesungsrate in der Klasse der homogenen Modelle nicht berücksichtigt werden; dazu müsste man zu einem homogenen Abteilungsmodell (s. Bild 12.4) übergehen, also ein Gleichungssystem je „Abteilung" aufstellen und diese miteinander koppeln. Dazu sind dann aber deutlich mehr Parameter zu verwenden und zu kalibrieren.

12.3.4 Heterogene Netzwerkmodelle zur Beschreibung der Ausbreitung

Die Annahme einer homogenen Gruppe bedeutet, dass man unterstellt, jedes Individuum habe dieselbe Anzahl mittlerer Kontakte, also $\langle d \rangle$ sei näherungsweise konstant. Aus der Praxis ist aber bekannt, dass sowohl Heterogenität in Bezug auf die Kontakte als auch auf die Übertragungsraten besteht und diese Heterogenität die Ausbreitung in der Regel beschleunigt. Die skalenfreien Verteilungen der Knotengrade d mit einer großen Anzahl von Hubs lassen die mittleren Grad $\langle d \rangle$ nicht mehr als geeignetes Maß für die Bestimmung der Krankheitsübertragung erscheinen. Zur Lösung dieser Aufgabe verwendet man eine sogenannte Block-Approximation, bei der man die obigen Gleichungen für jede Häufigkeitsklasse erstellt und nur von einer Homogenität innerhalb einer Häufigkeitsklasse ausgeht. Der zeitliche Verlauf der Ausbreitung kann für unkorrelierte Netzwerke exakt beschrieben werden und hängt im Wesentlichen von deren Heterogenität $\kappa = \langle d^2 \rangle / \langle d \rangle$ ab, also dem Verhältnis des zweiten zum ersten Moment der Häufigkeitsverteilung der Knotengrade. Für eine Ausbreitung muss außerdem $\tau > 0$ erfüllt sein.

Schwellenwerte für das SI-, SIS- und SIR-Modell in Netzwerken

Für den zeitlichen Verlauf der Infektionsdichte $i(t)$ gilt näherungsweise [4] $i(t) \approx i_0 \cdot e^{\frac{t}{\tau}}$ sowie

$$\text{\textit{SI-Modell:}} \quad \tau = \frac{\langle d \rangle}{\beta(\langle d^2 \rangle - \langle d \rangle)}, \qquad R_c = 0.$$

$$\text{\textit{SIS-Modell:}} \quad \tau = \frac{\langle d \rangle}{\beta \langle d^2 \rangle - \mu \langle d \rangle}, \qquad R_c = \frac{\langle d \rangle}{\langle d^2 \rangle}.$$

$$\text{\textit{SIR-Modell:}} \quad \tau = \frac{\langle d \rangle}{\beta \langle d^2 \rangle - (\mu + \beta) \langle d \rangle}, \qquad R_c = \frac{1}{\langle d^2 \rangle / \langle d \rangle - 1}.$$

Für einen ER-Zufallsgraphen gilt $\langle d^2\rangle = \langle d\rangle(\langle d\rangle + 1)$, und damit ist für das SIS-Modell der Schwellenwert immer

$$R_c = \frac{1}{\langle d\rangle + 1} > 0.$$

Das bedeutet, es existiert immer ein endlicher Schwellenwert, der ggf. durch Impfung abgesenkt werden kann, um eine Ausbreitung zu verhindern. Für große skalenfreie Netzwerke gilt dagegen $\langle d^2\rangle \to \infty$, falls $N \to \infty$, und damit sinkt der Schwellenwert auf $R_c = 0$, d. h., die Epidemie breitet sich immer aus, und es gibt kein Mittel zu deren Eingrenzung. Für das SIR-Modell gelten diese Aussagen entsprechend. Dabei muss das Netzwerk nicht unbedingt skalenfrei sein – es genügt, dass das zweite Moment $\langle d^2\rangle$ größer als das des Zufallsgraphen $\langle d\rangle(\langle d\rangle + 1)$ ist, damit sich die Epidemie rascher im Netzwerk ausbreitet und der Schwellenwert gesenkt wird [4].

Beispiel 12.5

Ein anschauliches Beispiel für die Ausbreitung eines Computervirus in einem Computernetzwerk bietet die Modellierungsumgebung *NetLogo* (Northwestern University) [113]. Eine detaillierte Beschreibung der Simulationsmethoden und der verwendeten Modellierungsumgebung finden sich in Abschnitt 13.3. Im über die Modellbibliothek der Software zugänglichen Modell „Virus on a Network“ [99] kann man für jeden Simulationslauf ein Netzwerk erzeugen, indem eine festgelegte Knotenanzahl zufällig in der euklidischen Ebene positioniert und die nächsten Knoten nach Maßgabe der festgelegten durchschnittlichen Gradzahl verbunden werden. Man kann die Anzahl der zufällig ausgewählten Knoten bestimmen, von denen die Epidemie ausgehen soll. In jedem Zeitschritt versucht ein infizierter Knoten an alle benachbarten Knoten das Virus zu übertragen, und zwar mit der einstellbaren Ansteckungsrate β (virus-spread-chance). Einstellbar ist zudem, wie oft ein Knoten auf Virenbefall geprüft wird (virus-check-frequency), und die Rate μ (recovery-chance) als Wahrscheinlichkeit dafür, dass

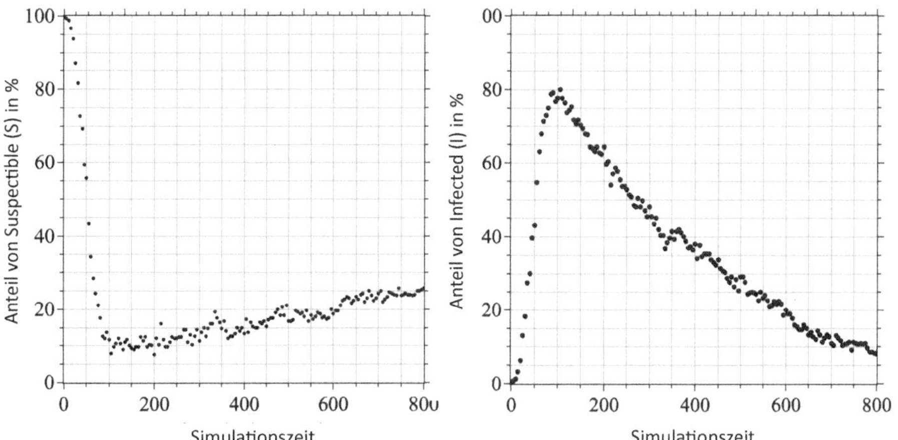

Bild 12.6 Simulationsergebnis des „Virus on a Network“-Modells (NetLogo) [99] für ein Netzwerk mit 300 Knoten, einem durchschnittlichen Knotengrad von 6, einer Ansteckungsrate $\beta = 0{,}1$, Virenüberprüfung bei jedem Zeitschritt, einer Erkennungsrate $\mu = 0{,}05$ und einer Resistenzrate $\gamma = 0{,}05$ bei der Prüfung, für immer immunisiert zu werden.

bei einer Virenprüfung das Virus erkannt und entfernt wird. Einstellbar ist ebenfalls die Wahrscheinlichkeit dafür, dass ein Knoten, der von einem Virus befreit wurde, für immer immun gegen zukünftige Virenangriffe wird (gain-resistance-chance).

In *Bild 12.6* ist der Verlauf des Anteils der nicht-infizierten, infizierten und immunen Knoten im Netzwerk über den Zeitverlauf für ein Netzwerk mit $n = 300$ Knoten, einem durchschnittlichen Knotengrad von $\langle d \rangle = 6$, einer Ansteckungsrate $\beta = 0{,}043$, Virenüberprüfung $\mu = 0{,}05$ sowie einer Erkennungsrate von $\gamma = 0{,}05$ dargestellt. Ein anderes Modell aus der Modellbibliothek „Virus" [98] simuliert die Verbreitung für ein SIR-Modell mit einer Gruppe an immunen Agenten im Rahmen einer agentenbasierten Simulation. ■

12.3.5 Impfstrategien in heterogenen Netzwerken

Die hohe Anfälligkeit von heterogenen Netzwerken bezüglich der Verbreitung einer Epidemie fordert Überlegungen heraus, wie die Ausbreitung möglichst rasch eingedämmt werden kann. Dazu bieten sich verschiedene Strategien an, von denen die einfachsten im Folgenden kurz erläutert werden sollen. Grundsätzlich können drei Arten von Maßnahmen ergriffen werden: Senkung der Ansteckungsrate β, beispielsweise durch Anwendung eines Mundschutzes bei Tröpfcheninfektion, weiterhin die Verringerung der mittleren Kontakthäufigkeit $\langle d \rangle$, beispielsweise durch Quarantäne oder der Schließung von Schulen und öffentlichen Veranstaltungsorten („Lock-Down"), wie Theatern oder Kinos. Und schließlich kann, bei Existenz eines Impfstoffes, eine Impfung durchgeführt werden, die zu einer dauerhaften Immunisierung gegenüber dem Virus führt. Wir sehen uns im Folgenden verschiedene Strategien für die Impfung großer Netzwerke an. Dabei spielen in der Praxis vor allem die effiziente Durchführung in möglichst kurzer Zeit zu vertretbaren Kosten eine wesentliche Rolle.

Gleichmäßige Impfung: Die Impfung eines Anteils g von zufällig ausgewählten Personen hat wie oben erläutert den Effekt, dass die effektive Ansteckungsrate β auf $\beta' = \beta(1-g)$ und damit die Reproduktionsrate auf $R' = \langle d \rangle \beta / \mu(1-g)$ gesenkt wird. In einem ER-Zufallsgraphen kommt es für $R' > 1$ zur Ausbreitung. Es muss demnach ein Anteil von $g_c > 1 - \mu/(\beta\langle d \rangle)$ geimpft werden, damit sich die Epidemie nicht ausbreitet.

Für ein skalenfreies Netzwerk sieht die Situation völlig anders aus. Hier müssten

$$R_c = \frac{\langle d \rangle}{\langle d^2 \rangle} = \frac{\langle d \rangle \beta}{\mu(1-g)} > 1$$

erfüllt sein, also ein Anteil von $g_c = 1 - \mu/(\langle d^2 \rangle \beta) = 1$ für $\langle d^2 \rangle = \infty$ geimpft werden. Man müsste also alle Individuen impfen, was in der Praxis die teuerste und zeitraubendste Lösung wäre. Zudem kann nicht völlig sichergestellt werden, dass auch tatsächlich alle Individuen der Aufforderung zur Impfung folgen und damit $g_c = 1$ gilt. Das bedeutet es reichen nur ganz wenige Ungeimpfte aus, um die epidemische Ausbreitung wieder anzufachen.

Allerdings verlangsamt sich dank der Impfung die Ausbreitungsgeschwindigkeit der Epidemie im Netzwerk, womit man Zeit für andere Maßnahmen wie Senkung der Ansteckungsrate oder der mittleren Kontakthäufigkeit gewinnt.

Beispiel 12.6

Für die in *Beispiel 12.5* verwendeten Parameter der Simulation lässt sich berechnen, dass im Fall eines ER-Zufallsgraphen eine Impfrate von $g_c = 1 - 0{,}05/(0{,}04 \cdot 6) = 0{,}81$ ausreichen würde. Jedoch ist das Internet ein skalenfreies Netzwerk mit sehr hohem $\langle d^2 \rangle >> 100$ und die Impfrate beträgt damit $g_c > 1 - 0{,}05/(0{,}04 \cdot 100) > 0{,}99$. Nur wenige Rechner – evtl. neu installierte Rechner – ohne ausreichenden Virenschutz reichen aus, um die Verbreitung wieder zu befeuern; daher sind auch nach vielen Jahren noch „alte" Virentypen im Umlauf und müssen weiterhin durch den Virenschutz erkannt werden.

■

Gezielte Impfung mit Wissen über die Netzwerkstruktur: Es stellt sich die Frage, ob und wie man mit einer gezielten Impfung eine bessere Wirkung erreichen kann. Hier können wir uns das Wissen über die Robustheit von Netzwerken zunutze machen und bei der Auswahl der zu impfenden Knoten die Hubs nach absteigender Gradzahl auswählen. Den Effekt kann man abschätzen, indem man gedanklich die immunisierten Individuen aus dem Netzwerk entfernt, ähnlich einer gezielten Attacke. Damit wird die Anzahl der aktiven Hubs schrittweise reduziert, bis das zweite Moment $\langle d^2 \rangle$ der Häufigkeitsverteilung klein genug ist, um ähnlich wie beim Zufallsnetzwerk die Bedingung zur Verhinderung der Ausbreitung zu erfüllen: $\langle d \rangle / \langle d^2 \rangle = \beta / \mu$.

Das Forscherteam Pastor-Satorras und Vespignani [79] konnte für eine skalenfreie Verteilung mit dem Exponenten $\gamma = 3$ zeigen, dass bei einer gezielten Immunisierung gerade 5 Prozent der größten Hubs zu immunisieren sind, damit sich die Epidemie nicht ausbreitet. Der Verlauf ist in *Bild 12.7* mit quadratischen Symbolen gekennzeichnet. Bei gleichförmiger Immunisierung wären über 50 Prozent der Bevölkerung zu impfen, damit der Anteil der final Infizierten auf 10 Prozent gesenkt werden kann, wie mit quadratischen Symbolen in *Bild 12.7* gekennzeichnet.

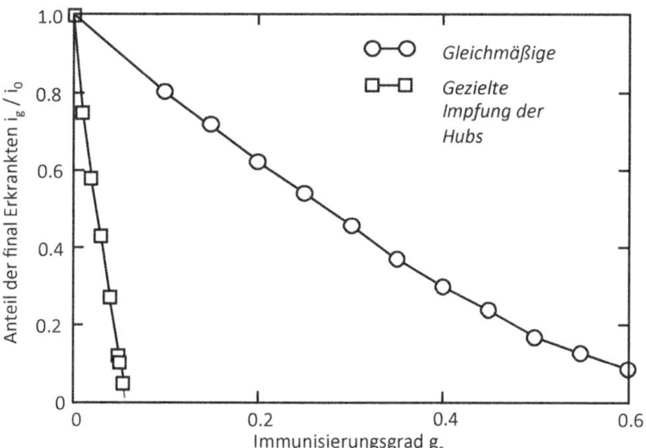

Bild 12.7 Vergleich des Effekts einer gleichmäßigen (Kreise) und gezielten (Quadrate) Immunisierung mit $\beta/\mu = 0{,}25$ auf die Anzahl der final Erkrankten i_g/i_0 für das *SIS*-Modell auf einem Netzwerk mit Preferential Attachment, aufgetragen über den Immunisierungsgrad g_c nach Pastor-Satorras et al. [79]. – Nachdruck mit Genehmigung

Impfung ohne Wissen über die Netzwerkstruktur: In der Praxis ist es sehr aufwendig bzw. nahezu unmöglich, das gesamte Netzwerk von potenziellen Krankheitsträgern so genau zu kennen, dass man damit die Hubs identifizieren könnte. Daher wurde eine Reihe von Strategien mit lokaler Information vorgeschlagen. Die vielleicht eleganteste Strategie stammt von Cohen et al. [63] aus dem Jahr 2003, die vorschlugen, zunächst einen bestimmten Anteil an Individuen zufällig auszuwählen und diese zu bitten, zufällig ihrerseits einen Kontakt zu nennen. Dieser Kontakt erhält dann die Impfung. Durch diese Strategie wandelt man die Schwäche der skalenfreien Netzwerke in eine Stärke, da man bei einer zufälligen Auswahl des Knotens und der Verbindung zum Nachbarknoten mit einer höheren Wahrscheinlichkeite einen Hub für die Impfung bestimmen wird und so die Verbreitung der Epidemie mit weniger Impfungen eindämmen kann. Für ein ähnliches Netzwerk wie bei Pastor-Satorras et al. mit $\gamma = 3$ konnte die notwendige Impfrate von 0,9 auf 0,1 bis 0,3 gesenkt werden.

Frühe Erkennung einer Epidemie und Entwicklung eines Impfstoffs: Falls die Ausbreitungsgeschwindigkeit der Epidemie und die Entwicklungsdauer des Impfstoffes dieselbe Größenordnung besitzen, erfolgt auf dem Netzwerk ein Wettbewerb zwischen der sich ausbreitenden Epidemie und der Anwendung der Immunisierung. Die Epidemie besitzt dabei immer einen zeitlichen Vorsprung, der jedoch verringert werden kann, falls man die Epidemie möglichst frühzeitig entdeckt. Auch hier kann man sich wieder die Hub-Struktur des Netzwerks für eine Art Frühwarnsystem zunutze machen, und die Hubs laufend auf eine mögliche Infizierung beobachten, da diese in der Regel früher infiziert werden als die anderen Individuen.

Beispiel 12.7

Wie weiter oben im Eingangsbeispiel geschildert, wurden im Rahmen der Covid-19-Pandemie (ca. 2020–2022) fundamentale Mechanismen der dynamischen Prozesse der Ausbreitung des Virus auf den komplexen Netzwerken nur unzureichend durch die relevanten Entscheidungsträger erfasst [10]. Durch eine stets verzögerte Reaktion der notwendigen Maßnahmen, wie Verordnung von Lockdowns oder Pflicht zum Tragen von Masken, bzw. erhöhte Bemühungen, mehr Menschen zur Impfung zu bewegen, wurde eine Dynamik im System aus Virus-Netzwerk, politischen Entscheidungen und Verhalten der Bevölkerung induziert, welche zu einem stark oszillierenden An- und Abschwellen der Neuinfektionszahlen führte und gezielte Maßnahmen noch weiter erschwerte. Die Zögerlichkeit der politischen Entscheidungsträger, aber auch die sehr unterschiedlichen Reaktionen der Bevölkerung verhinderten die Umsetzung drastischer, synchronisierter, aber dafür kürzerer Maßnahmen, um diesem „Aufschaukelungseffekt" entgegenzuwirken. Die Schwankung wären zwar nicht vollständig zu verhindern gewesen, aber das Niveau, auf dem sich die Schwankungen bewegten, hätte sich absenken lassen und damit das Gesundheitssystem deutlich entlastet. Im Nachhinein ist eine solche Analyse sicher einfacher zu treffen als unter dem Zeitdruck der damaligen Situation, aber es lässt sich daraus schlussfolgern, dass man als Entscheidungsträger bzw. Wissenschaftler – zumindest bei komplexen Problemlagen – Analysen und Entscheidungen nicht als unbeteiligter Beobachter rein objektiv und wertfrei treffen kann, sondern vielmehr selbst Teil des Gesamtsystems ist und selbst zu dessen Dynamiken beiträgt; diese Tatsache sollte man von Anfang an in den eigenen Überlegungen und auch in der Kommunikation der Ergebnisse berücksichtigen (s. Abschnitt 13.1). ■

12.3.6 Zusammenfassung wesentlicher Erkenntnisse

Für die skalenfreien Netzwerke der Praxis ist kennzeichnend, dass es für sie keinen Schwellenwert gibt, den man mithilfe einer Impfung unterschreiten könnte, um eine Ausbreitung einer Epidemie zu verhindern. Die Epidemie wird sich somit in jedem Fall ausbreiten und kann nur durch eine gezielte Impfung der Hubs eingedämmt und unter Umständen zum Stillstand gebracht werden. Eine zufällige Impfung wäre für ein skalenfreies Netzwerk völlig wirkungslos.

Die Entwicklung immer weiter verfeinerter Modelle für die Ausbreitung von Epidemien ist noch lange nicht abgeschlossen. Es besteht noch erheblicher Forschungsbedarf. Neuere Modelle berücksichtigen beispielsweise auch die Mobilität von Krankheitsträgern. Diese sind nicht fix an einem Knoten gebunden, sondern können den Knoten im Verlauf der Zeit wechseln. So befindet sich ein Geschäftsmann aus Deutschland zeitweise als Knoten einer Triade daheim bei Frau und Kind, als Teamleiter in der Rolle eines Hubs in der Firma und in einem Zufallsgraphen, wenn er in Hongkong landet, um dort vom Flughafen zu seinen Geschäftspartnern zu fahren. Es ist einsichtig, dass als zusätzlicher Parameter hier die Wechselrate der Individuen eines Netzwerktyp zum anderen und der Zeitpunkt dieses Wechsels den Verlauf der Epidemie bestimmen. Diese Modelle müssen in der Regel mithilfe numerischer Simulationen untersucht werden.

12.4 Suche in Netzwerken

In Netzwerken befinden sich relevante Informationen in den Knoten oder auf den Kanten verteilt, wie beispielsweise Seiten im *WWW* oder Computerdateien auf File-Sharing-Netzwerken. Wie kann man angesichts der Größe des Internets ausgehend von einem Ausgangsknoten möglichst effizient die gesuchte Information im Netzwerk finden?

12.4.1 Relevanz und Erscheinungsformen

Im Abschnitt 9.2.3 wurde das bahnbrechende Experiment zu den „Six Degrees of Separation" von Stanley Milgram geschildert, welches als erstes Experiment seiner Art für große soziale Netzwerke zeigen konnte, dass eine Vielzahl kurzer Pfade existieren und man oft nur sechs Schritte von einer beliebigen Person auf der Welt entfernt ist. Die vielleicht interessantere Beobachtung hat aber der Mathematiker Jon Kleinberg im Jahr 2000 gemacht, der sich fragte, ob die Briefe im Milgram-Experiment auch ihren Empfänger erreicht hätten, falls die Beteiligten nur die Anweisung bekommen hätten „Senden Sie diesen Brief ausschließlich über ihre direkten Freunde und Bekannten an die Person 412412421", also ohne Angaben zu Beruf, Name oder Ort. Es war aus dem Experiment bekannt, dass die Teilnehmer ihre schwachen Verbindungen nicht zufällig nutzen, sondern sich vor allem an Ort und Beruf der Zielperson orientierten.

Beispiel 12.8

Aus dem Experiment von Milgram zog der Mathematiker Jon Kleinberg die interessante Schlussfolgerung, dass es überraschte, wie geschickt die Teilnehmer darin waren, die kürzesten Wege in einem sehr großen Netzwerk zu finden. Der geringe Anteil von 64 aus 300 Briefen, die ihr Ziel erreichten, deutet darauf hin, dass dies durchaus nicht einfach war. Überraschend ist der Erfolg der 18 Pfade, welche den Empfänger erreichten, vor allem deswegen, weil die teilnehmenden Akteure kein globales Wissen über die Netzwerkstruktur hatten. Sie verfügten nur über Informationen über die sie lokal umgebenden Knoten. Die Erfolgsquote der Suche scheint an der Struktur des Netzwerks zu liegen, denn in einem Zufallsgraphen gibt es auch viele kurze Wege; die Wahrscheinlichkeit, diese in einem großen Netzwerk mit lokaler Information zu finden, wäre aber sehr gering. Wenn man also Informationsnetzwerke oder technologische Netzwerke nach einem ähnlichen Bauplan wie ein soziales Netzwerk gestalten könnte – so die Idee von Kleinberg – wäre man in der Lage, auf diesen mit Algorithmen, die nur lokale Informationen benötigen, sehr effizient die kürzesten Wege zu finden und die gesuchte Information wieder an den Ausgangsknoten zurückzubringen [22, Kapitel 20]. ■

12.4.2 Wesentliche Modelle und Lösungsverfahren

Suche per Rundfunk (Broadcasting): Um in einem Netzwerk eine Information zu finden, könnte man ausgehend von einem Knoten allen benachbarten Knoten die Suchinformation mitteilen und diese anweisen, die Nachricht wiederum an alle benachbarten Knoten weiterzugeben. Sobald der Zielknoten die Nachricht erhält, meldet er sich über den während der Suche notierten Pfad oder wieder per Broadcasting beim Ausgangsknoten. Falls es einen kürzesten Weg im zusammenhängenden Netzwerk gibt, so wird eine der Nachrichten diesen finden und darüber als erste zum Zielknoten gelangen. Jedoch würde ein solches „Rundfunken" das Netzwerk mit Nachrichten überfluten, wie es beispielsweise mit Spam-Mails der Fall ist. Dies kann zu einer Überlastung des Netzwerks und langen Übertragungszeiten führen, wie wir in Abschnitt 12.5.1 noch genauer betrachten werden.

Suche per Zufallsbewegung (Random-Walk): Beim sogenannten Random-Walk bewegt sich der Algorithmus mit gleicher Wahrscheinlichkeit zu einem der benachbarten Knoten. Falls er dort die gewünschte Information findet, sendet er diese an den Ausgangsknoten zurück. Andernfalls setzt er seine Suche auf einem der zufällig ausgewählten Nachbarknoten fort, solange, bis er die Information im Netzwerk gefunden hat. Dabei benötigt der Random-Walk in der Regel länger als die Methode des Broadcasting, da die Wahrscheinlichkeit, zufällig den kürzesten Pfad zu finden, je nach Netzwerkstruktur sehr gering sein kann. Dafür ist der erzeugte Datenverkehr auf dem Netzwerk erheblich kleiner als beim Broadcasting-Verfahren.

Die Effizienz eines solchen Random-Walks kann man mit der mittleren Zeitspanne $\langle \tau_i \rangle$ bestimmen, die vergeht, bis der Algorithmus wieder zum Ausgangsknoten zurückgekehrt ist. Der Mathematiker Mark Kac (1914–1984) bestimmte diese mittlere Zeitspanne zu $\langle \tau_i \rangle = (\langle d \rangle / d_i) \cdot n$. Die Zeitspanne $\langle \tau_i \rangle$ wird für große n also sehr groß, und es kann für manche Netzwerke nicht sichergestellt werden, dass der Algorithmus überhaupt wieder zum Ausgangsknoten zurückfindet [20].

Beispiel 12.9

Berühmt und erfolgreich geworden ist die Firma *Google Inc.* vor allem mit ihrem effizienten Ranking für Webseiten, welche die zuvor in die Suchmaske eingegebenen Informationen enthalten. Dieser sogenannte Google PageRank (GPR) Algorithmus bewertet die Popularität einer Webseite nach der Anzahl der Besuche, die ein nach dem Random-Walk agierender Algorithmus in einer bestimmten Zeit der Seite abstatten würde. Es liegt ihm also die oben erläuterte Methode des Random-Walks, allerdings im Fall des *WWW*, auf einem gerichteten Netzwerk zugrunde. Es kann gezeigt werden [20, Kapitel 11.6], dass sich dieser Rank r_{GPR} zu

$$r_{\text{GPR}} = \frac{p}{n} + \frac{1-p}{n} \cdot \frac{d_{\text{in}}}{\langle d_{\text{in}} \rangle},$$

ergibt, wobei d_{in} den Grad des Knotens in Bezug auf die auf diesen weisenden Pfeilen und p einen Kalibrierungsparameter mit üblicherweise $p = 0{,}15$ darstellt. Da dieser also ausschließlich von den Momenten des Grades d_{in} des Knotens in Bezug auf die eingehenden Pfeile abhängt, muss man, um höher gerankt zu werden, dafür sorgen, dass möglichst viele andere Webseiten auf die eigene Seite verweisen. Ein anschauliches Beispiel für die dynamische Entwicklung des Google PageRank (GPR) Algorithmus bietet die Modellierungsumgebung *NetLogo* (Northwestern University) [113]. Eine detaillierte Beschreibung der Simulationsmethoden und der verwendeten Modellierungsumgebung finden sich in Abschnitt 13.3. Im über die Modellbibliothek der Software zugänglichen Modell „PageRank“ [101] kann man für unterschiedliche Konstellationen diesen für kleinere und größere Netzwerke simulieren. ■

Suche per Greedy-Algorithmus: Beim Milgram-Experiment hatte jeder Sender im Wesentlichen nur den Namen und die Adresse des Empfängers zur Verfügung. Die Suchstrategie kann als „Greedy-Algorithmus“ abgebildet werden, bei dem man demjenigen benachbarten Knoten den Brief übergibt, der dem Ort oder einem anderen Attribut der Zielperson am nächsten liegt. Jon Kleinberg konnte nachweisen, dass die Effizienz des Algorithmus im Wesentlichen von der Netzwerkgröße n und der Netzwerkstruktur abhängt. In einem Gittergraphen der Größe $n \cdot n$ Knoten ist die Suchdauer in etwa zur Dimension n proportional, und damit dauert für sehr große Netzwerke die Suche sehr lange.

Wenn man ähnlich dem Watts-Strogatz Algorithmus, aber statt einem Kreisgraphen einem $(n \cdot n)$-Gittergraphen zufällige Kanten mit der Wahrscheinlichkeitsverteilung $p(d) = c \cdot d^{-\alpha}$ hinzufügt, so kann man über den Parameter α aus dem Gitter ein Netzwerk mit sehr kleinem bis sehr großem Netzwerkdurchmesser machen. In *Bild 12.8* ist der Verlauf der Suchzeit $\langle \tau_i \rangle$, die im Mittel benötigt wird, um von einem zufällig ausgewählten Knoten zu einem anderen zufällig ausgewählten Knoten zu gelangen, über den Parameter α aufgetragen. Mit $\alpha = 0$ sind alle hinzugefügten Kanten wiederum regulär angeordnet und ergeben daher keine Verkürzung der Suchzeit $\langle \tau_i \rangle$. Falls α sehr groß wird, werden aufgrund der geringen Wahrscheinlichkeit gar keine Kanten hinzugefügt. Kleinberg fand heraus, dass es für einen bestimmten Wert α_c eine minimale Suchzeit $\langle \tau_i \rangle_{\min}$ gibt und diese dabei zu $\ln^2 n << n$ proportional ist.

Kleinberg konnte nachweisen [20], dass es keinen schnelleren als den „Greedy-Algorithmus“ für die Suche in einem solchen Netzwerk mit α_c gibt. Daher bezeichnete Kleinberg alle Netzwerke, welche die Bedingungen erfüllen, dass die mittlere Navigationszeit langsamer wächst als n^x mit beliebigem n, als *navigierbare Netzwerke*.

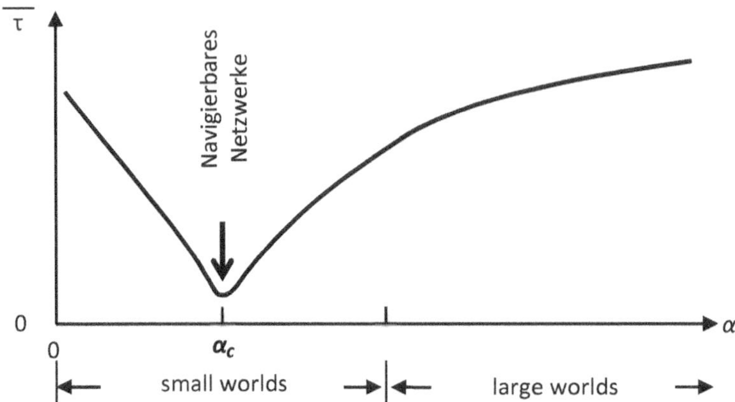

Bild 12.8 Die Suchzeit $\langle \tau_i \rangle$ ist gegen den Exponenten α aufgetragen, der die Wahrscheinlichkeit für das Anlegen zusätzlicher Kanten im Netzwerk bestimmt [71]. – Nachdruck mit Genehmigung

Suche per Algorithmus mit Präferenzen (Degree biased search): Bei der Suche mit dem Greedy-Algorithmus muss der Ort des Zielknotens und der Ort des erreichbaren Knotens bekannt sein. Diese Information liegt aber in Netzwerken ohne hierarchische oder geometrische Struktur oft nicht vor. Trifft ein Algorithmus per Random-Walk auf einen Hub, so sind zunächst die Chancen den Zielknoten zu finden geringer, da er unter einer großen Zahl an Knoten zufällig auswählt wird. Allerdings geht auch eine größere Zahl der kürzesten Pfade durch diese Hubs. Diese Eigenschaft kann man mit dem Algorithmus mit Präferenzen nutzen, der entweder aus den benachbarten Knoten den Zielknoten oder unter dem Wissen der Grade der benachbarten Knoten denjenigen mit der höchsten Gradzahl auswählt. Damit wird dieser im Netzwerk die Hubs mit den höchsten Graden relativ schnell erreichen und von dort aus das Netzwerk absuchen. Vorteil ist eine deutlich geringere Zeit bis der Algorithmus wieder zum Ausgangsknoten gelangt. Der Datenverkehr ist relativ hoch im Vergleich zum Greedy-Algorithmus; dafür benötigt dieser nur die Information der Knotengrade der Umgebung. Nicht überraschend ist, dass dieser Algorithmus in homogenen Netzwerken ohne Hubs nicht effizient ist.

12.4.3 Zusammenfassung wesentlicher Erkenntnisse

Die Lösung der Aufgabe, wie man in großen Netzwerken mithilfe eines Algorithmus einen bestimmten Zielknoten in möglichst kurzer Zeit findet, ist offensichtlich von großer praktischer Bedeutung. Dieser Algorithmus muss in der Lage sein, in vertretbarer Zeit und mit einer gewissen Zuverlässigkeit den Zielknoten ausfindig zu machen und die gesuchte Information an den Ausgangsknoten zu übermitteln. Die anwendbare Strategie hängt im Wesentlichen von der Information ab, die dem Algorithmus bei seiner Suche zur Verfügung steht.

- Sind gar keine Informationen vorhanden, so bietet sich Broadcasting oder Random-Walk an, letzterer mit dem Vorteil eines kleineren Datenverkehrs.
- Sind nur lokale Informationen wie der Grad oder die Betweenness der unmittelbaren Nachbarknoten bekannt, kann man diese Information in einem skalenfreien Netzwerk nutzen, um die Effizienz der Suche zu steigern.

- Sind sogar hierarchische oder geographische Informationen vorhanden, wird man auf den Greedy-Algorithmus zurückgreifen, der speziell für skalenfreie Netzwerke die kürzeste Suchzeit aufweist.

Die Algorithmen können dabei weder die Effizienz noch die Effektivität für alle Netzwerkstrukturen garantieren. Vielmehr muss der Algorithmus mit Kenntnis der Netzwerkstruktur unter Abwägung von kurzen Suchzeiten und vertretbarem Datenverkehr gezielt gestaltet werden.

12.5 Transportprozesse in Netzwerken

Wie oben bereits erwähnt, ist die Hauptaufgabe vieler technologischer Netzwerke der Transport von Menschen, Information, Energie oder anderen Objekten auf den Kanten von einem zum anderen Knoten. Beispiele sind hierfür Energieversorgungsnetze, das Schienen-, Straßen- und Kanalnetz sowie Telefonnetze oder Distributionsnetzwerke zum physischen Transport von Gütern.

Beispiel 12.10

Im Internet werden die Daten mithilfe des sogenannten TCP/IP-Protokolls („Transmission Control Protocol/Internet Protocol") transportiert, welches die zu sendenden Dateien in Pakete zerteilt, diese unabhängig voneinander über jeweils optimale Routen versendet und am Ende beim Empfangsknoten aus den einzelnen Paketen wieder die gesamte Datei zusammenstellt. Dabei kann festgestellt werden, dass diese Pakete keineswegs gleichmäßig versandt werden, sondern größere zeitliche Fluktuationen der Datenraten im Internet zu beobachten sind: Diese Fluktuationen können unter Umständen dazu führen, dass die vorhandene Bandbreite nicht immer voll genutzt wird bzw. es zu anderen Zeitpunkten zur „Verstopfung" der Leitungen kommt.

Forscher konnten zeigen, dass die Zeitreihe dieser Datenverkehre einer skalenfreien Verteilung [20] folgt. Das bedeutet, dass immer wieder sehr große Datenmengen auf die Knoten des Netzwerks treffen, die zu einer zeitweisen Vollauslastung der Knoten oder Kanten führen können. Würde sich das TCP/IP-Protokoll bei der Routenwahl nach dem kürzesten Pfad im Netzwerk orientieren, würden zuerst die Knoten mit der höchsten Betweenness Centrality C_i^b überlastet und sich Warteschlangen aus Datenpaketen vor den jeweiligen Knoten bilden. Daher werden intelligentere Routing-Strategien eingesetzt, die beispielsweise Hubs gezielt umgehen oder ihre Strategien anpassen, wenn Knoten mit langen Warteschlangen auf dem Weg entdeckt werden. ■

Dabei können die Überlastung oder Ausfälle einzelner Knoten zu Datenstaus in den Netzwerken oder unter bestimmten Bedingungen zur lawinenartigen Ausbreitung von Ausfällen führen, wie diese bei sogenannten „Blackouts" in Energieversorgungsnetzen oder dem Totalzusammenbruch von Verkehrssystemen in Städten zu beobachten sind. Diese Phänomene werden wir uns in Abschnitt 12.5.2 näher ansehen.

12.5.1 Datenverkehr und Datenstau in Netzwerken

Modelle zur Beschreibung von Datenverkehr und Datenstaus in technologischen Netzwerken, wie dem Internet unterscheiden die Knoten in Hubs und Routers. Die Hubs erzeugen die Datenpakete unter Angabe des Zielknotens. Über die sogenannten Router wird der Datenverkehr auf seinem Weg zum Zielknoten gelenkt. Die Router entscheiden meist nach lokalen Regeln, an welchen der benachbarten Knoten das Datenpaket weitergeleitet werden soll. Pro Zeiteinheit werden die Datenpakete mit der Rate R in zufällig ausgewählten Hubs erzeugt und ebenfalls zufällig einem Zielknoten zugewiesen. Dabei besitzen die Knoten eine bestimmte Kapazität c_i, die eine obere Grenze repräsentiert, wie viele Datenpakete pro Zeiteinheit maximal weitergeleitet werden können. Sollte die Ankunftsrate der Pakete die Kapazität des Knotens überschreiten, so bildet sich vor dem Knoten eine Warteschlange.

Aus Netzwerksicht ist nun die Frage interessant, ab welcher Rate R_c die Datenpakete nicht mehr durch das Netzwerk fließen, sondern sich im Netzwerk anzusammeln beginnen, wie es schematisch im *Bild 12.9* dargestellt ist. Sobald der Datenfluss einen stationären Zustand erreicht hat, schwankt unterhalb der kritischen Rate R_c die Datenmenge im Netzwerk um einen konstanten Mittelwert. Bei Überschreitung der kritischen Rate R_c bilden sich vor den Routern immer längere Warteschlangen, da mehr Datenpakete ins Netzwerk gegeben werden, als die Knoten aufgrund der begrenzten Kapazität weiterleiten können. Die Datenmenge im Netzwerk wächst über die Zeit stetig und unbegrenzt an.

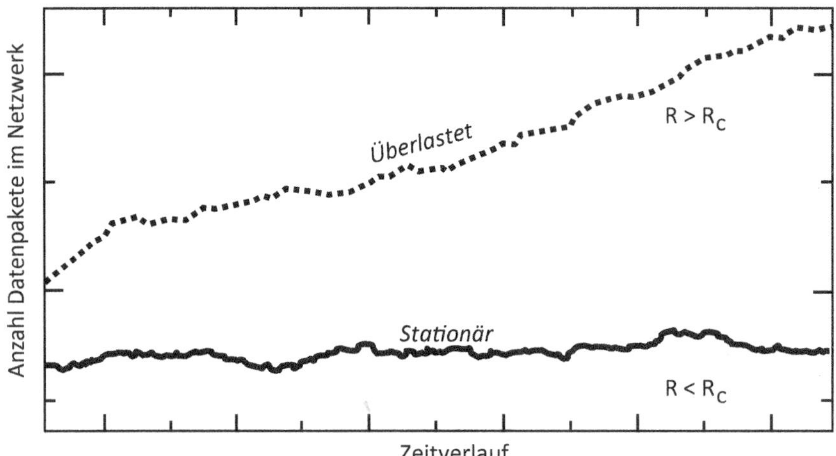

Bild 12.9 Schematische Skizze der Entwicklung der im Netzwerk befindlichen Menge an Datenpaketen für zwei unterschiedliche Zustände: Bei geringer Rate der Datenerzeugung schwankt diese Menge um einen stationären Mittelwert. Wird eine bestimmte Rate der Datenerzeugung überschritten, bilden sich Warteschlangen vor den Knoten; die Menge, der sich im Netzwerk befindlichen Datenpakete wächst stetig über die Zeit an [5]. – Nachdruck mit Genehmigung

Beispiel 12.11

Ein anschauliches Beispiel für die dynamischen Prozesse, die einem Stau auf Transport-Netzwerken zugrunde liegen, kann man mithilfe der Modellierungsumgebung *NetLogo* (Northwestern University) [113] veranschaulichen. Eine detaillierte Beschreibung der Simulationsmethoden und der verwendeten Modellierungsumgebung findet sich in Abschnitt 13.3. Im über die Modellbibliothek der Software zugänglichen Modell „TrafficGrid" [95] kann man auf einem regelmäßigen Straßennetz von bis zu $9 \cdot 9$ Straßenkreuzungen $n = 1$ bis $n = 400$ Autos pro Zeiteinheit erzeugen. Diese bewegen sich mit einer einstellbaren Maximalgeschwindigkeit und müssen warten, wenn sie an eine Kreuzung geraten, die von anderen Autos blockiert wird. Man kann aus *Bild 12.10* erkennen, dass für ein geringes Verkehrsaufkommen keine wesentlichen Wartezeiten vorhanden sind und der Verkehr somit fließt. Steigert man die Anzahl der pro Zeit erzeugten Autos, so treten erste kurze Warteschlangen an den Kreuzungen auf. Die Durchschnittsgeschwindigkeit sinkt, die Autos benötigen also länger, um das Netzwerk zu durchqueren. Überschreitet man aber in der Simulation den Grenzwert von 150 erzeugten Autos pro Zeiteinheit, so schwanken die Wartezeiten nicht mehr zufällig um einen Mittelwert, sondern das Netzwerk verstopft so weit, dass keine neuen Autos mehr ins Netzwerk fließen können; alle Autos kommen zum Stillstand und die Durchschnittsgeschwindigkeit beträgt Null. Die Simulation erlaubt es zudem zu untersuchen, inwieweit die Einführung einer Ampelschaltung an den Kreuzungen bei gleichem Verkehrsaufkommen den Verkehr wieder in Fluss bringen kann.

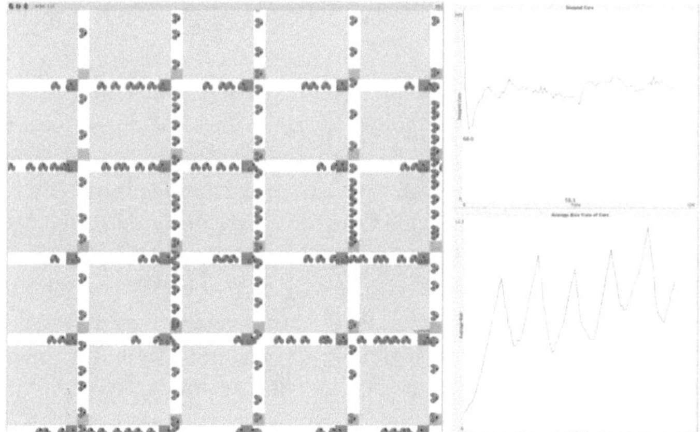

Bild 12.10 Simulationsergebnis des „TrafficGrid"-Modells (NetLogo) [95] für $n = 150$ Autos pro Zeiteinheit. Es ist zu erkennen, dass bei ausgeschalteter Ampel (power = Off) das Netzwerk verstopft; die Wartezeit steigt kontinuierlich an, alle Autos stehen und die Durchschnittsgeschwindigkeit beträgt Null. ■

Modell zur Abschätzung der kritischen Datenmenge r_c [5, Kapitel 11]

Gegeben sei ein Netzwerk mit n Knoten, einem Datenverkehr von R und einer maximalen Kapazität der Knoten von $c_i = 1$. Die Router nutzen zur Weiterleitung die Regel des kürzesten Weges. Jeder Hub erzeuge einen Datenverkehr von $r_i = R/(n-1)$ zu jedem Zielknoten, und wir nehmen an, jeder Router muss nur den von der Betweenness Centrality abhängigen Anteil C_i^b weiterleiten, also $C_i^b \cdot R/(n-1)$.

Dann lässt sich der kritische Wert der Rate r_C und die zugehörige kritische Datenmenge R_C im Zeitintervall dt bestimmen zu

$$r_c = \frac{(n-1)}{\max C_i^b}, \qquad R_C = n \cdot r_c = \frac{1}{\max C_i^b} \qquad \text{für große } n.$$

Die kritische Datenmenge R_C ist damit allein vom größten Wert der Betweenness im Netzwerk bestimmt. Je höher diese maximale Betweenness im Netzwerk ist, desto früher beginnen sich Warteschlangen zu bilden.

Da in einem heterogenen Netzwerk wie dem Internet eine breite Verteilung von Knotengraden vorherrscht und diese mit der Betweenness C_i^b der Knoten korrelieren, haben solche Netzwerke im Vergleich zu homogenen Netzwerken einen geringen Schwellenwert R_c, ab dem sich Warteschlangen bilden. Solange jedoch der Datenverkehr unterhalb des Schwellenwertes bleibt, sorgen die Hubs für besonders kurze Wege und damit kurze Übermittlungszeiten. Es muss daher bei der Gestaltung solcher technologischen Netzwerke zwischen der Erreichung kleiner Übertragungszeiten durch kurze Wege und der maximal möglichen Transportmengen abgewogen werden.

Jedoch ist zu beachten, dass die Struktur, wie im Fall des Internets, häufig nicht bedarfsabhängig angepasst werden kann, sondern als fix betrachtet werden muss. Daher wurden Routing-Regeln zur Weiterleitung der Datenpakete entwickelt, welche Warteschlangen in Netzwerken vermeiden sollen. Eine Möglichkeit besteht darin, als Routing-Strategie eine Mischung aus Random-Walk und kürzesten Wegen zu verwenden. Alternativ könnte die Regel gezielt vermeiden, Datenpakete an Hubs zu übermitteln, jedoch erfordert eine solche Regel ein globales Wissen über die Netzwerkstruktur und ist rechenaufwendig. Daher bietet sich eine Heuristik an, welche den nächsten Knoten, an den das Datenpaket vermittelt wird, mithilfe einer Wahrscheinlichkeit abhängig von seinem Knotengrad $p \simeq d_i \cdot \alpha$ auswählt, wobei für unkorrelierte Netzwerke gezeigt werden kann [5, Kapitel 11], dass $\alpha = -1$ den optimalen Wert darstellt.

Noch komplexer würde die Situation, falls die Regeln, die das Routing der Datenpakete bestimmen, nicht nur den aktuellen Netzwerkzustand, sondern auch das Verhalten der anderen Router in die Entscheidung mit einbeziehen würden. Solche Situationen können über spieltheoretische Ansätze in Netzwerken abgebildet werden, die später in Abschnitt 12.6.3 beschrieben werden sollen. Ein bekanntes und in *Beispiel 9.5* schon diskutiertes Phänomen ist das Braesssche Paradox [22, Abschnitt 8.2], bei dem durch das Hinzufügen einer zusätzlichen Verbindung im Netzwerk sich die Transportzeiten aller Elemente erhöhen, statt wie erwartet zu sinken. Der Grund hierfür ist, dass jeder Fahrer versucht, zu erraten, was die anderen Fahrer machen werden, und sich für das Netzwerk ein schlechteres Gleichgewicht einstellt als ohne die zusätzliche Verbindung.

12.5.2 Kaskaden in Transportnetzwerken

Im Abschnitt 12.2 zur Robustheit von Netzwerken haben wir angenommen, dass die Knoten entweder gezielt oder zufällig aus dem Netzwerk entfernt werden, und dabei die zeitlich aufeinanderfolgenden Ausfälle voneinander unabhängig sind. In großen Netzwerken der Praxis kann jedoch der Ausfall eines Knotens den Ausfall eines weiteren Knotens nach sich ziehen. Die Ausfälle können somit nicht mehr als voneinander unabhängig betrachtet werden. Die wesentliche Fragestellung ist nun, ob nach wenigen aufeinanderfolgenden Ausfällen die Folge wieder von alleine zum Stillstand kommt, oder diese sich als Kaskade in großen Teilen des Netzwerks ausbreitet und möglicherweise die Funktionsfähigkeit des gesamten Netzwerks gefährden kann.

Solche Phänomene sind von Energietransport-Netzwerken, von Router-Netzwerken des Internets, aber auch aus Unternehmens- und Banken-Netzwerken in Finanzkrisen bekannt. In allen Fällen kann der Ausfall eines isoliert betrachtet unbedeutenden Knotens eine ganze Kaskade von Ausfällen im gesamten Netzwerk nach sich ziehen. Auch die im späteren Abschnitt 12.6.2 diskutierten Informationskaskaden in Netzwerken folgen demselben Mechanismus.

Kann man für Kommunikationsnetze in solchen Fällen die Datenpakete für eine bestimmte Zeit zwischenspeichern und damit die Belastung im Netzwerk senken, so ist dies für Energieversorgungsnetze nicht möglich, da bisher keine technologischen Möglichkeiten zur schnellen Speicherung großer Energiemengen existieren. Der zuvor über die blockierten oder ausgefallenen Kanten und Knoten fließende Transportstrom muss dann von den verbliebenen Teilen des Netzwerks übernommen werden, was unter bestimmten Umständen zu weiteren Überlastungen und Ausfällen führen kann.

Beispiel 12.12

Netzwerke, die einer gewissen Last unterliegen, können noch andere Phänomene aufweisen, die beim letzten großen sogenannten „Northeast Blackout" in den USA zu beobachten waren. Am Anfang des großen Stromausfalls in den USA und Kanada stand eine banale Leitungsstörung im nördlichen Ohio, die sich aber durch Mängel bei Kraftwerkskapazitäten und Netzbetrieb binnen einer Stunde zur Katastrophe auswuchs. In der letzten Phase am 14. August 2003 ab 16.05 Uhr war die kaskadenartige Ausbreitung und damit der Zusammenbruch der Stromversorgung nicht mehr aufzuhalten. Binnen sechs Minuten war die komplette Stromversorgung für ein riesiges Gebiet rund um die Großen Seen unterbrochen, schätzungsweise 55 Millionen Menschen waren davon betroffen. Der Grund für diesen kaskadenartigen Ausfall lag daran, dass die Systemlast auf andere Knoten und Verbindungen verteilt wurde, im ungünstigsten Fall mit geringerer Kapazität, die mit hoher Wahrscheinlichkeit rasch versagten und ihrerseits die Belastung weitergaben, bis der Domino-Effekt nicht mehr zu stoppen war.

Das Verhalten der Kaskaden hängt aber wiederum stark von der Netzwerkstruktur ab. So kann es in Abhängigkeit von der lokalen Netzwerkdichte und der Verteilung der Belastbarkeit zu einer Verlangsamung oder einem Beschleunigen der Kaskade kommen. Immer wieder kommt es zu solchen Zusammenbrüchen von Energienetzen, die einen großen wirtschaftlichen Schaden anrichten, zuletzt im Jahr 2012 in Indien, mit 600 Millionen betroffenen Menschen einer der größten Ausfälle dieser Art. ■

Eine Vielzahl an Stromausfällen, sogenannte Blackouts, hat in der Vergangenheit für große Schäden gesorgt, einer der größten Stromausfälle trat im Jahr 2012 in Nordindien auf. Empirische Untersuchungen [64] zeigen, dass die Häufigkeitsverteilung des Schadensausmaßes, gemessen am nicht erfüllbaren Strombedarf, einer skalenfreien Verteilung mit einem Koeffizienten $1{,}5 \leq \gamma \leq 2{,}0$ folgt. Interessant ist dabei, dass die Kaskaden in ganz unterschiedlichen Netzwerktypen mit ganz unterschiedlichen Ausbreitungsmechanismen, alle eine Häufigkeitsverteilung gemäß einer Exponentialverteilung aufweisen.

Dazu gehören die erwähnten Informationskaskaden auf Twitter, die Ausbreitung von Ausfällen im Router-Netzwerk des Internets bis hin zur Verteilung der Stärken von auftretenden Erdbeben. Die Exponentialverteilung erklärt, dass die meisten Kaskaden nach wenigen Schritten zum Stillstand kommen und damit die Funktionsfähigkeit des Netzwerks nicht wesentlich einschränken. Jedoch erreichen sehr wenige, aber dafür sehr weitreichende Kaskaden einen großen Teil des Netzwerks und legen dieses unter bestimmten Bedingungen vollkommen lahm. Interessanterweise kann man zwar den Exponenten der Häufigkeitsverteilung der Kaskaden abschätzen, jedoch gibt es keine Möglichkeit das zeitliche Auftreten der Kaskadengrößen zu prognostizieren.

Entscheidend für die lawinen- bzw. kaskadenartigen Ausbreitung der Störung im Netzwerk sind folgende Eigenschaften der Netzwerkdynamik:

- Die Funktion des Netzwerks ist durch den Fluss einer bestimmten Größe, wie beispielsweise Strom, Information oder Gütern bestimmt.
- Die Knoten besitzen einen gewissen Schwellenwert, ab dem diese die Funktion einstellen und aus dem Netzwerk ausscheiden.
- Für den Fall des Ausfalls eines Knotens gibt es eine Regel, wie der zuvor über den ausgefallenen Knoten gelaufene Strom auf das restliche Netzwerk verteilt wird.

Um den Einfluss der Netzwerkstruktur auf die Ausbreitung der Störung im Netzwerk zu untersuchen, wurden eine ganze Reihe von Modellen erstellt, auf die hier nicht im Detail eingegangen werden kann. Grundsätzlich wird in diesen Modellen die Transportmenge, die über den ausgefallenen Knoten lief, entweder auf die Nachbarknoten verteilt oder den Knoten mit der größten Betweenness Centrality zugeschlagen. Es konnte gezeigt werden [64], dass es in diesen Modellen in einem weiten Bereich der Netzwerklast zu lokalen Überlastungen kommt, ohne dass das Netzwerk vollständig zusammenbricht.

Ab einer bestimmten Netzwerklast führt jedoch jede kleinste lokale Störung zum vollständigen Zusammenbruch des Netzwerks. Falls die Umverteilung nicht zufällig auf die Nachbarknoten, sondern proportional zur Zentralität der Knoten erfolgt, führen lokale Störungen schon bei geringeren Netzwerklasten zu globalen Kaskaden. Das bedeutet, dass der wesentliche Parameter für die Stabilität solcher Netzwerke in den Regeln für die Umleitung der Ströme auf die verbleibenden Knoten liegt.

Es wird nun der Algorithmus eines einfachsten Modells geschildert, wie es beispielsweise Ian Dobson [64] im Jahr 2011 verwendet hat, um die empirischen Daten für Stromausfälle in großen Energietransport-Netzwerken zu modellieren. Das Netzwerk wird mit einer bestimmten Transportmenge L_i beaufschlagt, die zwischen L_{min} und L_{max} gleichverteilt ist. Falls die Belastung eines Knotens seine Kapazität L_f übersteigt, fällt dieser aus und seine Last wird gleichmäßig auf das verbleibende Netzwerk verteilt.

Algorithmus zur Modellierung von Kaskaden in Transportnetzwerken

Eingabe: Graph $G(V,E)$ aus $n >> 2$ Knoten und die Lasten $L_{\min} < L_f < L_{\max}$, definiert als ME/t.

Ausgabe: Verlauf der Knotenausfälle über die Zeit als Knotenliste V'.

1. Wir weisen jedem Knoten eine Anfangslast $L_0(i)$ zu, diese ist über alle n Knoten gleichverteilt zwischen $L_{\min} < L_0(i) < L_{\max}$.
2. An einem zufällig ausgewählten Knoten j wird die Last $L(j) > L_f$ gesetzt.
3. Alle f Knoten, die eine Last $L(j) > L_f$ aufweisen, werden aus dem Netzwerk entfernt und der Knotenliste V' hinzugefügt.
4. Die Summe der Last aller entfernten Knoten wird auf die verbleibenden Knoten gleichverteilt.
5. Wir prüfen, ob sich noch Knoten im Netzwerk befinden, oder sich die Zahl der entfernten Knoten nicht mehr verändert; falls ja gehe zu 3.
6. STOPP: Ausgabe der Knotenliste V' und Bestimmung des Schadensausmaßes als Verhältnis Knotenanzahl V zu V'.

Steigert man nun kontinuierlich die Netzwerkbelastung, so fallen immer mehr Knoten aus, bis schließlich bei einer kritischen Belastung das gesamte Netzwerk zusammenbricht. Dabei zeigt sich für dieses Modell, dass, je schmaler die Wahrscheinlichkeitsverteilung ist, umso plötzlicher die Kaskade einsetzt, welche das Netzwerk zum Zusammenbruch führt. Damit unterscheidet sich in diesem Modell das Verhalten eines homogenen nicht von dem eines inhomogenen Netzwerks, die Netzwerkstruktur hat keinen wesentlichen Einfluss auf die Kaskadenbildung.

Beispiel 12.13

Die norwegische Forschergruppe um Vidar Frette veröffentlichte im Jahr 1996 Ergebnisse von Experimenten zum dynamischen Verhalten von Reis- und Sandhaufen [67]. Die Forschergruppe wollte bestimmen, unter welchen Bedingungen sich Lawinen formen und welchen Gesetzmäßigkeiten diese folgen. Ähnliche Versuchsreihen hatte zuvor auch schon Per Bak durchgeführt und die Ergebnisse in einem Buch [2] veröffentlicht. Sobald an einer Stelle eine gewisse Steigung überschritten ist, wird das oben liegende Korn instabil und kann beim Auftreffen ein weiter unten gelegenes Korn mitreißen. Bak konnte beobachten, dass es zu lawinenartigen Kettenreaktionen kommen kann, die Tausende von Körnern erfassen, wenn Sandkörner auf sehr steilen Flanken immer häufiger benachbart liegen. Wenn man die Größe der Lawinen, wie in *Bild 12.11* über die Zeit aufträgt, zeigen sich längere Abschnitte mit kleineren Zufallsschwankungen, unterbrochen von kurzen Abschnitten sehr großer Lawinen.

Die Lawinen sind dabei weder im zeitlichen Verlauf noch in ihrer Größe vorhersagbar. Das einzige reproduzierbare Kennzeichen des Systems ist die skalenfreie Verteilung, der die Häufigkeitsverteilung der Lawinengröße folgt. Es liegt trotz grundsätzlich sehr unterschiedlichen Prozessen auf der Mikro-Ebene eine gewisse Übertragbarkeit auf der Makro-Ebene vor, die auch als *Universalität* bezeichnet wird. In einem solchen System nach der Ursache für die Diskontinuitäten zu fragen, ist der falsche Ansatz, da es kei-

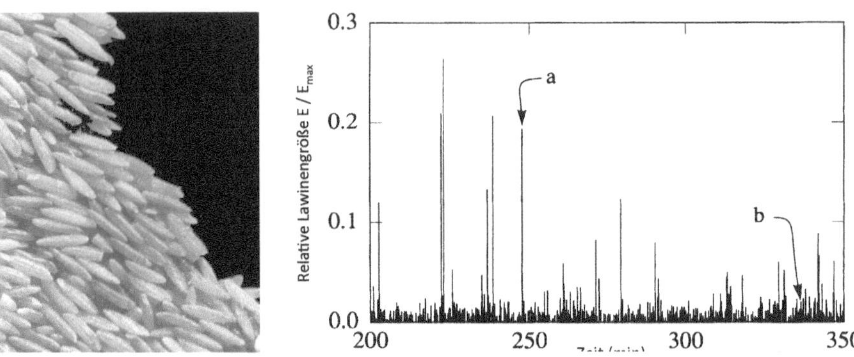

Bild 12.11 Verlauf der Sandlawinengrößen über den Zeitverlauf im Experiment von Frette et al. [67]. – Nachdruck mit Genehmigung

nen identifizierbaren Grund gibt, außer der Tatsache, dass sich das System in einem selbstkritischen Zustand befindet.

Die Ausbreitung der Lawinen in einem Sandhaufen kann in Form einer numerischen Simulation mithilfe der Modellierungsumgebung *NetLogo* (Northwestern University) [113] veranschaulicht werden. Im über die Modellbibliothek der Software zugänglichen Modell „Sandpile" [94] kann auf einem Gittergraphen von $n = 250$ für jeden Simulationslauf festgesetzt werden, ob der Ort für das Auftreffen neuer Sandkörner immer zentriert oder zufällig erfolgen soll. Die Verteilung der Anfangsbelastung, also Anzahl der vorhandenen Körner, kann zufällig oder einheitlich gesetzt werden. Falls an einem Knoten des Gittergraphen die kritische Belastung $L_f = 4$ überschritten wird, gibt dieser die gesamte Last gleichverteilt an die benachbarten Knoten weiter. Sandkörner, die über die Grenzen des Gittergraphen hinausgehen, werden entfernt, sodass sich ein stationärer Wert für die Gesamtbelastung ergibt. Das Simulationsergebnis zeigt, dass für eine ausreichend lange Simulationszeit, zufälligen Abwurfsort und zufällige Ausgangsbelastung eine skalenfreie Exponentialverteilung der Kaskadengrößen entsteht, wie in den Laborexperimenten von Bak et al. [2]. ■

Beim Sandhaufen bedarf es einer gewissen Steigung, damit sich das System überhaupt in einen kritischen Zustand bewegt, in welchem es zur Ausbreitung von Lawinen kommen kann. Für eine Kaskade im Netzwerk sind die wesentlichen Parameter, die dieses in einen kritischen Zustand bringen, der mittlere Knotengrad, die Struktur des Netzwerks und die Verteilung der Schwellenwerte der Knoten. Für den Fall von Informationskaskaden werden wir dies in Abschnitt 12.6.2 noch näher betrachten.

Für die Gestaltung von Netzwerken ist dies eine große Herausforderung, denn es gibt keine typische Kaskadengröße, für die man die Netzwerkknoten beispielsweise über bestimmte Pufferkapazitäten schützen könnte. Man muss mit sehr seltenen, dafür aber sehr großen Kaskaden rechnen, für welche in den meisten Fällen Pufferlösungen unwirtschaftlich sind. Wenn man etwa weiß, dass im Mittel eine bestimmte Erdbebenstärke existiert, kann man Gebäude für diese auslegen und in Abhängigkeit von der Risikoeinstellung für einen gewissen Bereich der Streuung um diesen Mittelwert als Sicherheitszuschlag einplanen. Da die Erdbeben aber skalenfrei verteilt sind, gibt es keinen Maßstab, an dem man sich bei der Konstruktion eines Gebäudes ausrichten kann. Es bleibt eine reine Risikoabwägung, welche durch die Seltenheit der Ereignisse häufig nur schwer quantifizierbar ist.

12.5.3 Zusammenfassung wesentlicher Erkenntnisse

In diesem Abschnitt haben wir bisher den Transport in Netzwerken betrachtet und dabei festgestellt, dass die begrenzten Kapazitäten der Kanten oder Knoten dazu führen, dass die transportierten Objekte sich im Netzwerk in Warteschlangen ansammeln können, was zu langen Durchlaufzeiten führt. Wir haben uns auf den Transport von Datenpaketen im Internet fokussiert, die Aussagen lassen sich aber auch auf den Transport von Menschen, Energie, Material oder anderen Objekten zwischen den Knoten eines Netzwerks übertragen. Viele skalenfreie Netzwerke der Praxis weisen, wie in Abschnitt 12.2 erläutert, eine hohe Robustheit gegen zufällige Störungen der Knoten und Kanten auf. Falls der Ausfall die Belastung der verbleibenden Knoten und Kanten im Netzwerk erhöht, kann dies zu einer lokalen und in manchen Fällen auch globalen Kaskade führen, welche ähnliche Effekte wie die gezielte Attacke auf Hubs haben kann.

Die dargestellten Modelle enthielten sehr starke Abstraktionen im Vergleich zu den Netzwerken der Praxis, jedoch erscheint die Beschäftigung mit diesen einfachen Modellen gerechtfertigt, da sich universelle Aussagen zum Verhalten auf Netzwerkebene gewinnen lassen, die auf die Praxis übertragbar sind und ggf. erst zu den relevanten Fragen führen, die dann mit den Realdaten der großen Netzwerke untersucht werden müssen.

12.6 Kollektives Verhalten in Netzwerken

Für die Sozialwissenschaften ist es besonders relevant, wie sich individuelle Verhaltensweisen einzelner Akteure beispielsweise in Bezug auf die Weitergabe von Informationen, Meinungsbildung und Entscheidungsfindung auf das Gesamtverhalten einer Gruppe in einem sozialen oder Informationsnetzwerk auswirken. Im alltäglichen Sprachgebrauch ist es durchaus üblich, Gruppen mit Eigenschaften zu versehen, wie beispielsweise in den Bezeichnungen „aggressive Firma" oder „tolerante Gesellschaft". Es scheint aber fraglich, ob sich solche Systeme überhaupt sinnvollerweise mit Attributen der Akteursebene beschreiben lassen.

Der wesentliche Unterschied bezüglich der Ausbreitung einer Epidemie (Abschnitt 12.3) und der Verbreitung sozialer Informationen besteht darin, dass diese in der Regel nicht durch eine einzige Kontaktaufnahme übertragen werden, sondern ein gewisser Schwellenwert im sozialen Umfeld überschritten werden muss, damit der Einzelne diese soziale Information übernimmt.

Dieser Schwellenwert kann dabei individuell sehr verschieden sein. Manche Individuen lassen sich schneller, andere nur nach vielen Interaktionen überzeugen. In der Sprache des Marketings würde man von Early Adopters und Late Adopters sprechen. Um das Verhalten des Netzwerks zu modellieren, muss man also die individuellen Verhaltensweisen der Akteure und ihre sozialen Beziehungen explizit in die Betrachtung mit einbeziehen. Dabei spielen bei der Ausbreitung von Informationen in sozialen Netzwerken zwei Parameter eine ganz wesentliche Rolle: die Netzwerkstruktur, wie bei der Ausbreitung von Krankheiten, aber auch die Verteilung der Schwellenwerte der Akteure auf den Knoten des Netzwerks.

Die in den folgenden Abschnitten skizzierten unterschiedlichen Modelle unterscheiden sich im Wesentlichen in Bezug auf die getroffenen Annahmen bezüglich der Entscheidungsprozesse der Akteure. Beim einfachsten *Voting-Modell* trifft der Akteur diese Entscheidung zufällig, beim *Epidemie-Modell* spielt die Kontaktrate zwischen den homogenen Gruppen verschiedener Zustände die entscheidende Rolle, bei den *Kaskaden-Modellen* muss ein Schwellenwert überschritten werden und bei den *spieltheoretischen Modellen* sind die Ergebnisse der zeitlich vorhergehenden Entscheidungen maßgeblich.

12.6.1 Meinungsbildung in Netzwerken – das Voting-Modell

Falls der soziale Einfluss rein linearer Natur wäre, also Individuen ihre Meinung schrittweise einander anpassen würden, so ergäbe sich im Zeitverlauf immer ein Netzwerk mit homogenen Meinungen bzw. homogenem Informationsstand. Dies entspricht aber offensichtlich nicht der Realität sozialer Netzwerke, in denen sich eine Ungleichverteilung von Information und Meinung über lange Zeitabschnitte halten kann.

Relevant ist die Frage, welcher Grad an übereinstimmenden Meinungen in einem Netzwerk überhaupt erreicht werden kann. Das einfachste Modell, welches dies untersucht, ist das sogenannte Voting-Modell [5, Kapitel 10], welches unterstellt, dass ein Knoten nur zwei Zustände (Meinungen) ± 1 annehmen kann. Zur Zeit $t_0 = 0$ wird den Knoten zufällig entweder der Zustand 1 oder -1 zugewiesen. In jedem Zeitschritt werden alle n Knoten des Netzwerks zufällig ausgewählt, und diese nehmen dann den Zustand eines zufällig ausgewählten Nachbarknotens an.

Von besonderem Interesse ist nun, wie sich die Zustände der Knoten im Netzwerk im Verlauf der Zeit aneinander anpassen. Messgrößen sind beispielsweise der Anteil der Kanten, an deren Enden sich Knoten unterschiedlicher Zustände befinden, die Wahrscheinlichkeit $P(T)$, dass sich nach Ablauf der Zeitspanne T noch kein Zustand völlig homogener Meinungen eingestellt hat, sowie die typische Zeitskala T, mit der das System gegen diesen Gleichgewichtszustand konvergiert.

Man kann damit spekulieren, dass bei der Meinungsbildung auf dem gitterähnlichen Informationsnetzwerk des 14. Jahrhunderts eine ähnlich große Inhomogenität nach ausreichend langer Zeit zu erwarten gewesen wäre, wie in den skalenfreien Netzwerken des heutigen *WWW*. Jedoch würde dieser Zustand heute wesentlich schneller als damals erreicht. Allerdings ist die Vereinfachung bezüglich der Entscheidungsfindung der Akteure im Voting-Modell sehr groß. Zudem gibt es nur eine lokale Weitergabe von Informationen, ein „Broadcasting“ von Meinungen von einem Akteur an größere Bevölkerungsgruppen wird in diesem Modell nicht abgebildet. Diese Annahme könnte für das Netzwerk des 14. Jahrhunderts noch als akzeptabel erscheinen, bildet die Realität heutiger sozialer Netzwerke jedoch sicher nicht ab. Damit weist das Voting-Modell eher die sehr grundsätzlichen Mechanismen nach, als dass es in der Lage wäre, reale Prozesse der Meinungsbildung in großen Netzwerken der Praxis vorherzusagen.

Beispiel 12.14

Die Ausbreitung der Zustände im Voting-Modell kann in Form einer numerischen Simulation mithilfe der Modellierungsumgebung *NetLogo* (Northwestern University) [113] veranschaulicht werden. Eine detaillierte Beschreibung der Simulationsmethoden und der verwendeten Modellierungsumgebung findet sich in Abschnitt 13.3. Im über die Modellbibliothek der Software zugänglichen Modell „Voting“ [96] kann auf einem Gittergraphen von $n = 150 \cdot 150$ Knoten die Entwicklung der Ausbreitung der anfangs zufällig verteilten Zustände beobachtet werden. Es zeigt sich, dass in der Regel kein einheitlicher Systemzustand erreicht wird, sondern im Gleichgewichtszustand immer noch Unterschiede in den Zuständen der Knoten verbleiben. ■

12.6.2 Informationskaskaden in Netzwerken

Für die gezielte Verbreitung von Innovationen oder Produkten in einem Netzwerk kann man versuchen, statt jedem potenziellen Kunden eine einzelne Nachricht zu senden, im Netzwerk eine Informationskaskade zu erzeugen, die idealerweise an einer einzigen Stelle angestoßen wird und nach kurzer Zeit das gesamte Netzwerk erreicht. Diese Eigenschaft versucht beispielsweise das sogenannte „Virale Marketing" auszunutzen.

Beispiel 12.15

Die Forscher Eytan Bakshy et al. [57] untersuchten im Jahr 2011 über 74 Millionen Informationskaskaden von mehr als 1,6 Millionen Nutzern auf dem Micro-Blogging-Informationsdienst *Twitter*. Einige der Kaskaden waren wie in *Bild 12.12* dargestellt sehr breit, aber nach wenigen Schritten zu Ende; andere Kaskaden ähnelten eher einer schmalen Kette, schafften aber eine große Anzahl von Schritten. Ein Großteil der Nachrichten wurde überhaupt nicht von den Empfängern weitergeleitet. Diese Ergebnisse weisen darauf hin, dass es kaum möglich ist, den Erfolg, also die Reichweite einer solchen Kaskade vorherzusagen. Daher mag es wirtschaftlicher sein, viele kleine Kaskaden zu starten, mit der Hoffnung, dass eine davon den Großteil des Netzwerks erreicht, als zu versuchen, den zentralen Akteur im Netzwerk zu bestimmen, der die Nachricht dann in großen Teilen des Netzwerks verbreitet. Denn besitzen alle Nachbarn des Hubs einen zu hohen Schwellenwert ϕ_i in Bezug auf die Weitergabe der Information, so ist dieser für die Informationsausbreitung im Netzwerk ohne wesentliche Funktion.

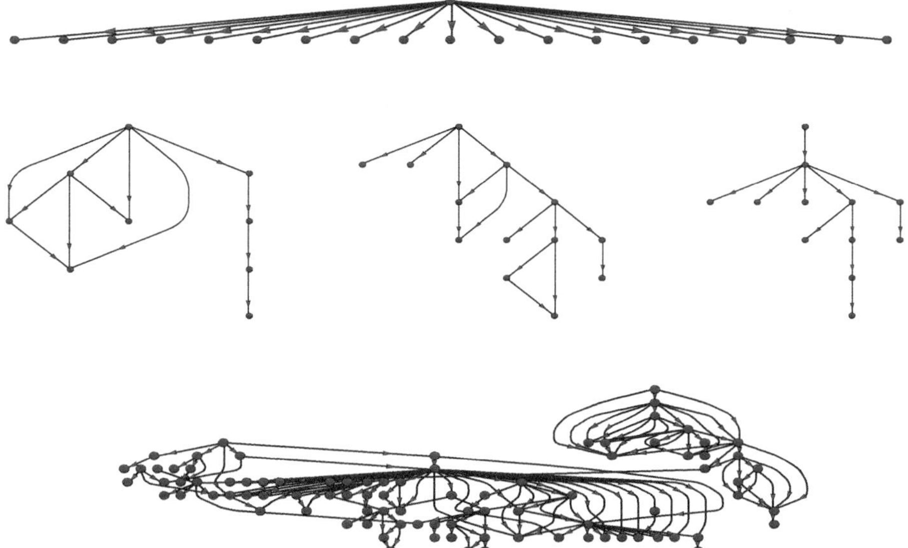

Bild 12.12 Graphen als Beispiele verschiedener realer Informationskaskaden auf dem Kommunikationsdienst Twitter [57]. – Nachdruck mit Genehmigung. ■

Algorithmus zur Modellierung von Informationskaskaden

Eingabe: Graph $G(V,E)$ aus $n >> 2$ Knoten, jeder Knoten kann sich im Zustand 0 oder 1 befinden und besitzt einen Schwellenwert ϕ_i.

Ausgabe: Anteil des Netzwerks, der sich am Ende im Zustand 1 befindet und Größenverteilung der Kaskaden.

1. Wir weisen jedem Knoten den Anfangszustand 0 zu und setzen die Zeitmarke auf $t = 1$.
2. An einem zufällig ausgewählten Knoten j wird der Zustand auf 1 gesetzt.
3. Es wird ein Knoten k zufällig ausgewählt und der Mittelwert der Zustände aller Nachbarknoten gebildet.
4. Falls der Knoten k den Zustand 0 besitzt und der Mittelwert über dem Schwellenwert ϕ_i liegt, wechselt der Knoten k in den Zustand 1.
5. Falls der Knoten k den Zustand 1 besitzt, verändert er seinen Zustand nicht.
6. Wir prüfen, ob alle Knoten im Netzwerk betrachtet wurden; falls nein, gehe zu 3.
7. Falls die vorgegebene maximale Zeit noch nicht erreicht ist, erhöhen wir $t = t + 1$ und gehen zu 3.
8. STOPP: Ausgabe der Anzahl der Knoten mit Zustandsänderungen und Anteil der Knoten im Zustand 1 je Zeitschritt.

Dabei spielen bei der Ausbreitung in sozialen Netzwerken zwei Parameter eine wesentliche Rolle: die Netzwerkstruktur, charakterisiert durch den mittleren Knotengrad $\langle d \rangle$, aber auch die Verteilung der Schwellenwerte ϕ_i der Akteure auf den Knoten des Netzwerks. Damit kann sowohl ein zu hoher Schwellenwert als auch ein zu geringer Knotengrad die Ausbreitung einer Informationskaskade stoppen. Damit hängt aber der Erfolg der Verbreitung einer Information und auch der auf die Informationsverbreitung folgende Verkauf eines Produktes nicht allein von den Informations- oder Produkteigenschaften ab, sondern genauso von der Netzwerkstruktur und den individuellen Präferenzen.

Duncan Watts hat es in seinem sehr lesenswerten Buch „Everything is Obvious" [53] so formuliert: „Harry Potter (the book) sold so well because lots of people bought it." Das soll heißen, der Verkaufserfolg kann erst im Nachhinein mit der Qualität des Produktes assoziiert werden. Es hat aber sicher viele andere Bücher entsprechender Qualität gegeben, die es aber nie zu einem solchen Erfolg gebracht haben.

Für den Einsatz von Informationskaskaden, beispielsweise im Rahmen einer Marketingkampagne, bedeutet das, dass man trotz bester Gestaltung und Planung der Kampagne das zeitliche Auftreten und die Größe der Kaskade nicht vorhersagen, sondern nur erwarten kann, dass bei einer ausreichend großen Anzahl an gestarteten Kampagnen sich eine skalenfreie Verteilung der Kaskadengrößen ergibt, also mit zunehmender Wahrscheinlichkeit auch eine wirklich große Kaskade dabei sein wird.

Beispiel 12.16

Viele Unternehmen gehen von klassischen Marketingmaßnahmen, die über Werbung eher wie ein „Broadcasting" wirken, zu Ansätzen über, welche die Eigenschaften von Netzwerken nutzen. Man gestaltet beim sogenannten „viralen Marketing" die Informationen so interessant, dass diese im sozialen Umfeld von möglichst vielen mit geringem

Schwellenwert Φ_i weitergegeben werden. So wurde für die traditionsreiche Whiskey-Marke Johnnie Walker keine klassische Werbung nach dem Motto „schmeckt besser als der andere" gemacht, sondern im Jahr 1999 das Computerspiel *Moorhuhn 1* entwickelt. Die Datei war klein genug, um per E-Mail versandt zu werden. Aufgrund des hohen Spielspaßes verbreitete sich das Spiel sehr rasch und gehört mit zu den erfolgreichsten Kampagnen dieser Art. In raschem zeitlichem Ablauf wurden weitere Versionen dieses Spiels entwickelt, um immer wieder neue Kaskaden anzustoßen. ■

12.6.3 Spieltheorie in Netzwerken

Wird der Akteur mit mehr kognitiven Fähigkeiten ausgestattet, wie beispielsweise einem Gedächtnis, mit dem Informationen der Vergangenheit in die aktuellen Entscheidungen mit einbezogen werden können, wird das Verhalten im Netzwerk deutlich komplexer als beim Voter-Modell oder der Informationskaskade.

Das wohl bekannteste Modell zur Untersuchung solcher Prozesse ist das sogenannte *wiederholte Gefangenendilemma* mit zwei Spielern, in dem zwei Spieler in jeder Spielrunde die Option haben, zu kooperieren oder nicht. Abhängig von ihrer Wahl erhalten die Spieler am Ende der Runde eine Belohnung bzw. Bestrafung. Kooperieren beide Spieler, so erhalten sie eine Belohnung R, kooperieren beide Spieler nicht, so erhalten sie eine Bestrafung P. Im Fall unterschiedlicher Verhaltensweisen erhält derjenige, der kooperiert hat, eine Entlohnung T, der andere eine Bestrafung S. Es stellt sich heraus [5, Kapitel 10], dass es die beste Strategie für beide Spieler ($T < R < P < S$) ist, über mehrere Spielrunden zu kooperieren, obwohl es aus Sicht eines einzelnen Spielers für ein Spiel nicht zu kooperieren die höhere Belohnung bringt.

Beispiel 12.17

Das wiederholte Gefangenendilemma kann auf einem Gittergraphen in Form einer numerischen Simulation mithilfe der Modellierungsumgebung *NetLogo* (Northwestern University) [113] veranschaulicht werden. Eine detaillierte Beschreibung der Simulationsmethoden und der verwendeten Modellierungsumgebung findet sich in Abschnitt 13.3. Im über die Modellbibliothek der Software zugänglichen Modell „PDBasicEvolutionary" [97] kann auf einem Gittergraphen von $n = 100 \cdot 100$ Knoten die Entwicklung der Ausbreitung der anfangs zufällig verteilten und einstellbaren Anteile der kooperierenden (C) und nicht kooperierenden Spieler (D) beobachtet werden. Dabei deuten weitere Farben einen Strategiewechsel von C nach D oder von D nach C an. Als wesentlicher Parameter kann die Bestrafung P als Vielfaches der Belohnung R variiert werden.

Der Systemzustand hängt bei anfänglich gleicher Anzahl von kooperierenden und nicht kooperierenden Agenten im Wesentlichen vom Verhältnis P/R ab. Für $P/R < 1$ kooperieren alle Agenten, ab $P/R \geq 1$ bilden sich erste Inseln der Nicht-Kooperation, die sich im Bereich von ca. $1 \leq P/R \leq 1{,}3$ in einem stationären Zustand bewegen. Für größere Werte $1{,}3 \leq P/R \leq 1{,}6$ wechseln zwar die Agenten laufend ihre Strategien, der Anteil der verschiedenen Zustände erreicht aber einen stationären Wert mit kleineren Schwankungen. Sobald für das Verhältnis $P/R \geq 1{,}7$ gilt, gibt es nach ausreichender Laufzeit keine kooperierenden Agenten mehr im Netzwerk. ■

Das Spiel kann man realistischer gestalten, indem man den Spielern erlaubt, die Spielstrategie an die Strategien ihrer Mitspieler anzupassen, und die Anzahl der Spieler erhöht. Man setzt dazu die n Spieler auf die Knoten eines Netzwerks und erlaubt die Zustände (C) für Kooperation und (D) für Nicht-Kooperation. In jeder Runde spielt jeder Knoten des Netzwerks mit jedem benachbarten Knoten, und die Ergebnisse richten sich nach den oben genannten Spielregeln des klassischen Spiels. Zusätzlich haben die Spieler noch Informationen über den Erfolg des Spielzuges ihrer Mitspieler und werden sich in der nächsten Spielrunde immer für die erfolgreichste Strategie ihrer benachbarten Knoten entscheiden. Wenn man nun die Spielergebnisse auf verschiedenen Netzwerk-Strukturen vergleicht, so konnten die Forscher Santos und Pacheco [81] nachweisen, dass der Grad der Kooperation in skalenfreien Netzwerken deutlich höher als in regulären Netzwerken ist. Dabei setzten die Forscher zur Vereinfachung die Werte $R = 1$ und $P = S = 0$ und nutzten somit T als einzigen Parameter ihrer Simulationsexperimente.

In homogenen Netzwerken sinkt der Grad der Kooperation relativ rasch mit zunehmendem Wert T. Dieser Wert T bewegt die Spieler dazu, die anderen Spieler zu „hintergehen“, das heißt selbst nicht zu kooperieren und dabei anzunehmen, dass die anderen Akteure kooperieren werden. Ab einem bestimmten Wert für T werden alle Spieler nicht mehr kooperieren. Im inhomogenen Netzwerk stellt sich die Situation gänzlich anders dar: Hier ist selbst für sehr hohe Werte von T das überwiegende Verhalten kooperativ und steigt für zunehmenden mittleren Knotengrad $\langle d \rangle$ an.

12.6.4 Zusammenfassung wesentlicher Erkenntnisse

Bei allen besprochenen Modellen sollte man beachten, dass diese sehr vereinfachten Modelle ein menschliches Verhalten zeichnen, bei dem die sozialen Akteure auf ein „Sandkorn“ oder eine Art „Automaten“ reduziert werden. Schon lange ist bekannt, dass Menschen nicht rein rational, wie „Automaten“ entscheiden, sondern weitere Faktoren die Entscheidung beeinflussen, wie beispielsweise Einstellungen oder Emotionen. Andererseits kann man sich vorstellen, dass es unmöglich wäre, ein vollständiges Modell für menschliche Entscheidungsvorgänge zu entwickeln, da bisher immer noch eine Erklärungslücke, zwischen der bereits relativ gut verstandenen Funktionsweise des menschlichen Gehirns auf der Ebene der Neuronen und Synapsen und den komplexen menschlichen Verhaltensmustern besteht. Selbst wenn man diese Zusammenhänge kennen würde, enthielte das resultierende Modell eine so große Anzahl an Parametern, dass die Interpretation der Ergebnisse wohl keinen praktischen Nutzen stiften würde.

Zudem gibt es empirische Erkenntnisse, dass sich Menschen in bestimmten Situationen nach sogenannten Heuristiken orientieren, wie beispielsweise der Meinung der Mehrheit zu folgen oder Informationen, die mit der größten Häufigkeit auftreten, die größte Bedeutung beizumessen. Insbesondere in Entscheidungssituationen unter Zeitdruck und einer Vielzahl an Informationen greifen Menschen häufig auf solche Heuristiken zurück. Damit besteht eine Rechtfertigung, unter gewissen Randbedingungen die Entscheidungsregeln sehr einfach zu modellieren. Auf dieses Dilemma der Modellbildung werden wir im letzten Kapitel 13 nochmals zurückkommen.

12.7 Weiterführende Literatur

Ganz wesentlich stützt sich dieses Kapitel auf das Buch „Dynamical Processes on Complex Networks“ von Alain Barrat et al. [5], der zu allen wesentlichen dynamischen Prozessen die wesentlichen Forschungsergebnisse zusammenfasst.

- Für eine Vertiefung des Themas *Informationskaskaden und spieltheoretische Ansätze in Netzwerken* kann das Kapitel 19 im Buch „Networks, Crowds and Markets“ von Easley und Kleinberg [22] empfohlen werden.
- Für eine Vertiefung des Themas *Meinungsbildung und Diffusion* in Netzwerken kann das Kapitel 7 und für *Lerneffekte in Netzwerken* das Kapitel 8 im Buch „Social and Economic Networks“ von Jackson [28] empfohlen werden.
- Für mehr Details zum Thema *Robustheit von Netzwerken* kann das Kapitel 16 des Buches „Networks“ von Newman [36] empfohlen werden.
- Für eine Vertiefung des Themas *Epidemische Ausbreitung in Netzwerken* kann das Kapitel 21 im Buch „Networks, Crowds and markets“ von Easley und Kleinberg [22] empfohlen werden. Sehr detailliert gibt das Kapitel 17 des Buches „Networks“ von Newman [36] das Thema wieder. Einen verständlichen Einstieg bieten Kapitel 14 und 15 im Buch „Complex Networks – Structure, Robustness and Function“ von Cohen [14].
- Für mehr Details zum Thema *Suche in Netzwerken* kann speziell für Suchen im *WWW* das Kapitel 14 im Buch „Networks, Crowds and markets“ von Easley und Kleinberg [22] empfohlen werden, dort ist im Kapitel 14.3. das Prinzip des PageRank detailliert erläutert. Sehr detailliert sind die Mechanismen auch in Kapitel 18 des Buches „Networks“ von Newman [36] dargestellt.
- Als populärwissenschaftliche Bücher zu diesen und weiteren Themen sind „Linked“ von Albert-László Barabási [3] und „Six Degrees“ von Duncan Watts [52] zu empfehlen.

13 Softwarebasierte Modellierung großer Netzwerke

Motiviert durch die hohe Praxisrelevanz und die große Anzahl noch offener Fragen in Bezug auf die Struktur und das Verhalten großer Netzwerke sollen in diesem Kapitel die bisher im dritten Teil des Buches dargestellten Erkenntnisse über die charakteristischen Eigenschaften von Netzwerken, deren Wachstumsprozesse und die dynamischen Prozesse in Netzwerken in einen strukturierten Forschungs- bzw. Problemlösungsprozess eingebunden werden.

Im Zentrum des Forschungsprozesses steht dabei die Modellbildung, im Sinne einer vereinfachten Nachbildung eines geplanten oder real existierenden Originalsystems. Für die dynamischen Prozesse in Netzwerken wurden im vorangehenden Kapitel schon eine Reihe von Modellen vorgestellt und deren analytische Lösung skizziert. Eine grundsätzlich andere Art, das Modellverhalten zu untersuchen, stellt die numerische Simulation dar, die wir in diesem letzten Kapitel näher betrachten und dem analytischen Vorgehen aus den vorhergehenden Kapiteln gegenüberstellen werden.

Dabei werden verschiedene Werkzeuge für die Analyse der statischen Netzwerkstruktur und die numerische Simulation dynamischer Prozesse vorgestellt. Stellvertretend werden dabei die Softwareanwendungen *Gephi* (Gephi Consortium), *Pajek* (Universität Ljubljana) und *NetLogo* (Northwestern University) verwendet, da diese prototypisch für die Klasse der jeweiligen Softwareanwendungen stehen und lizenzfrei verwendet werden können. Alternativ gibt es eine Reihe von kommerziellen Softwareanwendungen, wie beispielsweise das auf Simulationsmodelle spezialisierte *AnyLogic* (AnyLogic Europe) oder das universelle Modellierungspaket *Mathematica* (Wolfram Research Europe Ltd.). Die Wahl der Software ist stark von der Aufgabenstellung abhängig, dieser Aspekt soll jedoch hier nicht weiter betrachtet werden.

13.1 Die Modellbildung als Forschungsprozess

Der Untersuchung großer Netzwerke sollte ein strukturierter Problem- oder Forschungsprozess zugrunde liegen. Dabei kann Forschung definiert werden [31] als Gewinnung neuer Erkenntnisse in methodischer, systematischer und nachprüfbarer Weise. Die gewonnenen Ergebnisse müssen dabei eine gewisse Allgemeingültigkeit besitzen.

Ein geeigneter Forschungszyklus startet mit einer Theorie oder einer aus empirischen Daten abgeleiteten relevanten Forschungsfrage, um daraus systematisch Hypothesen zu entwickeln, die über ein logisches oder empirisches Vorgehen bestätigt oder widerlegt werden sollten. Am Ende des Prozesses steht die Veröffentlichung der Ergebnisse oder falls notwendig die Anpassung der Ausgangsfrage und damit der Start eines neuen Zyklus.

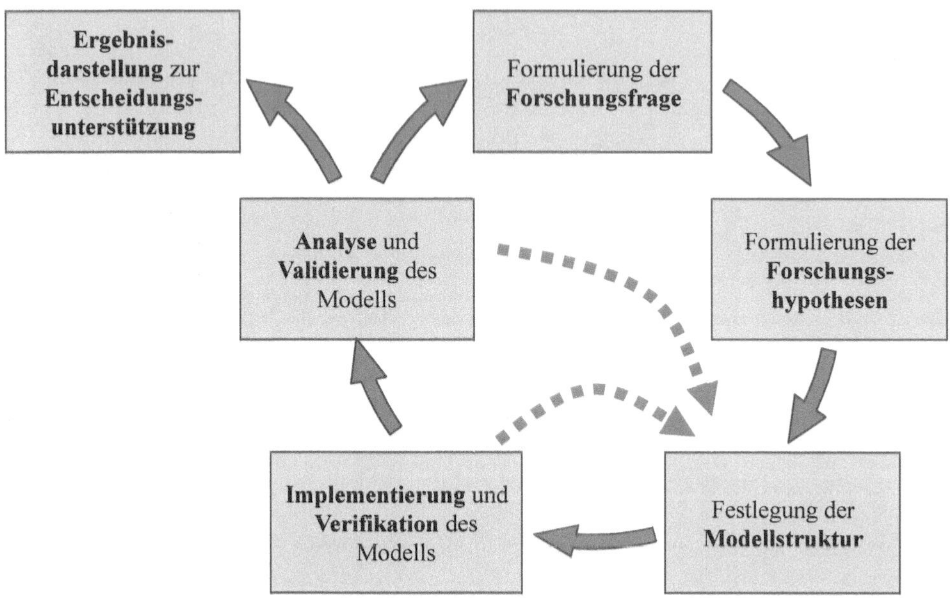

Bild 13.1 Schematische Darstellung eines für die Modellierung von großen Netzwerken geeigneten (iterativem) Forschungszyklus nach Railsback [43]

Dabei gibt es für eine Aufgabenstellung eine Vielzahl möglicher Modellformulierungen, und es ist vorab nicht immer möglich zu wissen, welche im Rahmen der Modellbildung getroffenen Vereinfachungen später für die Validität des Modells entscheidend sein werden. Daher wird man versuchen, mit der einfachsten Modellformulierung zu beginnen und durch ein iteratives Durchlaufen des Modellierungszyklus diese so weit anzupassen, bis der Modellierungszweck erfüllt wird.

Bei der Modellierung von dynamischen Prozessen auf großen Netzwerken bietet es sich zudem an, die Modellierungsprozesse der Netzwerkstruktur und der Interaktionsmechanismen zunächst getrennt voneinander zu führen und erst nach Absicherung der Validität der Teilmodelle miteinander zu kombinieren. So könnten beispielsweise zuerst die komplexen Prozesse auf einfachen Netzwerken, wie einer Gitterstruktur, und die komplexen großen Netzwerkstrukturen zunächst mit sehr einfachen dynamischen Prozessen, wie einem Diffusionsprozess, modelliert werden.

13.1.1 Formulierung der Forschungsfrage

Zu Beginn der Analyse und Simulation von Netzwerken, sei es im Rahmen eines Forschungsprozesses in der Wissenschaft oder eines Problemlösungsprozesses in der Praxis, muss die Formulierung einer grundsätzlichen und relevanten (Forschungs-)Frage stehen. Diese dient als Orientierung und Filter für die Modellbildung und wird in der Regel im Verlauf des Forschungsprozesses modifiziert werden.

Es bietet sich an, mithilfe einer Literaturrecherche die existierenden Modelle und Theorien für den Problembereich zu identifizieren. Daraus können sich schon die ersten Hypothesen gewinnen lassen. Wie weiter unten noch ausführlicher diskutiert werden wird, sollten gerade bei einer Simulationsstudie auch die existierenden analytischen Modelle in die Betrachtung mit einbezogen werden, um Hinweise für die Modellbildung und Argumente für die Wahl der Simulation als Untersuchungsmethode zu erhalten. Zudem lassen sich auf diese Weise die zu untersuchenden Phänomene den etablierten Kategorien Robustheit, epidemische Ausbreitung, Suche und Transport sowie individuelles oder kollektives Verhalten in Netzwerken zuordnen, wie diese in Kapitel 12 strukturiert wurden.

Ebenfalls lohnend kann eine eher praxisnahe Recherche in der entsprechenden „Wissenschaftscommunity" sein, die sich mit der Lösung von Problemstellungen in komplexen Systemen u. a. mit den Mitteln der numerischen Simulation auseinandersetzt. Zu nennen sind für den hier beschriebenen Forschungsgegenstand vor allem die jährlich stattfindende „Winter Simulation Conference", deren Tagungsbände frei zugänglich sind und auch die aktuellen Forschungsprojekte der führenden Institute, die sich speziell der Komplexitätsforschung widmen, wie das Santa Fe Institute (USA), Complexity Science Hub (ETH Zürich) oder Complexity Science Hub Vienna (Österreich).

Eine eher pragmatische Vorgehensweise ist die Erstellung eines Projekt- bzw. Forschungssteckbriefes, der die Zielsetzung und das Vorgehen möglichst klar und spezifisch formuliert. Zur Zielsetzung gehört die Formulierung der grundsätzlichen Fragestellung, eine Begründung der Relevanz und die Festlegung des Untersuchungsumfangs. Zum Vorgehen gehört die Strukturierung, der zeitliche und organisatorische Ablauf und die Begründung der Auswahl der angewandten Methoden.

13.1.2 Formulierung der Forschungshypothesen

Hypothesen sind, sehr allgemein gesprochen, Aussagen über Beziehungen zwischen verschiedenen Modellvariablen. In der Regel werden in einer Simulation – ähnlich wie in einem Experiment – bestimmte Parameter systematisch variiert, um dabei das Verhalten der anderen Variablen zu untersuchen. Im Vorfeld ist also festzulegen, welche Faktoren das Systemverhalten entscheidend beeinflussen, wie diese untereinander zusammenhängen, und welche weiteren relevanten (externen) Faktoren betrachtet werden müssen. Anhaltspunkte dafür können aus der Fachliteratur, vorhandenen Theorien oder von Fachexperten der Praxis gewonnen werden. Dabei sollte man versuchen, sich auf wenige Hauptthesen zu beschränken und nur so viele Parameter und abhängige Variablen abzubilden wie unbedingt notwendig. Die Hypothesen müssen so formuliert sein, dass diese sich im Laufe des Forschungsprozesses eindeutig bestätigen oder widerlegen lassen.

Eine ganz grundlegende Frage ist dabei, für welchen Zweck das Modell genutzt werden kann [49]; dies hängt maßgeblich vom Grad des Verständnisses der grundlegenden Prozesse (P) – also von der Existenz einer Theorie – und vom Umfang der verfügbaren und zugänglichen empirischen Daten (D) ab (s. auch Abschnitt 13.2.1). Für hohe Werte von (D) und (P) kann man Modelle tendenziell zur Vorhersage nutzen; wobei bei komplexen Systemen immer mit emergenten Effekten zu rechnen ist. Für geringe Werte von (D) und (P) können Modelle als Leitfaden für die noch nötige Datenerfassung dienen, da Sensibilitätsanalysen aufzeigen, welche Daten am relevantesten sind, und sich somit der Aufwand lohnen würde, diese Daten empirisch zu ermitteln. Zunehmend gibt es Bereiche, in denen große Mengen an Daten vorhanden sind (Stichwort „Big Data"), aber noch kein ausreichendes Verständnis der zugrundeliegenden Mechanismen existiert. Die Disziplin der Data Science liefert möglicherweise Kandidaten für die Hypothesen, aber i. d. R. keine Theorie. In dieser Situation muss der Forscher seine Ansprüche darauf beschränken, die Modelle als Werkzeuge zum Nachdenken („Tool to think with") zu verwenden. Ein (Simulations-) Modell kann die Arbeitshypothese aber in Experimente umsetzen, um so zumindest zu erkennen, welches die relevanten Fragen sind, die sich lohnen als Forschungsfragen formuliert zu werden.

13.1.3 Festlegung der Modellstruktur

Ein Modell ist eine vereinfachte Nachbildung eines geplanten oder real existierenden Systems mit seinen Prozessen in einem anderen begrifflichen oder gegenständlichen System [43]. Es unterscheidet sich hinsichtlich der Eigenschaften nur innerhalb eines vom Untersuchungsziel abhängigen Toleranzrahmens vom Vorbild [51]. Ein System besteht aus einer Menge von Elementen mit Attributen, von der Umwelt ist es durch eine Systemgrenze getrennt, aber über Systemeingang und -ausgang mit dieser verbunden. Die Systemstruktur gibt die Beziehungen zwischen den Systemelementen wieder. Es gibt sehr unterschiedliche Arten von Modellen wie beispielsweise physische Modelle, logische Modelle – zu denen die mathematischen Modelle und die Simulationsmodelle gehören – und statistische Modelle [49].

Ein zwingender Schluss von den Forschungsfragen zur Modellart gibt es nicht; die Auswahl und Konfiguration der verschiedenen Modellarten erfordert viel Erfahrung. Dennoch kann man allgemein empfehlen, die Stärken verschiedener Modellansätze zu kombinieren und nicht in eine typische Falle zu tappen, die treffend im folgenden Spruch illustriert wird: „If all you have is a hammer everything looks like a nail." Beginnen sollte man daher mit den in der Literatur aufgeführten analytischen Referenzmodellen und deren i. d. R. relativ starken Annahmen und Modellvereinfachungen. Gerade diese Einschränkungen könnte Ansatzpunkte für die Untersuchung möglicher Erweiterungen bieten, mit denen man einen relevanten Forschungsbeitrag leisten kann. Ergänzend sollten empirische Modelle verwendet werden, um herauszufinden, welche Daten am relevantesten sind. Wenden Sie die Simulationsmodelle (Details s. Abschnitt 13.2) als eine Art Arbeitshypothese an und experimentieren Sie mit dem Modell. Auch statistische Modelle – beispielsweise aus dem Bereich der sog. Künstlichen Intelligenz (KI) – können mit Simulationsmodellen kombiniert werden, um aus der Simulation synthetische Daten für das Training der KI zu gewinnen oder um den trainierten KI-Algorithmus zum risikofreien Test in die Simulation zu integrieren und beispielsweise mit Situationen zu konfrontieren, die nicht in den Lerndaten enthalten waren.

Dabei weichen Modelle aufgrund der mehr oder weniger starken Vereinfachungen immer vom realen Originalsystem ab. Bereits Carl Philipp Gottfried von Clausewitz (1780–1831) hat angemerkt: „Eine Karte ist nicht das Territorium selbst, und das ist auch gut so, da eine Karte, die so detailliert ist wie die Landschaft, für nichts taugen würde." Die Frage der Nützlichkeit und Angemessenheit der Modellgenauigkeit zur Beantwortung der Forschungsfrage steht hier im Vordergrund; das Wirkungsgefüge sollte gerade so genau wie nötig modelliert werden, um die relevante Dynamik so genau abbilden zu können, dass sich diese zur Validierung mit den empirischen dynamischen Mustern vergleichen lässt.

Beispiel 13.1

Aus dem Schulunterricht und den Schulatlanten ist bekannt, dass es längentreue, flächentreue und winkeltreue Darstellungen von Weltkarten gibt. Diese Unterschiede sind der Tatsache geschuldet, dass man die Weltkarten von der Kugeloberfläche der Erde auf die zweidimensionale Ebene der Karte projizieren muss. Bisher galt es als gesichert, dass es keine Karte geben kann, die alle drei Eigenschaften gleichermaßen erfüllt. Man musste sich bei der Modellierung also immer überlegen, welches der entscheidende Aspekt sein soll, und bei den anderen Aspekten mit teilweise erheblichen Verzerrungen rechnen. Im Jahr 2008 entwickelte der Mathematiker Jarke van Wijk von der Eindhoven University of Technology eine neuartige Projektionsmethode [87], die zu einer näherungsweisen Richtungs- und Streckentreue führt, wie beispielhaft in *Bild 13.2* dargestellt. Die Genauigkeit der Projektion steigt mit abnehmender Größe der zur Darstellung verwendeten Polyeder, jedoch werden die Karten dabei immer „zerklüfteter" die geringste Verzerrung herrscht dabei in der Kartenmitte. Dies ist eine schöne Veranschaulichung dafür, dass es sich nicht vermeiden lässt, dass Modelle Fehler enthalten – das liegt in der Natur der Modelle und ist stets der Fall –, sondern dass der Modellierer festlegen muss, für welchen Aspekt sein Modell die größte Genauigkeit aufweisen soll. Er muss sich jedoch immer bewusst sein, dass in anderen Bereichen sein Modell weniger oder gar keine belastbaren Aussagen liefern wird.

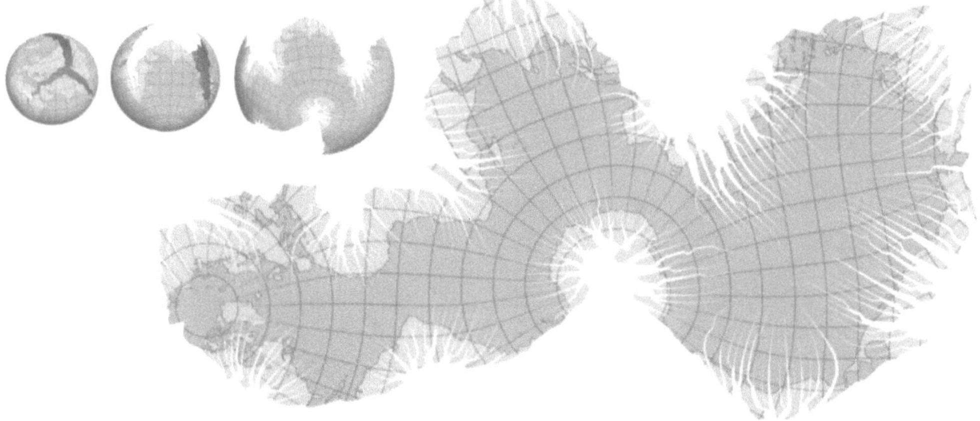

Bild 13.2 Eine Analogie für die Modellbildung: Eine näherungsweise richtungs- und streckentreue Weltkarte nach dem „Myriahedral Projections"-Verfahren des Forschers Jack van Wijk [87]. – Nachdruck mit Genehmigung ■

Bei der Bestimmung der Systemelemente besteht die wesentliche Herausforderung darin, den richtigen Grad an Vereinfachung zu erreichen. Als Mittel der Abstraktion stehen die *Aggregation*, d. h., die Zusammenfassung mehrerer Elemente zu einem Modellelement, die *Abstraktion* im Sinne von Auslassen bestimmter Elemente und die *Reduktion* im Sinne der Anzahl auftretender Ereignisse – beispielsweise durch Ersetzen von Komponenten durch Zufallszahlen oder Vereinfachung von Entscheidungsregeln – zur Verfügung [42, 66]. Die Attribute der Elemente und die Eigenschaften der Beziehungen der Elemente untereinander können als konstante

Parameter oder als veränderliche Variablen abgebildet werden. Handelt es sich um eine empirische Forschungsfrage, müssen die Variablen und Parameter operationalisiert und nach den maßgeblichen empirischen Forschungsmethoden ermittelt werden.

13.1.4 Implementierung und Verifikation des Modells

Die Implementierung des verbalen Modells in die Algorithmen eines Programmcodes ist wohl der technischste Schritt und sehr stark von der gewählten Softwareanwendung anhängig. Daher können an dieser Stelle nur sehr allgemeine Hinweise gegeben werden. Zunächst muss eine Auswahl des geeigneten Modellierungsansatzes getroffen werden, vor allem zwischen den konstruktiven Methoden der mathematischen Optimierung und den deskriptiven Verfahren der numerischen Simulation. Diese Aspekte werden wir in Abschnitt 13.3.5 noch genauer betrachten.

Zudem müssen geeignete Softwareanwendungen bzw. Programmiersprachen gewählt werden, die sich für das Modellierungs- und Lösungsverfahren eignen. Die Formalisierung des verbalen Modells in den Algorithmus der Simulation bzw. Formulierung des mathematischen Modells sollte in kleineren, unabhängigen Modulen erfolgen. Bei der numerischen Simulation sollten dabei der Programmcode, Daten und Ergebnisse getrennt voneinander abgebildet und dokumentiert werden.

Mithilfe der sog. Verifikation im Sinne von „Ist das Modell fehlerfrei?" wird geprüft und sichergestellt, dass ein Modell korrekt in die andere Beschreibungsart – wie beispielsweise eine Programmiersprache oder ein Gleichungssystem – transformiert wurde. Vor allem ist zu prüfen, ob der Programmcode bzw. das mathematische Modell Syntax- oder Logikfehler enthält [41]. Dabei ist die Verifikation notwendig, aber nicht hinreichend und muss – wie im Folgenden erläutert – um die sog. Validierung ergänzt werden.

13.1.5 Analysen und Validierung des (Simulations-)Modells

Ist die Modellstruktur festgelegt, müssen nun die Werte für die Modellparameter gewählt werden, das Modell mithilfe empirischer Daten kalibriert und Sensitivitätsanalysen durchgeführt werden. Bevor man die Aussagen des Modells im Forschungsprozess verwenden kann, muss zudem die Validität des Modells gezeigt werden. Die Validierung im Sinne von „Ist es das richtige Modell?" ist die kontinuierliche Überprüfung, ob das Modell das Verhalten des abgebildeten Systems hinreichend genau wiedergeben kann. Falls Parameter des Modells weder empirisch erhoben noch geschätzt werden können, müssen diese durch systematische Variation so angepasst werden, dass die Variablen den Realitätsausschnitt und die Beziehungen untereinander bestmöglich wiedergeben können.

Mithilfe von *Sensitivitätsanalysen* in Bezug auf die Unsicherheit bei der Festlegung wichtiger Parameter bzw. Unsicherheit des Modellexperiments selbst wird überprüft, wie sensitiv die Simulationsergebnisse auf Veränderungen der Input-Parameter reagieren. Dabei gelten Ergebnisse als gut, falls die Simulationsläufe möglichst robust sind, also die Variablen nur wenig auf kleine Veränderungen der Parameter reagieren. Zudem müssen systematisch der Einfluss der Variation der Anfangsbedingungen untersucht sowie verwendete Wahrscheinlichkeitsverteilungen und zeitliche Diskretisierung variiert werden, um mögliche unerwünschte Einflüsse zu erkennen und abzustellen.

Es gibt außer für sehr einfache Modelle kein exaktes Nachweisverfahren von Validierung und Verifikation [41] von Simulationsmodellen. Es müssen vielmehr eine Reihe verschiedener Tests durchgeführt (s. [49]) werden, bei denen Fehler nachgewiesen werden können. Jedoch sind beliebig viele fehlerfreie Tests kein Beweis für die Korrektheit des Modells. Daher kann der Nachweis der Validität bei Simulationsmodellen durchaus als subjektiv betrachtet werden; eine der wohl relevantesten Schwächen dieser Methode. Im Vordergrund steht in der Praxis daher vor allem die subjektive Validität (der Modellierer sieht das Modell als ausreichend genau an), die Nützlichkeit (der Modellierer und der Anwender sehen das Modell als hilfreich für die Problemlösung an), die Glaubwürdigkeit (der Anwender nimmt das Modell als ausreichend genau wahr) und die Machbarkeit (der Modellierer und der Anwender meinen, dass das Modell in Computersimulation überführt werden kann) [42]. Etwas scherzhaft könnte man auch sagen „If it walks like a duck, sounds like a duck, and looks like a duck, it must be a duck".

Beispiel 13.2

Die nun seit über 50 Jahren anhaltende Diskussion über die Relevanz der Ergebnisse der Simulationsstudie „On the Limits of Growth (LtG)" [34] („Club of Rome" 1972) kann zur Illustration der großen Herausforderung der Validierung von Modellen komplexer Systeme dienen. Eine Gruppe von Forschern am Massachusetts Institute of Technology hatte ein Computermodell entwickelt, das einige der weltweit wichtigsten Variablen wie Bevölkerung, Nahrungsmittelproduktion, Ressourcennutzung und Umweltauswirkungen simuliert. Insgesamt zwölf Szenarien im Zeitraum von 1900 bis 2100 wurden vorgestellt. Die Autoren betonen, dass es sich bei den Szenarien nicht um Vorhersagen handelt. Sie sollen vielmehr die komplexen Zusammenhänge innerhalb eines dynamischen Systems veranschaulichen, und die Problematik eines exponentiellem Wachstums aufzeigen [75]. Es gab und gibt unzählige kritische Stellungnahmen anderer Wissenschaftler, die an dieser Stelle nicht ansatzweise dargestellt werden können; einen Überblick der Beiträge bis 2011 findet man in [7].

Frühe Kritik an LtG bezog sich vor allem auf zu pessimistische Annahmen, beispielsweise über verfügbare Agrarflächen oder Bodenschätze, die im Laufe der Zeit durch reale Entwicklungen oder Extraktionstechnologien widerlegt wurden. Die Methodik der Systemdynamik wurde auch wegen ihrer Fähigkeit kritisiert, „Messungen ohne Daten" durchzuführen, andere Ökonomen sahen eine Unterschätzung menschlichen Einfallsreichtums und der Fähigkeit, Technologien zu entwickeln, die jede drohende Krise oder Knappheit lösen würden. Ebenso wurde laut weiteren Kritikern nicht beachtet, dass Anreize zur Suche nach Alternativen existieren, ausgelöst durch Knappheit und damit steigende Preise von Ressourcen (zitiert in [75]). Dabei konzentrierten sich die Kritiker jedoch häufig auf diejenigen Szenarien des LtG, die sich im Nachhinein als besonders unrealistisch erwiesen hatten. Detaillierte aktuellere Analysen können jedoch zeigen, dass einzelne Szenarien immer noch erstaunlich genau aktuelle Entwicklungen von ausgewählten – bei weitem nicht allen – Variablen abbilden können [84].

Bei einer Kalibrierung des Modells mithilfe der aktuellen Historie bis zum Jahr 2023 und Anpassung der „Schwachstellen" in der Struktur kann das Modell weiterhin für die gesellschaftlichen Diskussionen der kommenden Jahre unterstützende Szenarien generieren [75]. Interessant ist, dass die Modelle der Kritiker (z. B. Nobelpreisträger William Nordhaus [77]) deutlich unrealistischere Annahmen treffen, um zu Ergebnissen zu gelangen. Man muss nicht unbedingt dem Ökonomen Steve Keen [30] – ein prominenter Kritiker der Mainstream-Ökonomie – folgen, dass die Kritiker aus rein ideologischen Gründen den Simulationsansatz der „System Dynamics" diskreditiert hätten; denn es gibt gute sachlogische Gründe, andere methodische Ansätze zu wählen. Allerdings kann man durchaus eine methodische Einseitigkeit in der Ökonomie beobachten, und es scheint eine Tatsache, dass Simulationsansätze für lange Zeit durch die führenden Ökonomen kaum Verwendung fanden.

Die Frage zu stellen, welcher der Wissenschaftler nun „recht habe" lässt sich – wie immer bei Prognosen – erst im Nachhinein entscheiden. Viel interessanter ist an dieser langanhaltenden Diskussion, dass es der Forschergruppe um das Ehepaar Meadows gelungen ist, mithilfe von Simulationsmodellen zumindest zu plausibilisieren, das ein exponentielles Wachstum zukünftig potentiell zur Erreichung oder gar Überschreitung planetarer Grenzen führen könnte und es daher als vernünftig betrachtet werden kann, sich Gedanken über pro-aktive Maßnahmen zu machen. Die Kritik an der Einfachheit oder Unvollständigkeit des Modells gilt grundsätzlich – wie oben erläutert – für alle Arten der Modelle.

Der Eindruck einer Prognosefähigkeit – dem zwar die Autoren von Anfang an widersprochen haben – hat sich aber offensichtlich so sehr verselbstständigt, dass – nicht unähnlich den Reaktionen auf die Modelle der COVID-19-Pandemie – bei Abweichungen von Realität und Prognose das gesamte Modell in Frage gestellt wird. Eine solche kritische Haltung erscheint durchaus berechtigt, und sollte auch zur Abkehr vom Modell führen: Allerdings nur, falls ein besseres Modell zur Verfügung steht; dies scheint aber speziell für das LtG-Modell im Moment nicht der Falls zu sein.

Aber auch die Befürworter des LtG-Modells haben zur Kritik insofern selbst beigetragen, dass ihre Absicht durch Betonung der „Kipppunkte" des Systems als scheinbar sichere Prognose vermehrten Handlungsdruck zu erzeugen und nach dem Motto „Follow the science" möglicherweise langwierige gesellschaftlich Aushandlungsprozesse umgehen oder abkürzen zu können zwar nachvollziehbar, aber letztendlich kontraproduktiv erscheint.

Es ist davon auszugehen, dass derartige weitreichende Umgestaltungen unsere Gesellschaft auf einem breiten gesellschaftlichen Konsens beruhen müssen. Somit bleibt in Bezug auf Modelle mit gesellschaftlicher Relevanz festzuhalten, dass diese in jedem Fall – wie am Beispiel des LtG-Modells – starke Impulse und produktive Narrative liefern können, aber kein Ersatz für – mühsame und langwierige – gesellschaftliche Aushandlungsprozesse sein können. ■

13.1.6 Ergebnisdarstellung zur Entscheidungsunterstützung

Der wesentliche Zweck eines Forschungsprozesses liegt in der Validierung oder Widerlegung der aufgestellten Hypothesen. Für einen Problemlösungsprozess in der Praxis besteht der Zweck vor allem in der Entscheidungsunterstützung. Dabei sind bei solchen Problemlösungsprozessen die Entscheidungsträger meist keine Modellierungs- und manchmal sogar auch keine Fachexperten. Daher ist es notwendig, die Ergebnisse möglichst kompakt, aber auch verständlich darzustellen, wobei notwendigerweise bestimmte Detailinformationen ausgelassen werden müssen.

So kann es bei einem Praxisprojekt hilfreich sein, den Entscheidungsträger von Anfang an in den Problemlösungsprozess mit einzubeziehen und diesen nicht erst am Ende vor vollendete Tatsachen zu stellen. Gerade für Problemlösungsprozess in der Praxis muss der Fokus der Ergebnisdarstellung auf den *relevanten* Aspekten liegen, die sich auch im Rahmen von Entscheidungen umsetzen lassen.

Für ein Forschungsprojekt ist es zwar meist der Forscher selbst, der aus den Ergebnissen auf die Validität seiner Hypothese schließt, jedoch sieht er sich bei der Veröffentlichung seiner Ergebnisse in einer Fachpublikation ähnlichen Herausforderungen einer möglichst knappen und gleichzeitig vollständigen Darstellung gegenüber, die mögliche Einwände bereits in einer kritischen Würdigung der eigenen Arbeit aufgreift, bevor diese nach Veröffentlichung geäußert werden.

Beispiel 13.3

Wie im Abschnitt 12.3.1 erläutert, wurden zur Modellierung und Simulation der COVID-19-Pandemie verschiedene Arten von Modellen mit ganz unterschiedlichem Detailgrad verwendet, vor allem, um politische Entscheidungen zu unterstützen. Es war jedoch – speziell in Deutschland – zu beobachten, dass einerseits die politischen Entscheidungsträger den Empfehlungen typischerweise erst mit Verzögerung unter dem Druck massiv steigender Fallzahlen folgten, um oft nur kurze Zeit später aufgrund der fallenden Fallzahlen bestimmte Maßnahmen wieder aufzuheben; dies trieb die Infektionszahlen wieder nach oben, und der Zyklus begann von vorne. Dadurch regte man aber den dynamischen Prozess auf dem komplexen Kontaktnetzwerk zu Schwingungen an, die zur Verstärkung der Spitzenwerte der Fallzahlen führten, was wiederum das Gesundheitswesen schneller an seine Grenzen brachte. Damit hat man also das Problem teilweise sogar verschärft, statt gezielt dämpfend einzuwirken.

Dies führte darüber hinaus zu einem Glaubwürdigkeitsproblem der Entscheidungsträger, aber auch der für die Modell verantwortlichen Wissenschaftler bei bestimmten Bevölkerungsgruppen, da die Vorhersagen trotz – oder besser gesagt wegen – der getroffenen Maßnahmen dann nicht eintrafen. In anderen Ländern, wie beispielsweise Großbritannien, gab es deutlich mehr Erfahrung mit dem Einsatz von Pandemie-Modellen im Kontext politischer Entscheidungen; die „Überschwinger" fielen teilweise deutlich geringer aus, der selbstverstärkende Effekt wurde offensichtlich von den Entscheidungsträgern besser in die Entscheidung mit einbezogen.

Daraus lassen sich für den Einsatz von Modellen und Simulation zur Entscheidungsunterstützung generelle Aspekte ableiten, die der Wissenschaftler Dirk Brockmann, Leiter der Arbeitsgruppe „Research on Complex Systems" am Robert-Koch-Institut in Berlin – im Vergleich zu anderen Experten – selbstkritisch und für die breite Öffentlichkeit sehr verständlich dargelegt hat. Der Experte äußerte sich in einem Interview mit der Wochenzeitschrift Die ZEIT im Jahr 2023 folgendermaßen: „In der Kommunikation ist bei uns Modellierern viel Luft nach oben gewesen. (...). Man hat kaum Daten zu Verhaltensänderungen, Kontaktnetzwerken und anderen Parametern. Wir, auch ich, hätten besser erklären müssen, was Modelle leisten und was nicht, etwa den Unterschied zwischen genauen Prognosen und möglichen Szenarios. (...) Geirrt habe ich mich außerdem in den Menschen: Ich hätte nie gedacht, dass sie so stark auf die Modelle und Debatten reagieren. Einige Modelle wurden von der Realität überholt, weil sie Verhaltensänderungen nicht berücksichtigt haben." [60] ■

Eine besondere Bedeutung kommt somit der Erläuterung der im Rahmen der Festlegung der Modellstruktur getroffenen Annahmen, den Maßnahmen der Aggregation, Abstraktion und Reduktion zu, die begründet und ihr möglicher Einfluss auf das Simulationsergebnis abgeschätzt werden müssen. Diese Begründung hängt aber im Wesentlichen vom Modellzweck ab: Soll und kann das Modell überhaupt zu Vorhersagen zukünftiger Dynamiken genutzt werden oder dient es als Leitfaden für die noch nötige Datenerfassung? Bei großen Mengen an vorhandenen Daten muss besonders betont werden, dass trotz dieser beeindruckenden Datenmengen evtl. noch kein ausreichendes Verständnis der zugrundeliegenden Mechanismen existiert. Simulationsmodelle sollten dann – sehr bescheiden – als Werkzeuge zum Nachdenken („Tool to think with") dargestellt werden, mithilfe derer mögliche Szenarien basierend auf ganz bestimmten Annahmen erzeugt werden, die der Abwägung von Entscheidungen dienen, aber keinesfalls selbst eine – in welchem Sinne auch immer – „optimale Lösung" liefern.

13.2 Softwarebasierte Analyse und Visualisierung

Das menschliche Auge ist ein ganz hervorragendes Werkzeug, um aus einer großen Anzahl an relevanten Informationen, bestimmte Strukturen oder Muster zu erkennen, falls man diese auf geeignete Art und Weise darbietet. Damit kann eine geeignete Visualisierung der untersuchten Netzwerke die Erstellung der Forschungsfrage und Hypothesen im Rahmen des Forschungsprozesses unterstützen.

Beispiel 13.4

Der britische Arzt John Snow (1813–1858) war einer der Pioniere der epidemiologischen Erforschung der Cholera. Gemeinsam mit anderen Forschern stellte Snow die Hypothese auf, dass diese Krankheit nicht, wie damals angenommen, über die Düfte (sogenannte Miasmen), sondern von Organismen im Trinkwasser übertragen wurde [82]. Um diese Hypothese zu belegen, fertigte er im Jahr 1854 eine Karte mit der räumlichen Anhäufung der Todesfälle im Londoner Stadtteil Soho an, die er mithilfe einer großen Anzahl an Interviews mit den Bewohnern des Stadtteils erfasste. Die Originalkarte von Snow ist in *Bild 13.3* dargestellt. Durch die Visualisierung konnte er nachweisen, dass sich die Todesfälle im Bereich einer Wasserpumpe an der Ecke Broad Street zur Cambridge Street häuften.

Nachdem man die Pumpe außer Betrieb setzte, kam es zum Stillstand der Epidemie in diesem Stadtteil. Seine Visualisierung der Epidemiefälle gilt über die Epidemiologie hinaus als eine der ersten nachgewiesenen räumlichen Analysen dieser Art. Heute müsste Snow die Daten für seine Karte wohl nicht mehr selbst erfassen, sondern könnte für seine Untersuchungen auf Google Maps und dessen geografische Daten zurückgreifen und diese mit Krankenhausinformationen, Suchanfragen, Google-Trends, Twitter-Auswertungen und bald wahrscheinlich auch mit den Daten von Biosensoren verknüpfen.

Bild 13.3 Die originale Kartenzeichnung von John Snow aus dem Jahr 1854 mit der Visualisierung der Cholerafälle im Londoner Stadtteil Soho. Die Pumpe befindet sich in der Mitte der *Broad Street*, und jeder Todesfall ist durch einen Strich gekennzeichnet [82] ■

Beispiel 13.5

Der US-amerikanische Psychologe Thomas Gilovich konnte mithilfe einer Reihe von Experimenten im Jahr 1985 nachweisen [24], dass in manchen Fällen Menschen eine Tendenz besitzen, Muster zu erkennen, obwohl diese gar nicht vorhanden sind. In einer Skizze der Einschlagsstellen der deutschen V1-Raketen in London während des 2. Weltkrieges schienen sich Bereiche mit einer scheinbar geringen Trefferdichte abzuzeichnen. Die damalige Raketentechnologie ließ noch keine gezielten Treffer zu, sodass die Verteilung der Einschlagsstellen im Wesentlichen zufällig war. Unter den Einwohnern Londons kursierten jedoch Spekulationen, dass in den Bereichen, in denen keine Raketen eingeschlagen waren, wohl die deutschen Spione wohnen würden. Tatsächlich gab es aber kein signifikantes Muster in der räumlichen Verteilung der Einschlagsstellen, welches eine solche Hypothese gerechtfertigt hätte. ■

Wie aus den geschilderten Beispielen deutlich wird, kann die Visualisierung durchaus als Ausgangspunkt zur Erstellung der Forschungsfrage und der Hypothesen dienen. Die gewonnenen Hypothesen müssen jedoch in einem weiteren Schritt rigoros auf ihre Haltbarkeit geprüft werden, bevor man diese im Forschungs- bzw. im Problemlösungsprozess verwendet.

13.2.1 Vorgehen bei der Datenbeschaffung und Datenimport

Grundsätzlich sollte die Datenbeschaffung erst erfolgen, sobald im Rahmen des Forschungs- bzw. Modellierungsprozesses das Forschungsziel und die Forschungsfragen festgelegt wurden. Der Grad der Aggregation, Abstraktion und Reduktion des Modells sind für den Datenbedarf zur Durchführung der Analyse und Simulation entscheidend. Dabei lassen sich drei grundsätzliche Situationen unterscheiden [42]:

1. *Die Daten sind bereits vorhanden:* Mithilfe einer Internet-Recherche lassen sich relativ rasch bereits erfasste Netzwerkdaten finden – beispielsweise aus staatlich geförderten Forschungsprojekten oder von Autoren, die die ihren Publikationen zugrunde liegenden Datensätze freigegeben haben. Aufgrund des geringeren Aufwands erscheint dieser Weg zunächst als vorteilhaft, jedoch ist unbedingt zu hinterfragen, zu welchem Zweck und durch welchen Prozess diese Datensätze ermittelt wurden. So muss geprüft werden, ob diese bereits für den Zweck einer spezifischen Selektion unterlagen, ob die Größe der Stichprobe ausreichend war, und ob diese Daten überhaupt noch aktuell genug sind, um im eigenen Forschungsprozess verwendet werden zu können.
2. *Daten sind nicht vorhanden, können aber ermittelt werden:* Falls die notwendigen Daten nicht zur Verfügung stehen, werden diese in der Regel mit empirischen Methoden ermittelt. Dabei müssen die Reliabilität und Validität der empirischen Daten sichergestellt werden. Auch hier sollte beachtet werden, dass es sich um einen iterativen Forschungsprozess handelt und man daher zu Beginn mit den größtmöglichen Modellvereinfachungen für einen minimalen Datenbedarf beginnen sollte. Gegebenenfalls muss man dann beim zweiten Zyklus den Datenumfang erweitern, falls die Ergebnisse des ersten Zyklus den zusätzlichen Aufwand dafür gerechtfertigt erscheinen lassen.
3. *Daten sind nicht vorhanden und nicht zu ermitteln:* Dass bestimmte Daten nicht vorhanden sind und sich im zeitlichen oder finanziellen Rahmen oder ganz grundsätzlich auch nicht ermitteln lassen, kann beispielsweise daran liegen, dass die entsprechenden Ereignisse zu selten auftreten, um im Untersuchungszeitraum gemessen werden zu können, oder daran, dass das untersuchte System noch nicht existiert. Man kann die fehlenden Daten aus vergleichbaren Systemen abschätzen oder Normwerte für typische Netzwerke verwenden. So könnte man basierend auf einer Annahme über die Netzwerkstruktur – beispielsweise für ein BA-Netzwerk – sich die Daten mithilfe von Softwareanwendungen selber generieren, wie in Abschnitt 13.2.2 noch genauer ausgeführt werden wird. Weiterhin kann man die fehlenden Daten als abhängige Modellgröße (Variable) behandeln. Man kann auch das Modell so umgestalten, dass dieses Datum nicht mehr benötigt wird, oder man ist gezwungen, gegebenenfalls die Zielsetzung des gesamten Projektes entsprechend anzupassen.

Beispiel 13.6

Über das *WWW* ist eine ganze Reihe von bereits erfassten Netzwerkdaten zugänglich. Für die verschiedenen Softwareanwendungen stehen kleinere Beispielmodelle zur Verfügung, so beispielsweise für Gephi [118], Ucinet [119] und Pajek [120]. Zudem gibt es Forschungsverbünde, welche die gewonnenen Netzwerkdaten zur Verfügung stellen, wie beispielsweise die Koblenz Network Collection [122], die Standford Large Network Data Set Collection [121] oder das UCI Network Data Repository [123].

Außerdem stellen auch eine Reihe von führenden Wissenschaftlern die ihren Forschungsarbeiten zugrunde liegenden Datensätze zur Verfügung, wie beispielsweise Mark Newman [124] von der University of Michigan, USA oder Albert-László Barabási [125] von der Northeastern University, USA. ■

Beispiel 13.7

Stehen die für die Analyse notwendigen Netzwerkdaten zur Verfügung, so müssen diese zur weiteren Analyse und Visualisierung in ein Datenformat gebracht werden, welches in die entsprechenden Softwareanwendungen importiert und verarbeitet werden kann. Es haben sich unterschiedliche Datenformate herausgebildet. Im einfachsten Fall können die Daten als CSV-Datei (Comma-separated values) oder in einem für das jeweiligen Softwarepaket spezifischen Format wie beispielsweise GEXF für Gephi oder Pajek-Net für Pajek gespeichert werden. Es gibt auch Standards, die von bestimmten Konsortien aus Industrie oder Wissenschaft definiert wurden, wie beispielsweise das Geographic Data Files (GDF), das von einem Navigationsgerätehersteller entwickelt wurde, oder die Formate GraphML oder Scalable Vector Graphics (SVG), die auf Arbeitsgruppen aus dem Wissenschaftsbetrieb basieren.

Als Beispiel sei das Dateiformat für die Software Pajek [108] veranschaulicht: In der Basisdatei wird der Knotenliste die Bezeichnung „*vertices", gefolgt von der Anzahl der Knoten, und entsprechend die Kantenliste „*edges", gefolgt von der Anzahl der Kanten, angegeben. Gerichtete und gewichtete Kanten können über die „*arcs"-Liste definiert werden, dabei wird in jeder Zeile der Startknoten, der Endknoten und das Gewicht der Kante definiert. Über „*arcslist" kann man auch komplette Pfade mithilfe der Knotenmenge definieren, diese bekommen dann immer das Gewicht eins. Die Reihenfolge in den Listen bestimmt den laufenden Index des Knotens und der Kante. Zusätzliche Informationen in Bezug auf Partitionen, Vektoren oder Cluster werden in separaten Dateien eingelesen. ■

13.2.2 Softwarebasierte Erzeugung von Netzwerken

Falls die Daten eines Netzwerks nicht vorhanden und nicht ermittelbar sind oder wenn man zu Beginn des Forschungsprozesses zunächst den notwendigen Abstraktionsgrad des Modells und damit die Detailtiefe der notwendigen Netzwerkdaten abschätzen möchte, bietet es sich an, mithilfe einer Softwareanwendung ein bekanntes Netzwerkmodell, wie es in Kapitel 11 beschrieben wurde, als Prototyp zu erzeugen und den ersten Zyklus des Forschungsprozesses mit diesem Prototyp zu durchlaufen.

In den Softwareanwendungen Pajek und Gephi können sowohl Knoten und Kanten einzeln erzeugt als auch ein vollständiges oder bipartites Netzwerk unter Angabe der notwendigen Parameter erstellt werden. Ebenso lässt Pajek und Gephi die Erzeugung aller in Kapitel 11 diskutierten Zufallsgraphen unter Angabe der relevanten Parameter zu, wie in *Bild 13.4* mithilfe einiger in der Softwareanwendung Gephi [112] erzeugter Netzwerke veranschaulicht wird.

Es lassen sich beispielsweise das klassische Modell des ER-Zufallsgraphen nach Erdös-Reyni (Abschnitt 11.1.2), das „Small World"-WS-Modell von Watts und Strogatz (Abschnitt 11.1.3), das Modell des BA-Graphen nach dem „Preferential Attachment" von Barabasi und Albert (Abschnitt 11.2.2) sowie das einfache Wachstumsmodell (Abschnitt 11.2.1) erzeugen. Die Algorithmen der Softwareanwendungen Pajek [108] bieten darüber hinaus auch die Möglichkeit zur Erzeugung gerichteter und ungerichteter, bipartiter oder kreisfreier Graphen. Mithilfe der statistischen Analyse-Werkzeuge der Softwarepakete sollten nach der Erzeugung der Netzwerke, diese auf ihre bekannten charakteristischen Eigenschaften überprüft werden.

Zudem ist zu beachten, dass bei allen Netzwerkmodellen, bei denen im Algorithmus stochastische Regeln angewandt werden, der sich ergebende Graph nur eine der möglichen Realisierungen darstellt und bei einer erneuten Erzeugung sich ein im Detail anderer Graph ergeben wird. Daher müssen die Größe des Graphen und die gewählten Wahrscheinlichkeiten so ge-

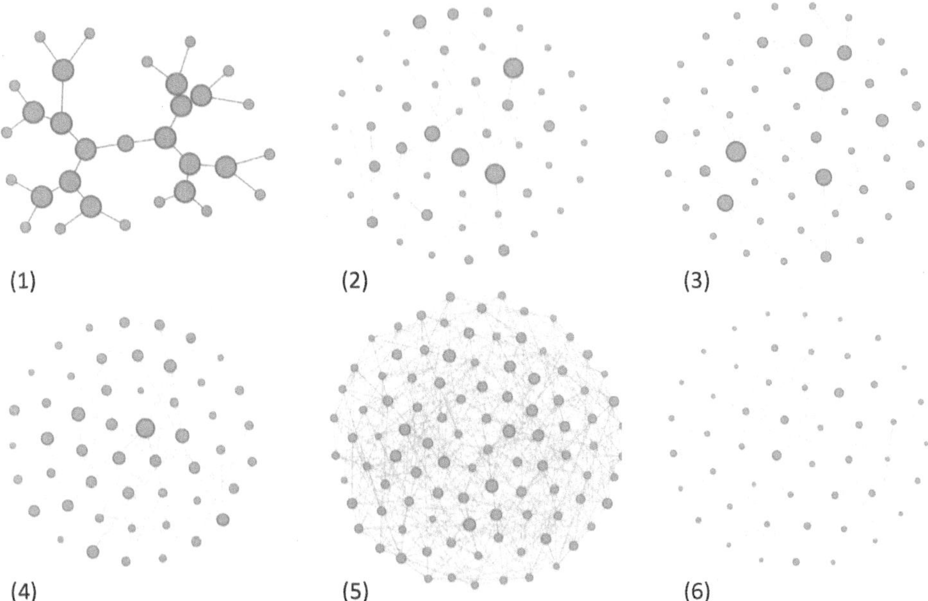

Bild 13.4 Beispiele für in Gephi [112] erzeugte Graphen: (1) Baumstruktur, (2) Wachstumsmodell, (3) BA-Modell, (4) ER-Graph, (5) Kleinbergs Small World, (6) WS-Graph. Alle Graphen wurden mit der Softwareanwendung Gephi [112] visualisiert. Die Größe der Knoten veranschaulicht den Knotengrad.

wählt werden, dass sich ein Histogramm mit ausreichend glattem Verlauf und möglichst wenigen Ausschlägen bildet. Ist diese, beispielsweise aufgrund der geringen Größe des Netzwerks, nicht möglich, müsste man im weiteren Verlauf des Forschungsprozesses eine statisch signifikante Anzahl an Repräsentanten des Netzwerks untersuchen und die Ergebnisse statistisch auswerten.

13.2.3 Grundlagen der Visualisierung und des Graphzeichnens

Grundsätzlich sollte die Visualisierung dazu beitragen, die Aufmerksamkeit des Betrachters auf die relevanten Aspekte zu lenken und dabei eine möglichst ästhetische Darstellung zu wählen. Da beide Aspekte sehr stark von den individuellen Präferenzen des Betrachters abhängig sind, gibt es nur sehr allgemeine Regeln der Visualisierung. Es soll darauf geachtet werden, dass sich möglichst wenige der Kanten schneiden, dass die Kantenlängen möglichst gleich verteilt sind und dass Knoten nicht auf Kanten zum Liegen kommen, mit denen diese nicht verbunden sind. Zudem können Farben und Größe der Knoten und Kanten genutzt werden, um bestimmte charakteristische Eigenschaften, wie beispielsweise deren Grad oder Zentralität zu veranschaulichen.

Das Graphzeichnen ist ein Teilgebiet der Informatik und der Diskreten Mathematik und beschäftigt sich unter anderem damit, wie man die Knoten und Kanten von Netzwerken bei der Visualisierung in der Ebene anordnet. Einige Ansätze spielen bei der Visualisierung der Netzwerke eine zentrale Rolle und sind in *Bild 13.5* dargestellt und im Folgenden – unter Zuhilfenahme der Nummerierung aus dem Bild – kurz erläutert.

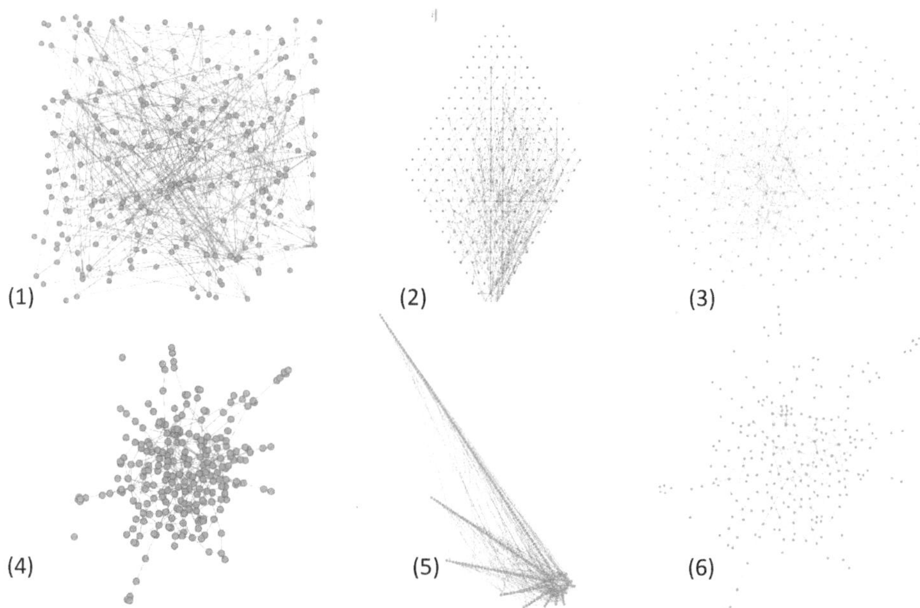

Bild 13.5 Beispiele für verschiedene Ansätze des Graphzeichnens: Ein und derselbe Graph nach dem BA-Modell mit 500 Knoten visualisiert in (1) zufälliger Anordnung, (2) isometrischer Anordnung, (3) Methode nach Fruchterman-Reingold, (4) kräftebasiertes Zeichnen Variante 1, (5) radiale Anordnung, (6) kräftebasiertes Zeichnen Variante 2. Alle Graphen wurden mit der Softwareanwendung Gephi [112] visualisiert.

Eine *zufällige Wahl (1)* der Koordinaten liefert eine schnelle Visualisierung, bietet jedoch für die Interpretation kaum Ansatzpunkte. Bei einem gerichteten Graphen kann man das sogenannte *hierarchische Zeichnen (2)* anwenden, bei dem die Knoten gemäß der Hierarchieklasse auf verschiedenen Höhen in der Visualisierung dargestellt werden. Ein Beispiel war das im einleitenden Kapitel dieses Buchteils dargestellte biologische Netzwerk in *Bild 9.7*, welches nach Trophien der Nahrungskette hierarchisch strukturiert war. Die *Ringanordnung* der Knoten auf einem Kreis – zufällig oder nach einem Knotenattribut – stellt zwar die Knoten überschneidungsfrei dar, führt aber zu vielen überschneidenden Kanten; Cluster sind bei großer Kantenanzahl kaum erkennbar. Bei einer *radialen Anordnung (5)* erfolgt die Ausrichtung ausgehend von einem zentralen Knoten gemäß der Pfadlängen. Die weiteren Knoten werden dabei in Abhängigkeit von der Pfadlänge zum Ausgangsknoten auf Kreisen zunehmender Radien visualisiert. Dies führt zu einer besseren Visualisierung der Pfadlängen und bietet sich vor allem beim Vorhandensein eines Knotens an, der ins Zentrum der Visualisierung gestellt werden soll. Die Ansätze des sogenannten *kräftebasierten Zeichnens (4)* nutzen physikalische Analogien. Beispielsweise werden beim sogenannten „Spring Layout“ zwischen die Knoten gedanklich „Federn“ gesetzt, die für eine Abstoßung der Knoten proportional der kürzesten Pfadlänge sorgen. Dabei können die Abstände für alle Knoten im Netzwerk gut visualisiert werden. Diese Visualisierung erfordert jedoch in großen Netzwerken eine hohe Rechenzeit. Der absolute Abstand der Knoten in der Visualisierung lässt sich aufgrund der verwendeten Analogie nur qualitativ interpretieren.

Beispiel 13.8

Die Softwareanwendung *Gephi* [112] ist eine Open-Source-Software und dient zur interaktiven Visualisierung und Analyse von Netzwerken mit einer sehr transparenten Bedienoberfläche. Es können Netzwerke mit bis zu einer Größe von 50.000 Knoten und einer Million Kanten verarbeiten werden. Zudem bietet Gephi eine Unterstützung beim Auffinden von Netzwerkstrukturen wie Cluster und Hierarchien. Statistische Analysen der wesentlichen charakteristischen Kennzahlen können direkt im Programm vorgenommen werden. Die Software erlaubt diverse interaktive Analysen bzw. Manipulationen des Netzwerks. So lassen sich Knoten und Kanten beliebig verschieben, färben und in der Größe manuell verändern und in Abhängigkeit einer charakteristischen Größe wie beispielsweise des Knotengrades berechnen. Es gibt Auswahlfunktionen, welche die Auswahl der Nachbarn eines Knotens unterstützen. Labels können auf Kanten und Knoten hinzugefügt und in der Anordnung so optimiert werden, dass sich diese nicht überlappen. Interaktiv lassen sich der kürzeste Pfad zwischen zwei Knoten bzw. die Entfernungen von einem Knoten als Farbgradient der anderen Knoten dargestellen.

Zudem stehen Algorithmen zur Anordnung des Netzwerks für alle oben erläuterten Methoden des Graphzeichnens zur Verfügung, und es können Module wie Cluster oder Untergruppen identifiziert werden, etwa mithilfe des Girvan-Newman-Algorithmus, der in Abschnitt 10.2 beschrieben wurde. Über ein Statistikmodul können die wesentlichen Parameter des Netzwerks ausgewertet werden, wie beispielsweise Knotengrade, Netzwerkdurchmesser, Modularität, Page-Rank, Clustering-Koeffizient, Zentralitätsmaße, Pfadlängen und Betweenness. Diese können zudem auch als Häufigkeitsverteilung angezeigt und exportiert werden. ■

13.2.4 Softwarebasierte Analyse großer Netzwerke

Grundsätzlich kann man sagen, dass sich an die erste Inaugenscheinnahme in jedem Fall eine gründliche Analyse der charakteristischen Parameter des Netzwerks anschließen muss. Insbesondere sollten besonders relevante Elemente und Module des Graphen identifiziert werden, um diese dann gezielt und gegebenenfalls getrennt voneinander mit den jeweils geeignetsten Ansätzen zu untersuchen. Für sehr große Netzwerke mit Millionen von Knoten und Kanten ist selbst mit den besten softwaregestützten Visualisierungswerkzeugen eine direkte Inaugenscheinnahme nicht mehr zielführend.

Beispiel 13.9

Die Softwareanwendung *Pajek* [108] (slowenisch für „Spinne") ist eine Open-Source-Software und wurde von den slowenischen Forschern Vlado Vladimir Batageljj und Andrej Mrvar von der Universität Ljubljana entwickelt. Sie dient der Zerlegung, Analyse und Visualisierung sehr großer Netzwerke von bis zu einer Million Knoten und kann über eine grafische Bedienoberfläche nach geringer Einarbeitungszeit flexibel eingesetzt werden. Die Bedienung ist dabei im Vergleich zur Softwareanwendung *Gephi* weniger interaktiv, aber dafür deutlich leistungsstärker in Bezug auf die verwendeten Algorithmen.

Neben gewöhnlichen Graphen kann Pajek auch bipartite und transiente, also über die Zeit veränderliche, Netzwerke analysieren. Zudem werden neue Analysemethoden aus aktuellen Forschungsergebnissen laufend in die Software implementiert. Die Netzwerkdaten werden je nach Datentyp getrennt eingespielt, die Basis bildet immer eine Knoten- und Kantenliste, aber es können Knoten auch einer bestimmten Klasse (Partition) wie beispielsweise „männlich/weiblich" zugeordnet werden. Zudem kann jeder Knoten mit einem Vektor an Eigenschaften ausgestattet werden. Die Ausgabe der Analysen erfolgt ebenfalls in festgelegten Datenformaten wie beispielsweise „Permutationen" nach Umgestaltung des Netzwerks, „Cluster" nach durchgeführter Gruppierung und „Hierarchien" nach erfolgter Partition des Netzwerks. Für statistische Analysen müssen die Ergebnisse an eine Office-Anwendung wie Microsoft Excel oder an Statistikpakete wie R oder SPSS exportiert werden. Eine ausführliche Dokumentation aller Funktionen findet sich im Buch von De Nooy [40].

Auch in der Softwareanwendung *Pajek* sind diverse Standardalgorithmen zur Visualisierung vorgesehen. So können die Knoten auf verschiedene Weise auf einem Kreis angeordnet (Circular Layout) und verschiedene Methoden des kräftebasierten Graphzeichnens (Energy Layout nach Kamada-Kawai oder Fruchterman-Reingold) genutzt werden. Layouts können nach den Eigenvektoren der Knoten bestimmt (EigenValue Layout) und in verschiedenen Schichten (Layers) hierarchisch dargestellt werden. Zudem können die Eigenschaften der Knoten und Kanten in verschiedenen Formen, Farben und Größen in Abhängigkeit eines frei wählbaren Parameters visualisiert werden. ■

Die Softwareanwendungen wie Pajek oder Gephi bieten auf allen drei in Kapitel 10 diskutierten Ebenen diverse effiziente Algorithmen zur Zerlegung und Analyse großer Netzwerke an. Für die detaillierte Beschreibung der vielfältigen Funktionen sei auf die jeweiligen Handbücher [40] verwiesen. Dabei wird teilweise eine von diesem Buch abweichende Nomenklatur verwendet, daher wird diese im Folgenden für den Fall von Pajek in Klammern angegeben.

- *Mikro-Ebene:* Bezüglich der Knoten auf der Mikro-Ebene können Hubs und Authorities bestimmt werden und der lokale Cluster-Koeffizient sowie Zentralitätsmaße in Bezug auf Grad, Closeness und Betweenness für jeden Knoten ermittelt werden. Dafür sind kürzeste Pfade zwischen zwei vorgegebenen Knoten, der maximale Fluss und der kritische Pfad ermittelbar. Es werden noch eine Vielzahl anderer, in Abschnitt 10.1 nicht diskutierter, Algorithmen implementiert, wie beispielsweise Ermittlung der sogenannten Prestigewertes eines Knotens, der die Zentralität eines Knotens über die Zentralität der benachbarten Knoten bestimmt. Zudem können die Graphen auf verschiedene Art und Weise manipuliert werden, indem beispielsweise Kreise oder Mehrfachkanten gelöscht werden, oder Pfeile in Kanten umgewandelt werden können.
- *Meso-Ebene:* In Bezug auf Teilgraphen (Meso-Ebene) können Triaden, k-Cliquen (Neighborhoods), Brücken (Broker) und Module (Subnetworks) sowie die größte zusammenhängende Komponente (Cores) über verschiedene Methoden ermittelt werden. Auch die Korrelationskoeffizienten zwischen verschiedenen Bereichen des Netzwerks können über verschiedene Methoden bestimmt werden.
- *Makro-Ebene:* Auch die statistischen Eigenschaften auf der Makro-Ebene wie Netzwerkdichte, mittlerer Grad und Pfadlänge sowie Durchmesser und mittlerer Cluster-Koeffizient des Netzwerks können ermittelt werden. Für die Analyse der Häufigkeitsverteilung der Knotengrade oder anderer charakteristischer Größen wie Cluster-Koeffizient oder Zentralitätsmaße müssen die Daten in der Regel zur statistischen Analyse in ein anderes Programm exportiert werden, wie beispielsweise Microsoft Excel oder Statistikpakete wie R oder SPSS.

Beispiel 13.10

Als Beispiel der Analyse eines großen Netzwerks wird das Energieversorgungsnetzwerk mit 4.941 Knoten und 6.594 Kanten, zitiert in Watts et al. [86], mit der Softwareanwendung Gephi [112] analysiert. Wie – bei ausreichender Sehkraft – in *Bild 13.6* zu erkennen, kann eine Summenstatistik angezeigt werden (rechts oben im Bild). Dabei beträgt der durchschnittliche Knotengrad $\langle d \rangle \approx 2{,}67$, der Netzwerkdurchmesser beträgt $L(G) = 46$, die Dichte des Netzwerks liegt bei $\rho(G) \approx 0{,}1$ Prozent. Das Netzwerk besteht aus 33 Communities und einer einzigen größten zusammenhängenden Komponente T. Der durchschnittliche Cluster-Koeffizient beträgt laut der Analyse $\langle C \rangle \approx 0{,}11$, und die durchschnittliche Pfadlänge beträgt $\langle l \rangle \approx 19$.

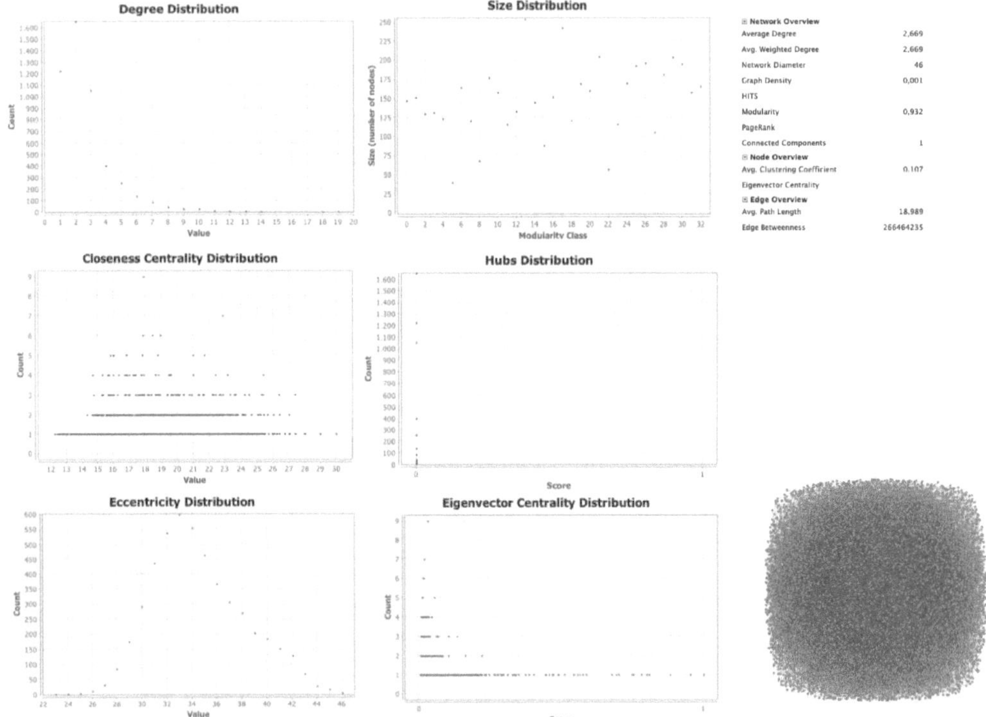

Bild 13.6 Beispiel einer Analyse eines großen Energieversorgungsnetzwerks mit 4.941 Knoten und 6.594 Kanten, zitiert in Watts et al. [86] mit der Softwareanwendung Gephi [112]. Gezeigt werden verschiedene Häufigkeitsverteilungen (linke Seite) sowie charakteristische Parameter des Netzwerks (Menü rechts oben).

Darüber hinaus können die Häufigkeitsverteilungen auch direkt betrachtet werden, so wie in *Bild 13.6* auf der linken Seite dargestellt. Beispielhaft sind die Verteilung der Knotengrade, die Verteilung der Clustergrößen, die Closeness Centrality der Hubs und Authorities, die Eccentricity und der Eigenvektor der Zentralität gezeigt. Die Rechenzeit beträgt bei diesem Netzwerk für die Ermittlung der Häufigkeitsverteilungen nur wenige Sekunden. ■

13.3 Softwarebasierte Simulation dynamischer Prozesse in Netzwerken

Die in Kapitel 12 beschriebenen Eigenschaften dynamischer Prozesse in Netzwerken wurden von den Forschern in der überwiegenden Anzahl der Fälle mithilfe mathematischer Modelle gelöst, für welche häufig eine analytische Lösung angegeben werden konnte. Diese Ansätze sind i. d. R. mathematisch sehr anspruchsvoll und müssen dennoch teilweise radikale Vereinfachungen treffen, die dann die Aussagekraft der Ereignisse stark einschränken können. Beispielsweise wurden bei der Modellierung epidemischen Ausbreitung in Netzwerken in Abschnitt 12.3 homogene Gruppen (S, I und R) angenommen oder Blockmodelle verwendet, bei denen vereinfachend die Knoten in Blöcke homogener Knotengrade zusammengefasst wurden. Die sich aus diesen Modellen ergebende minimal notwendige Impfrate, um eine Ausbreitung zu vermeiden wurde als endlich berechnet, bei der Berücksichtigung von skalenfreien Netzwerken kann die Ausbreitung – egal durch welche Impfrate – nur verlangsamt, aber nicht verhindert werden. Die Aussagen der beiden Modelle unterscheiden sich damit ganz grundsätzlich und nicht nur um einen bestimmten endlichen Fehler.

Kann bei den einfachen Basismodellen noch eine analytische Lösung angegeben werden, so müssen mit zunehmender Modellkomplexität die Modelle, beispielsweise über eine Linearisierung der Differenzialgleichungen, vereinfacht oder zur Lösung Verfahren der *numerischen Mathematik* angewendet werden. Dieses Teilgebiet der Mathematik verfügt über eine ganze Reihe numerischer Lösungsverfahren, welche eine approximative oder exakte Berechnung von Lösungen über auf bestimmte Probleme zugeschnittene Algorithmen erlauben. So können beispielsweise die in Abschnitt 12.3 erläuterten partiellen Differenzialgleichungen, welche die epidemische Ausbreitung in Netzwerken beschreiben, mit der Methode finiter Differenzen exakt gelöst werden.

Falls jedoch eine Homogenisierung aufgrund sehr unterschiedlicher Attribute der Knoten im Netzwerk nicht mehr zulässig ist und die Netzwerkstruktur nicht mehr über ein Blockmodell abgebildet werden kann, oder falls zeitabhängige Ereignisse, wie beispielsweise eine dynamische Veränderung der Netzwerktopologie, oder eine vom Zustand des Netzwerks abhängige Entscheidung der Akteure abgebildet werden muss, so lässt sich das Modell häufig nicht mehr als geschlossenes Gleichungssystem formulieren. Damit sind aber auch die Methoden der numerischen Mathematik nicht mehr anwendbar, und es bleibt als einzig praktikables Lösungsverfahren die numerische Simulation, auch *Computersimulation* genannt.

Simulationsmethoden gehören zu den szenariobasierten, dynamisch bewertenden Planungsmethoden, im Gegensatz zu den konstruktiven Methoden der mathematischen Optimierung. Das Vorgehen der konstruktiven Methoden wird auch präskriptiv genannt, da diese eine bestimmte Lösung – sei es durch exakte Verfahren oder die Anwendung von Heuristiken – als optimal empfehlen. Simulationsmodelle imitieren hingegen die zeitliche Dynamik des Modellverhaltens, und liefern aus dem Simulationsexperiment ausschließlich Stichproben der beobachteten Variablen. Simulationsmodelle werden daher auch deskriptiv genannt, da diese für eine Kombination aus gewählten Parametern und Startwerten das Systemverhalten imitieren, aber keine Aussage über die Optimalität der Ergebnisse liefern können. Diese Aspekte werden wir in Abschnitt 13.3.5 noch genauer betrachten.

13.3.1 Vergleich unterschiedlicher Arten von Simulationsmodellen

Die Computersimulation ist eine computergestützte Exploration der Eigenschaften mathematischer Modelle durch Nachbildung des zeitlichen Verlaufs der dynamischen Prozesse [42]. Dabei erfolgt die Beschreibung des Simulationsmodells mithilfe der Simulationssprache eines Computerprogrammes im Sinne einer Folge von Anweisungen. Die eigentliche Simulation erfolgt über Simulationsläufe durch die Ausführung des Programmes. Dabei stellt das Simulationsexperiment eine empirische Untersuchung des Systemverhaltens durch wiederholte Simulationsläufe mit systematischer Variation der Modellparameter dar.

Eine Simulation ist kein Optimierungsverfahren, da zum Auffinden einer geeigneten Lösung der gesamte Zustandsraum des Modells – bestimmt durch alle Parameter-Kombinationen – durchlaufen werden muss. Da man in der Praxis jedoch aufgrund limitierter Rechenzeit nur selten den gesamten Lösungsraum durchsuchen kann, ist nicht garantiert, dass die Simulationsergebnisse auch nur in die Nähe eines – falls vorhanden – optimalen Zustandes gelangen. In Abschnitt 13.3.5 wird kurz auf die Methoden des sogenannten Design of Experiment (DOE) eingegangen, das Methoden für ein möglichst effizientes Durchlaufen des Lösungsraums bereithält.

Eine numerische Simulation bietet damit in der Regel einen einfacheren Zugang zur Lösung, da relativ komplexe Systeme mit einer verhältnismäßig einfachen Sprache modelliert werden können, um den Preis, dass ein Simulationslauf immer nur ein Experiment für eine bestimmte Parameter-Kombination und einen gewählten Anfangswert darstellt. Bei Simulationsmodellen kann man zwischen statischen oder dynamischen, zwischen deterministischen oder stochastischen und zwischen diskreten oder kontinuierlichen Ansätzen unterscheiden (für einen Überblick der Modellarten s. [39]).

- Bei den *kontinuierlichen dynamischen Simulationsmodellen* (Continous Simulation) sind sowohl die raum-zeitliche Struktur als auch die Zustände als kontinuierliche Funktionen der Simulationszeit formuliert und können in der Regel als Satz von Differenzialgleichungen beschrieben werden. Für die Durchführung der Simulationsläufe verwendet man die oben erwähnten Methoden der numerischen Mathematik, wie beispielsweise die Methode der finiten Differenzen, und erhält als Simulationsergebnis die Werte aller Variablen in Abhängigkeit von der Simulationszeit. Die Modelle des *System-Dynamics-Ansatzes* gehören zu dieser Klasse von Simulationsmodellen.
- Bei den *diskreten dynamischen Simulationsmodellen* können die Variablen ihre Werte nur zu bestimmten, diskreten Zeitpunkten verändern. Für die erreichbaren Zustände des Systems in Zeit und Raum werden nur diskrete Werte zugelassen. Bei den sogenannten *ereignisdiskreten Simulationsmodellen* (Discrete Event Simulation) verfügt der Simulator über eine Liste von Ereignissen, geordnet nach den Zeitpunkten des Auftretens. Diese Liste wird im Laufe der Simulationszeit abgearbeitet, die Ereignisse ausgelöst und ggf. neue Ereignisse in der Liste ergänzt. Eine andere Art von diskreten dynamischen Simulationsmodellen sind die sogenannten *agentenbasierten Simulationsmodelle* (Agent Based Modelling and Simulation), welche die Simulationsobjekte, die sogenannten Agenten, diskret abbilden. Diese Agenten verfügen über unterschiedliche Attribute und Verhaltensweisen und interagieren mit der Umwelt und anderen Agenten. Durch das Verhalten zum Zeitpunkt t_0 wird der Zustand aller Agenten im nächsten Zeitschritt $t = t_0 + 1$ bestimmt.

- Bei *deterministischen Simulationsmodellen* enthalten die beschreibenden Modelle ausschließlich Variablen, die von den Parametern, anderen Variablen und der Zeit abhängen, enthalten aber keine stochastischen Elemente. Hingegen enthalten die *stochastischen Simulationsmodelle* Elemente mit stochastischem Verhalten, das bedeutet, es werden im Verlauf der Simulationszeit Zufallszahlen erzeugt und im Simulationsmodell verwendet. Ein sehr bekanntes stochastisches Verfahren ist die sogenannte *Monte-Carlo-Simulation*, die jedoch nach der obigen Definition streng genommen keine Simulation darstellt, da sie ein deterministisches Problem mithilfe stochastischer Mittel löst und nicht den zeitlichen Verlauf der dynamischen Prozesse abbildet. Ein Anwendungsbeispiel für die statische Monte-Carlo-Simulation sind Flächen- oder Integralberechnung.

Beispiel 13.11

Manche Problemstellungen lassen sich nicht vollständig mit einem einzigen der oben genannten Modellansätze abbilden. Beispielsweise könnte es für die Modellierung der Ausbreitung einer Pandemie mithilfe eines Agentenbasierten Modells (ABMS) auf einem Kontaktnetzwerk notwendig sein, auch die Behandlungsprozesse schwerer Fälle im Krankenhaus in den Modellumfang mit aufzunehmen. Dies lässt sich aber idealerweise durch die Simulationmethode einer Ablaufsimulation (Discrete Event Simulation) darstellen, da diese auf die Simulation von Warteschlangensystemen spezialisiert ist. Dabei muss der Prozess – im Gegensatz zum Agentenbasierten Modell – als exakte Reihenfolge der Aktivitäten vorgegeben werden, was wiederum für die Modellierung der Ausbreitung der Epidemie als ungeeignet erscheint. Der Modellierer müsste sich nun entweder für eines der spezialisierten Tools entscheiden – in unserem Fall also ABMS versus DE, – aber dann umständliche Konstrukte als Art „Workarounds" verwenden oder gar einen Teil des Modells auslassen, was aber der Zielsetzung des Projektes widersprechen könnte.

Es gibt aber Softwareprogramme wie beispielsweise *AnyLogic (Anylogic Europe)*, die es erlauben, alle relevanten Modellierungsarten flexibel in einem einzigen Modell und einer Simulation zu kombinieren. So könnten die Abläufe der Behandlung im Krankenhaus mithilfe einer Ablaufsimulation, die Ausbreitung des Virus im Agenten-basierten Teil des Modells und mögliche Marktprozesse der Impfstoffbereitstellung mithilfe eines Moduls abgebildet werden, das als System–Dynamics–Modell implementiert ist. Nachdem die Synchronisationspunkte zwischen jedem der drei Teile sorgsam definiert sind, kann die sog. Multi-Methoden-Simulation den verschiedenen Anforderungen im Rahmen eines einzigen Modells gerecht werden.

Zur Veranschaulichung lässt sich das Modell „Epidemic and Clinic with Accumulating Concern" ohne Installation der Software in der Cloud abrufen und ausführen [89]. Hierbei handelt es sich um eine Version des Epidemie- und Klinikmodells, bei der Patienten – modelliert als Agenten auf einem komplexen Kontaktnetzwerk – eine Behandlung in einer Klinik anfordern (s. Bild 13.7), sobald ihre „Besorgnis" einen bestimmten Schwellwert überschreitet. Die individuelle Besorgnis der Patienten wird mithilfe einer Systemdynamik als kumulierter „Bestand" für jeden einzelnen Agenten modelliert. Die Klinik ist als ein einfaches diskretes Ereignismodell abgebildet. Abhängig von der Kapazität der Klinik in Kombination mit dem eingestellten Schwellwert der „Besorgnis" kann es nach der ersten Epidemiewelle zu weiteren Wellen kommen oder auch nicht.

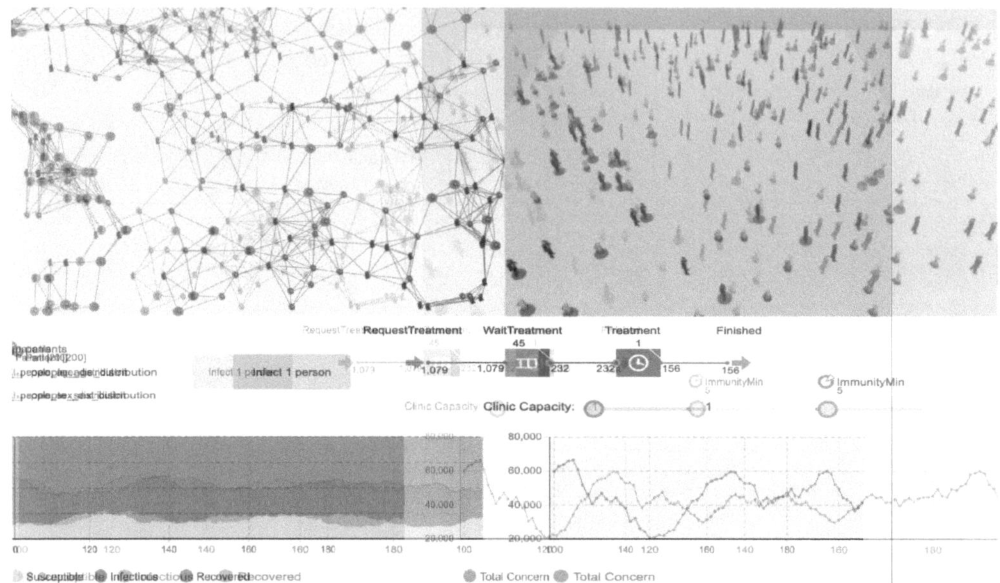

Bild 13.7 Simulationsoberfläche der Software AnyLogic für das Multi-Methoden-Simulationsmodell „Epidemic and Clinic with Accumulating Concern“ [89]. ■

13.3.2 Simulation von Agenten auf regulären Netzwerken

Ein Agent im Sinne der Simulation und Modellierungen ist ein autonomes, rechnergestütztes Objekt zur Entscheidungsfindung mit individuellen Zielen, Attributen und Verhaltensmerkmalen. Agenten können Attribute und Verhaltensmerkmale übernehmen, während sie autonom mit anderen Agenten oder der Umgebung interagieren. Dieser Abschnitt kann keinesfalls das sehr umfangreiche Gebiet der Agentenbasierten Simulation darstellen; es soll jedoch anhand von ausgewählten Beispielen die Verbindung zwischen Graphentheorie und Agentenbasierten Modellen aufgezeigt werden. Dazu wird die Software *NetLogo* [113] beispielhaft für andere existierende Simulationsumgebungen verwendet. Der interessierte Leser wird am Ende des Kapitels auf eine Reihe weiterführender Literatur verwiesen, um sich in das Thema Agentenbasierte Modellierung und Simulation zu vertiefen. In diesem und den folgenden Abschnitten werden die Beispielmodelle aus der NetLogo „Model Library“ verwendet, die direkt über das Programmmenü „/File/Models Library“ zugänglich sind.

Beispiel 13.12

Das Softwarepaket NetLogo wurde am *Center for Connected Learning and Computer-Based Modeling* an der Northwestern University [113] entwickelt und bietet eine integrierte Modellierungsumgebung mit einer graphischen Oberfläche für die Durchführung der Simulationsläufe. Andere verfügbare Softwarepakete sind entweder sehr spezifisch auf gewisse Problemstellungen ausgerichtet, und damit wenig flexibel, oder bieten lediglich Programmbibliotheken, die erst in eine Programmumgebung eingebettet werden müssen. Daher bietet sich dieses kostenfrei zu beziehende Tool, das zudem über eine umfangreiche Modell- und Tutorial-Bibliothek verfügt, für den Einstieg an.

Da ausgezeichnete Tutorials [59] für die Bedienung und Modellierung in NetLogo existieren, soll im Folgenden nur so weit darauf eingegangen werden, wie es für das Verständnis der noch folgenden Beispiele notwendig ist.

NetLogo verfügt über verschiedene Arten von Agenten, diese werden „Turtles", „Patches", „Links" und „Observer" genannt. Die „Patches" repräsentieren die Zellen auf einem zwei- oder dreidimensionalen Gitter. „Turtles" können sich über diese Zellen bewegen und sind über „Links" mit anderen „Turtles" verbunden. Für die Programmierung stehen eine Vielzahl an Befehlen zur Verfügung, die sich meist auf die gesamte Agentenpopulation oder Untergruppen, sogenannte „Breeds", beziehen. Beim Start der Simulation werden entsprechend der Initialisierungsroutine eine bestimmte Anzahl an Agenten der verschiedenen „Breeds" initialisiert. Es können sowohl globale oder lokale als auch agentenspezfische Variablen definiert werden. Agenten können weiterhin zu Agentensets zusammengefasst werden, um diese im Verlauf der Simulation gezielter ansprechen zu können.

Während des Simulationslaufs können Daten aus externen Dateien importiert und exportiert werden. Zudem bietet NetLogo eine Reihe von Darstellungsoptionen, die es erlauben, auf der grafischen Benutzeroberfläche einfache Diagramme zur Anzeige des Simulationsverlaufes zu gestalten. NetLogo verfügt weiterhin über eine „HubNet Facility", mit der über das Internet eine interaktive Simulation mit verschiedenen Spielern durchgeführt werden kann. Auch ganze Versuchsreihen samt Export der Ergebnisse in eine externe Tabelle können mithilfe des „Behavior Space" von NetLogo durchgeführt werden. ■

Ein einfaches Beispiel einer ereignis-diskreten, dynamischen und deterministischen Simulation auf einem Gittergraphen stellen die sogenannten *zellulären Automaten* dar, welche bereits in den 1940er-Jahren zunächst mithilfe eines Art Schachbrettes und dann später mithilfe von Computerprogrammen simuliert wurden. Dabei bestimmt ein fester (deterministischer) Algorithmus den Zustand einer Zelle zu Zeitpunkt $t_i + 1$ aus den Zuständen der Nachbarzelle zum vorausgegangenen Zeitpunkt t_i.

Beispiel 13.13

In den 1940er-Jahren untersuchte John von Neumann (1903–1957) am *Los Alamos National Laboratory* Probleme zu selbstreproduzierenden Automaten. Sein Büronachbar Stanislaw Ulam (1909–1984) untersuchte zur gleichen Zeit Vorgänge des Kristallwachstums und schlug von Neumann eine andere Vorgehensweise vor, die später unter dem Begriff des „zellulären Automaten" bekannt wurde. Das erste Modell für den zellulären Automaten wurde in Ermangelung von Computern noch mit einem Art Schachbrett simuliert. Der britische Mathematiker John Horton Conway [15] entwickelte daraus in den 1960er-Jahren das sogenannte „Game of Life (GOL)", dessen Funktionsweise kurz dargestellt werden soll.

Als Ausgangspunkt wird ein Gitter aus $n \cdot n$ Knoten verwendet, die nur zwei Zustände (0 und 1) annehmen können. Man startet mit einer zufälligen Verteilung der Zustände auf dem Gitter und schreibt periodenweise den Zustand der Knoten fort. Wesentlich für die Entwicklung eines Knotens sind dabei die maximal acht benachbarten Knoten. Ein Knoten mit dem Zustand 0 wechselt im nächsten Zeitschritt zu 1, falls genau drei benachbarte Zellen den Zustand 1 haben; ein Knoten mit dem Zustand 1 bleibt nur dann im Zustand 1, falls genau drei benachbarte Zellen den Zustand 1 haben; ansonsten wechselt der Knoten vom Zustand 1 zum Zustand 0. Trotz des sehr einfachen deterministischen Algorithmus zeigt sich eine erstaunliche Vielfalt von Entwicklungsmustern.

Interessant ist dabei vor allem, dass – obwohl ein einfacher deterministischer Algorithmus den Zustand des Systems bestimmt – das Verhalten des Systems über einen längeren Zeitraum nicht vorhergesagt werden kann. Die einzige Möglichkeit, Erkenntnisse über den Zustandsraum zu erhalten, besteht in der Durchführung von Simulationsläufen. Aufgrund der Lebendigkeit der entstehenden Muster spricht man auch vom Bereich des „Artificial Life".

Ein anschauliches Beispiel für die Muster, die beim Game of Life (GoL) entstehen können, bietet das über die Modellbibliothek von NetLogo zugängliche Modell „Life" [102]. Man kann, ausgehend von unterschiedlichen Ausgangsdichten, zwischen einem leeren und vollbesetzten Gitternetz die Muster des Game of Life beobachten und auch selbst interaktiv durch Zeichnen zusätzlicher Zellen eingreifen. ■

Die Zeit verläuft bei der agentenbasierten Simulation immer in diskreten und gleichen Zeitschritten, als wichtige Modellierungsentscheidung bleibt aber, ob man ein synchrones Verfahren – Zustandsänderungen werden von anderen Agenten erst nach der nächsten Taktzeit erkannt – oder ein asynchrones Verfahren – Zustandsänderungen werden von anderen Agenten sofort und damit bereits vor der nächsten Taktzeit erkannt – zur Aktualisierung der Agenten wählt. Im Fall des GOL muss zur Erzeugung der Vielfalt von sich sich wie „Künstliche Kreaturen" bewegenden Mustern die synchrone Variante gewählt werden. Bei der Wahl des asynchronen Verfahrens ergeben sich eher statische labyrinthartige Muster wie in *Bild 13.8* zu sehen.

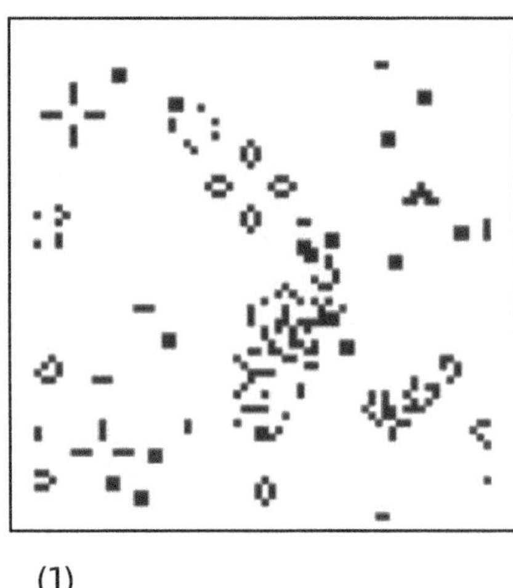

(1)

(2)

Bild 13.8 Simulationsergebnis des „Life"-Modells (NetLogo) [102] für synchrone Aktualisierung (1) und asynchrone Aktualisierung in zufälliger Reihenfolge (2). Im Fall des GoL muss zur Erzeugung der Vielfalt von sich sich wie „Künstliche Kreaturen" bewegenden Mustern die synchrone Variante gewählt werden. Bei der Wahl des asynchronen Verfahrens ergeben sich eher statische labyrinthartige Muster.

Auch muss bestimmt werden, wie sich die Agenten an den Rändern ihrer „Welt" verhalten sollen. Die Modellgrenze kann entweder als eine Art „Mauer" modelliert werden, welche die Agenten nicht überwinden können, oder die Agenten können in allen Orientierungen sich beliebig weit bewegen, oder – wie bei dieser Implementierung des GOL – man verwendet eine sog. Ringtopologie, d. h., der Agent erscheint beim Überqueren der Modellgrenze wieder auf der anderen Seite. Dies verweist auf die Notwendigkeit im Rahmen der Validierung des Modells die Sensitivitäten der Simulationsergebnisse in Hinblick auf die Abbildung der zeitlichen und räumlichen Komponente ebenfalls sorgfältig zu analysieren.

Beim zellulären Automaten stehen die Zellen oder Knoten des Gitternetzes nur mit ihren direkten Nachbarn in Verbindung, folgen einem einfachen für alle Zellen einheitlichen Algorithmus und sind auf dem Gittergraphen fixiert. Diese Einschränkungen heben die sogenannten *multi-agentenbasierten Simulationsmodelle* auf. Diese Simulationsmodelle repräsentieren die Akteure wie Menschen, Tiere oder Suchalgorithmen als sogenannte Agenten und ihre Bewegung, Wahrnehmung und Interaktionen mit ihrer Umwelt und anderen Agenten. Die agentenbasierte Simulation erlaubt es, auch sehr komplexe Systeme mit einer Vielzahl und Vielfalt von Agenten und Interaktionen darzustellen. Daher wird diese Modellierungsmethode in vielen Bereichen der Ökonomie, Ökologie, Sozialwissenschaften, Biologie und Physik angewandt.

Manche Aspekte lassen sich deutlich einfacher als in analytischen Modellen abbilden, wie beispielsweise bei der Beschreibung komplizierter Verhaltensweisen und Lerneffekten der Agenten, bei der dynamischen Veränderung des zugrunde liegenden Netzwerks und bei der Berücksichtigung stark nicht linearer Effekte im Allgemeinen. Insbesondere stellen die multi-agentenbasierten Simulationsmodelle in manchen Fällen die einzige Möglichkeit dar, sogenannte emergente Phänomene mit sich plötzlich veränderndem Systemverhalten zu modellieren, das aus der Wechselwirkung der Detailprozesse resultiert und bei einer Homogenisierung, wie es bei vielen analytischen Modellen notwendig ist, verloren gehen würde.

Beispiel 13.14

Ein anschauliches Beispiel für ein multi-agentenbasiertes Simulationsmodell bietet das über die Modellbibliothek der Software NetLogo zugängliche Modell „Wolf-Sheep-Predation" [103]. Man kann für die beiden Populationen der „Wölfe" und „Schafe" jeweils deren Anfangsbestand, den Metabolismus im Sinne durch Nahrungsaufnahme gewonnener Energie sowie die Reproduktionsrate einstellen. Die Schafe ernähren sich von Gras, dessen Wachstumsrate als Parameter eingestellt werden kann. Die Wölfe ernähren sich von den Schafen. In dieser sehr einfachen Modellformulierung bewegen sich die beiden Populationen zufällig über das Gitter, und nur falls ein Wolf und ein Schaf sich auf demselben Knoten befinden, wird das Schaf vom Wolf gerissen. Es zeigen sich in Abhängigkeit der Parameter ganz unterschiedliche Zustände, vom Aussterben der Wölfe oder Schafe, über sehr stabile Populationszahlen, bis hin zu sehr starken Oszillationen der beiden Populationen.

Dieses agentenbasierte Modell kann im über die Modellbibliothek zugänglichen Modell „Wolf-Sheep-Predation (Docked)" [104] auch mit dem aggregierten Modellansatz verglichen werden, der dem homogenen Ansatz des bekannten Lotka-Volterra-Modells entspricht. Dabei zeigt sich (s. *Bild 13.9*) dass die Simulationsergebnisse für die Agentenbasierte Simulation (links) und die System-Dynamics-Simulation (rechts) – trotz identischer Parameter – erheblich abweichen. Eine für den Modellierer zunächst problematische Situation, denn die Aussagen der Simulationen sollen ja gerade nicht von

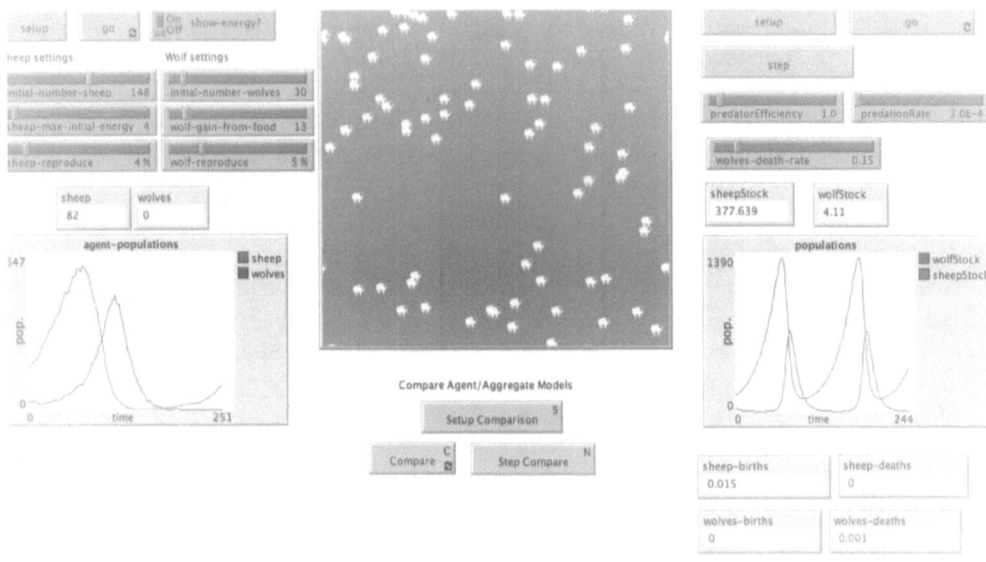

Bild 13.9 Simulationsergebnis des „Wolf-Sheep-Predation (Docked)"-Modells (NetLogo) [104] für die Agentenbasierte Simulation (links) und die System-Dynamics-Simulation (rechts). Es ist zu erkennen, dass – trotz identischer Parameter – die beiden Simulationsergebnisse erheblich abweichen.

der verwendeten Methode abhängen. In diesem konkreten Fall zeigt sich jedoch die größere Realitätsnähe des Agentenbasierten Modells; denn sobald in diesem konkreten Beispiel der letzte Wolf verhungert ist, kann sich die Wolfspopulation nie mehr erholen und die Schafe können für alle Ewigkeit sorgenfrei vor sich hin grasen, außer Sie „übergrasen" die Fläche und würden dann in Folge dieser Überlastung des Ökosystem aussterben. Die System-Dynamics-Simulation rechnet hingegen als kontinuierliches Verfahren auch noch mit „Bruchteilen eines Wolfes" weiter, und so kann es dazu kommen, dass ein „halber Wolf" wieder ein Schaf fressen kann, damit überlebt, sich vermehrt und sich so die gesamte Population wieder erholt. ■

13.3.3 Simulation des Wachstums von Netzwerken

Wir haben im Kapitel 11 schon eine Reihe von Modellen zur Simulation der Wachstumsprozesse der wesentlichen Netzwerktypen kennengelernt, so etwa das agentenbasierte Modell zur Erzeugung der „Giant Component" eines wachsenden Erdös-Renyi-Graphen in *Beispiel 11.4*, ein Modell zur Simulation des Prozesses nach dem „Preferential Attachment"-Modell des Barabasi-Albert-Graphen in *Beispiel 11.7* sowie das agentenbasierte Modell der „Small World" des Watts-Strogatz-Graphen aus *Beispiel 11.6*.

Es wäre ausgehend vom Basismodell des „Preferential Attachment"-Modells (NetLogo) [93] mit wenigen Modifikationen möglich, die wesentlichen in Abschnitt 11.2.3 geschilderten Erweiterungen im NetLogo-Modell vorzunehmen. Diese seien im Folgenden kurz skizziert:

- *Fitness:* Zur Abbildung einer bestimmten Fitness der Knoten müssten lediglich die „Turtles" als Knoten des Netzwerks in NetLogo mit einem zusätzliches Attribut versehen werden. In einer Setup-Routine würde man dieses Fitness-Attribut den einzelnen Knoten über eine Gleichverteilung $P(0,1)$ zuordnen. In der Routine „to-report find-partner" müsste der verwendete „count link-neighbors" lediglich mit der Fitness des jeweiligen Nachbarknotens multipliziert werden. Auch eine Modifikation der Verteilungsfunktion der Fitness auf die verschiedenen Knoten lässt sich in der Setup-Routine realisieren.
- *Anfangsattraktivität:* Zur Abbildung einer bestimmten Anfangsattraktivität der Knoten müssten analog zum Fitness-Modell die „Turtles" als Knoten des Netzwerks mit einem zusätzlichen Attribut versehen werden. In einer Setup-Routine würde man dieses Anfangsattraktivität-Attribut den einzelnen Knoten als festen Parameter zuordnen. In der Routine „to-report find-partner" müsste zum in „count link-neighbors" ermittelten Knotengrad die Anfangsattraktivität des jeweiligen Nachbarknotens addiert werden.
- *Bestandsknoten:* Um die Kantenbildung auch zwischen bestehenden Knoten abzubilden, müsste in die „Main Procedures" des Modells eine zusätzliche Schleife eingefügt werden, die wie die „to make-node"-Routine funktioniert, aber einen zufällig ausgewählten bestehenden Knoten als Ausgangspunkt der neuen Kanten verwendet.
- *Kanten entfernen:* Um das Löschen von Kanten abzubilden, müsste in die „Main Procedures" des Modells eine zusätzliche Schleife eingefügt werden, welche eine zufällig ausgewählte Kante durch den Befehl „kill link" löscht. Die Schleife wird r-mal je Wachstumsschritt durchlaufen. Auch eine vom Knotengrad abhängige Wahrscheinlichkeit zur Löschung der Kanten kann durch Nutzen der bereits vorhandenen „to-report find-partner"-Routine, allerdings aufgerufen für die bestehende Kante, realisiert werden.
- *Beschleunigtes Wachstum:* Zum beschleunigten Wachstum muss um die Hauptroutine „to make-node [old-node]" eine zusätzliche Schleife implementiert und die Anzahl der Wiederholungen dieser äußeren Schleife von der Laufzeit des Modells abhängig gemacht werden.
- *Alterungseffekt:* Zur Abbildung des Alterungseffekts der Knoten müssten die „Turtles" bei der Erzeugung in der Setup-Routine mit einem zusätzlichen Attribut versehen werden, welches den Erzeugungszeitpunkt codiert. Beim Durchlaufen der „to make-node"-Routine für das „Preferential Attachment" würde man das Alter des ausgewählten Knotens so verrechnen, dass mit zunehmendem Alter die Attraktivität der Knoten sinkt.

13.3.4 Simulation dynamischer Prozesse in Netzwerken

Wir haben im Kapitel 12 schon eine Reihe von Simulationsmodellen zur Simulation dynamischer Prozesse in Netzwerken – hauptsächlich implementiert in der Software NetLogo – kennengelernt, so etwa das Modell zur Simulation der Ausbreitung eines Virus auf einem Netzwerk „Virus on a Network" [99], das Modell zur Untersuchung der dynamischen Entwicklung des Google PageRank „PageRank" [101], ein Modell zur Simulation eines Staus auf einem Transport-Netzwerk „TrafficGrid" [95], ein Modell für die Ausbreitung der Lawinen in einem Sandhaufen „Sandpile" [94] sowie ein Modell zur Ausbreitung von Zuständen im Voting-Modell „Voting" [96] und des wiederholten Gefangenendilemmas „PDBasicEvolutionary" [97].

Ausgehend von den über die Modellbibliothek der Software *NetLogo* (Northwestern University) [113] zugänglichen Modellen können eine Reihe von interessanten Erweiterungen vorgenommen werden, für die im Folgenden die Erweiterungsansätze zur Anregung kurz skizziert werden sollen:

- *Robustheit von Netzwerken:* Im Abschnitt 12.2 haben wir uns mit der Robustheit von Netzwerken gegenüber zufälligem oder gezieltem Entfernen von Knoten beschäftigt. Man kann die NetLogo-Modelle zur Erzeugung von Zufallsnetzwerken, wie beispielsweise das Modell „Giant Component" eines wachsenden Erdös-Renyi-Graphen aus Beispiel 11.4 oder das „Preferential-Attachment-Modell" des Barabasi-Albert-Graphen aus Beispiel 11.7 um eine Routine für eine zufällige oder gezielte Kantenentfernung ergänzen, die über ein Steuerelement nach dem Abschluss des Wachstumsprozesses manuell initiiert wird.
- *Netzwerkmodelle zur Beschreibung der Ausbreitung von Epidemien:* Im Abschnitt 12.3.4 stand die Ausbreitung von Epidemien in Netzwerken im Fokus. Im Modell zur Simulation der Ausbreitung eines Virus in einem Netzwerk „Virus on a Network" [99] sind die Zustände Suspectible (S), Infected (I), Resistant (R) und Immune (I) abgebildet. Dabei wurde das Netzwerk über ein „Preferential Attachment" gebildet. Man könnte nun die Regeln zur Netzwerkbildung so modifizieren, dass ein reguläres Netzwerk oder ein Zufallsnetzwerk entsteht, und damit die in Beispiel 12.4 geschilderten Unterschiede in der Ausbreitung großer Epidemien der letzten Jahrhunderte nachbilden: ein reguläres Netzwerk für die Modellierung der Ausbreitung der Pestepidemie, ein Zufallsnetzwerk für die Ausbreitung der Schweinegrippe und eben der Barabasi-Albert-Graph für die Ausbreitung der Maul- und Klauenseuche. Für die geographische Ausbreitung der Pestepidemie könnte man die Knoten mit Koordinaten versehen und daraus die geographische Entfernung als die Gewichte der Kanten ermitteln. Damit könnte die Ausbreitungsgeschwindigkeit der Epidemie in Abhängigkeit von der Distanz modelliert werden.
- *Impfung in heterogenen Netzwerken:* Im Abschnitt 12.3.5 ging es um effiziente und wirtschaftliche Strategien zur Impfung großer inhomogener Netzwerke. Dabei war die entscheidende Frage, welcher Immunisierungsgrad gewählt werden muss, damit die Epidemie in ihrem zeitlichen Verlauf gebremst werden kann. Im Modell „Virus on a Network" [99] stellte das Virenprogramm, welches mit einer gewissen Frequenz aufgerufen wird, eine Art „Impfung" dar. Man könnte nun die entsprechende Programmroutine so modifizieren, dass eine einstellbare Menge von Knoten zu einem vorgegebenen Zeitpunkt dauerhaft immunisiert wird und den Einfluss des Zeitpunktes der Impfung auf die Anzahl infizierter Knoten untersuchen. Zudem könnte man den Wachstumsmechanismus des Netzwerkes modifizieren, um den Einfluss der Netzwerkstruktur auf den Erfolg der Impfung zu bestimmen. Ebenso könnte man die im Abschnitt 12.3.5 geschilderte Impfung mit und ohne Wissen der Netzwerkstruktur implementieren und miteinander vergleichen. Zudem könnte man auch bestimmte Knoten im Netzwerk im Simulationsverlauf beobachten und erst bei Überschreiten eines definierten Grenzwertes die Impfkampagne auslösen. Bisher wurde ausschließlich die Effektivität der Impfstrategien betrachtet, es wäre jedoch zielführend, auch wirtschaftliche Aspekte im Sinne von Impfkosten zu implementieren.
- *Suche in Netzwerken:* Im Abschnitt 12.4 ging es um effiziente und robuste Suchstrategien, um in großen Netzwerken die gesuchte Information ausgehend von einem Ausgangsknoten zu finden, ohne einen zu großen Datenverkehr zu erzeugen. Dabei wäre es relevant, die verschiedenen Suchstrategien, wie das Verfahren des Broadcasting, den Random-Walk, den Greedy-Algorithmus und die Algorithmen mit Präferenzen, auf ihre Effizienz und den erzeugten Datenverkehr zu untersuchen. Dazu bietet sich das Modell „PageRank" [101] als Ausgangsmodell an, welches die Suche per Random-Walk auf einem BA-Netzwerk imple-

mentiert. Dabei müsste den „Surfern" bei der Erzeugung die Startzeit als Attribut und die Nummer des Zielknotens mitgegeben werden. Zudem müsste bei Erreichen eines Knotens durch den „Surfer" überprüft werden, ob dieser dem Zielknoten entspricht und die Differenz aus der aktuellen Laufzeit und Erzeugungszeit berechnet werden, um die mittlere Suchzeit zu bestimmen.

- *Datenverkehr und Datenstau in Netzwerken:* Im Abschnitt 12.5.1 wurde betrachtet, wann sich in einem Netzwerk die Transportströme zu stauen beginnen und welche Routing-Regeln – idealerweise mit minimaler Information – diese Staus eindämmen können. Dazu bietet sich das bereits betrachtete Modell „TrafficGrid" [95] als Ausgangsmodell an. Um das Modell zur Abschätzung der kritischen Datenmenge nachzubilden, müsste man zunächst „Autos" in den Kreuzungen erzeugen und diesen Zielkoordinaten mitgeben. An einer Kreuzung würde dann das Auto im einfachsten Fall immer in diejenige Straße abbiegen, welche es seinem Ziel näher bringt. Diese Regel könnte man in einem zweiten Schritt mit einer Zufallskomponente kombinieren und prüfen, ob damit eine höhere kritische Rate erreicht werden kann.
- *Kaskaden in Transportnetzwerken:* Im Abschnitt 12.5.2 haben wir untersucht, unter welchen Umständen sich Kaskaden von Transportströmen und im Abschnitt 12.6.2 wie sich Informationskaskaden in Netzwerken ausbreiten können. Für die Simulation der in den beiden Abschnitten diskutierten Algorithmen bietet sich das „Sandpile"-Modell [94] an. Um den im Abschnitt 12.5.2 besprochenen Algorithmus abzubilden, müsste man die Regel für die Umverteilung der Sandkörner ändern, da diese im Beispielmodell nur auf die umliegenden Zellen verteilt werden. Beim Überschreiten des Schwellenwertes im Transportmodell müsste die Belastung auf das gesamte Gitter verteilt werden, und der betroffene Knoten kann von diesem Zeitpunkt an keine zusätzliche Kapazität mehr aufnehmen. Für eine Übertragung auf ein Netzwerk würde sich wiederum das Modell „Virus on a Network" [99] anbieten.
- *Kaskaden in Informationsnetzwerken:* Im Abschnitt 12.6.1 haben wir uns mit dem Voting-Modell beschäftigt. Im Voting-Modell „Voting" [96] entscheidet sich ein Akteur nach der Mehrheit der ihn umgebenden Meinungen. Man kann das Modell relativ einfach erweitern, indem man jedem Knoten einen gewissen Schwellenwert beim Setup zuteilt, der überschritten werden muss, damit der Knoten sich der Meinung der Nachbarn anschließt. Durch Variation des Schwellenwertes und der Art der Informationsverteilung kann man den Einfluss auf die Größe der entstehenden Kaskade ermitteln. Zur Ermittlung der Kaskadengröße müsste man jedem Knoten ein zusätzliches Attribut geben, welches prüft, ob sich der Zustand des Knotens in aufeinanderfolgenden Zeitschritten nicht verändert hat. In einem weiteren Schritt könnte man sich vom Gitternetzwerk lösen und basierend auf den Modellen für das Wachstum von Netzwerken die Ausbreitung von Knoten zu Knoten implementieren.

13.3.5 Generierung von Simulationsdaten und Durchsuchen des Lösungsraums

Wie oben erwähnt, stellt ein Simulationsexperiment eine gezielte empirische Untersuchung des Systemverhaltens durch wiederholte Simulationsläufe mit systematischer Variation der Modellparameter dar. Bei deterministischen Simulationsmodellen reicht ein Lauf je Parameter-Kombination aus, bei stochastischen Simulationsmodellen hingegen sind mehrere Simulationsläufe notwendig, um ein statistisch signifikantes Ergebnis zu erhalten. Dazu muss bestimmt werden, ab wann das Modell einen stationären Zustand erreicht und wie viele Simulationsläufe notwendig sind, um einen statistisch signifikanten Mittelwert zu erhalten.

Die Anzahl der Simulationsläufe lässt sich über die Festlegung der Signifikanzniveaus berechnen; detaillierte Ausführungen finden sich beispielsweise bei Robinson [42]. Ein Signifikanzniveau von beispielsweise 5 Prozent bedeutet, dass mit einer Wahrscheinlichkeit von 95 Prozent der wahre, aber unbekannte Mittelwert im Konfidenzintervall liegt. Dabei nimmt die Anzahl der Simulationsläufe mit steigender Schwankungsbreite der Simulationsergebnisse und sinkendem gefordertem Konfidenzintervall zu.

Auch für die Bewertung der verschiedenen Parameter-Kombinationen bezüglich eines Zielwertes müssen statistische Verfahren herangezogen werden. Man kann aufgrund der stochastischen Natur der Simulationsergebnisse ein Szenario mit höherem Zielwert einer anderen Kombination nur mit einer gewissen Unsicherheit vorziehen. Für den Vergleich von zwei Alternativen bietet sich beispielsweise der sogenannte t-Test [42] an. Sollen mehr als zwei Parameter-Kombinationen verglichen werden, so kann man auf die Bonferroni-Ungleichungen [42] zurückgreifen. Bei großer Anzahl von Alternativen verliert diese Methode an Aussagekraft, da das Konfidenzintervall sehr groß wird.

Mithilfe vieler Simulationsläufe, unter Variation der Modellparameter, soll der Zustandsraum möglichst effizient durchlaufen werden. Die Simulation des gesamten Lösungsraumes ist oft aufgrund der Größe und begrenzter Rechenzeiten unmöglich. Dabei lassen sich drei Situationen der Suche im Lösungsraum unterscheiden [42]:

(a) Es wird eine begrenzte Anzahl an vorgegebenen Alternativen (Szenarien) simuliert und dann in Bezug auf eine definierte Zielgröße verglichen. Ein Beispiel könnte die Simulation von drei möglichen Impfstrategien gegen die Ausbreitung einer Epidemie in skalenfreien Netzwerken sein, die danach bewertet werden, wie viele Individuen nach einer bestimmten Zeit noch infiziert sind.

(b) Bei der Zielwertsuche sind keine Alternativen (Szenarien) vorgegeben, sondern man variiert ausgewählte Parameter so lange, bis ein bestimmter Zielwert erreicht ist. Beispielsweise könnte man für eine bestimmte Impfstrategie den Anteil der zu impfenden Individuen so lange variieren, bis sich der dauerhaft erkrankte Bevölkerungsanteil auf unter 10 Prozent eingependelt hat.

(c) Bei Optimierungsverfahren zum Auffinden der besten Parameter-Kombinationen im Lösungsraum geht es um die Anwendung eines effizienten Verfahrens für das Durchsuchen des Lösungsraums. Es kommen häufig heuristische Methoden, wie beispielsweise das sogenannte Simulated Annealing, der Genetische Algorithmus oder die Methode des Tabu Search, zur Anwendung. Beispielsweise könnte man mithilfe des Genetischen Algorithmus immer bessere Parameter-Kombinationen erzeugen, für die dann jeweils eine Simulation durchgeführt werden muss, um die minimal notwendige Impfmenge für das Eindämmen einer Epidemie auf einem skalenfreien Netzwerk zu bestimmen. Eine Garantie für das Auffinden eines im mathematischen Sinne optimalen Zielwertes kann bei vieldimensionalen und „zerklüfteten“ Lösungsräumen in der Regel nicht gegeben werden.

Speziell für die Zielwertsuche stellt sich die Frage, wie man den oft sehr großen Lösungsraum möglichst effizient, also mit wenigen Simulationsläufen durchlaufen kann. Beispielsweise hat man bei vier Parametern, die jeweils fünf Zustände annehmen können, bereits $5^4 = 625$

verschiedene Parameter-Kombinationen, die es zu untersuchen gilt. Die Methoden der sogenannte Versuchsplanung (Design of Experiment – DOE) bieten dazu eine ganze Reihe von Ansätzen, auf die an dieser Stelle nicht eingegangen werden kann [8]. Grundsätzlich geht es aber um die Identifizierung derjenigen Faktoren, die die größte Wirkung auf das Systemverhalten haben, und damit die Reduktion der zu simulierenden Faktor-Kombinationen ermöglichen. Stellvertretend seien das $2k$-Faktor Design oder die Methode der Analysis of Variance (ANOVA) genannt.

Beispiel 13.15

Zur Veranschaulichung wird auf das zuvor besprochene Modell zur Simulation von Populationsdynamiken „Wolf-Sheep-Predation“ [103] zurück gegriffen (s. Bild 13.9). Falls man den gesamten Lösungsraum des Modells erkunden will, muss man viele Simulationsexperimente für verschiedene Kombinationen der wesentlichen Parameter ausführen, z. B. Bewegungskosten (1 – 2), Graswachstumsrate (0 – 2), Aus Gras gewonnene Energie (0 – 2) und von Schafen gewonnene Energie (0 – 8). Wenn wir eine Schrittweite von nur 1/10 der Intervallbreite annehmen, ergäbe das bereits $10 * 20 * 20 * 80 = 320.000$ Simulationsläufe, und dabei haben wir noch gar nicht alle neun Dimensionen des Lösungsraums miteinbezogen.

Damit scheidet Option (a) offensichtlich aus, denn die Wahrscheinlichkeit, bei einer zufälligen Auswahl von Szenarien auch nur annährend gute oder gar die besten Szenarien zu ermitteln, erscheint bei der Größe des Lösungsraums völlig aussichtslos.

Für die Option (b) stellen die meisten Softwarepakete – und so auch NetLogo – ein integriertes Werkzeug zur automatisierten Durchführung von Simulationsexperimenten zur Verfügung, das bei NetLogo als „Behaviour Space“ bezeichnet wird (abzurufen über die Menüleiste „Tools/BehaviorSpace“). Es können beliebige Parameter ausgewählt und entsprechende Intervalle der Variation angegeben werden. Für jede Parameterkombination wird die Anzahl der Wiederholungen (Replikationen) festgelegt und definiert, welche Variablen im Verlauf des Experiments gespeichert werden sollen. Dies stellt als sog. „Brute–Force-Verfahren“ eine nicht besonders elegante, aber einfache Art der Lösungssuche dar. Dessen Effizienz muss durch die oben erwähnten Verfahren der Versuchsplanung (Design of Experiment) erhöht werden, falls die Rechenkapazität für die Anzahl der Simulationsexperimente nicht mehr ausreichen sollte.

Auch für die Option (c) gibt es entweder im Softwarepakete integrierte Funktionen, oder standardisierte Schnittstellen zu externen Algorithmen. Als Beispiel bietet NetLogo ein externes Programm „Behavior Search“ an, welches über eine eigene GUI bedient wird und für die Durchführung der Simulationsexperimente das Modell in NetLogo ausführt. Es handelt sich hierbei um eine sog. „Query-Based Model Exploration“, welche statt zu fragen „Welches Verhalten erhält man mit einem bestimmten Parametersatz?“, nun die Frage umkehrt i.S. von „Welche Parametereinstellungen bewirken ein bestimmtes Verhalten?“ Dazu ist ein Verhaltensmass in Form eines einzelnen numerischen Wertes (sog. Fitnessfunktion) zu bestimmen, um zu quantifizieren, wie nahe das Modellverhalten dem gewünschten Verhalten kommt.

- Im Falle des Modells „Wolf-Sheep-Predation“ zur Simulation von Populationsdynamiken [103] muss man zur Definition der Fitnessfunktion einen zusätzlichen Modellparameter „ticks-per-year“ einführen, damit der Suchprozess eine geeignete Zeitskalenkonvertierung verwenden kann. Darauf aufbauend würde man den sog.

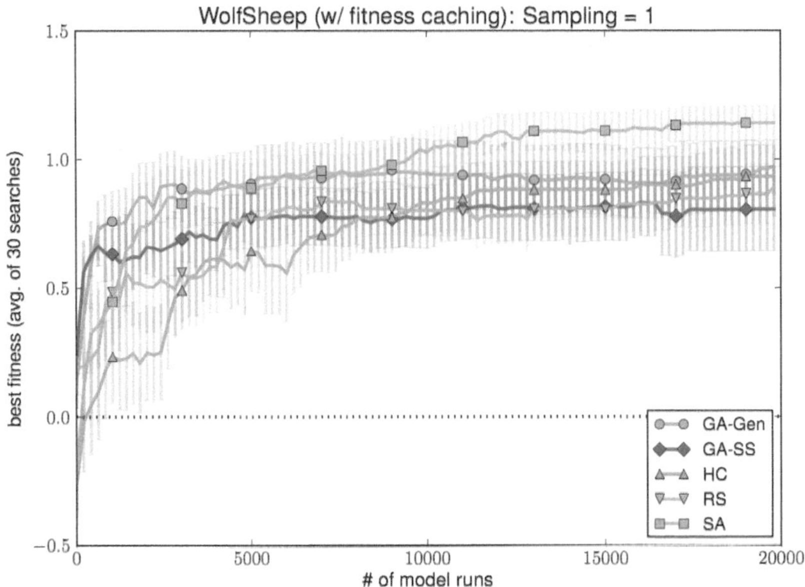

Bild 13.10 Diese Bild zeigt die besten Ergebnisse des Programms „Behavior Search" [48] für jeden der verwendeten Suchalgorithmen in Bezug auf die oben erläuterte Fitnessfunktion für das Modells „Wolf-Sheep-Predation" [103] aufgetragen über die Anzahl der Simulationsexperimente. Dabei steht die Abkürzung „GA" für den sog. „Genetischen Algorithmus", „HC" für „Hill Climber", „RS" für „Random Search" und „SA" für „Simulated Annealing" [48].

„Pearsons Produkt-Moment Korrelationskoeffizient" r definieren, der den simulierten zeitlichen Verlauf der Wolfspopulation (gemessen über alle „ticks-per-year" Zeitschritte) mit dem historischen Verlauf der realen Wolfspopulation vergleicht. Analoges gilt für die Schafspopulation. Beide Korrelationskoeffizienten werden summiert und bilden damit die Fitnessfunktion (Details s. [48].

- *Bild 13.10* zeigt die Ergebnisse des Programms „Behavior Search" [48] für die verschiedenen verwendeten Suchalgorithmen in Bezug auf die oben erläuterte Fitnessfunktion für das Modells „Wolf-Sheep-Predation" [103] aufgetragen über die Anzahl der Simulationsexperimente. Dabei steht die Abkürzung „GA" für den sog. „Genetischen Algorithmus", „HC" für „Hill Climber", „RS" für „Random Search" und „SA" für „Simulated Annealing" [48]. Alle genannten Verfahren stellen sog. (Meta-)Heuristiken dar, die an dieser Stelle nicht genauer erläutert werden können.
- Die Fehlerbalken repräsentieren dabei die 95-prozentige Konfidenz für den Mittelwert der Fitnessunktion. Zu beachten ist, dass die Konfidenzintervalle trotz der 30-maligen Ausführung jeder Suche immer noch recht groß sind, was bedeutet, dass die Suchleistung von Suche zu Suche erheblich variieren kann. Dies ist wohl dem 9-dimensionalen „zerklüfteten" Lösungsraum geschuldet, in dem selbst die „intelligentesten" Heuristiken häufig nur lokale Optima auffinden können. Da jedoch selbst die untere Grenze des Konfidenzintervalls schließlich über dem Wert von $r = 0{,}5$ liegt, kann von einer signifikant starken Korrelation zwischen simuliertem und historischem Verlauf der Populationsdynamik ausgegangen werden kann. Die daraus resultierende optimierte Parametrisierung der insgesamt neun Parameter erfüllt damit das gesetzte Modellierungsziel. ■

13.3.6 Ausblick auf die Anwendung einer professionellen Multi-Methoden-Simulation

Wie bereits weiter oben im Kapitel erwähnt, lassen sich manche Problemstellungen nicht vollständig mit einem einzigen Modellansatz abbilden. Mit Anwendungen wie beispielsweise *AnyLogic (Anylogic Europe)*, existieren Softwareprogramme, die es erlauben, alle relevanten Modellierungsarten flexibel in einem Modell und einer Simulation zu kombinieren.

Zudem bieten diese professionellen Simulationsanwendungen den Vorteil, dass komplexe Entscheidungsprozesse in einer transparenten Prozessablaufnotation abgebildet werden können, die Ergebnisse mithilfe eines professionelles Erscheinungsbildes dargestellt werden können und Optimierungstechnologie zur effizienten Suche im Parameterraum bereits integriert ist. Das Simulationsmodell kann in graphischer Form dargestellt werden, aber auch als Programmcode exportiert werden. Zudem existieren standardisierte Schnittstellen zu externen KI-Anwendungen, deren statistischen Modelle dann im Rahmen der Simulation eingesetzt oder trainiert werden können.

Damit lässt sich der Vorteil der Agentenbasierte Simulation voll ausschöpfen, denn man beginnt weder mit fixen Prozessen, Blackboxen oder aggregierten Systemen, sondern mit Entscheidungsregeln einzelner Agenten, die leicht zu verstehen und erklären sind. Dies ermöglicht es z. B. den Experten eines Unternehmens, ihr Wissen über individuelles Verhalten in den Modellierungsprozess einzubringen. Es wird ein iterativer Modellierungsprozess unterstützt, bei dem man mit ersten einfachen Beschreibungen des Verhaltens einzelner Komponenten und Agenten beginnt, um dann das Modell mithilfe erster Ergebnisse kontinuierlich zu verfeinern. Dieser Prozess kann das Verständnis eines Systems erheblich verbessern, indem versteckte (und möglicherweise fehlerhafte) Annahmen aufgedeckt und explizit behandelt werden können.

Beispiel 13.16

Ein anschauliches Beispiel für einen professionellen Einsatz bietet das Simulationsmodell „Field Service (Bonus)“, das ohne Installation der Software in der Cloud abgerufen und ausgeführt werden kann [90]. Modelliert wird eine Flotte von Geräteeinheiten, die geografisch innerhalb eines bestimmten Gebiets verteilt ist. Dies könnten beispielsweise Windkraftanlagen oder Verkaufsautomaten sein.

- Jede Geräteeinheit generiert während ihres Einsatzes Einnahmen, jedoch weisen die Geräte manchmal einen Defekt auf und müssen repariert oder ersetzt werden. Defekte Geräte können keine Einnahmen generieren. Zusätzlich zur Reparatur findet eine routinemäßige vorsorgende Wartung der Geräte statt. Eine verspätete Routine-Wartung sowie das Alter eines Gerätes erhöhen die Ausfallwahrscheinlichkeit eines Gerätes.
- Die Serviceteams – die alle an einem einzigen zentralen Standort stationiert sind – nehmen eingehende Dienstleistungs- bzw. Wartungsanforderung entgegen, und anschließend fährt ein Servicemitarbeiter zum Gerät und führt die Wartung oder Reparatur aus. Bei den Servicearbeiten kann sich herausstellen, dass das Gerät nicht repariert werden kann und es ausgetauscht werden muss. Der Servicemitarbeiter kann im Rahmen der Austauschrichtlinie auch veraltete Geräte ersetzen, selbst wenn diese noch funktionsfähig sind.

- Mit der Servicemannschaft sind von ihrer Größe abhängige Fixkosten verbunden. Jeder Vorgang (Wartung, Reparatur oder Austausch) verursacht zusätzliche variable Kosten. Das Ziel des Modells besteht darin, die optimale Anzahl der Servicemitarbeiter im Serviceteams zu bestimmen, und eine Austausch- sowie Wartungspolitik zu finden, die den Gewinn – hier ganz einfach als Einnahmen minus Kosten eines bestimmten Zeitraums definiert – maximiert.

Hierbei ist für den professionellen Einsatz des Simulationsmodells besonders wichtig, dass sowohl das Modell als auch die Simulationsergebnisse so anschaulich wie möglich präsentiert werden können. Nur so kann man die Entscheidungsträger von Anfang an in den Problemlösungsprozess mit einbeziehen, um die Aspekte (s. Abschnitt 13.1.5) der Nützlichkeit (der Modellierer und der Anwender sehen das Modell als hilfreich für die Problemlösung an), der Glaubwürdigkeit (der Anwender nimmt das Modell als ausreichend genau wahr) und der Machbarkeit (der Modellierer und der Anwender meinen, dass das Modell in einer Computersimulation darstellbar sei) sicherzustellen. Dazu wird im vorliegenden Beispiel (s. *Bild 13.11*) der Entscheidungsprozess der Agenten des Serviceteams sehr transparent als Prozessfluss dargestellt, die Lokationen der Geräte und die Dynamik der Servicemitarbeiter wird über eine Landkarte visualisiert und die wesentlichen Kennzahlen werden mithilfe von Diagrammen dynamisch aufgetragen. Man kann zudem – im Bild nicht dargestellt – mithilfe bestimmter ebenfalls visualisierter „Regler" während des Simulationsexperiments eingreifen, um bestimmte Werte – wie beispielsweise die Größe der Servicemannschaft – gezielt zu verändern, um das daraus folgende Verhalten zu plausibilisieren.

Eine weitere Oberfläche würde die Durchführung bzw. Ergebnisse des „Design of Experiment" veranschaulichen und dazu bestimmte – z. B. vom Auftraggeber vorgegebene Szenarien – bewerten, eine Zielwertsuche durchführen oder mithilfe von Opti-

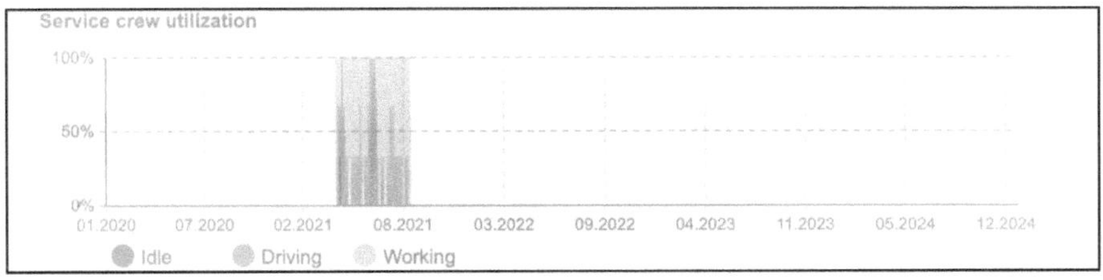

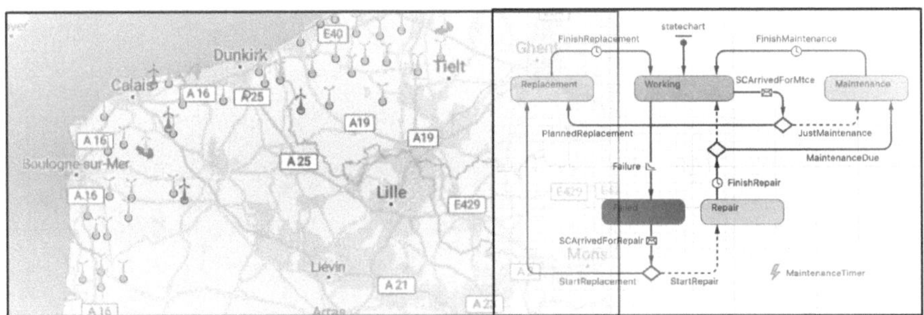

Bild 13.11 Simulationsoberfläche der Software Anylogic für Simulationsmodell „Field Service" [90] als anschauliches Beispiel für ein professionelle Multi-Methoden-Simulation.

mierungsalgorithmen die Parameter entsprechend einer vorgegebenen Fitnessfunktion optimieren. Darüber hinaus ist es Stand der Technik, das Simulationsmodell mit i. d. R. externen Machine-Learning (ML)-Modellen zu koppeln, die beispielsweise aus den anfallenden Simulationsdaten kurzfristige Prognosen ableiten, um diese dann wieder in der Simulation z. B. zur Optimierung der Wartungsstrategie (Stichwort „Predictive Maintenance") zu verwenden. ■

13.4 Schlussbetrachtung zur softwarebasierten Modellierung

In diesem letzten Kapitel wurde versucht, einen sehr breiten, und damit nicht immer sehr detaillierten Überblick über die wesentlichen Ansätze der softwarebasierten Analyse und Modellierung großer Netzwerke zu geben. Es ging dabei darum, die wesentlichen Ansätze zur Visualisierung, zur Analyse und zur Simulation sowohl von dynamischen Prozessen auf statischen Netzwerken als auch auf dynamischen Netzwerken zu skizzieren. Als wesentlicher Modellierungsansatz wurden dabei die agentenbasierte Modellierung und Simulation angewandt.

Es ist aber durchaus Kritik zu vernehmen, dass die numerischen Simulationsmodelle nicht dieselbe Präzision wie die präskriptiven mathematischen Modelle besäßen [54], da deren Modellelemente sich nicht in einer geschlossenen Form angeben ließen, und das Modellverhalten im gesamten Zustandsraum nicht exakt genug beschrieben werden könne. Damit sei eine Theoriebildung mithilfe von Simulationsmethoden erschwert, da die notwendige Nachvollziehbarkeit und Transparenz nicht immer gegeben sei.

Auf der anderen Seite kann man argumentieren, dass der Einsatz der Computersimulation zur Untersuchung großer Netzwerke – wie durch eine Reihe von Beispielen in diesem Buch belegt – viele Vorteile bietet, vor allem keine zu stark vereinfachenden Annahmen bei der Modellierung treffen zu müssen. Besonders wichtig für Anwendungen in der Praxis ist die Tatsache, dass durch die einfacheren und zumindest in der Darstellung weniger mathematisch komplizierten Modelle diese für den Auftraggeber des Projektes deutlich leichter verständlich sind und er auch einfacher auf den Modellierungsprozess Einfluss nehmen kann, was letztendlich zu einem höherem Vertrauen in das Modell führen wird.

Bei einer Reihe der in Kapitel 12 beschriebenen präskriptiven mathematischen Modelle mussten hingegen erheblich vereinfachende Annahmen getroffen werden und sie waren kaum in der Lage, vor allem die Komplexität der sehr heterogenen Interaktion zwischen den Netzwerkelementen abzubilden. Damit konnten diese Modelle häufig das Verhalten realer Netzwerke nur begrenzt wiedergeben.

Die skizzierte Diskussion lässt sich an dieser Stelle weder vollständig darstellen noch lösen. Jedoch wurde in diesem Kapitel deutlich, dass die numerische Simulation, um eine theoriebildende Rolle einzunehmen, in einen wohl strukturierten und transparenten Forschungsprozess eingebunden sein muss. Dieser Forschungsprozess muss insbesondere die auftretenden komplexen Phänomene nachvollziehbar und stabil abbilden, um möglichst allgemeingültige Aussagen zu treffen, und nicht nur für sehr spezifische Fälle eine Lösung anzubieten, oder das Modellverhalten der Vergangenheit lediglich in die Zukunft zu extrapolieren.

13.5 Weiterführende Literatur

Die Literatur zum Thema softwarebasierte Analyse und Modellierung großer Netzwerke ist sehr umfangreich, für detaillierte Darstellungen sei auf folgende Quellen verwiesen:

- Für die Details zur softwaregestützten Visualisierung großer Netzwerke sei auf Literatur zu den Anwendungen von Gephi [111], Pajek [108], oder NodeXL [110] verwiesen.
- Für eine detaillierte Darstellung aller relevanten Schritte des *Modellierungs- und Simulationsprozesses* sei das Buch „Simulation – The Practice of Model Development and Use“ von Stewart Robinson [42] empfohlen. Auch wenn die Ausführungen sich auf *diskrete dynamische Simulationsmodelle* beziehen ist der Prozess grundsätzlich anwendbar. In Kapitel 9 und 10 werden insbesondere die Generierung von zuverlässigen Simulationsdaten und die Durchsuchung des Lösungsraums anhand vieler Beispiele diskutiert.
- Speziell für das Thema Verifikation und Validierung von Simulationsmodellen empfiehlt sich ein Blick in das Kapitel 7 des Buches von O’Sullivan „Spatial Simulation“ [49]; auch wenn dieses die Verfahren speziell auf Agentenbasierte Modelle und Simulationen anwendet, sind die Ansätze grundsätzlich übertragbar.
- Michael North und Charles Macal [39] geben in ihrem Buch „Managing business complexity“ einen ausgezeichneten Überblick über die agentenbasierte Simulation und setzen diese zudem in den Kontext mit anderen Simulationsansätzen.
- Für eine Vertiefung des Themas *Agentenbasierte Simulation* kann das Buch „Agent-based and individual-based Modelling“ von Steven Railsback und Volker Grimm [43] empfohlen werden.
- Zur Anwendung der Programmiersprache Python gibt es mittlerweile eine breite Palette an Literatur: Die Grundlagen werden in Menczers aktuellem Buch „A First Course in Network Science“ [35] verständlich dargestellt, eine vertiefende Einführung und Anwendung zeigt Zinoviev [114] sowie zahlreichen Beispielen der Autor Al-Taie in „Python for Graph and Network Analysis“ [107].
- Der US-amerikanische Philosoph Michael Weisberg [54] diskutiert in seinem lesenswerten Buch „Simulation and Similarity“, inwiefern die numerische Simulation im Vergleich zu anderen Modellierungsansätzen zur wissenschaftlichen Theoriebildung beitragen kann.

Literaturverzeichnis

Monographien

[1] Aoyama, H. et al.: *Econophysics and Companies.* Cambridge University Press, 2010

[2] Bak, P.: *How nature works.* Copernicus, 1996

[3] Barabási, A. L.: *Linked.* Plume, 2003

[4] Barabási, A. L. et al.: *Network Science Book.* Cambridge University Press, 2016

[5] Barrat, A. et al.: *Dynamical Processes on Complex Networks.* Cambridge University Press, 2013

[6] Barrat, A. et al.: *Ubiquity: Why Catastrophes Happen.* Broadway Books, 2002

[7] Bardi, U.: *The limits to growth revisited.* Springer, 2011

[8] Berger, P. D.: *Experimental Design with Applications in Management, Engineering and the Sciences.* Cengage Learning – Duxbury, 2001

[9] Beutelspacher, A.; Zschiegner, M.: *Diskrete Mathematik für Einsteiger: Bachelor und Lehramt.* 5. Auflage, Springer Spektrum, 2014

[10] Brockmann, D.: *Im Wald vor lauter Bäumen.* dtv, 2021

[11] Büsing, C.: *Graphen- und Netzwerkoptimierung.* Spektrum Akademischer Verlag, 2010

[12] Caldarelli, G.: *Scale-Free Networks.* Oxford University Press, 2007

[13] Clark, J.; Holton, D. A.: *Graphentheorie – Grundlagen und Anwendungen.* Spektrum Akademischer Verlag, 1994

[14] Cohen, R.; Havlin, S.: *Complex Networks – Structure, Robustness and Function.* Cambridge University Press, 2010

[15] Johnston, N.; Greene, D.: *Conway's Game of Life.* Self-published, 2021

[16] Dempe, S.; Schreier, H.: *Operations Research.* Teubner, 2006

[17] Diestel, R.: *Graphentheorie.* 5. Auflage, Springer Spektrum, 2017

[18] Domschke, W.: *Logistik – Rundreisen und Touren.* Oldenbourgs Lehr- und Handbücher der Wirtschafts- u. Sozialwissenschaften, 2010

[19] Domschke, W.; Drexl, A.; Klein, R.; Scholl, A.: *Einführung in Operations Research.* 9. Auflage, SpringerGabler, 2015

[20] Dorogovtsev, S. N.: *Lectures on Complex Networks.* Oxford University Press, 2010

[21] Dorogovtsev, S. N.; Mendes, Jose F.: *Evolution of Networks.* Oxford University Press, 2013

[22] Easly, D.; Kleinberg J.: *Networks, Crowds and Markets.* Cambridge University Press, 2010

[23] Satrada, E.: *The structure of complex networks.* Oxford University Press, 2011

[24] Gilovich, T.: *How We Know What Isn't So –The Fallibility of Human Reason in Everyday Life.* Free Press, 1993

[25] Grünert, T.; Irnich, S.: *Optimierung im Transport. Bd 2.* Shaker Verlag, 2005

[26] Hußmann, S.; Lutz-Westphal, B.: *Diskrete Mathematik erleben.* Anwendungsbasierte und verstehensorientierte Zugänge. 2. Auflage, Springer Spektrum, 2015

[27] Izenman A. J.: *Network Models for Data Scientists.* Cambridge University Press, 2023

[28] Jackson, M. O.: *Social and Economic Networks.* Princeton University Press, 2010

[29] Kauffman, S.: *At home in the universe – The search for laws of self-organization and complexity.* Oxford University Press, 1996

[30] Keen, S.: *The new Economics.* Polity Press, 2022

[31] Kornmeier, M.: *Wissenschaftstheorie und wissenschaftliches Arbeiten.* Springer Gabler, 2024

[32] Korte, B.; Vygen, J.: *Kombinatorische Optimierung, Theorie und Algorithmen.* 3. Auflage, Springer Spektrum, 2018

[33] Mainzer, K.: *Komplexität.* utb, 2008

[34] Meadows, D. H. et al.: *The Limits to Growth: A Report for the Club of Rome's Project on the Predicament of Mankind.* Universe Books, 1972

[35] Menczer, F. et al.: *A First Course in Network Science.* Cambridge University Press, 2020

[36] Newman, M.: *Networks.* Oxford University Press, 2018

[37] Newman, M.: *The Structure and Function of Complex Networks.* Princeton University Press, 2010

[38] Nitzsche, M.: *Graphen für Einsteiger: Rund um Das Haus vom Nikolaus.* 3. Auflage, Vieweg, 2009

[39] North, M. J.; Macal, C. M.: *Managing business complexity – Discovering strategic solutions with agent-based modeling and simulation.* Oxford University Press, 2007

[40] de Nooy, W.: *Exploratory Social Network Analysis with Pajek.* Cambridge University Press, 2019

[41] Rabe, M. et al.: *Verifikation und Validierung für die Simulation in Produktion und Logistik.* Springer, 2008

[42] Robinson, S.: *Simulation – The Practice of Model Development and Use.* 2. Auflage, Palgrave Macmillan, 2014

[43] Railsback, S. F.; Grimm, V.: *Agent-based and individual-based modeling.* Princeton University Press, 2019

[44] Schrijver, A.: *Combinatorial Optimization.* Springer, 2003

[45] Steger, A.: *Diskrete Strukturen 1.* 2. Auflage, Springer, 2007

[46] Schickinger, T.; Steger, A.: *Diskrete Strukturen 2.* korr. Nachdruck, Springer, 2013

[47] Sterman, J. D.: *Business dynamics – Systems thinking and modeling for a complex world.* McGraw Hill, 2006

[48] Stonedhahl, F., Wilensky, U.: *Genetic algorithms for the exploration of parameter spaces in agent-based models.* Northwestern University, 2011

[49] O'Sullivan, D.: *Spatial Simulation: Exploring Pattern and Process.* Wiley-Blackwell, 2013

[50] Turau, V.; Weyer, C.: *Algorithmische Graphentheorie.* 4. Auflage, De Gruyter Studium, 2015

[51] Verein deutscher Ingenieure (VDI).: *VDI-Richtlinie: VDI 3633 Simulation von Logistik-, Materialfluss- und Produktionssystemen – Begriffe.* VDI 2013

[52] Watts, D. J.: *Six Degrees.* W. W. Norton Company, 2003

[53] Watts, D. J.: *Everything is Obvious.* Atlantic Books, 2011

[54] Weisberg, M.: *Simulation and Similarity.* Oxford University Press, 2015

[55] Wilensky, Rand: *An introduction to Agent-Based Modelling.* MIT Press, 2015

Zeitschriftenartikel

[56] Albert, R.; Jeong, H.; Barabasi, A.: *Diameter of the World Wide Web.* In: Nature, Vol 40 (9), 1999

[57] Bakshy, E. et al.: *Everyone's an influencer: Quantifying influence on twitter.* In: Proceedings of the fourth ACM international conference on Web search and data mining (WSDM '11). ACM, New York, NY, USA, S. 65–74, 2011

[58] Baran, P.: *On Distributed Communications.* Rand Memorandum 3420, 1964, RAND Cooperation

[59] Berryman, M.; Angus, S.:*Tutorials on Agent-based Modelling with NetLogo and Network Analysis with Pajek.* In: Complex Physical, Biophysical and Econophysical Systems: S. 351–375, 2010

[60] Brockmann, D. et al.: *Da habe ich mich geirrt.* In: Die Zeit 2023, (05), https://www.zeit.de/politik/deutschland/2023-01/, abgerufen 1. März 2024

[61] Broder, A. et al.: *Graph structure in the Web.* In: Computer Networks 33, (2000) S. 309–320

[62] Breiger, R.; Pattison, E.: *Cumulated Social Roles: The Duality of Persons and their Algebra.* In: Social Networks 8, S. 215–256, 1986

[63] Cohen R. et al.:*Efficient Immunization Strategies for Computer Networks and Populations.* In: Physical Review Letters, Volume 91, Number 24, 2003

[64] Dobson, I. et al.: *Everyone's an influencer: Quantifying influence on twitter.* In: Proceedings of the fourth ACM international conference on Web search and data mining (WSDM '11). ACM, New York, NY, USA, S. 65–74, 2011

[65] Dunne, J. et al.: *Compilation and Network Analyses of Cambrian Food Webs.* PLOS Biology, April 29, 2008

[66] Frantz, F.: *A taxonomy of model abstraction techniques.* Proceedings of Winter Simulation Conference, 1995

[67] Frette, V.: *The structure of complex networks.* In: Nature 379, S. 49–52 (4 Januar 1996)

[68] Gillett, B. E.; Miller, L. R.: *A Heuristic Algorithm for the Vehicle-Dispatch Problem.* In: Operations Research 22, Nr. 2, S. 340–349, 1974

[69] Granovetter, M.: *The strength of weak ties.* In: American Journal of Sociology, 78, S. 1360–1380, 1973

[70] Jeong, H. et al.: *Lethality and centrality in protein networks.* In: Nature 411, S. 41–42 (3 May 2001)

[71] Kleinberg, J. M. *Navigation in a small world.* In: Nature 406, S. 845, 2000

[72] Marlow, C. et al.: *Maintained Relationships on Facebook.* Online: http://overstated.net/2009/03/09/maintained-relationships-on-facebook, abgerufen 1. März 2024

[73] Milgram, S.: *The small-world problem.* In: Psychology Today, S. 60–67, 1967

[74] Moreno, J. L.: *The Sociometry Reader.* Glencoe (Ill.), The Free Press, S. 35, 1960

[75] Nebel, A., Kling, A., Willamowski, R., Schell, T.: *Recalibration of limits to growth: An update of the World3 model.* In: Journal of Industrial Ecology, 28, S. 87–99, 2024

[76] Newman, M. et al. (Hrsg.): *The Structure and Dynamics of Networks.* In: SIAM Review, 45, S. 167–256, 2006

[77] Nordhaus, W.: *Projections and Uncertainties concerning climate changein an Era of minimal Climate Policies.* In: American Economic Journal, 10 (3), S. 333–60, 2018

[78] Padgett, J.; Ansell, C.: *Robust Action and Rise of the Medici, 1400–1434.* In: American Journal of Soiociology, 98(6), S. 1259–1319, 1993

[79] Pastor-Satorras, R.; Vespignani, A: *Immunization of complex networks.* In: Physical Review E, Volume 65, 2002

[80] Rapoport, A.: *Spread of information through a population with socio-structural bias I: Assumption of transitivity.* In: Bulletin of Mathematical Biophysics, 15(4), S. 523–533, 1953

[81] Santos, F. et al.: *Cooperation Prevails When Individuals Adjust Their Social Ties.* In: PLoS Computational Biology, Volume 2 (10), 2006

[82] Snow, J.: *On the Mode of Communication of Cholera.* London: John Churchill, New Burlington Street, England, 1855, Online: http://www.ph.ucla.edu/epi/snow/snowbook.htm, abgerufen 1. März 2024

[83] Schröder, T.: *Netz mit Taktgefühl.* In: Max Planck Forschung, 2012

[84] Turner, S.: *A comparison of The Limits to Growth with 30 years of reality.* In: Journal of Global Environmental Change Volume 18, Issue 3, S. 397–411, 2008

[85] Dodds, P. et al.: *An Experimental Study of Search in Global Social Network.* In: Science, Vol. 301, no. 5634, S.827–829, 2003

[86] Watts, D.; Strogatz, H.: *Collective dynamics of small-world networks.* In: Nature 393, S. 440–442, 1998

[87] van Wijk, J. J.: *Unfolding the Earth – Myriahedral Projections.* In: The Cartographic Journal Vol. 45 (1), S. 32–42, 2008

[88] Zachary, W.: *An information flow model for conflict and fission in small groups.* In: Journal of Anthropological Research, 33, S. 452–473, 1977

Software-Modelle

[89] AnyLogic: *Epidemic and Clinic with Accumulating Concern.* https://cloud.anylogic.com/model/e4e5977c-ecec-4d6f-b21f-6e6de7f73a81?, abgerufen 1. März 2024

[90] AnyLogic: *Field Service Bonus.* https://cloud.anylogic.com/model/3d3bf212-0c1e-481a-970c-eaa4f8250c77?, abgerufen 1. März 2024

[91] Wilensky, U.: *NetLogo Small World Modell.* http://ccl.northwestern.edu/netlogo/models/SmallWorlds. Center for Connected Learning and Computer-Based Modeling, Northwestern University, abgerufen 1. März 2024

[92] Wilensky, U.: *NetLogo PreferentialAttachment.t model.* http://ccl.northwestern.edu/netlogo/models/PreferentialAttachment. Center for Connected Learning and Computer-Based Modeling, Northwestern University, abgerufen 1. März 2024

[93] Wilensky, U.: *NetLogo GiantComponent model.* http://ccl.northwestern.edu/netlogo/models/GiantComponent. Center for Connected Learning and Computer-Based Modeling, Northwestern University, abgerufen 1. März 2024

[94] Wilensky, U.: *NetLogo Sandpile model.* http://ccl.northwestern.edu/netlogo/models/Sandpile. Center for Connected Learning and Computer-Based Modeling, Northwestern University, abgerufen 1. März 2024

[95] Wilensky, U.: *NetLogo TrafficGrid model.* http://ccl.northwestern.edu/netlogo/models/TrafficGrid. Center for Connected Learning and Computer-Based Modeling, Northwestern University, abgerufen 1. März 2024

[96] Wilensky, U.: *NetLogo Voting model.* http://ccl.northwestern.edu/netlogo/models/Voting. Center for Connected Learning and Computer-Based Modeling, Northwestern University, abgerufen 1. März 2024

[97] Wilensky, U.: *NetLogo PDBasicEvolutionary model.* http://ccl.northwestern.edu/netlogo/models/PDBasicEvolutionary. Center for Connected Learning and Computer-Based Modeling, Northwestern University, abgerufen 1. März 2024

[98] Wilensky, U.: *NetLogo Virus model.* http://ccl.northwestern.edu/netlogo/models/Virus. Center for Connected Learning and Computer-Based Modeling, Northwestern University, abgerufen 1. März 2024

[99] Wilensky, U.: *NetLogo Virus on a Network model.* http://ccl.northwestern.edu/netlogo/models/VirusonaNetwork. Center for Connected Learning and Computer-Based Modeling, Northwestern University, abgerufen 1. März 2024

[100] Wilensky, U.: *NetLogo Schelling Segregation Model.* http://ccl.northwestern.edu/netlogo/models/segregation. Center for Connected Learning and Computer-Based Modeling, Northwestern University, abgerufen 1. März 2024

[101] Wilensky, U.: *NetLogo Page Rank Model.* http://ccl.northwestern.edu/netlogo/models/PageRank. Center for Connected Learning and Computer-Based Modeling, Northwestern University, abgerufen 1. März 2024

[102] Wilensky, U.: *NetLogo Life Model.* http://ccl.northwestern.edu/netlogo/models/Life. Center for Connected Learning and Computer-Based Modeling, Northwestern University, abgerufen 1. März 2024

[103] Wilensky, U.: *NetLogo Wolf Sheep Predation Model.* http://ccl.northwestern.edu/netlogo/models/WolfSheepPredation. Center for Connected Learning and Computer-Based Modeling, Northwestern University, abgerufen 1. März 2024

[104] Wilensky, U.: *NetLogo Wolf Sheep Predation Model (Docked.* http://ccl.northwestern.edu/netlogo/models/WolfSheepPredation(DockedHybrid). Center for Connected Learning and Computer-Based Modeling, Northwestern University, abgerufen 1. März 2024

[105] Wilensky, U.: *NetLogo Diffusion on a Directed Network Model.* http://ccl.northwestern.edu/netlogo/models/DiffusiononaDirectedNetwork. Center for Connected Learning and Computer-Based Modeling, Northwestern University, abgerufen 1. März 2024

[106] Wilensky, U.: *NetLogo Team Assembly Model.* http://ccl.northwestern.edu/netlogo/models/TeamAssembly. Center for Connected Learning and Computer-Based Modeling, Northwestern University, abgerufen 1. März 2024

Softwarepakete

[107] Al-Taie, M. Z. et al.: *Python for Graph and Network Analysis.* Springer International Publishing, 2017

[108] Batagelj, V.; Mrvar, A.: *Pajek – Program for Large Network Analysis.* http://pajek.imfm.si/doku.php

[109] GLEAMviz – Epidemic modeling on a global scale https://www.gleamviz.org/index.html, abgerufen März 2024

[110] Hansen, D. L. et al.: *Analyzing Social Media Networks with NodeXL.* 2. Auflage Morgan Kaufmann, 2020

[111] Khokhar, D.: *Gephi Cookbook.* Packt Publishing, 2015

[112] The Gephi Consortium:*The Open Graph Viz Platform.* http://gephi.github.io

[113] Wilensky, U. (1999). *NetLogo.* http://ccl.northwestern.edu/netlogo/. Center for Connected Learning and Computer-Based Modeling, Northwestern University, Evanston, IL

[114] Zinoviev, D.: *Complex Network Analysis in Python.* Raleigh, 2020

Datensätze

[115] de Nooy, W.: *Dining-table partners in a dormitory at a New York State Training School.* http://vlado.fmf.uni-lj.si/pub/networks/data/esna/dining.htm, abgerufen 1. März 2024

[116] UCINET.: *Padgett Florentine Families.* https://sites.google.com/site/ucinetsoftware/datasets/padgettflorentinefamilies, abgerufen am 29. November 2011

[117] Gephi-Datasets.: *Zachary's karate club.* https://wiki.gephi.org/index.php/Datasets, abgerufen 1. März 2024

[118] Gephi-Datasets.: *Gephi sample datasets, in various format.* https://wiki.gephi.org/index.php/Datasets, abgerufen 1. März 2024

[119] UCINET: *Gephi sample datasets, in various format.* https://sites.google.com/site/ucinetsoftware/datasets, abgerufen 1. März 2024

[120] Batagelj, V.; Mrvar, A.: *Pajek datasetst.* http://vlado.fmf.uni-lj.si/pub/networks/data/, abgerufen August 2014

[121] Leskovec, J.: *Standford Large Network Data Set Collection.* http://snap.stanford.edu/data/, abgerufen 1. März 2024

[122] KONECT (the Koblenz Network Collection): *Collection of large network datasets of all types.* http://konect.uni-koblenz.de, abgerufen August 2014

[123] DuBois, C.: *UCI Network Data Repository (University of California).* https://networkdata.ics.uci.edu/index.html, abgerufen 1. März 2024

[124] Newman, M.: *Network data from Mark Newman (University of Michigan, USA).* http://www-personal.umich.edu/~mejn/netdata/, abgerufen 1. März 2024

[125] Barabasi, A. L.: *Network Data Collection (Northeastern University, USA).* http://barabasilab.com/rs-netdb.php, abgerufen August 2014

Bildnachweise

Bild 9.1: ©Hideaki Aoyama, Yoshi Fujiwara, Yuichi Ikeda, Hiroshi Iyetomi and Wataru Souma 2010, *Econophysics and Companies* [1], veröffentlicht von Cambridge University Press. – *(Seite 128)*

Bild 9.2: ©Marlow, Cameron 2009, *Maintained Relationships on Facebook*, veröffentlicht online: *http://overstated.net/2009/03/09/maintained-relationships-on-facebook* [72]. – *(Seite 129)*

Bild 9.5: ©designergold nach Vorlagen des MPI für Dynamik und Selbstorganisation 2012, *Netz mit Taktgefühl*, veröffentlicht in Max Planck Forschung [83]. – *(Seite 133)*

Bild 9.6: ©RAND Corporation, Santa Monica, CA 1964, *Netz mit Taktgefühl*, veröffentlicht in Rand Memorandum 3420 [58]. – *(Seite 134)*

Bild 9.7: ©Dunne et al. 2008, *Compilation and Network Analyses of Cambrian Food Webs*, veröffentlicht unter Creative Commons Attribution License in PLOS Biology [65]. – *(Seite 135)*

Bild 9.7: ©Macmillan Publishers Ltd 2001, Jeong, H. et al., *Lethality and centrality in protein networks*, veröffentlicht in Nature 411 [70]. – *(Seite 135)*

Bild 9.14: ©2003 Society for Industrial and Applied Mathematics 2003, *The Structure and Dynamics of Networks*, veröffentlicht in SIAM Review [76]. – *(Seite 145)*

Bild 10.5: ©Caldarelli et al. 2013, *Scale-Free Networks*, veröffentlicht von Oxford University Press [12]. – *(Seite 155)*

Bild 12.3: ©Roger Zenner 2005, *Ausbreitung der Pest in Europa zwischen 1347 und 1351*, veröffentlicht unter Creative Commons Attribution-Share Alike 2.0 Germany License online: *http://commons.wikimedia.org/wiki/File:Pestilence_spreading_1347-1351_europe.png*. – *(Seite 192)*

Bild 12.2, 12.4, 12.9: ©A. Barrat, M. Barthelemy and A. Vespigani 2008, *Dynamical Processes on Complex Networks*, veröffentlicht von Cambridge University Press [5]. – *(Seiten 189, 195, 208)*

Bild 12.7: ©The American Physical Society 2002, Pastor-Satorras, R.; Vespignani, A., *Immunization of complex networks*, veröffentlicht in Physical Review E, Volume 65, 2002 [79]. – *(Seite 201)*

Bild 12.8: ©Macmillan Publishers Ltd 2000, Kleinberg, Jon M., *Navigation in a small world*, veröffentlicht in Nature 406 [71]. – *(Seite 206)*

Bild 12.11: ©Macmillan Publishers Ltd 1996, Frette, Vidar, *The structure of complex networks*, veröffentlicht in Nature 379 [67]. – *(Seite 214)*

Bild 12.12: ©Association for Computing Machinery Inc. (ACM) 2011, Bakshy, Eytan et al., *Everyone's an influencer: Quantifying influence on twitter*, veröffentlicht in Proceedings of the fourth ACM international conference on Web search and data mining [57]. – *(Seite 217)*

Bild 13.2: ©van Wijk, Jarke 2008, *Unfolding the Earth – Myriahedral Projections* [87], veröffentlicht in The Cartographic Journal von The British Cartographic Society. – *(Seite 227)*

Index

K

M

R

S

T